U0234907

北京理工大学"双一流"建设精品出版工程

工程流体力学基础

Fundamental Engineering Fluid Mechanics

（第3版）

(3rd Edition)

韩占忠　王国玉　黄 彪　编

北京理工大学出版社

BEIJING INSTITUTE OF TECHNOLOGY PRESS

内 容 简 介

本书在传统流体力学教学内容的基础上，增加了数值模拟实践的内容，将当前最新的研究方法与手段融入课程教学中，力图给读者一个研究平台，提供一个研究手段，以利于创新人才的培养，适应于当前社会发展的需求。

本书可作为高等学校机械类专业 32、48 和 64 学时流体力学课程的教材，也可作为广大工程技术人员的自学参考书。

图书在版编目（CIP）数据

工程流体力学基础 / 韩占忠，王国玉，黄彪编. —3 版. —北京：北京理工大学出版社，2020.6（2025.1 重印）

ISBN 978-7-5682-8634-3

Ⅰ. ①工…　Ⅱ. ①韩…②王…③黄…　Ⅲ. ①工程力学–流体力学–高等学校–教材　Ⅳ. ①TB126

中国版本图书馆 CIP 数据核字（2020）第 110181 号

出版发行 / 北京理工大学出版社有限责任公司

社　　址 / 北京市海淀区中关村南大街 5 号

邮　　编 / 100081

电　　话 /（010）68914775（总编室）

　　　　　（010）82562903（教材售后服务热线）

　　　　　（010）68944723（其他图书服务热线）

网　　址 / http://www.bitpress.com.cn

经　　销 / 全国各地新华书店

印　　刷 / 北京虎彩文化传播有限公司

开　　本 / 787 毫米×1092 毫米　1/16

印　　张 / 22　　　　　　　　　　　　　　　　责任编辑 / 多海鹏

字　　数 / 537 千字　　　　　　　　　　　　　　文案编辑 / 多海鹏

版　　次 / 2020 年 6 月第 3 版　2025 年 1 月第 10 次印刷　　责任校对 / 周瑞红

定　　价 / 56.00 元　　　　　　　　　　　　　　责任印制 / 李志强

前言

　　流体是气体与液体的总称，流体力学是研究流体与流体、流体与固体之间相互作用的一门科学。这是一门既古老又存在许多未解之谜的学科，风为什么不停地吹，水为什么不停地流，鸟儿为什么会飞翔，鱼儿为什么能在水中游来游去，船儿为什么不沉，飞机为什么会在天上飞，风吹树梢为什么会有响声，等等，都吸引着人们不停地去探索、去研究。只要有流体流动的地方，就需要有流体力学的知识去解释、去研究与设计，故流体力学已经成为现代工程师必须掌握的知识。

　　从阿基米德时代到现在，经过数代科学工作者的努力探索与研究，流体力学已经发展成为一门深入各个科学领域的重要学科，特别是随着航空、航天、航海以及石油运输、能源利用等行业的发展，迫切需要解决许多有关流体力学的问题，同时也极大地促进了流体力学本身的发展。随着计算技术的飞速发展，特别是微型计算机计算速度和存储能力的提升，流体力学的研究从以实验为主导转换为以数值模拟为主导，并使数值模拟、理论分析与实验研究并行的研究方法成为可能。同时，数值模拟的方法也已经成为现代工程流体力学相关学科的必备方法和研究手段。流体力学的教学内容与教学方法，目前基本上是沿袭着传统的内容，以理论分析为主，强调流体力学中的基本概念和基本方法，这无疑是很重要的。随着现代科技的发展，以及现代工程研究对科技人员的要求，流体力学的教学内容与方法也应与时俱进，把当前最新的研究方法和研究成果融入课程中来，这对培养创新型人才具有重要意义，也是适应社会对人才需求的一种回应。为此，本书的编写宗旨就是在流体力学基本知识与基本方法和内容的基础上，将当前最新的研究方法与手段融入教学中，力图给读者一个研究平台，为读者的新思想、新设计提供一个研究手段，有利于创新人才的培养，适应于当前社会发展的需求。基于这一宗旨，本书特别增加了数值模拟方法与实践的教学内容，对教学中的文丘里流量计、动量定理等进行模拟计算，并与实验相比较，使读者能完成理论分析、数值模拟和实验研究这样一个完整的研究过程。在介绍新方法的同时，力图使读者养成良好的研究习惯，这也是编者的一个愿望。

　　本书共分 10 章，适用于 32、48 和 64 学时的教学，授课教师可根据不同专业的需求进行适当调整。编者对教学内容安排的建议如下：

　　（1）对于 32 学时的教学，可选用第 1~5 章，第 8 章的第 1~4 节，并介绍第 10 章数值模拟练习 1——缩放管道内的流动数值模拟方法。

　　（2）对于 48 学时的教学，应再增加第 6 和第 7 章的内容，并介绍第 9 章的全部内容。

　　（3）对于 64 学时的教学，应讲解书中的全部内容。

　　另外，在使用本书进行教学的过程中，还应该在教学实验的基础上，重视数值模拟与实验结果之间的对比，增强学生研究能力的培养。

　　本书内容的选取与编写得到了北京理工大学流体机械研究所各位老师的大力帮助与支持，在图形绘制方面还得到了硕士研究生周鹏飞等同学的支持，在此对其表示衷心的感谢。

　　本书在内容与教学方法上的编写还仅仅是一个大胆的尝试，还有许多问题需要编者与读者一起探索，不当之处，望大家不吝赐教。

编　者

第3版出版说明

　　本书可作为机械工程类各专业的流体力学课程教学用书，第 1 版是在 2012 年出版的，第 2 版是在 2016 年出版的。经过近 8 年的教学实践，随着现代科技发展的需求，以及后续课程教学的需要，教材中对黏性流体管中流动、边界层理论以及可压缩流体动力学部分有选择地增加了一些内容；随着慕课、翻转课堂等新的教学手段和教学方法的不断涌现，教材中增加了思考题以及补充习题（补充习题题号前加"B"），希望能够满足更多读者的需要。具体来说，本书是在第 2 版的基础上进行修订的。

　　（1）在第 4 章"黏性流体管内流动阻力和能量损失"中新增"孔口与管嘴出流""管路的水力计算""有压管路中的水锤"的内容。

　　（2）重新编写了第 6 章的第 10 节"理想流体的有旋流动"，对有旋流动的基本概念和重要的定理进行了证明和比较详细的说明。

　　（3）在第 7 章"黏性流体动力学基础"中新增边界层计算的内容，具体有"边界层微分方程""边界层动量积分关系式""平板层流边界层的近似计算""平板紊流边界层的近似计算"和"平板混合边界层的近似计算"等。

　　（4）在第 8 章"一元气体动力学基础"中新增等温管内的气体流动、斜激波的产生、斜激波前后气流参数关系式等。

　　（5）针对各章的教学内容，新增加了若干补充习题。在本书第 1 版和第 2 版中课后练习题目偏少，故增加了这一部分内容。这一部分习题是为读者进一步巩固所学内容及检验学习效果而准备的，供读者参考。

　　（6）针对各章不同的教学内容，新增添了思考题，这部分是为进一步明晰基本理论和概念准备的，供读者参考。

　　（7）在第 10 章去掉了数值模拟练习 3，只保留了数值模拟练习 1（伯努利方程的验证）和数值模拟练习 2（动量定理的验证）。

　　（8）去掉了第 2 版中的附录 1（流体力学实验指导书）

　　除以上新增内容外，还对第 2 版中一些明显的不妥之处进行了修正。在本次修订过程中，得到了北京理工大学吴钦博士的大力支持，在此深表感谢。

编　者

2020 年 1 月于北京理工大学

本书自 2012 年第 1 版出版以来，经过近 4 年的教学实践，针对机械类专业学科发展和教学实际的需要，在第 1 版的基础上，增加了如下内容：

（1）新增加了"流体机械概论"一章，见第 9 章；

（2）增加了"实验指导书"，见附录 1；

（3）增加了书中习题参考答案和部分习题解答参考，见附录 2。

除以上新增内容外，还对第 1 版中一些明显的不妥之处进行了修正。

编　者

2016 年 3 月于北京理工大学

第 2 版出版说明

INSTRUCTION (2ND EDITION)

目 录
CONTENTS

绪　　论

一、流体力学的研究内容

流体力学（Fluid Mechanics）是力学的一个重要分支，是研究流体的运动与平衡、流体与流体之间、流体与固体之间相互作用的一门学科。流体力学应分两部分来理解：第一是流体，即什么是流体；第二是力学，即力学是干什么的。关于什么是流体，一般认为易于流动的物质称为流体。这里举一个例子：有一个容器，里面装有物质，若在容器底部开一个适当大小的孔，物质在重力的作用下向外流动，则这种物质就是流体吗？如果里面装的是沙子，沙子也会向外流动，那么沙子（沙粒）是流体吗？沙粒显然不是流体，因此，笼统地说易于流动的物质就是流体是不严格的。流体应该是在连续介质假定下，在任意点上都不能承受切应力的物质，只要有切应力存在，流体就会用连续的变形来平衡切应力。关于这一点，后面的连续介质假设中还要论及。关于力学，就是指物质之间的相互作用。因此，流体力学是关于流体的平衡与运动、流体与流体之间以及流体与固体之间相互作用规律的一门科学。

自然界中有许多现象是需要用流体力学知识来解释的，比如：为什么铁块放在水中会沉，铁块做成船就不沉了？为什么风吹电线会发出美妙的声音呢？为什么水只能从高处往低处流，而且什么是它流动的动力呢？等等，这类问题举不胜举。

根据研究对象的不同，力学可分为理论力学、固体力学和流体力学。理论力学的研究对象是受力后不变形的绝对刚体；固体力学的研究对象是受力后产生微小变形的固体；而流体力学的研究对象则是在受力后产生大变形的流体，其中包括液体和气体，流体是气体和液体的总称。

流体力学可分为流体静力学、流体运动学和流体动力学。流体静力学只讨论作用力的大小及压强的分布，不讨论作用力对流体运动的影响；流体运动学只讨论流体运动过程，而不讨论引起运动的原因；流体动力学则既讨论流体的运动规律，又讨论引起运动的原因。

从力学模型来说，流体可分为理想流体、黏性流体、不可压缩流体、可压缩流体、牛顿流体和非牛顿流体，故流体力学又可分为理想流体动力学、黏性流体动力学、不可压缩流体动力学、可压缩流体动力学（气体动力学）、非牛顿流体动力学和多相（例如流场中既有气体又有液体等）流体动力学等。

流体力学是一门应用非常广泛的学科，航空航天、船舶海运、流体机械、动力工程、水力发电、化学工程、气象预报以及环境保护等学科均以流体力学为其重要的理论基础。20 世纪初，世界上第一架飞机出现后，飞机以及其他各类飞行器得到迅速发展。航空航天事业的发展是与流体力学的一个分支——空气动力学的发展密切相连的。各种发动机的工作与燃烧理论密切相关，而燃烧是离不开气体的，燃烧过程涉及的许多化学反应和热能变化的流体力学问题是物理—化学流体力学的内容之一。爆炸是猛烈的瞬间能量变化和传递的过程，所涉及的气体动力学问题形成了爆炸力学。血液在血管中的流动、气体在人体中的流动，这些也是流体力学问题，由此又出现生物流体力学。由此可见，流体力学是一门既包含了自然科学的基础理论，又涉及工程技术和生物科学的一门内容非常广泛的学科。

二、流体力学的发展简史

流体力学是人类在长期的生产实践中逐步发展起来的。例如我国秦代的李冰父子根据"深淘滩，低作堰"的经验，修建了四川都江堰工程，具有很高的科学水平，反映了当时人们对堰流的认识已经达到相当高的程度。隋代修建的京杭大运河工程，全长1 782 km，大大改善了我国南北水运条件。自秦汉时代我国劳动人民就已经开始利用水力能源，创造并不断地改进了水磨、水车等工具，汉代张衡还创造了由水力带动的浑天仪，这些都充分说明水利机械在当时已经有了很大的进展。另外，我国古代计时所用的滴漏就是利用孔口出流，即水位随时间变化的规律制造的，如此不一而足。与我国类似，古罗马人修建了供水管道系统，埃及、印度、希腊等国修建了水渠，并以此来发展农业和航运事业等。

流体力学真正发展成为一门科学的过程可大致分为以下三个阶段。

1. 经典流体力学的发展

古希腊的阿基米德建立了包括浮力定律和浮体稳定性在内的液体平衡理论，由此奠定了流体静力学的基础。有一个讲述阿基米德发现浮力定律的著名的故事。相传，叙拉古的希洛王让工匠做一顶纯金王冠，王冠做得非常精致，可有人告发说，工匠在制作王冠时用银子偷换了金子。国王叫阿基米德想办法在不损伤王冠的情况下得出王冠里是否掺了假。阿基米德冥思苦想考虑如何解决这个问题。一天，他洗澡躺进澡盆时，发现自己身体越往下沉，盆里溢出的水就越多，而他则感到身体越来越轻。突然间，阿基米德欣喜若狂地跳出了澡盆，甚至忘记了穿衣服就直奔王宫，边跑边喊："找到了，找到了！"阿基米德找到了什么？他找到的不仅是鉴定金王冠是否掺假的方法，而且是一个重要的科学原理，即浸没于水中的物体受到一个向上的浮力，浮力的大小等于它所排开液体的重量，并据此计算了王冠中金和银的含量。

流体力学是从17世纪开始形成的一门学科。首先是牛顿在他的著作《自然哲学的数学原理》一书中，研究了黏性流体的剪应力公式，即剪切应力大小与变形速率之间的关系式，提出了著名的牛顿内摩擦定律。伯努利在1738年提出了著名的伯努利方程；1752年，达朗贝尔提出了连续性方程；特别是欧拉于1775年提出了流体运动描述方法和理想流体运动方程组，推动了理想流体运动的研究。欧拉运动方程和伯努利方程的建立，是流体力学作为一个学科的重要标志，所以称欧拉是理论流体力学的奠基人。

19世纪的主要研究进展是对有旋流动和黏性流动的初步研究。纳维和斯托克斯分别于1823年和1845年导出了黏性流体流动的基本方程组，即著名的N−S方程。由N−S方程解出的圆管层流流动的流量公式，得到了哈根、泊肃叶的实验验证，由此奠定了黏性流体动力学理论的基础，也是实际流体流动的最基本的控制方程组。

2. 近代流体力学的发展

从19世纪末开始，流体力学主要研究黏性流动和高速流动的特性，使理论流体力学可以真正用来指导实践。这一时期的主要成就如下：

1883年，雷诺从实验中发现黏性流体的流动具有两种运动形态：层流和紊流。这一发现推动了一个世纪的紊流研究，尽管直到现在，紊流流动问题还在困扰着人们，但对这一问题的深入了解有助于理解和解决大量的实际问题，故这一发现是具有划时代意义的。

1904 年，普朗特凭借丰富的实践经验和物理直觉，提出了著名的边界层理论。这一理论解决了黏性流体力学与理论流体力学之间的冲突（达朗伯悖论），使得在不能求解 N−S 方程之前解决了阻力问题，所以说普朗特是近代流体力学的奠基人。

注 1：达朗伯悖论

【法国科学家 J. le R.达朗伯提出的一个流体力学中的问题。他从 1744 年开始采用分析的方法求解物体在流体中的运动阻力，1752 年，他根据理想流体的有势流动理论，经过严格的计算，指出物体在无界不可压缩且无黏性流体中做匀速直线运动时所受到的合力等于零。这显然与实际不符，故称为达朗伯悖论，又称达朗伯疑题，详见第 7 章。】

1910 年，泰勒提出了湍流的涡扩散理论。1923 年，在对两个同心圆筒间流动的研究中，得出流动失稳的条件，形成所谓的泰勒涡，并于 1935 年建立了均匀各向同性湍流理论。泰勒的工作特点是善于把深刻的物理观察与数学方法相结合，并擅长设计简单的专门实验来验证其理论，这一点是很值得称赞和学习的。

1911 年，卡门对圆柱尾涡的流动及其稳定性进行了深入研究，这就是著名的卡门涡街。根据这一研究，解释了桥梁风振、机翼颤振等现象。冯·卡门出身于奥匈帝国一个教育学教授的家庭，1902 年毕业于布达佩斯皇家工学院，1906 年去德国哥廷根大学求学，在普朗特（Ludwig Prandtl，1875—1953）的指导下，于 1908 年获得博士学位。自 1928 年起定居美国后，在加州理工学院建立了古根海姆空气动力学实验室，汇集了几乎世界上最优秀的人才，成为当时全世界空气动力学的研究中心，为人类的航空航天事业奠定了基础，故卡门被誉为航空航天大师。卡门的成果集中在气动方面，其中包括机翼的举力面理论、亚声速流动近似理论和跨声速相似理论等。

注 2：塔科玛大桥垮塌事故与卡门涡街

【20 世纪 40 年代，美国塔科玛大桥（Tacoma Narrows Bridge）垮塌事故的惨痛教训，使人们认识到流体力学知识对建筑安全上的重要作用。1940 年，美国华盛顿州的塔科玛峡谷上花费 640 万美元建造了一座主跨度 853.4 m 的悬索桥。建成 4 个月后，于 1940 年 11 月 7 日碰到了一场风速为 19 m/s 的风。风虽不算大，但桥却发生了剧烈的扭曲振动，且振幅越来越大（接近 9 m），直到桥面倾斜到 45°左右，使吊杆逐根被拉断并导致桥面钢梁折断而损毁，坠落到峡谷之中。当时正好有一支好莱坞电影团队在以该桥为外景拍摄影片，记录了桥梁从开始振动到最后毁坏的全过程，此记录后来成为美国联邦公路局调查事故原因的珍贵资料。冯·卡门 1954 年在《空气动力学的发展》一书中写道：塔科玛海峡大桥的毁坏，是由周期性旋涡的共振引起的。卡门涡街交替脱落时会产生振动，并发出声响效应，这种声响是由于卡门涡街周期性脱落时引起的流体中的压强脉动所造成的声波，如日常生活中所听到的风吹电线的风鸣声就是由涡街脱落引起的。】

以普朗特为代表的应用力学学派的主要特点是工程科学同数学紧密结合，流体力学的研究也从理论回到生产实践，解决了飞行器设计所面临的关键技术问题，同时也推动了流体力学自身的发展，使黏性流动和可压缩流动的理论得到完善，为现代流体力学的发展奠定了基础。

3. 现代流体力学的发展

所谓现代流体力学是指用现代的理论方法、计算工具和试验技术研究流体流动问题的学科领域，采用理论分析、数值计算、试验模拟相结合的方法，这是一个以非线性问题为重点，各分支学科并进的发展时期，主要成就如下。

计算流体力学日臻成熟——出现了有限差分、有限元、有限分析、谱方法等，建立了计算流体力学的完整理论体系。计算流体力学在高速气体动力学和湍流的直接数值模拟中发挥了重大作用，前者主要用于航天飞机的设计，后者要求分辨率高且计算工作量大。目前已经出现较为成熟的商业软件，为相关产品的流体动力学研究与设计提供了模拟计算平台，可以说，计算流体力学几乎已经渗透到流体力学的各个分支领域。

现代流体力学产生的一些新兴的学科分支如下。

生物流体力学——主要研究人体的生理流动，如心脏和血管内血液的流动、呼吸系统等，这方面的研究为生物医学工程的发展作出了贡献。

磁流体力学和等离子体物理——主要研究在磁场中的流体运动规律，包括磁流体力学波的稳定性。磁流体力学这门学科是在20世纪40年代建立的，在天体与空间物理中得到应用。

物理化学流体力学——这是一个与扩散、聚并、燃烧和毛细流等物理化学现象有关的流体力学分支，最先是在20世纪50年代由列维奇倡导的。

多相流体动力学——研究两相以上同种或异种化学成分组成的混合物的流动，比如采用单流体模型研究泡沫流和栓塞流；采用双流体模型研究液固、气固或气液流动等。多相流在自然界与化工、冶炼以及石油工业中有着广泛的应用。

随着世界范围内能源需求的扩大与供应的紧张，必须加速与能源有关的工业的发展，例如风力发电、水力发电等。另外，石油的开采与运输问题涉及流体力学的理论与应用。人口增长与工业发展使人类面临严峻的环境问题，涉及气候、生态、污染和灾害等多学科交叉问题，这些都存在着大量的流体力学问题。流体力学在生物技术和生物工程的细胞层次上进行研究也是未来生物流体力学的发展趋势。所以，流体力学有着极其广阔的应用前景，对人类经济建设的各个方面有着越来越重要的作用。

三、流体力学的研究方法

流体力学是在不断总结生产经营与实验研究的基础上产生并逐步发展起来的。在不同的历史时期，有着不同的研究方法，在现代，涉及流体动力学的研究方法有实验研究、理论分析与数值计算。

18世纪中叶以前是流体力学的发展初期，主要运用初等数学来解决流体静力学与运动学问题，只涉及少量的流体动力学问题，实验与测量方法也比较简单。

18世纪中叶以后，开始形成独立的流体力学学科，并运用高等数学，采用理论分析的方法来研究流体的平衡与机械运动规律，流体动力学得到较大的发展。所谓理论分析的方法就是在实验的基础上对运动流体提出合理的假设，建立简化的力学模型，并根据力学原理与定律建立基本方程。最后利用边界条件及初始条件对方程进行求解，再与实验进行比较。在这方面，欧拉和拉格朗日是"理论流体力学"的奠基人。

20世纪60年代后，随着计算方法和计算技术的飞速发展，使计算流体力学得以用于实际的研究中。计算流体力学广泛采用有限差分法、有限单元法、边界元法与谱方法等数值算法。数值计算方法能求解许多理论分析无法完全解决的问题，还可节省实验研究所需的人力、物力。但是，数值计算无法取代实验研究与理论分析。首先，理论分析与数值计算结果需要实验的验证与启迪。此外，理论分析是数值计算的基础，对实验研究亦有指导意义。

总之，实验研究、理论分析和数值计算这三种方法是相互补充、相互促进、相互渗透的，在现代流体力学与流体工程研究中缺一不可。

第 1 章
流体的物理属性

本章重点讲述连续介质模型与流体的物理属性，包括流体的密度、黏性与可压缩性。要求读者理解流体的连续介质假设，并掌握流体基本物性及其表征方法。

第 1 节　流体的连续介质假设

流体和固体一样，是由分子构成的，这些分子处于不规则的热运动中，且分子之间的间隙比分子的尺度大得多，所以从微观上讲流体是离散的，流体中各空间点上的物理量是随时间而变化的。这也就是说，如果以分子为最小单位来研究流体，则流体的物理量是不确定的。例如，当区域尺度小于分子自由程时，区域内质量（分子个数）受热运动的影响，是一个不确定的数，则流体的密度就无法确定了，如图 1-1 所示。

流体力学是一门宏观力学，研究的是流体宏观的平衡与运动规律，对微观的分子热运动不感兴趣，故只考虑分子热运动的统计平均特性即可。为此，欧拉在 1753 年首先提出的连续介质力学模型的假设如下：

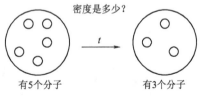

图 1-1　连续介质假定说明

流体是由流体微团（质点）组成的，这个微团满足：

（1）体积充分大，使微团内的统计平均特性不受个别分子热运动的影响。

（2）体积充分小，使在几何上可以看作是一个点。

在这个假设前提下，首先可以不考虑分子间隙和分子热运动对宏观物理量的影响，认为流体就是由这些微团连续分布整个空间；其次表征流体属性的物理量，如密度、速度、压强、温度等在流体连续流动中是时间和空间坐标的单值连续可微函数。这样即可利用数学分析的方法和工具来研究并确定流体的平衡与运动规律了。

尽管流体力学属于连续介质力学的范畴，但有时还要利用分子运动论和统计力学的观点来解释流体的物理现象和运动规律。例如流体黏性的产生及随温度变化的原因是各流层中流体分子的热运动及相互作用的结果等。

注：在通常的工程问题中，连续介质假设是完全合理的。研究表明，在标准状态下（1个标准大气压，温度为 0 ℃），对于空气而言，1 mm^3 体积中含有 2.7×10^{16} 个空气分子，分子平均自由程为 $7 \times 10^{-5} \text{ mm}$；对于水来说则含有 3.4×10^{19} 个水分子，分子平均自由程为 $3 \times 10^{-5} \text{ mm}$。可见，在工程问题中，所要研究的流体线性尺度或流体微团的大小远远大于分

子的大小及其运动尺度，所以流体质点（微团）中包含足够多的分子，微团的物理特性不会受个别分子热运动的影响。但是，当所研究问题的特征尺度接近或小于分子大小或分子运动平均自由程时，连续介质假设就不再适用了。例如研究火箭在高空稀薄气体中飞行时，空气的特征尺寸较大（120 km 高空处空气分子的平均自由程为 1.3 m），与火箭的特征尺寸有相同的数量级，此时，连续介质假设就不再合理，需要用分子运动论与统计力学的微观方法进行研究。

第2节　流体的主要物理属性

流体是一种连续介质，流体力学是从宏观上研究流体质点的运动，流体的物理属性也是基于连续介质假设前提进行定义的，这些物理量是时间与空间的单值连续可微函数。

1. 密度与重度

质量就是物质的多少，是物质的基本属性之一，也是物体惯性大小的度量。根据牛顿第二定律，惯性是物体所具有的维持原有运动状态的物理性质，它主要取决于质量。质量越大，惯性也越大，其运动状态也越难改变。

密度：单位体积流体所含物质的多少，称为流体的密度。设流体体积为 ΔV，质量为 ΔM，则该流体的密度为

$$\rho = \lim_{\Delta V \to 0} \frac{\Delta M}{\Delta V} \qquad (1-1)$$

重度：单位体积流体的质量称为流体的重度。设流体体积为 ΔV，质量为 ΔG，则该流体的重度为

$$\gamma = \lim_{\Delta V \to 0} \frac{\Delta G}{\Delta V} \qquad (1-2)$$

由于 $G=Mg$，故密度与重度之间的关系为

$$\gamma = \rho g$$

2. 压缩性与膨胀性

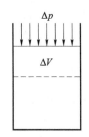

作用在流体上的压力变化可引起流体体积和密度的变化，这一现象称为流体的可压缩性(Compressibility)。流体的可压缩性可用体积压缩系数 β 或体积弹性模量 K 来表示。

原体积为 V 的流体，当施加其作用面上的压强增加 Δp 时，其体积减少了 ΔV，如图 1-2 所示，$\Delta V / V$ 是其体积的相对缩小值。我们定义流体的体积压缩系数为流体体积的相对缩小值与压强的增量之比，如式（1-3）所示。

图 1-2　流体的可压缩性

$$\beta = -\frac{\Delta V / V}{\Delta p} \qquad (1-3)$$

式（1-3）中的负号表示当压强增大（$\Delta p > 0$）时，体积必然缩小（$\Delta V < 0$）。当压强的增量很小时，也可写成微分形式，即

$$\beta = -\frac{\mathrm{d} V / V}{\mathrm{d} p} \qquad (1-4)$$

式中，β 的意义就是当压强增大一个单位时，流体体积的相对减少量。

流体的压缩性在工程上常用体积弹性模量 E 来表示，二者之间的关系为

$$E = 1 / \beta \qquad (1-5)$$

流体的体积膨胀性（Expansibility）用体积膨胀系数 α 来表示，指在一定的压强下，单位温度升高所引起的体积相对变化率，定义式为

$$\alpha = \frac{\mathrm{d}V / V}{\mathrm{d}T} \qquad (1-6)$$

注 1：式（1-4）中的负号是由于 $\mathrm{d}V$ 与 $\mathrm{d}p$ 总是逆号的，即压强的增加总是使流体体积减小，要使体积压缩系数保持为正值，需要加一个负号。

注 2：体积为 V 的流体质量为 M，由于在压缩和膨胀过程中流体质量不变，则有

$$M = \rho V = \mathrm{Const}$$

$$\rho \mathrm{d}V + V \mathrm{d}\rho = 0$$

$$\frac{\mathrm{d}V}{V} = -\frac{\mathrm{d}\rho}{\rho}$$

故式（1-4）和式（1-6）可分别写成

$$\beta = \frac{\mathrm{d}\rho / \rho}{\mathrm{d}p}, \quad \alpha = -\frac{\mathrm{d}\rho / \rho}{\mathrm{d}T} \qquad (1-7)$$

注 3：由定义可知，α、β 与 E 的含义如下：

（1）E 越大（β 越小），表示流体越不易被压缩，当 $E \to \infty$ 时，表示该流体绝对不可压缩。

（2）不同的流体，其 α、β 与 K 也不同。

（3）α、β 与 E 随温度和压强而变化。

（4）α 值越大，则流体的膨胀性也越大。

注 4：水的体积弹性模量 $E = 2 \times 10^9 \, \mathrm{Pa}$，说明当 $\Delta p = 10^5 \, \mathrm{Pa}$（约为一个大气压）时，$\frac{\Delta V}{V} = \frac{1}{20\,000}$。故在 Δp 不大的条件下，水的压缩性可以忽略不计，认为是密度不变的不可压缩流体。但在研究水下爆炸、水击等问题时，由于压力变化剧烈，故必须考虑其压缩性。

【例 1-1】 理想气体做等温压缩，试求其体积压缩系数表达式。

解：对于理想气体，由状态方程和等温压缩条件可得

$$p = \rho RT$$

$$\mathrm{d}p = RT\mathrm{d}\rho = \rho RT \frac{\mathrm{d}\rho}{\rho}$$

则由式（1-7），有

$$\beta = \frac{\mathrm{d}\rho / \rho}{\mathrm{d}p} = \frac{1}{p}$$

可见，随着压强的变化，其体积压缩系数也发生着变化。

注 5：对于理想气体，有 $p = \rho RT$，其中 p 为气体的绝对压强；ρ 为气体的密度；T 为热力学温度；R 为气体常数，对于空气 $R = 287 \, \mathrm{J} / (\mathrm{kg \cdot K})$，对于其他气体，在标准状态下，$R = \frac{8\,314}{n}$（$n$ 为气体的分子量）。

【例1-2】若使水（E=2 000 MPa）的体积减小1%，则压强需要增大多少？

解：根据式（1-5），有

$$E = \frac{1}{\beta} = -\frac{\mathrm{d}p}{\mathrm{d}V/V} \qquad \Rightarrow \qquad \mathrm{d}p = -E\frac{\mathrm{d}V}{V}$$

当体积减小1%时，压强应增加

$$\Delta p = -E\frac{\Delta V}{V} = -2\,000 \times (-1\%) = 20\,(\mathrm{MPa})$$

3. 黏性

流体抵抗剪切变形的能力称为黏性（Viscosity），其是流体的固有属性。

实验：对于如图1-3所示的装置，当转动右侧圆盘A时，左侧的圆盘B是否会慢慢地跟着转动起来？为什么？

实验结果说明，当转动右侧圆盘A时，左侧圆盘B也会同向转动，这是什么原因呢？当A盘转动时，靠近A盘的空气会跟着一起转动，使处于A、B盘之间的空气产生剪切变形，为了抵抗这种变形，其左侧的空气也会跟着转动起来。这个实验也说明了流体黏性的存在。

黏性是流体所具有的固有属性，无论是气体还是液体都具有黏性。1686年，牛顿通过大量的试验，总结出了"牛顿内摩擦定律"，如图1-4所示。

图1-3　流体黏性实验示意　　　　　　　　图1-4　牛顿内摩擦定律示意

在如图1-4所示的流动中，两个水平放置的、间距为h的平行平板之间充满液体。使上板以U的速度向右运动，下板保持不动。由于流体与板之间存在着附着力，故紧邻于上板的流体以速度U随同上板一起向右运动，而紧邻于下板的流体则随同下板静止不动，两板间的流体做平行于平板的流动。

根据试验结果，平板所受黏性阻力T的大小与平板的湿面积A、平板运动速度U和两板间距h有着以下关系

$$T = \mu A \frac{U}{h} \qquad\qquad (1-8)$$

式中，μ为与流体性质有关的比例系数，称为动力黏度，单位是Pa·s。

若取相距为$\mathrm{d}y$的流体薄层，其速度差为$\mathrm{d}u$，则由上式可得到

$$T = \mu A \frac{\mathrm{d}u}{\mathrm{d}y} \qquad\qquad (1-9)$$

式中，$\dfrac{\mathrm{d}u}{\mathrm{d}y}$为流体的速度梯度。

单位面积上的摩擦力—摩擦应力

$$\tau = T/A$$

由式（1-9）得

$$\tau = \mu \frac{\mathrm{d}u}{\mathrm{d}y} \qquad\qquad (1-10)$$

式（1-8）～式（1-10）称为牛顿内摩擦定律。

注 1： 在流体力学的研究中，当速度梯度 $\frac{\mathrm{d}u}{\mathrm{d}y}$ 发生变化时，把动力黏度 μ 为不变数的流体称为牛顿流体（Newtonian Fluid），把 μ 为变数的流体称为非牛顿流体（Non-Newtonian Fluid）。本书只涉及牛顿流体。

注 2： 流体具有黏性主要有两个原因：一是分子之间的内聚力；二是分子之间热运动所产生的动量交换。这里对于第一个原因比较好理解，而对于第二个原因，可考虑这样一个问题。若有两列不同速度、靠惯性同向行驶的列车 A 和 B，A 车上的人不停地把砖头扔到 B 车上，同时 B 车上的人也不停地把砖头扔到 A 车上，那么最后的结果是什么？可以想象两列车最后的行驶速度会相同，那么这两列车之间的相互牵制力是什么呢？这个力就是由于动量的交换所产生的相互作用力，也称为黏滞力。

注 3： 试验表明，流体的动力黏度随压力的变化很小，但随温度的变化很大。当温度升高时，液体的黏度变小，因为液体的黏性主要来自相邻流层间分子的内聚力，温度升高时，这种内聚力变小；而主温度升高时，气体的黏度会变大，因为气体的黏性主要来自质点之间动量的交换，当温度升高时，气体质点间动量交换会加剧。

注 4： 流体力学常常用到 μ/ρ，为研究方便，特定义了一个新的变量 ν，称为运动黏度（Kinamatic Viscosity），其定义式为

$$\nu = \frac{\mu}{\rho}$$

式中，ν 的量纲是 $L^2 T^{-1}$，单位是 m^2/s。量纲中只包含了长度和时间，所以是运动学的量纲。

注 5： 水的动力黏度（约为 $10^{-3}\,\mathrm{Pa\cdot s}$）要比空气（约为 $1.8\times10^{-5}\,\mathrm{Pa\cdot s}$）大许多；空气的运动黏度比水大许多，因为空气密度比水小许多。

常见液体的物性参数见表 1-1，常压下空气和水的密度与黏度值见表 1-2。

表 1-1　常见液体的物性参数（$p=101\,325\,\mathrm{Pa}$，$t=20\,℃$）

液体	ρ / (kg·m⁻³)	$\mu \times 10^4$ / (kg·m⁻¹·s⁻¹)	γ / (N·m⁻¹)	$p_v \times 10^{-3}$ /Pa	$E \times 10^{-4}$ / (N·m⁻²)
水	998	10.1	0.073	2.34	2 070
苯	895	6.5	0.029	10.0	1 030
四氯化碳	1 588	9.7	0.026	12.1	1 100
汽油	678	2.9		55	
甘油	1 258	14 900	0.063	14×10^{-6}	4 350
液氢	72	0.21	0.003	21.4	
煤油	808	19.2	0.025	3.20	
水银	13 550	15.6	0.51	17×10^{-5}	26 200
液氧	1 206	2.8	0.015	21.4	
SAE10	918	820			
SAE30	918	4 400			

表 1-2　常压下空气和水的密度与黏度值（p=101 325 Pa）

t /℃	空气			水		
	ρ / $(kg \cdot m^{-3})$	$\mu \times 10^6$ / $(kg \cdot m^{-1} \cdot s^{-1})$	$\nu \times 10^6$ / $(m^2 \cdot s^{-1})$	ρ / $(kg \cdot m^{-3})$	$\mu \times 10^6$ / $(kg \cdot m^{-1} \cdot s^{-1})$	$\nu \times 10^6$ / $(m^2 \cdot s^{-1})$
−20	1.39	15.6	11.2			
−10	1.35	16.2	12.0			
0	1.29	16.8	13.0	1 000	1 787	1.80
10	1.25	17.3	13.9	1 000	1 307	1.31
15	1.23	17.8	14.4	999	1 054	1.16
20	1.21	18.0	14.9	997	1 002	1.01
40	1.12	19.1	17.1	992	653	0.66
60	1.06	20.3	19.2	983	467	0.48
80	0.99	21.5	21.7	972	355	0.37
100	0.94	22.8	24.3	959	282	0.30

液体黏度随温度的变化关系有下述经验公式：

$$\mu = \frac{\mu_0}{1 + \alpha(T - 273.15) + \beta(T - 273.15)^2} \tag{1-11}$$

式中，μ_0 为 T=273.15 K 时的动力黏度；α, β 是取决于液体种类的系数，对于水来说，$\alpha = 3.369 \times 10^{-3} \text{ K}^{-1}, \beta = 2.21 \times 10^{-2} \text{ Pa}^{-1}$，而 $\mu_0 = 1.79 \times 10^{-3} \text{ Pa} \cdot \text{s}$。

常见气体的物理性质见表 1-3。

表 1-3　常见气体的物理性质（p=101 325 Pa，t=20 ℃）

项目 名称	通用气体常数（R） / $(J \cdot kg^{-1} \cdot K^{-1})$	气体常数（R） / $(J \cdot kg^{-1} \cdot K^{-1})$	定压比热（C_y） / $(J \cdot kg^{-1} \cdot K^{-1})$	比热比 （k）	[动力]黏度 （$\mu \times 10^6$）/ $(Pa \cdot s)$
二氧化碳	8 264	187.8	858.2	1.28	1.47
氧	8 318	269.9	909.2	1.40	2.01
氮	8 302	296.5	1 038	1.40	1.76
氦	8 307	2 076.8	5 223	1.66	1.97
氢	8 318	4 126.6	14 446	1.40	0.90
甲烷	8 302	518.1	2 190	1.31	1.34
空气	8 313	286.8	1 003	1.40	1.81

对于气体（空气）的动力黏度有如下经验公式：

$$\mu = [17\,040 + 56.02 \times (T - 273.15) - 0.118\,9 \times (T - 273.15)^2] \times 10^{-9} \tag{1-12}$$

在流体力学研究中，常采用理想流体模型，即假定流体不存在黏性。这种流体在运动时，不仅内部不存在摩擦力，而且在它与固体相接触的边界上也不存在摩擦力。理想流体虽然是不存在的，但却有很大的理论和实际价值。一般来说，由于黏性影响非常复杂，故先探讨理想流体的运动规律，再考虑黏性的影响并进行修正，这样就容易多了。理想流体运动学和动力学理论严谨，研究范围广泛，对于分析实际问题有重大作用。

关于理想流体模型，可以设想你本人是一个流体质点，如果大家都穿上一件涂满润滑物质的外衣，使得你在走路过程中与任何物质或人相遇时，只有碰撞力而没有摩擦力，这就是理想模型。如果大家的衣服有毛刺，则相遇时不仅有碰撞力，还有相互之间的摩擦力，这就是黏性模型了。

【例 1-3】 旋转式黏度计设计原理。

（1）长度为 L 的同心圆筒结构如图 1-5 所示，内筒壁与外筒壁之间充满黏度为 μ 的液体。若半径为 R 的外筒固定，半径为 r_0 的内筒以角速度 ω 绕其轴旋转，试求所需的扭矩。

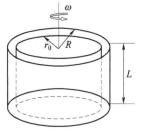
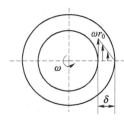

图 1-5　例 1-3 说明图

解：

由于筒壁的间隙为 $\delta = R - r_0$，内筒壁面的线速度为 $u = \omega r_0$，则由牛顿内摩擦定律，设速度为线性分布，得到内壁面的黏性切应力为

$$\tau = \mu \frac{u}{\delta} = \mu \frac{r_0 \omega}{R - r_0}$$

则内筒壁面的摩擦力为

$$T = \tau A = \mu \frac{r_0 \omega}{R - r_0} \times 2\pi r_0 L = \mu \frac{2\pi r_0^2 L}{R - r_0} \omega$$

所需的扭转力矩为

$$M_d = T \cdot r_0 = \mu \frac{2\pi r_0^3 L}{R - r_0} \omega \tag{a}$$

（2）半径为 r_0、相距为 h 的同心圆盘之间充满了黏度为 μ 的液体，如图 1-6 所示。若下盘固定，上盘以角速度 ω 绕其轴旋转，试求所需的扭矩。

解：

上盘半径为 r 的点上，其线速度为 $u = \omega r$，其切应力为

$$\tau = \mu \frac{u}{h} = \mu \frac{r \omega}{h}$$

在上盘盘面上半径为 r 处，取半径相距为 dr 的圆环，则此圆环上所需的旋转力矩为

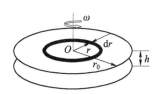

图 1-6　两圆盘间的黏性力矩

$$dM_d = \tau \cdot 2\pi r \cdot dr \times r = 2\pi \mu \frac{r^3 \omega}{h} dr$$

对上式积分，得到上盘旋转所需力矩为

$$M_d = \int_0^{r_0} 2\pi \mu \frac{\omega}{h} r^3 dr = 2\pi \mu \frac{\omega r_0^4}{4h} \tag{b}$$

（3）旋转式黏度计的原理结构如图 1-7 所示。在内、外筒之间充满深为 $L+h$ 的待测液

体，则由式（a）和式（b）得到以角速度 ω 绕其轴旋转圆盘所需力矩为

$$M_\mathrm{d} = \mu \frac{2\pi r_0^3 L}{R-r_0}\omega + 2\pi\mu \frac{\omega r_0^4}{4h} = 2\pi\mu\omega r_0^3 \left(\frac{L}{R-r_0} + \frac{r_0}{4h} \right) \qquad (c)$$

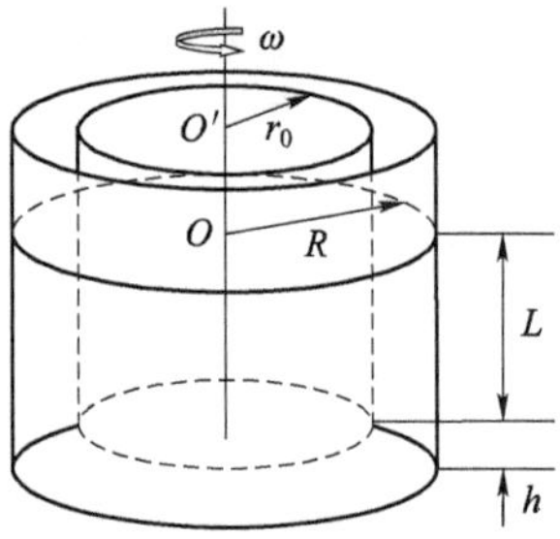

在式（c）中，根据试验测出角速度 ω 和力矩 M_d，即可得出待测液体的动力黏度 μ，这就是旋转黏度计的设计原理。

4. 液体的表面张力和毛细现象

在液体内部，液体分子之间的内聚力是相互平衡的，但在液体与气体相交界的自由表面上，内聚力之间就不平衡了，交界面下侧的内聚力使自由面收缩，在交界面上形成张紧的分子膜。表面张力就是指这种分子膜中的拉力。在两种不相混合的液体之间的分界面上也会形成分子膜和表面张力。液体表面张力的大小与此液体和何种流体组成交界面有关。表 1-1 中的数据都是指液体与空气组成的交界面。

图 1-7　旋转式黏度计的原理结构

表面张力 σ 方向与自由液面相切，并与所取面元边缘相垂直，σ 的大小是指所取面元单位边缘长度上的拉力，故 σ 的量纲为 MT^{-2}，单位是 N/m。

由于表面张力是由液体分子间内聚力不平衡造成的，温度上升则内聚力减小，故表面张力将随温度的上升而减小。自然界中存在许多有表面张力作用的现象，如毛细现象、气泡或液滴的生成等。

毛细现象在流体力学实验中经常遇到，比如在液体中插入一根竖直的细管，会产生液面上升或下降的情况，称为毛细现象。

在液体中插入一根细管后的情况如图 1-8 所示。如果液体能浸湿管壁，则管内液面将上升 h 高度，液面呈凹形，比如水在毛细管内的情况；反之，如液体不能浸湿内壁面，则管内液面将下降 h 高度，液面呈凸形，比如汞在毛细管内的情形。

图 1-8　毛细现象示意

毛细管内液面上升或下降的高度 h 与液体的表面张力、管径以及流体的重度有关，计算公式为

$$h = \frac{2\sigma\cos\theta}{r\gamma} \qquad (1-13)$$

式中，γ 为液体的重度；r 为毛细管半径；θ 为接触角。

第3节　非牛顿流体

严格满足牛顿内摩擦定律，且黏度不变的流体称为牛顿流体，其他流体称为非牛顿流体。大多数常见流体都是牛顿流体，例如水和空气等，其切应力与速度梯度呈线性关系。非牛顿流体有以下几种。

（1）塑性流体：当切应力大于某一最小值后才开始流动变形的流体。其切应力与剪切变形速率的关系为

$$\tau = A + B\left(\frac{\mathrm{d}u}{\mathrm{d}y}\right)^n \qquad\qquad (1-14)$$

式中，A、B 和 n 均为常数，若 $n=1$，则称为宾汉塑性流体（如污泥等）。

这里的 A 相当于理论力学中的静摩擦力，只有当切应力大于 A（力大于静摩擦力）时流体才开始变形和流动（物体才开始运动）。

（2）伪塑性流体：当剪切变形率增加时，其动力黏度变小（如胶状溶液、水泥等）。

（3）膨胀性流体：当剪切变形率增加时，其动力黏度变大（如流沙等）。

（4）黏弹性流体：若条件不随时间改变，则类似于牛顿流体；若切应力突然变化，则类似于塑性流体。

牛顿流体与非牛顿流体切应力和速度梯度的变化曲线如图 1-9 所示，本书内容只涉及牛顿流体。

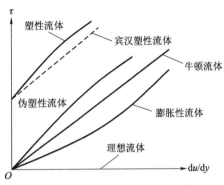

图 1-9　牛顿流体与非牛顿流体

习　题

1-1　在一个标准大气压下 20 ℃ 的空气密度约为（　　）kg/m³。

（A）1.2　　　　　（B）12　　　　　（C）120　　　　　（D）1 200

1-2　温度升高时，水的黏性（　　）。

（A）变大　　　　（B）变小　　　　（C）不变　　　　（D）不能确定

1-3　温度升高时，空气的黏性（　　）。

（A）变大　　　　（B）变小　　　　（C）不变　　　　（D）不能确定

1-4　动力黏度 μ 与运动黏度 ν 的关系为（　　）。

（A）$\nu = \mu\rho$　　　（B）$\nu = \dfrac{\mu}{\rho}$　　　（C）$\nu = \dfrac{\rho}{\mu}$　　　（D）$\nu = \dfrac{\mu}{p}$

1-5　运动黏度的单位是（　　）。

（A）s/m²　　　　（B）m²/s　　　　（C）N·s/m²　　　（D）N·m²/s

1-6　流体的黏性与流体的（　　）无关。

（A）分子内聚力　（B）分子动量交换　（C）温度　　　　（D）速度梯度

1-7　与牛顿内摩擦定律有直接关系的是（　　）。

（A）切应力与速度　　　　　　　　（B）切应力与剪切变形

（C）切应力与剪切变形速率　　　　（D）切应力与压强

1-8　液体的体积压缩系数是在（　　）条件下单位压强所引起的体积相对变化率。

（A）等压　　　　（B）等温　　　　（C）等密度　　　　（D）体积不变

1-9　静止流体（　　）剪切应力。

（A）可以承受　　　　　　　　　　（B）能承受很小的

（C）不能承受　　　　　　　　　　（D）具有黏性时可以承受

1-10 根据连续介质概念，流体质点是指（　　　）。

（A）流体分子

（B）流体内的固体颗粒

（C）空间几何点

（D）微观上看是由大量分子组成，宏观上看只占一个空间点的流体团

1-11 理想流体假设流体（　　　）。

（A）不可压缩　　　　　　　　（B）黏性系数为常数

（C）没有黏性　　　　　　　　（D）符合牛顿内摩擦定律

1-12 已知液体中速度分布如图1-10所示。试大致画出这三种情况下各自的切应力分布图。

1-13 体积为 2.5 m³、温度为 20 ℃的水，当温度升至 80 ℃时，其体积增加多少？

1-14 使水的体积减小 0.1%时，应增大多大的压强？

1-15 如图 1-11 所示，已知木块运动速度 u=1 m/s，油层厚度 δ=1 mm，油层的运动速度呈直线分布，求油的动力黏度。

1-16 如图 1-12 所示，直径为 D=10 cm 的圆盘，由轴带动做旋转运动。圆盘与平台之

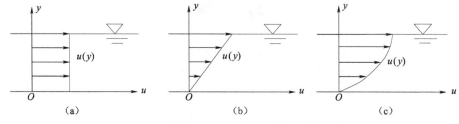

图 1-10 题 1-12 用图

（a）矩形分布；（b）三角形分布；（c）抛物线分布

间充满厚度为 δ= 1.5 mm 的油膜。当圆盘以 n=50 r/min 的角速度旋转时，测得扭矩为 M=2.94 × 10⁻⁴ N · m。设油膜内速度沿垂直方向为线性分布，则油膜的黏度为多大？

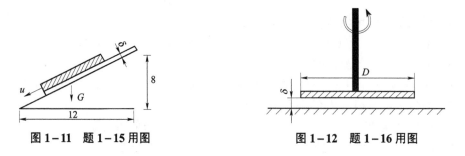

图 1-11 题 1-15 用图　　　　　　图 1-12 题 1-16 用图

补 充 习 题

B1-1 按连续介质的概念，流体质点是指（　　　）。

（A）流体的分子

（B）流体内的固体颗粒

（C）几何的点

（D）几何尺寸同流体空间相比是极小量，且含有大量的微元体

B1-2　作用于流体的质量力包括（　　　）。

（A）压力　　　　　　（B）摩擦阻力　　　　（C）重力　　　　　　（D）表面张力

B1-3　单位质量力的国际制单位是（　　　）。

（A）N　　　　　　　（B）m/s　　　　　　（C）N/kg　　　　　　（D）m/s^2

B-1-4　与牛顿内摩擦定律直接有关的因素是（　　　）。

（A）切应力和压强

（B）切应力和剪切变形速率

（C）切应力和剪切变形

（D）切应力和流速

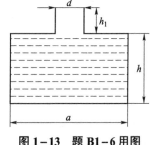

B1-5　理想流体的特征是（　　　）。

（A）黏度是常数　　　　　　　　（B）不可压缩

（C）无黏性　　　　　　　　　　（D）符合 $pv=RT$

B1-6　充满油的油箱如图 1-13 所示，油箱长、宽、高分别为

图 1-13　题 B1-6 用图

$a=0.6\,\mathrm{m}$，$b=0.4\,\mathrm{m}$，$h=0.5\,\mathrm{m}$，油嘴直径和高分别为 $d=0.05\,\mathrm{m}$，$h_1=0.08\,\mathrm{m}$。已知油液的体积膨胀系数 $\alpha=6.5\times10^{-4}1/\mathrm{K}$，若油液从 $t_1=-20\,℃$ 上升到 $t_2=20\,℃$，试求油箱中溢出了多少油？

B1-7　有一金属套筒结构如图 1-14 所示。轴与套筒之间充满 $v=3\times10^{-5}\,\mathrm{m}^2/\mathrm{s}$，$\rho=850\,\mathrm{kg/m}^3$ 的油。套筒的内径 $D=102\,\mathrm{mm}$，轴外径 $d=100\,\mathrm{mm}$，套筒长 $L=250\,\mathrm{mm}$，套筒重为 100 N。若套筒在重力作用下沿垂直轴下滑，试求套筒自由下滑时的最大速度。

B1-8　轴在滑动轴承中转动，如图 1-15 所示。已知轴的直径 $D=20\,\mathrm{cm}$，轴承宽度 $L=30\,\mathrm{cm}$，间隙 $\delta=0.08\,\mathrm{cm}$，间隙内充满 $\mu=0.245\,\mathrm{Pa\cdot s}$ 的润滑油。若已知轴承旋转时润滑油阻力的损耗功率为 $P=50.7\,\mathrm{W}$，试求轴承的转速 n 为多少？若转速 $n=1\,000\,\mathrm{r/min}$，则消耗功率为多少？

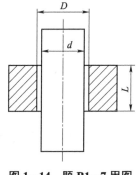

图 1-14　题 B1-7 用图

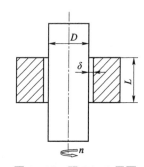

图 1-15　题 B1-8 用图

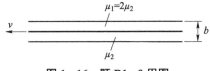

图 1-16　题 B1-9 用图

B1-9　如图 1-16 所示，一块很大的薄板放在 $b=0.06\,\mathrm{m}$ 宽水平缝隙的中间位置，板上下分别放有不同黏度的油，一种黏度是另一种黏度的 2 倍。当平板以 $v=0.3\,\mathrm{m/s}$ 的速度被拖动时，$4\,\mathrm{m}^2$ 受合力为 $F=29\,\mathrm{N}$，求两种油的黏度。

B1－10　如图 1－17 所示，活塞直径 $D_1 = 140$ mm，长 $L = 250$ mm，油缸内径 $D_2 = 140.2$ mm，所充油液的密度 $\rho = 950$ kg/m³，黏度 $\nu = 2.5 \times 10^{-5}$ m²/s。若活塞以 $v = 3$ m/s 的速度运动，则需消耗的功率为多少？

B1－11　如图 1－18 所示滑动轴承宽 $b = 300$ mm，轴径 $d = 100$ mm，间隙 $\delta = 0.20$ mm，间隙中所充油液黏度为 $\mu = 0.75$ Pa·s，试求当轴承以 $n = 300$ r/min 的转速旋转时所需的功率。

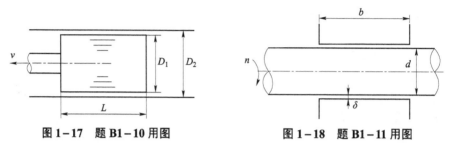

图 1－17　题 B1－10 用图　　　　　图 1－18　题 B1－11 用图

B1－12　如图 1－19 所示，斜面倾角 $\alpha = 20°$，一块质量为 25 kg、边长为 1 m 的正方形平板沿斜面等速下滑，平板和斜面间油液厚度为 $\delta = 1$ mm，若下滑速度 $v = 0.25$ m/s，试求油的黏度。

图 1－19　题 B1－12 用图

思　考　题

（1）为什么可以把流体看作连续介质？为什么要把流体作为连续介质？

（2）流体为什么会有黏性？产生黏性的因素有哪些？

（3）影响流体黏性的主要因素是什么？

（4）在日常生活中，我们身边的哪些现象可以说明流体具有黏性？

（5）可以用哪些方法测量流体的黏度？

（6）假如流体没有黏性，世界会怎样？

（7）牛顿内摩擦定律中各项的物理意义是什么？

（8）牛顿内摩擦定律有什么使用条件？

（9）如果流体处于静止状态，则流场中各点处的速度梯度均为零，故剪切应力处处为零，为此是否说明处于静止状态的流体是没有黏性的？

（10）有 A、B 两种流体，动力黏度比较大的流体，其运动黏度也一定比较大吗？

第2章
流体静力学

基本概念：

流体处于静止状态是指流体微团之间没有相对运动，质点处于平衡状态。

处于平衡状态下的流体只有质量力和沿内法线方向的表面力，没有摩擦力。

流体静力学的规律适用于理想流体和实际流体。

主要内容：

根据平衡条件求解静止流体中压强的分布规律，掌握压强的计算，确定作用于平面和曲面上的总压力。

这一章主要讨论流体静力学，这里的"静"是指流体质点之间没有相对运动，也就是说，如果流体质点之间没有相对运动，则认为流体处于静止状态。属于这种情况的有两种：一是相对地面没有运动，这称为绝对静止；二是流体相对地面有运动，但流体质点之间没有相对运动，比如匀加速直线运动的水箱等，这称为相对静止。本章既讨论绝对静止，也讨论相对静止。

对处于静止状态的流体，由牛顿内摩擦定律可知，黏性力为零（$\mathrm{d}u/\mathrm{d}y=0$）。但这并不能说处于静止状态的流体没有黏性，只能说流体的黏性没有体现出来，因为黏性是流体的固有属性，与其所处的状态无关。

第1节 质量力、流体静压强及其特性

作用在静止流体质点上的力有质量力和表面力。假想你变成一个流体微团，沉浸在水中，那么你会觉得受到哪些力的作用呢？当然地球有吸引力，还有水会产生浮力。地球的吸引力是由于你本身具有质量，这个力的大小就是质量与重力加速度的乘积。浮力就是周围的水作用在你身体表面的合力。这也就是说，一个流体微团所受到的力有两种：一是质量力，是由于流体质点本身具有质量而产生的力，如重力和离心力等；二是表面力，是质点外界的流体通过质点表面作用给流体质点的力。

1. 质量力及其表示方法

由于流体质点具有质量，在绝对静止状态会受到地心引力——重力的作用；在做匀加速直线运动或匀角速旋转运动时，还具有惯性力和离心力的作用，这些力都与流体质点的质量有关，统称为质量力。根据牛顿第二定律，质量力的大小与质量和加速度有关。

设质量为 m 的流体受到的质量力为 F，则单位质量流体所具有的质量力为

$$f = \frac{F}{m} = X\mathbf{i} + Y\mathbf{j} + Z\mathbf{k} \tag{2-1}$$

式中，X、Y、Z 分别为单位质量所具有的质量力沿 x，y，z 轴的三个分量。

对于只有重力场作用的绝对静止流体，质量力为 $F = -mg\mathbf{k}$，负号表示力的方向向下。沿水平方向的分力 $X = 0, Y = 0$，沿垂直向上的坐标方向，有 $Z = -g$，则单位质量力为 $f = 0\mathbf{i} + 0\mathbf{j} - g\mathbf{k}$。

2. 流体静压强的定义

在静止流体中取出一个作用面 ΔA，其上的作用力为 ΔP，当 $\Delta A \to 0$ 时，平均压强的极限就定义为该点处的静压强，即

$$p = \lim_{\Delta A \to 0} \frac{\Delta P}{\Delta A} \tag{2-2}$$

在国际单位制中，压强的单位为 N/m^2，也用 Pa、kPa 或 bar 表示。

$$1 \text{ Pa} = 1 \text{ N/m}^2$$
$$1 \text{ kPa} = 1\,000 \text{ Pa}$$
$$1 \text{ bar} = 10^5 \text{ Pa}$$

3. 静止流体中压强的特征

作用于微团表面的静压强具有以下两个特性：

（1）静压强的方向垂直指向作用面；

（2）静压强的大小与作用面的方位无关。

关于第一个特性，是由于静止流体没有切向力以及流体不能承受拉力所决定的。在静止流体中任取一个截面 N，如图 2-1 所示。设外界对此表面的压力为 P，若 P 不是沿法线方向，则必有切向分量，从而产生切向力；由于流体只能用自身的变形来抵御切应力，故切应力的存在必然使流体产生流动，这与静止的前提相矛盾。另外，由于流体不能承受拉力，故静压强的方向只能是压向作用面，即沿作用面的内法线方向垂直指向作用面。

关于第二个特性，在静止流体中任取一点 O，自 O 点作边长分别为 dx、dy、dz 的直角四面体 $OABC$，如图 2-2 所示。

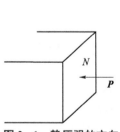

图 2-1　静压强的方向

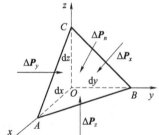

图 2-2　静压强的大小与方向无关

在四面体的四个面上分别作用有表面力 ΔP_x、ΔP_y、ΔP_z、ΔP_n 和质量力 ΔF_x、ΔF_y、ΔF_z，且

$$\Delta F_x = \frac{1}{6} \rho X dx dy dz$$

$$\Delta F_y = \frac{1}{6} \rho Y dx dy dz$$

$$\Delta F_z = \frac{1}{6} \rho Z dx dy dz$$

对于静止状态下的流体微团来说，各方向的作用力平衡，则在 x 方向有平衡方程

$$\Delta P_x - \Delta P_n \cos(n, x) + \Delta F_x = 0$$

式中，(n,x) 为倾斜平面 ABC 的外法线方向与 x 轴的夹角。三角形 BOC 的面积为

$$\Delta A_x = \Delta A_n \cos(n,x) = \frac{1}{2}\mathrm{d}y\mathrm{d}z$$

用 $\Delta P_x - \Delta P_n \cos(n,x) + \Delta F_x = 0$ 除以上式，得到

$$\frac{\Delta P_x}{\Delta A_x} - \frac{\Delta P_n}{\Delta A_n} + \frac{1}{3}\rho X\mathrm{d}x = 0$$

令 $\mathrm{d}x$、$\mathrm{d}y$、$\mathrm{d}z$ 趋于 0，且根据压强的定义，有

$$p_x = \lim_{A_x \to 0}\frac{\Delta P_x}{\Delta A_x}, \qquad p_n = \lim_{\Delta A_n \to 0}\frac{\Delta P_n}{\Delta A_n}$$

得到

$$p_x = p_n$$

同理可得

$$p_y = p_n, \ \ p_z = p_n$$

因此有

$$p_x = p_y = p_z = p_n = p$$

由于 O 点和 n 的方向是任选的，因此，在静止流体内任何点上，压强的大小与作用面的方位无关。过同一点各个方向的压强是相同的，可用同一个符号 p 表示，这样 p 就只是该点坐标的连续函数，写成

$$p = p(x,y,z)$$

第 2 节　流体静平衡微分方程及其积分

1. 流体平衡微分方程

在静止流体中任取一边长分别为 $\mathrm{d}x$、$\mathrm{d}y$、$\mathrm{d}z$ 的平行六面体，如图 2-3 所示。

（1）受力分析。

所取质点所受到的力有质量力和表面力。质量力为

$$\boldsymbol{F} = m\boldsymbol{f} = \rho\mathrm{d}x\mathrm{d}y\mathrm{d}z(X\boldsymbol{i} + Y\boldsymbol{j} + Z\boldsymbol{k}) \qquad (2-3)$$

作用在平行六面体表面上的力都是垂直指向作用面的，故作用在垂直于 y 轴和 z 轴的面上的力在 x 轴上的投影均为 0。沿 x 轴的表面力就只有在 A 面上的力和在 B 面上的力。在 A 面上的压强为 $p(x,y,z)$，在 B 面上的压强为 $p(x+\mathrm{d}x,y,z)$，则由泰勒公式，有

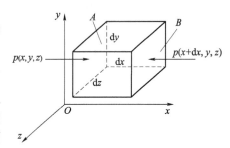

图 2-3　微小平行六面体受力分析图

$$p(x+\mathrm{d}x,y,z) = p(x,y,z) + \frac{\partial p}{\partial x}\mathrm{d}x$$

则沿 x 方向表面力的合力为

$$[p(x,y,z) - p(x+\mathrm{d}x,y,z)]\mathrm{d}y\mathrm{d}z = -\frac{\partial p}{\partial x}\mathrm{d}x\mathrm{d}y\mathrm{d}z \qquad (2-4)$$

（2）列出平衡方程。

沿 x 轴列出平衡方程，由式（2-3）和式（2-4）有

$$\rho X \mathrm{d}x\mathrm{d}y\mathrm{d}z - \frac{\partial p}{\partial x}\mathrm{d}x\mathrm{d}y\mathrm{d}z = 0$$

$$\rho X - \frac{\partial p}{\partial x} = 0$$

同理，可得到沿 y 轴和 z 轴的平衡方程，最后有

$$\begin{cases} X = \dfrac{1}{\rho}\dfrac{\partial p}{\partial x} \\[2mm] Y = \dfrac{1}{\rho}\dfrac{\partial p}{\partial y} \\[2mm] Z = \dfrac{1}{\rho}\dfrac{\partial p}{\partial z} \end{cases} \tag{2-5}$$

也可写成向量的形式

$$\boldsymbol{f} = \frac{1}{\rho}\nabla p$$

式中，符号 $\nabla = \mathbf{i}\dfrac{\partial}{\partial x} + \mathbf{j}\dfrac{\partial}{\partial y} + \mathbf{k}\dfrac{\partial}{\partial z}$，称为哈密尔顿（Hamilton）算子。

这就是流体平衡微分方程，是瑞士数学家和力学家欧拉于 1755 年导出的，故也称为欧拉流体静力学微分方程。

2. 平衡微分方程的全微分形式

将 $\dfrac{\partial p}{\partial x}$、$\dfrac{\partial p}{\partial y}$、$\dfrac{\partial p}{\partial z}$ 分别乘以 $\mathrm{d}x$、$\mathrm{d}y$、$\mathrm{d}z$，然后相加，得到

$$\frac{\partial p}{\partial x}\mathrm{d}x + \frac{\partial p}{\partial y}\mathrm{d}y + \frac{\partial p}{\partial z}\mathrm{d}z = \rho(X\mathrm{d}x + Y\mathrm{d}y + Z\mathrm{d}z)$$

上式左侧为压强 p 的全微分，即有

$$\mathrm{d}p = \rho(X\mathrm{d}x + Y\mathrm{d}y + Z\mathrm{d}z) \tag{2-6}$$

式（2-26）就是欧拉平衡微分方程的全微分表达式，也称为平衡微分方程的综合式。当质量力为已知时，即可由式（2-6）积分得到静压强的分布。

对于不可压缩流体，密度为常数，则式（2-6）中的右侧括号内的三项也应是某个函数 W 的全微分，应有

$$\mathrm{d}W = X\mathrm{d}x + Y\mathrm{d}y + Z\mathrm{d}z$$

$$= \frac{\partial W}{\partial x}\mathrm{d}x + \frac{\partial W}{\partial y}\mathrm{d}y + \frac{\partial W}{\partial z}\mathrm{d}z$$

即

$$\begin{cases} X = \dfrac{\partial W}{\partial x} \\[2mm] Y = \dfrac{\partial W}{\partial y} \\[2mm] Z = \dfrac{\partial W}{\partial z} \end{cases} \tag{2-7}$$

满足式（2-7）这个关系的函数称为势函数，当质量力可以用这样的函数表示时，称质量力为有势的。对于仅有重力作用的重力场来说，由于 $X=0, Y=0, Z=-g$ ，代入式（2-7），得到质量力势函数 $W=-gz$ 。

将式（2-7）代入式（2-6），得到

$$dp = \rho dW \qquad (2-8)$$

由此可见，只有在有势的质量力的作用下流体才可以处于平衡状态。

对于可压缩流体，由式（2-6）可知，质量力有势的平衡条件要求 $\dfrac{dp}{\rho}$ 为某一个函数 P 的微分，

即 $\dfrac{dp}{\rho}=dP$ ，此时要求密度仅仅是压强的函数，即 $\rho=\rho(p)$ ，这样的流体又称为正压性流体。

3. 等压面

压强相等的空间点构成的面称为等压面，由于在等压面上 $p=C$ ，则 $dp=0$ 。由式（2-6）可得等压面方程为

$$Xdx + Ydy + Zdz = 0 \qquad (2-9)$$

注 1： 由式（2-8）可知，等压面也是等势面。

注 2： 由式（2-9）可知，等压面与质量力正交。

在等压面上任取一微元线段 $d\boldsymbol{l} = \mathbf{i}dx + \mathbf{j}dy + \mathbf{k}dz$ ，由于单位质量的质量力为 $\boldsymbol{f} = \mathbf{i}X + \mathbf{j}Y + \mathbf{k}Z$ ，则由式（2-9）有 $\boldsymbol{f} \cdot d\boldsymbol{l} = 0$ ，即 $\boldsymbol{f}$ 与 $d\boldsymbol{l}$ 相垂直，二者正交。这从物理上来说就是单位质量力沿等压面任意方向所做的功为零。

图 2-4 所示为做匀加速水平运动的车，其有一箱水，如果加速度方向向右，那么水箱中水的表面是个什么样呢？是 A 还是 B 呢？

在表面任意点，其质量力如图 2-4 所示，水面为等压面（均为大气压），根据等压面与质量力垂直可知水面应该是 B 。

注 3： 由此推论可知，在流体只受重力作用时，等压面为水平面。

在重力作用下，静止均质液体中的等压面与重量方向相垂直，也就是水平面；反之，水平面也必然是等压面。需要强调指出，静止液体内等压面是水平面需要两个前提：一是连通的容器；二是同一种液体。对于不连通的或者不是同一种液体则不适用。在图 2-5（a）中，由于容器不是连通的，则水平面 AB 不是等压面；在图 2-5（b）中，由于有两种流体，故水平面 CD 也不是等压面，而水平面 AB 在同一种流体中，则是等压面。

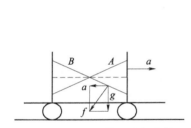

图 2-4　做匀加速直线运动的水箱

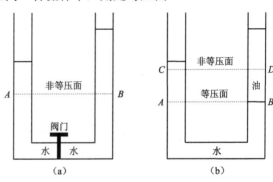

图 2-5　水平面为等压面的条件

（a）容器不连通；（b）两种流体

第3节　流体静压强的分布规律

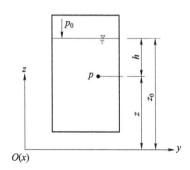

图 2-6　重力作用下静压强的分布

1. 静压强基本方程

设装有液体的容器如图2-6所示，在质量力为重力的作用下处于平衡状态，其自由表面压强为 p_0。试研究容器中液体内的压强分布规律。

由于质量力只有重力，则有 $X = Y = 0, Z = -g$，代入式（2-6），有

$$
\begin{aligned}
\mathrm{d}p &= \rho(X\mathrm{d}x + Y\mathrm{d}y + Z\mathrm{d}z) \\
&= \rho(0 + 0 - g\mathrm{d}z) \\
&= -\rho g\mathrm{d}z
\end{aligned}
$$

对于不可压缩均质流体，密度为常数，对上式积分，得到

$$p = -\rho gz + c$$

式中，c 为待定常数。当 $z = z_0$ 时，$p = p_0$，代入上式，得到 $c = p_0 + \rho gz_0$，则有

$$
\begin{aligned}
p &= p_0 + \rho g(z_0 - z) \\
p &= p_0 + \rho gh
\end{aligned}
\tag{2-10}
$$

此式就是流体静力学基本方程，表明在重力作用下的静止流体中，压强随深度呈线性变化。式 $p = -\rho gz + c$ 还可写成

$$z + \frac{p}{\rho g} = c \tag{2-11}$$

2. 推论

（1）由式（2-10）可明显看出，静压强的大小与流体的体积无直接关系，容器不同，液体重量不同，但只要深度相同，其压强也相同。在图 2-7 中液面高度相同，则容器底部的压强也相同。

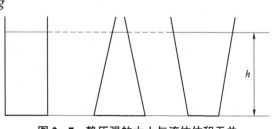

图 2-7　静压强的大小与流体体积无关

（2）液体内两点的压差等于两点间竖直方向单位面积液柱的重量。

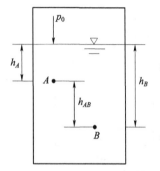

图 2-8　两点间静压强之差

在图2-8所示的容器中，任取 A、B 两点，则根据式（2-10），有

$$
\begin{aligned}
p_A &= p_0 + \rho gh_A \\
p_B &= p_0 + \rho gh_B
\end{aligned}
$$

得到 A、B 两点的压差为

$$p_B - p_A = \rho gh_{AB}$$

（3）帕斯卡(Pascal)原理：处于平衡状态下的不可压缩流体中，任意一点处（包括边界上）的压强变化，能等值地传递到其他各点。

由于液体内任意点处的压强为

$$p_B = p_A + \rho gh_{AB}$$

在平衡状态下，当 A 点的压强增加 Δp 时，B 点的压强变为

$$p' = (p_A + \Delta p) + \rho g h_{AB} = (p_A + \rho g h_{AB}) + \Delta p$$
$$= p_B + \Delta p$$

即 A 点压强的变化等值地传递到其他各点，这就是著名的帕斯卡原理。

3. 测压管高度

对式 $z + \dfrac{p}{\rho g} = c$ 中各项的物理意义参照图 2−9 进行以下讨论。

z ——某点在基准面以上的高度，称为位置高度或位置水头，其物理意义是单位重量液体所具有的（相对于基准面）位置势能，简称位能。

$p/\rho g$ ——压强水头，其物理意义是单位重量液体所具有的压强势能，简称压能。

$z + p/\rho g$ ——测压管高度或测压管水头，是单位重量液体所具有的总势能。

液体静力学基本方程式（2−11）表示在均质连通的静止液体中，各点的测压管水头相等，在图 2−9 中可明显看到

$$z_A + \frac{p_A}{\rho g} = z_B + \frac{p_B}{\rho g}$$

其物理意义就是，静止液体中各点处单位重量液体具有的总势能相等。

4. 真空高度

当某点的压强小于当地大气压时，称该点处于有真空的状态，该点压强小于当地大气压的值（绝对值）称为该点的真空度，记为 p_v。测量 p_v 的方法是在该点接一根竖直向下插入容器内的玻璃管（如图 2−10 所示），容器内的液体在大气压的作用下将沿玻璃管上升高度 h_v，且有

$$h_v = \frac{p_v}{\rho g} \tag{2−12}$$

式中，h_v 称为真空高度。

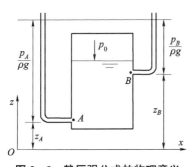

图 2−9　静压强公式的物理意义

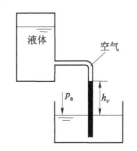

图 2−10　真空度的测量

第 4 节　压强的计算标准和度量单位

1. 压强的计算标准

由于计算压强的起点不同，压强可分为绝对压强、相对压强和真空度，如图 2−11 所示。

绝对压强——以无气体分子存在的完全真空为基准的压强，记为 p_{abs}。

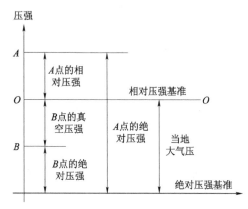

图 2-11 静压强的计算基准

相对压强——以当地大气压为起点计算的压强，记为 p。

绝对压强与相对压强之间相差一个大气压强 p_{atm}，二者的关系为

$$p_{abs} = p + p_{atm} \qquad (2-13)$$

注： 本书如无特别说明，压强都是指相对压强。

真空度——当地压强小于当地大气压时，相对压强为负值，又称为负压，其值的大小称为真空度，用符号 p_v 表示。

$$p_v = p_{atm} - p_{abs} = -p \qquad (2-14)$$

2. 压强的度量单位

压强的度量单位通常有以下三种。

（1）应力单位——其单位为 Pa，或直接用 N/m^2 或 kN/m^2 表示，如果压强很高，常采用 MPa（兆帕，$1\ MPa = 10^6\ Pa$）表示。

（2）液柱单位——压强也常用液柱高计量，单位是米水柱、毫米水柱或毫米汞柱。测量血压的计量方法就是典型的用液柱高表示的压强。

（3）大气压单位——用大气压的倍数来计量。国际上规定标准大气压用符号 atm 表示，$1\ atm = 101\ 325\ N/m^2$。

应力单位也可用 bar 表示，定义 $1\ bar = 10^5\ Pa$，约为一个大气压。

另外，工程上常用工程大气压，符号为 at，$1\ at = 98\ 000\ N/m^2$，也可用 $1\ at = 0.1\ MPa$。

几种计量单位的关系见表 2-1。

表 2-1 压强的几种计量单位关系

压强单位	Pa 或（$N \cdot m^{-2}$）	毫米水柱	at	atm	毫米汞柱
换算关系	9.8	1	10^{-4}	9.67×10^{-5}	0.073 5
	98 000	10^4	1	0.967	735
	101 325	1 033	1.033	1	760
	133.33	13.6	1.36×10^{-3}	13.16×10^{-3}	1

例如，表中"换算关系"中第三行表示，101 325 Pa=1 033 毫米水柱=1.033 at=1 atm=760 毫米汞柱。

第5节 静压强的测量

1. 测压管

图 2-12 所示为静压强的测量，左侧为一密封容器，右侧接一个上端开口通大气的细玻璃管，这个玻璃管称为测压管。测压管内液体通向大气，表面上作用着大气压强，是自由液面。

容器内液体表面的压强为 p_0，在等压面上列方程，得到容器内液体表面压强为

$$p_0 = \rho g h$$

B 点处的压强为

$$p_B = p_0 + \rho g h_0 = \rho g(h_0 + h)$$

注 1：式中的 h 或 $(h_0 + h)$ 也称为测压管高度。

注 2：测压管只适用于测量较小的压强，否则需要的玻璃管过长。例如，若 p_0 为一个大气压，则测压管高度为 10 m 多，这显然是不方便的。为此可采用 U 形管测压计，用水银作为测压工作介质，因为一个大气压等同于 0.76 m 水银柱高。

2. U 形管测压计

测量较大的压强可采用水银测压计，如图 2–13 所示。设水的密度为 ρ，汞的密度为 ρ_G，由于 1 点和 2 点位于同一个等压面上，故有

$$p_1 = p_B + \rho g a$$
$$p_2 = \rho_G g h$$
$$p_1 = p_2 \quad \Rightarrow \quad p_B + \rho g a = \rho_G g h$$

则 B 点的压强为

$$p_B = \rho_G g h - \rho g a$$

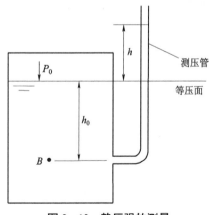

图 2–12　静压强的测量

3. 压差计

压差计可直接测量两点之间的压强差，而不涉及两点压强的大小。压差计可分为空气压差计、油压差计和水银压差计等。

某种空气压差计如图 2–14 所示，倒 U 形管上部充以空气，下部两端用皮管连接到需要测量的 1、2 两点。当 1、2 两点的压强不等时，倒 U 形管中的液面存在高度差 h。因空气密度很小，故可认为两管的液面压强是相等的，设为 p_0，则有

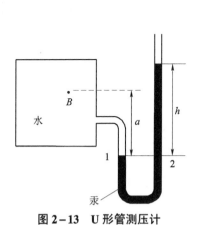

图 2–13　U 形管测压计

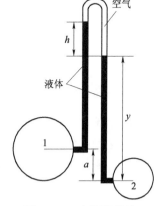

图 2–14　空气压差计

$$p_0 + \rho g y = p_2$$
$$p_0 + \rho g(h + y - a) = p_1$$

即有

$$p_2 - \rho g y = p_1 - \rho g(h + y - a)$$

得到 1、2 两点的压差为

$$\Delta p = p_1 - p_2 = \rho g(h-a)$$

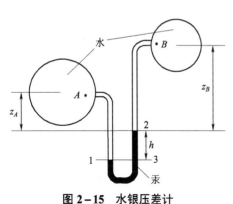

图 2-15 水银压差计

测量大压差时，可采用水银压差计（如图 2-15 所示），图中 U 形管中充以水银。1、3 两点位于一个等压面上，得到

$$p_A + \rho g z_A + \rho g h = p_B + \rho_G g h + \rho g z_B$$

即 A、B 两点的压差为

$$p_A - p_B = \rho g(z_B - z_A) + (\rho_G - \rho)gh$$

式中，ρ 是水的密度；ρ_G 是水银的密度。

4. 倾斜式微压计

当测量较小压强时，为提高精度，可将测压管倾斜某一角度 θ，如图 2-16 所示，用倾斜式测压管测量的压强为

$$p = \rho g l \sin\theta$$

常用的 θ 值为 10°～30°，这样可使压强读数放大 2～5 倍。

【例 2-1】 现有一复式 U 形管水银测压计，如图 2-17 所示。已知测压计上各液面及 A 点的标高为：$\nabla_1 = 1.8\,\text{m}$，$\nabla_2 = 0.6\,\text{m}$，$\nabla_3 = 2.0\,\text{m}$，$\nabla_4 = 1.0\,\text{m}$，$\nabla_5 = \nabla_A = 1.5\,\text{m}$；两个 U 形管水银之间的气体为空气，1 点通向大气，试确定 A 点的压强。

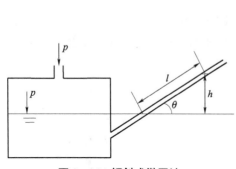

图 2-16 倾斜式微压计

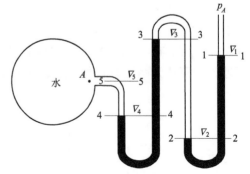

图 2-17 复式 U 形管测压计

解： 已知液面 1 上作用着大气压；1-1 面、2-2 面、3-3 面、4-4 面分别为等压面；两个 U 形管水银之间的气体为空气，故可认为 2-2 面和 3-3 面上的压强相等。

设水银的密度为 ρ_G，由等压面方程，可得

$$p_3 = p_2 = \rho_G g(\nabla_1 - \nabla_2)$$
$$p_A + \rho g(\nabla_5 - \nabla_4) = p_3 + \rho_G g(\nabla_3 - \nabla_4)$$

得到

$$p_A = \rho_G g[(\nabla_3 - \nabla_4) + (\nabla_1 - \nabla_2)] - \rho g(\nabla_5 - \nabla_4)$$

将已知数据代入，得到 A 点的压强为

$$p_A = \{13.6 \times [(2-1) + (1.8-0.6)] - (1.5-1.0)\} \times 9.8 \times 10^3 = 288.316\,(\text{kPa})$$

第 6 节　作用于平面上的静压力

根据固壁形状特点，静止流体作用于固壁上的力分为作用于平面上的力和作用于曲面上的力两类，本节讨论静止流体作用于平面固壁上作用力的大小及作用点的计算方法。

1. 总压力的大小和方向

设任意形状平板的面积为 A，平板与水平面的夹角为 α，如图 2−18 所示。

取竖直平面与平板所在平面的交线为 y 轴，交线与液面的交点为坐标原点 O。过 O 点作垂直于 Oy 的 x 轴，使平板位于 Oxy 平面内。把平板绕 Oy 轴旋转 90°，所显示的受压平面如图 2−18 所示。

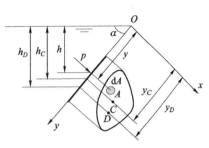

图 2−18　作用在平板上的压力

在点 A（液面下 h，距 O 点为 y）处取微元面积 $\mathrm{d}A$，液体作用在 $\mathrm{d}A$ 上的微小压力为

$$\mathrm{d}P = p\mathrm{d}A = \rho gh\mathrm{d}A = \rho gy\sin\alpha\mathrm{d}A$$

则作用在平板上的总压力为

$$P = \rho g\sin\alpha\int_A y\mathrm{d}A$$

式中，$\int_A y\mathrm{d}A$ 是平板对 Ox 的静力矩（面积矩），即若 y_C 为平板 A 的形心，则有

$$\int_A y\mathrm{d}A = y_C A$$

代入上式，得到静水总压力大小为

$$P = \rho g\sin\alpha y_C A = \rho gh_C A = p_C A \tag{2−15}$$

式中，p_C 为作用在形心处的压强。

上式表明，任意形状平面上的静水总压力的大小，等于作用在形心处的压强 p_C 乘以受压面的面积 A，其方向总是指向作用面，即沿受压面的内法线方向。

2. 总压力的作用点

设总压力作用点（压力中心）D 到 Ox 轴的距离为 y_D，对 Ox 轴列力矩平衡方程，应有

$$Py_D = \int yp\mathrm{d}A = \rho g\sin\alpha\int_A y^2\mathrm{d}A$$

积分 $\int_A y^2\mathrm{d}A$ 是平板对 Ox 轴的惯性矩，以 $\int_A y^2\mathrm{d}A = I_x$ 代入上式，得到

$$Py_D = \rho gI_x\sin\alpha$$

由式（2−15），得到压力中心为

$$y_D = \frac{I_x}{y_C A} \tag{2−16}$$

再由平行移轴定理，$I_x = I_C + y_C^2 A$，代入上式，得到

$$y_D = y_C + \frac{I_C}{y_C A} \tag{2−17}$$

式中，y_D 为总压力作用点到 Ox 轴的距离；y_C 为平板形心到 Ox 轴的距离；I_C 为平板对与 Ox 轴平行且过形心的轴的惯性矩；A 为平板的面积。

由式（2-17）可知，$y_D > y_C$，即总压力作用点 D 一般在平板形心 C 之下。

压力中心 D 到 Oy 轴的距离为 x_D，根据力矩平衡原理，有

$$Px_D = \int_A x\mathrm{d}p = \rho g \sin\alpha \int_A xy\mathrm{d}A$$

式中，积分 $\int_A xy\mathrm{d}A$ 是平板对 x、y 轴的惯性矩，记为 $\int_A xy\mathrm{d}A = I_{xy}$，代入得到

$$Px_D = \rho g \sin\alpha I_{xy}$$

又由于 $P = \rho g \sin\alpha y_C A$，代入上式，化简后得到

$$x_D = \frac{I_{xy}}{y_C A} \qquad\qquad (2-18)$$

再由惯性矩的平行移轴定理，$I_{xy} = I_{xyC} + x_C y_C A$，得到

$$x_D = x_C + \frac{I_{xyC}}{y_C A}$$

式中，x_D 为压力中心到 Oy 轴的距离；x_C 为受压面形心到 Oy 轴的距离；y_C 为受压面形心到 Ox 轴的距离；I_{xyC} 为受压面对平行于 x、y 轴的形心轴的惯性矩。

注：惯性矩 I_{xyC} 的数值可正可负，x_D 可能大于 x_C，也可能小于 x_C。

常见几何图形的几何特征量见表 2-2。

表 2-2　常见几何图形的几何特征量

几何图形名称	面积 A	形心坐标	对通过形心轴的惯性矩 I_c
矩形	bh	$\frac{1}{2}h$	$\frac{1}{12}bh^3$
三角形	$\frac{1}{2}bh$	$\frac{2}{3}h$	$\frac{1}{36}bh^3$
半圆	$\frac{\pi}{8}d^2$	$\frac{4r}{3\pi}$	$\frac{(9\pi^2-64)}{72\pi}r^4$
梯形	$\frac{h}{2}(a+b)$	$\frac{h}{3}\cdot\frac{(a+2b)}{(a+b)}$	$\frac{h^3}{36}\cdot\left(\frac{a^2+4ab+b^2}{a+b}\right)$

续表

几何图形名称	面积 A	形心坐标	对通过形心轴的惯性矩 I_c
圆	$\dfrac{\pi}{4}d^2$	$\dfrac{d}{2}$	$\dfrac{\pi}{64}d^4$
椭圆	$\dfrac{\pi}{4}bh$	$\dfrac{h}{2}$	$\dfrac{\pi}{64}bh^3$

【例 2-2】 一矩形闸板竖直放置，如图 2-19 所示。已知板宽 $B = 4\,\text{m}$，高 $h_2 = 3\,\text{m}$，板顶水深 $h_1 = 1\,\text{m}$，求矩形闸板所受到静水总压力的大小及作用点。

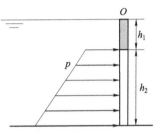

图 2-19 作用在矩形闸板上的压力

解：

（1）求静压力的大小。

由静压力的计算公式（2-15），闸板所受静水压力的大小为

$$P = p_C A = \rho g h_C B h_2 = 1\,000 \times 9.8 \times \left(h_1 + \frac{h_2}{2}\right) \times 4 \times 3$$

$$= 9\,800 \times 12 \times \left(1 + \frac{3}{2}\right) = 294\,(\text{kN})$$

（2）求压力中心。

设总压力的作用点为 D，其淹没深度为 h_D。闸板上的静压力对 O 点取矩，并设 y 轴为自 O 点竖直向下为正方向，由力矩平衡，得到

$$P h_D = \int y p \mathrm{d}A = \rho g \int_A y^2 \mathrm{d}A$$

$$= \rho g \int_{h_1}^{h_1+h_2} y^2 B \mathrm{d}y = B \rho g \int_1^4 y^2 \mathrm{d}y$$

$$= 4\,000 \times 9.8 \times \frac{4^3 - 1^3}{3} = 823\,200\,(\text{N} \cdot \text{m})$$

得到压力中心

$$h_D = \frac{823\,200}{294\,000} = 2.8\,(\text{m})$$

注： 上式结果也可由下式得到

$$h_D = h_c + \frac{I_C}{A h_c} = \left(1 + \frac{3}{2}\right) + \frac{\dfrac{1}{12} \times 4 \times 3^3}{4 \times 3 \times \left(1 + \dfrac{3}{2}\right)} = 2.8\,(\text{m})$$

第7节　作用在曲面上的液体压力

作用于曲面上的压强总是垂直指向作用面的，由于曲面上各点的法线方向不同，因此，不能采用直接积分的方法求和，一般是将总压力分解为水平方向和垂直方向两个分力，分别求出后再合成。

1. 曲面上的液体总压力

设曲面 AB 的母线垂直于图面，曲面的面积为 A。设坐标平面 xOy 与液面重合，Oz 轴向下，如图 2-20 所示。

在曲面 AB 的任意点处取一微元面积 $\mathrm{d}A$，微元面积上的压力可分解为水平方向和铅垂方向两个分力

$$\mathrm{d}P_x = p\cos\alpha\,\mathrm{d}A = \rho gh\cos\alpha\,\mathrm{d}A = \rho gh\,\mathrm{d}A_x$$
$$\mathrm{d}P_z = p\sin\alpha\,\mathrm{d}A = \rho gh\sin\alpha\,\mathrm{d}A = \rho gh\,\mathrm{d}A_z$$

总压力的水平分力为

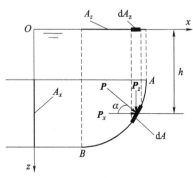

图 2-20　作用在曲面上的力

$$P_x = \rho g\int_{A_x} h\,\mathrm{d}A_x$$

式中，$\displaystyle\int_{A_x} h\,\mathrm{d}A_x$ 是曲面在 yOz 面上的投影面 A_x 对 Oy 轴的面积矩，$\displaystyle\int_{A_x} h\,\mathrm{d}A_x = h_C A_x$，代入上式，得到

$$P_x = \rho g h_C A_x = p_C A_x \tag{2-19}$$

式（2-19）说明，液体作用在曲面上总压力的水平分力等于作用在该曲面的水平投影面上的压力，可以用求平面总压力的方法求解。

总压力的铅垂分力为

$$P_z = \rho g\int_{A_z} h\,\mathrm{d}A_z$$

式中，$\displaystyle\int_{A_z} h\,\mathrm{d}A_z$ 是曲面到自由液面（或其延伸面）之间的铅垂曲面柱体体积，称为压力体，记为 V_P，则总压力的铅垂方向的分力为

$$P_z = \rho g V_P \tag{2-20}$$

这个力相当于体积为 V_P 的液体的重量。

液体作用在曲面上的总压力的合力为

$$P = \sqrt{P_x^2 + P_z^2} \tag{2-21}$$

总压力作用线与水平面夹角为

$$\tan\alpha = \frac{P_z}{P_x},\ \alpha = \arctan\frac{P_z}{P_x} \tag{2-22}$$

注 1：在求压力体时，应清楚积分 $\displaystyle\int_{A_z} h\,\mathrm{d}A_z$ 中的 h 是哪个高度，所积出来的体积是哪一块体积。

注 2：式（2-20）只计算出垂直方向压力的大小。关于力的方向，可以这么考虑：液体

在上，压力方向向下；液体在下，压力方向向上。

注 3：过 P_x 作用线和 P_z 作用线的交点，作与水平面成 α 角的直线，此直线就是总压力的作用线，该线与曲面的交点就是总压力的作用点。

2. 压力体

积分 $\int_{A_z} h\mathrm{d}A_z = V_P$ 所表示的体积称为压力体，是一个虚拟的体积，压力体内可以有液体，也可以没有液体，随液体与曲面的相对位置的不同，压力体大致可分为以下几种情况。

（1）实压力体。

压力体和液体在曲面的同侧，此时压力体内充满液体，称为实压力体，液体在曲面的上方，P_z 方向向下，如图 2-21（a）所示。

（2）虚压力体。

压力体和液体在曲面的异侧，其上底面为自由液面的延伸面，此时压力体内无液体，称为虚压力体，液体在曲面的下方，P_z 方向向上，如图 2-21（b）所示。

（3）压力体叠加。

对于水平投影有重叠的曲面，可分段确定压力体，然后相叠加。例如图 2-21（c）中半圆柱面 ABC 的压力体，可分别按曲面 AB、BC 确定，叠加后得到虚压力体 ABC，P_z 方向向上。

【例 2-3】 证明浮力定理，即物体在液体中所受到的浮力，等于它所排开液体的重量。

证明：设物体全部浸没在密度为 ρ 的液体中，如图 2-22 所示。体积为 V 的物体，其表面按液体在表面之上和液体在表面之下，被分为两部分，一个是上表面 BFD，另一个是下表面 BCD。上表面 BFD 与液面 AE 之间的体积为 V_0。

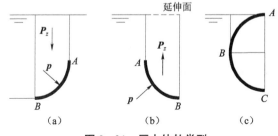

图 2-21　压力体的类型

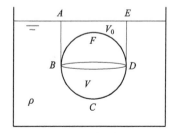

图 2-22　浮力定理证明用图

由式（2-20），上表面 BFD 所受到的力为 $\rho g V_0$，液体在上，所以方向向下；下表面 BCD 所受到的力为 $\rho g(V+V_0)$，液体在下，所以方向向上。则物体所受到的合力为

$$F = \rho g(V+V_0) - \rho g V_0 = \rho g V$$

这个力的方向向上，故称为浮力，其大小恰是体积为 V 的液体的重量。这就是著名的浮力定理，也称为阿基米德浮力定理。

【例 2-4】 水库闸门结构如图 2-23 所示。闸板下部距水面 H=6 m 处用铰链连接一个扇形闸门，设闸门宽度 B=4 m，扇形闸门的半径为 R=3 m，圆心在 O 处，且圆心 O 与铰链在同一水平面。试求

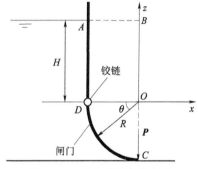

图 2-23　水库闸门结构示意

（1）作用在扇形闸门上的力；

（2）关闭阀门所需的力 P。

解：

（1）求作用在闸门上的力。

由式（2–19）可知，作用在闸门上沿 x 轴方向的分力为

$$F_x = \rho g\left(H + \frac{1}{2}R\right)RB = 1\,000 \times 9.81 \times (6+1.5) \times 3 \times 4 = 882\,900\,(\text{N})$$

闸门上的压力体为 $ABCDA$ 所围体积，即有

$$V_P = HRB + \frac{1}{4}\pi R^2 B$$

再由式（2–20），得到铅直方向的分力为

$$F_z = \rho g V_P = \rho g\left(HRB + \frac{1}{4}\pi R^2 B\right) = 983\,692\,\text{N}$$

由于液体在作用面下方，故 $\boldsymbol{F}_z$ 的方向向上，为浮力。

（2）求关闭扇形闸门所需的力 P。

作用在半圆形闸门上的压强分布为

$$p = \rho g\,h = \rho g(H + R\sin\theta)$$
$$p_x = p\cos\theta$$
$$p_z = p\sin\theta$$

水平方向分力对铰链所产生的力矩为

$$M_x = \int_0^{\pi/2} p_x BR\sin\theta R\mathrm{d}\theta$$

$$= BR^2 \int_0^{\pi/2} p_x \sin\theta\mathrm{d}\theta = BR^2 \int_0^{\pi/2} p\cos\theta\sin\theta\mathrm{d}\theta$$

$$= BR^2 \int_0^{\pi/2} \rho g(H + R\sin\theta)\cos\theta\sin\theta\mathrm{d}\theta$$

$$= \rho g B R^2\left(\frac{H}{2} + \frac{R}{3}\right) = 1\,412\,640\,\text{N}\cdot\text{m}$$

垂直方向分力对铰链所产生的力矩为

$$M_z = \int_0^{\pi/2} p_z(R - R\cos\theta)BR\mathrm{d}\theta$$

$$= \rho g B R^2 \int_0^{\pi/2} (H + R\sin\theta)(1 - \cos\theta)\sin\theta\mathrm{d}\theta$$

$$= \rho g B R^2\left(H - \frac{H}{2} - \frac{R}{3} + R\int_0^{\pi/2}\sin^2\theta\mathrm{d}\theta\right)$$

$$= \rho g B R^2\left(\frac{H}{2} - \frac{R}{3} + \frac{\pi R}{4}\right) = 1\,538\,436\,\text{N}\cdot\text{m}$$

对铰链列力矩平衡方程

$$PR = M_x + M_z$$

得到所需的力为

$$P = 983\,691\,\text{N}$$

思考题：在如图 2-24 所示的结构中，水箱的侧壁上装有一个表面完全光滑的圆柱，此圆柱位于水箱内的一半受到浮力作用，此浮力对圆心产生力矩，使圆柱在浮力的作用下自动旋转起来，能实现吗？为什么？（这个问题又称为茹科夫斯基疑题。）

图 2-24　茹科夫斯基疑题

第8节　相对静止状态下的流体静压强分布

相对静止是指流体质点与质点之间、流体和容器之间没有相对运动，而整个系统对地球来说是有相对运动的。

1. 匀加速直线运动容器中液体的平衡

在如图 2-25 所示的系统中，容器内最初装有深为 H 的液体。设容器以固定加速度 a 沿水平方向做直线运动，其稳定状态就属于相对静止问题。

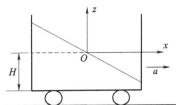

图 2-25　匀加速直线运动的容器

选取坐标原点 O 位于液面中心，如图 2-25 所示，由平衡微分方程式（2-6）有

$$dp = \rho(Xdx + Ydy + Zdz)$$

式中，质量力除重力外，还有水平惯性力，惯性力方向与加速度的方向相反，即有

$$X = -a, Y = 0, Z = -g$$

代入平衡微分方程，得到

$$dp = \rho(-adx - gdz)$$

积分后，得到压强分布为

$$p = -\rho(ax + gz) + c = -\rho g\left(\frac{a}{g}x + z\right) + c \tag{2-23}$$

当 $x=0, z=0$ 时，$p = p_0$，最后得到容器内液体的压强分布为

$$p = p_0 - \rho g\left(\frac{a}{g}x + z\right) \tag{2-24}$$

注1：在液面上 $p = p_0$，则液面方程为

$$\frac{a}{g}x + z = 0 \tag{2-25}$$

注2：在等压面上 p 为常数，得到等压面方程为

$$\frac{a}{g}x + z = C \tag{2-26}$$

与式（2-25）相比较可知，这是一族平行于液面的平面，特别注意，此时等压面不再是水平面了。

注3：当 $x=0$，$-z=h$（液面下一点的深度）时，$C=-h$。再由式（2-26）得知 $\dfrac{a}{g}x+z=-h$ 是等压面，将 $\dfrac{a}{g}x+z=-h$ 代入式（2-24），得到这个面上的压强为

$$p=p_0+\rho gh \tag{2-27}$$

即垂直方向的压强分布规律与静止液体相同。

【例2-5】 如图2-26所示，水箱长 $L=3$ m，高 $H=1.5$ m，装水深 $h=1$ m。问为使水不溢出，加速度 a 最大为多少？

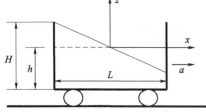

图2-26 匀加速直线运动的水箱

解： 由式（2-25）知，水箱内的液面方程为

$$\frac{a}{g}x+z=0$$

水溢出水箱时有 $x=-\dfrac{L}{2}$，$z=(H-h)$，代入上式，得到不使水溢出的最大加速度为

$$a=\frac{2g(H-h)}{L}=\frac{2\times9.8\times(1.5-1)}{3}=3.27\,(\mathrm{m/s^2})$$

2. 等角速度旋转容器中的液体平衡

圆柱形容器内装有深度为 H 的液体，容器内液面压强为 p_0，该容器绕垂直轴以角速度 ω 旋转。由于黏性作用，一段时间后，容器内液体质点以相同角速度旋转，液体与容器以及液体质点之间无相对运动，故是相对静止问题。

选取坐标系 $Oxyz$，坐标原点 O 位于容器底面中心点，Oz 轴与旋转轴重合，如图2-27所示。

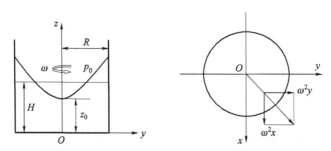

图2-27 匀角速旋转运动的容器

先求解液体内的压强分布，由基本公式（2-6）

$$\mathrm{d}p=\rho(X\mathrm{d}x+Y\mathrm{d}y+Z\mathrm{d}z)$$

质量力除重力外，还有惯性力，其方向与向心加速度方向相反，为离心方向，即有

$$X=\omega^2x,\,Y=\omega^2y,\,Z=-g$$

$$\mathrm{d}p=\rho(\omega^2x\mathrm{d}x+\omega^2y\mathrm{d}y-g\mathrm{d}z)$$

积分得容器内的压强分布为

$$p = \rho g\left(\frac{\omega^2(x^2 + y^2)}{2g} - z\right) + c = \rho g\left(\frac{\omega^2 r^2}{2g} - z\right) + c \qquad (2-28)$$

在式（2-28）中，令 $p=$ 常数，得到等压面方程为

$$z = \frac{\omega^2 r^2}{2g} + c_0 \qquad (2-29)$$

即等压面是一族旋转抛物面。

令 $r=0, z=z_0, p=p_0$，代入式（2-28），得到 $c = p_0 + \rho g z_0$，即

$$p = p_0 + \rho g\left(\frac{\omega^2 r^2}{2g} + z_0 - z\right) \qquad (2-30)$$

又由于在自由液面上有 $p=p_0$，得到自由液面方程为

$$z_s = z_0 + \frac{\omega^2 r^2}{2g} \qquad (2-31)$$

将式（2-31）代入式（2-30），得到

$$p = p_0 + \rho g(z_s - z) = p_0 + \rho g h \qquad (2-32)$$

式中，h 为液面下的深度。这说明，垂直方向的压强分布与绝对静止状态液体内的压强分布相同。

【例 2-6】如图 2-28 所示，圆筒的直径 $D=0.6$ m，高 $H=0.8$ m，圆筒内盛满水。

（1）当圆筒以匀角速度 $\omega = 2\pi$ rad/s 绕其铅垂中心轴旋转时，求从圆筒内溢出的水的体积。

（2）若使筒底中心刚露出水面，求其角速度。

解：

（1）圆筒旋转抛物面与筒口之间围成的空间体积就是溢出的水的体积。

将 z 轴的坐标原点定在自由表面上的 O 点，如图 2-28 所示，则在方程（2-31）中 $z_0 = 0$，自由液面方程为

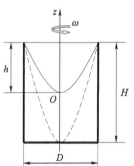

图 2-28　匀角速旋转运动的容器

$$z = \frac{\omega^2 r^2}{2g}$$

由此解出

$$r^2 = \frac{2g}{\omega^2} z$$

并得到坐标原点 O 距圆筒上沿的垂直高度为

$$h = \frac{\omega^2 D^2}{8g} \qquad (a)$$

则溢出的流体体积为

$$V = \int_0^h \pi r^2 \mathrm{d}z = \pi \int_0^h \frac{2g}{\omega^2} z \mathrm{d}z = \frac{\pi g}{\omega^2} h^2 = \frac{\pi g}{\omega^2} \frac{\omega^2 D^2}{8g} h$$

$$= h\frac{\pi D^2}{8} = \frac{1}{2}\frac{\pi D^2}{4} h$$

上式说明，流出的流体体积 V 恰是高 h、直径 D 圆筒体积的一半。将有关数据代入，得到

$$h = \frac{4\pi^2 \times 0.6^2}{8 \times 9.81} = 0.181\,(\text{m})$$

$$V = \frac{1}{2}\frac{0.6^2\pi}{4} \times 0.181 = 0.0256\,(\text{m}^3)$$

（2）当筒底中心刚露出水面时，由式（a）有

$$H = h = \frac{\omega^2 D^2}{8g}$$

解得此时的旋转角速度为

$$\omega = \sqrt{\frac{8gH}{D^2}} = \frac{2}{D}\sqrt{2gH} = \frac{2}{0.6} \times \sqrt{2 \times 9.8 \times 0.8} = 13.2\,(\text{rad/s})$$

习　题

2-1　在重力场中，水和水银的单位质量力 $f_水$ 和 $f_{水银}$ 之间的关系是

（A）$f_水 < f_{水银}$　　　　　　　　　（B）$f_水 > f_{水银}$

（C）$f_水 = f_{水银}$　　　　　　　　　（D）不一定

2-2　如图 2-29 所示，若 $\rho_1 < \rho_2$，则应有

（A）$z_1 + \dfrac{p_1}{\rho_1 g} = z_2 + \dfrac{p_2}{\rho_2 g}$　　　　　　（B）$z_3 + \dfrac{p_3}{\rho_2 g} = z_2 + \dfrac{p_2}{\rho_2 g}$

2-3　装置如图 2-30 所示，测得水池中的水吸入管内的高度 $h_v = 2\,\text{m}$，求封闭容器 A 内的真空度。

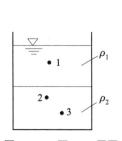

图 2-29　题 2-2 用图

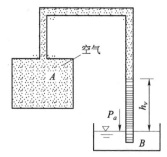

图 2-30　题 2-3 用图

2-4　已知大气压强为 101 325 Pa，求绝对压强为 125 kPa 时的相对压强。若绝对压强为 85 kPa，其真空度为多少？若用水柱高表示，则各为多少？

2-5　气压计读数为 755 mm 汞柱，求水面下 5 m 深处的相对压强和绝对压强。

2-6　一密封水箱如图 2-31 所示，若液面上的相对压强 $p_0 = -50\,\text{kN/m}^2$，试求：

（1）右侧测压管内液面距水箱内液面的铅垂距离 h；

（2）求水箱液面下 0.3 m 处 M 点的压强（分别用绝对压强、相对压强、真空度、水柱高和大气压表示）。

2-7　用 U 形管测量管道中 A 点处的压强，结构如图 2-32 所示。若读数 $h_1 = 300\,\text{mm}$，$h_2 = 600\,\text{mm}$，试在下述条件下分别计算 A 点的压强。（设油的密度为 856.27 kg/m³。）

（1）ρ_1 为汞，ρ_2 为油时；

（2）ρ_1 为水，ρ_2 为油时；

（3）ρ_1 为水，ρ_2 为空气时。

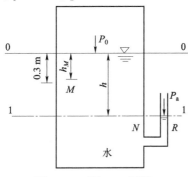

图 2-31　题 2-6 用图

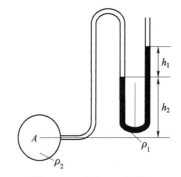

图 2-32　题 2-7 用图

2-8　若水箱两侧的测压管上端封闭，且为完全真空，如图 2-33 所示，测得 $z_1 = 50\,\mathrm{mm}$，求封闭容器液面上的绝对压强及 z_2。

2-9　一矩形平面闸门如图 2-34 所示。闸门高 $h = 3\,\mathrm{m}$，宽 $b = 2\,\mathrm{m}$，上游水深 $h_1 = 6\,\mathrm{m}$，下游水深 $h_2 = 4\,\mathrm{m}$，求水对闸门的作用力及作用点位置。

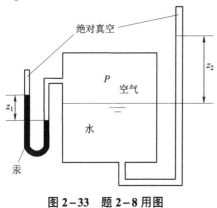

图 2-33　题 2-8 用图

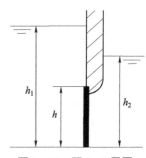

图 2-34　题 2-9 用图

2-10　平面闸门 AB 倾斜 $45°$ 置于静水中，左侧水深 $h_1 = 3\,\mathrm{m}$，右侧水深 $h_2 = 2\,\mathrm{m}$，如图 2-35 所示。求水对闸门的作用力及作用点位置。

2-11　一圆柱形闸门如图 2-36 所示。已知圆柱直径 $D = 4\,\mathrm{m}$，长 $10\,\mathrm{m}$，上游水深 $h_1 = 4\,\mathrm{m}$，下游 $h_2 = 2\,\mathrm{m}$，求水对闸门的作用力。

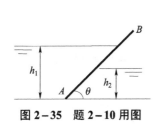

图 2-35　题 2-10 用图

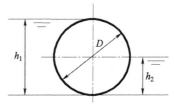

图 2-36　题 2-11 用图

2-12　闸门结构如图 2-37 所示，矩形闸板下有一弧形闸门，门宽 $1\,\mathrm{m}$，求作用在弧形闸门上的力及其作用方向。

2—13 有半径为 $R=100$ mm 的钢球，将水箱垂直壁面上直径为 $d=150$ mm 的圆孔堵住，如图 2—38 所示。已知钢的密度为 7 800 kg/m³，求使钢球处于平衡状态时容器内水面高度 H。

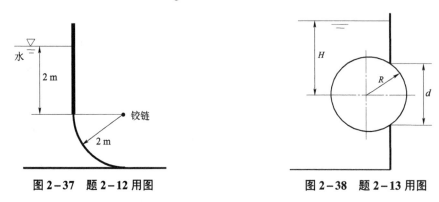

图 2—37 题 2—12 用图   图 2—38 题 2—13 用图

2—14 一个水车以等加速度 $a=1$ m/s² 沿 x 轴水平向右行驶，如图 2—39 所示，求车内液体表面与水平面的夹角。若某点 B 在运动前位于水面下 1 m，距 z 轴为 -1.5 m 处，求加速运动后该点的静水压强。

2—15 一开口容器以 $a=3.6$ m/s² 的加速度沿与水平成 30° 夹角的倾斜平面向上运动，如图 2—40 所示。试求容器中水面的倾角 θ 和压强分布规律。

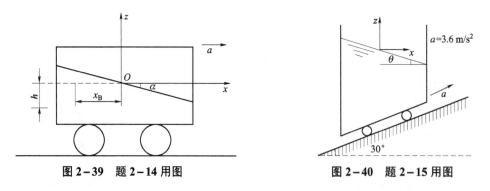

图 2—39 题 2—14 用图   图 2—40 题 2—15 用图

2—16 半径为 R 的圆筒内装有高为 h 的水，若使水桶绕自身垂直轴以角速度 ω 旋转，问多大的角速度可露出桶底？

补 充 习 题

B2—1 静止液体中存在（   ）。

（A）压应力   （B）压应力和拉应力

（C）压应力和切应力   （D）压应力、拉压力和切应力

B2—2 相对压强的起点是（   ）。

（A）绝对真空   （B）1 个标准大气压

（C）当地大气压   （D）液面压强

B2—3 金属压力表的读值是（   ）。

（A）绝对压强　　　　　　　　　　（B）相对压强

（C）绝对压强加当地压强　　　　　（D）相对压强加当地大气压

B2-4　某点的真空度为 65 000 Pa，当地大气压为 0.1 MPa，则该点的绝对压强为（　　）。

（A）65 000 Pa　　　　　　　　　　（B）35 000 Pa

（C）165 000 Pa　　　　　　　　　 （D）100 000 Pa

B2-5　在密闭容器上装有 U 形水银测压计如图 2-41 所示，其中 1，2，3 点位于同一水平面上，则压强关系为（　　）。

（A）$p_1 = p_2 = p_3$　　　（B）$p_1 > p_2 > p_3$　　　（C）$p_1 < p_2 < p_3$

B2-6　用垂直放置的矩形平板挡水，如图 2-42 所示，水深 3 m，静水总压力 F_P 的作用点到水面的距离 y_D 为（　　）。

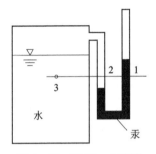

图 2-41　题 B2-5 用图

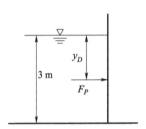

图 2-42　题 B2-6 用图

（A）1.25 m　　　　（B）1.5 m　　　　（C）2 m　　　　（D）2.5 m

B2-7　容器中盛有密度不同的两种液体，如图 2-43 所示，问测压管 A 及测压管 B 的液面是否和容器中的液面 $O-O$ 齐平？为什么？若不齐平，则 A、B 测压管液面哪个高？

B2-8　画出如图 2-44 所示四种曲面的压力体图，并标明垂直分力的方向。

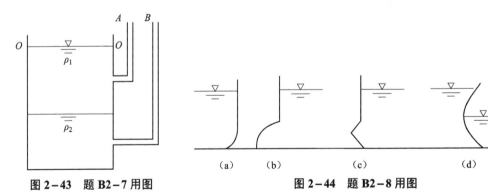

图 2-43　题 B2-7 用图　　　　　　图 2-44　题 B2-8 用图

B2-9　有如图 2-45 所示的被油充满的弯管，油的密度为 880 kg/m³，管中油液处于静止状态。已知 $h=2$ m，$h_1=0.5$ m，容器是密闭的，求 A 和 B 点的相对压强并换算为相应的水柱高。

B2-10　测压管组结构如图 2-46 所示。若 $h_1=0.7$ m，$h_2=0.65$ m，$h_3=0.68$ m，$h_4=0.66$ m，$h_5=0.66$ m，$\rho_{水银}=13\,600$ kg/m³，$\rho_{酒精}=800$ kg/m³，不计空气质量，求空气室内相对压强 p_0。

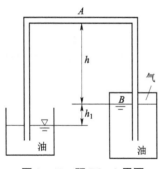

图 2-45 题 B2-9 用图

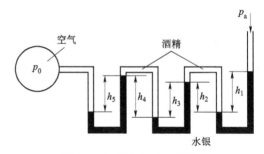

图 2-46 题 B2-10 用图

又若仅用一个 U 形管，当注满水银后测量同样的压强 p_0，则需多长的测压管？

B2-11 一直径为 $d=0.4$ m 的圆柱形容器，如图 2-47 所示，$h_1=0.3$ m，$h_2=0.5$ m，盖上荷重 $F=5788$ N，油的密度为 800 kg/m³，求测压计中水银柱高 h 为多少？

B2-12 一敞口圆柱形容器如图 2-48 所示，直径 $D=0.4$ m，上部为油，下部为水。

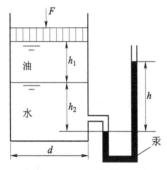

图 2-47 题 B2-11 用图

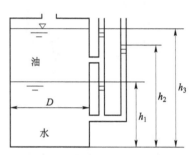

图 2-48 题 B2-12 用图

（1）若测压管中读数为 $h_1=0.2$ m，$h_2=1.2$ m，$h_3=1.4$ m，求油的密度；

（2）若油的密度为 840 kg/m³，$h_1=0.5$ m，$h_2=1.6$ m，求容器中水和油的体积。

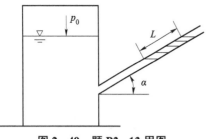

图 2-49 题 B2-13 用图

B2-13 利用倾斜式微压计测量很小的压强装置，如图 2-49 所示，测压液体为密度为 840 kg/m³ 的酒精。

（1）若肉眼观察标线精度为 0.5 mm，测量压强为 1~2 kPa，测量误差不超过 ±1%。试确定测管与水平面应成多大的角度？

（2）若用具有直立标线的杯式水银测压计来测量同样的压强，最大误差又是多少？

B2-14 泄水闸门如图 2-50 所示。要求当水位 $h_1 \geqslant 6$ m 时，水坝的平板闸门自动倾倒。闸门绕直径 $d=0.4$ m、摩擦系数 $f=0.2$ 的轴 O 翻转。假设闸门的另外一侧具有固定不变的水位 $h_2=3$ m，闸门的倾角 $\alpha=60°$。试求

（1）闸门的旋转轴 O 离底部的距离；

（2）已知阀门的宽度 $b=8$ m，求支撑所受的压力 F_P 为多少？

B2-15 如图 2-51 所示安全阀，已知弹簧倔强系数 $k=8$ N/mm，活塞直径 $D=22$ mm，$D_0=20$ mm。如要此阀在压强 $p=3×10^6$ Pa 时开启，问弹簧的预压缩量 x 应为多少？

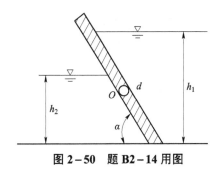

图 2-50　题 B2-14 用图

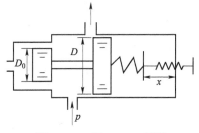

图 2-51　题 B2-15 用图

B2-16　直径 $D=0.4$ m 的圆柱形容器，其内充水至高度 $h=0.3$ m 处，容器悬于直径 $d=0.1$ m 的柱塞上，如图 2-52 所示。柱塞的淹深 $h_1=0.1$ m，容器质量 $M=50$ kg，忽略容器与柱塞间的摩擦，试确定保证容器平衡时容器上部气腔的真空度。

B2-17　有一圆柱形容器，如图 2-53 所示，半径为 $R=1$ m，其中盛有水、密度为 $\rho_1=800$ kg/m³ 的油和空气。已知 $h_1=0.6$ m，$h_2=0.3$ m，空气中的压强为 $p_0=2\times10^4$ Pa，试求此容器中的任一 1/4 圆柱侧面所受的力及其作用点的位置。

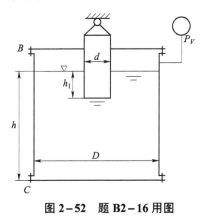

图 2-52　题 B2-16 用图

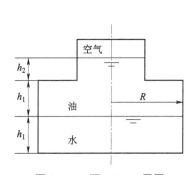

图 2-53　题 B2-17 用图

B2-18　在由储水池引出的直径 $D=0.5$ m 的圆管中安装一蝶阀，如图 2-54 所示，$h=10$ m，蝶阀是一个与管道直径相同的圆板，能绕通过中心的水平轴旋转。为不使该阀自动旋转，问所需施加的力矩 M 为多大？

B2-19　等宽活动阀门如图 2-55 所示。已知水达到阀门顶部，$h=3$ m，问 y 为多大时阀门将自动旋转？

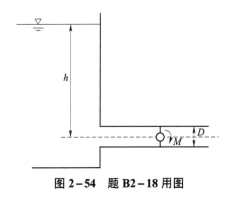

图 2-54　题 B2-18 用图

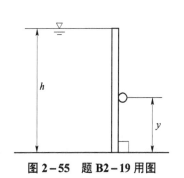

图 2-55　题 B2-19 用图

B2-20 汽油箱底部有一锥阀，如图 2-56 所示，其尺寸为 $D=0.1$ m，$d_1=0.025$ m，$d=0.05$ m，$h_1=0.1$ m。箱内汽油液面在 $h_2=0.03$ m 处，汽油的密度为 830 kg/m³，略去阀的质量和运动中的摩擦，试确定：

（1）当压力计读数为 $p=10^4$ Pa 时，提升阀芯所需的初始力。

（2）求能使 $F=0$ 时箱中空气的压强。

B2-21 在盛有汽油的容器底上有一直径 $d_2=20$ mm 的圆板阀，该阀用绳系于直径 $d_1=100$ mm 的圆柱形浮子上，如图 2-57 所示。设浮子及圆板阀的总质量为 $m=9.81\times10^{-2}$ kg，汽油的密度为 800 kg/m³，绳长度 $L=150$ mm。问使圆板阀开启时的汽油油面 h？

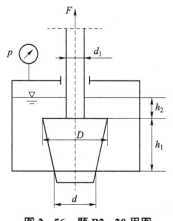

图 2-56 题 B2-20 用图

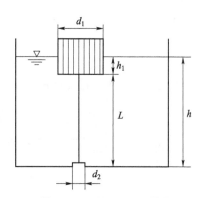

图 2-57 题 B2-21 用图

B2-22 高 $h=60$ cm，直径 $d=24$ cm，底部开有小口的圆柱形容器 A 装在 $D=72$ cm 的圆筒内，如图 2-58 所示，圆筒内油的密度为 900 kg/m³，油上的压强为大气压强，初始深度 $h_1=34$ cm，$h_2=10$ cm。试确定：

（1）容器 A 的质量。

（2）为使容器 A 沉到圆筒底部，需在容器 A 上加多大的力 F？

B2-23 如图 2-59 所示，直径 $D=3$ m，高 $h_1=2$ m，底部的薄壁钟从位置 I 开始沉入水中，在位置 I 时钟内充满空气。钟的质量为 10^4 kg，大气压 $p_a=10^5$ Pa，钟内空气的温度固定不变。试确定：

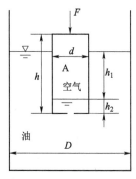

图 2-58 题 B2-22 用图

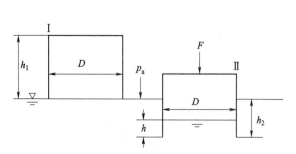

图 2-59 题 B2-23 用图

（1）钟的淹没深度 h_2 和其内充水深度 h。

（2）为使钟完全淹没，应加多大的力？

B2-24　如图 2-60 所示，试确定作用于单位长度圆柱形堤上的液体总压力及其与垂直方向的夹角 θ。已知 $h_1=d$，$h_2=d/2$。

B2-25　直径 $D=1.2$ m，长 $L=2.5$ m 的油罐车如图 2-61 所示，内装密度 $\rho=900$ kg/m³ 的石油，油面高度为 $h=1$ m，以 $a=2$ m/s² 的加速度水平运动。试确定油罐车侧盖 A 和 B 上所受到的油液的作用力。

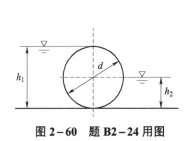

图 2-60　题 B2-24 用图

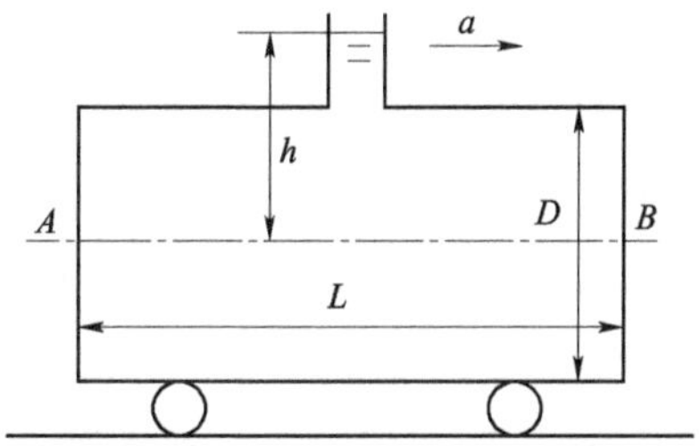

图 2-61　题 B2-25 用图

B2-26　一圆柱形容器如图 2-62 所示，直径 $D=1.2$ m，完全充满水，顶盖上在 $r_0=0.43$ m 处开一个小孔，敞口测压管中的水位 $h=0.5$ m，问此容器绕垂直轴旋转的角速度 ω 多大时，顶盖所受的静水总压力为零？

B2-27　在物体上装一个 U 形管测定物体的加速度，如图 2-63 所示。若 $L=0.3$ m，$h=0.1$ m，求物体的加速度。

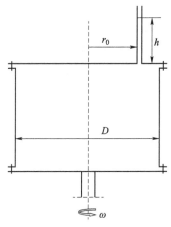

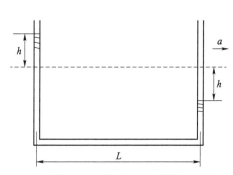

图 2-62　题 B2-26 用图

图 2-63　题 B2-27 用图

B2-28　一盛水的矩形敞口容器，沿 $\alpha=30°$ 的斜面向上做等加速运动，如图 2-64 所示。已知加速度 $a=2$ m/s²，求液面与壁面的夹角 θ。

B2-29　三个相同的连有 S 形弯管的圆柱形盛水容器如图 2-65 所示。图 2-65（a）所示为静止状态；图 2-65（b）、（c）所示为均以 $n=100$ r/min 旋转的状态。已知管中水面高均为 $h=0.5$ m，图 2-65（b）和图 2-65（c）所示弯管中水面位置不同。外管轴线离容器轴线的距离为 $r_1=0.4$ m，容器直径 $D=1.2$ m，上盖 A 点离 Oz 轴的距离为 $l=0.2$ m。试分别求

图 2-65（a）、（b）和（c）所示三种情况下 A 点的压强和上盖的压力合力 F。

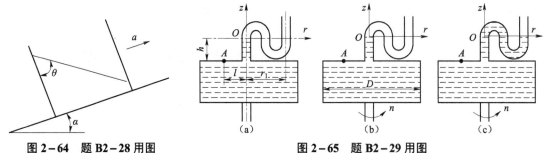

图 2-64 题 B2-28 用图   图 2-65 题 B2-29 用图

思 考 题

（1）静止流体中的质点受到哪些作用力？运动中的流体质点受到哪些作用力？

（2）流体静压强具有哪些特性？

（3）绝对压强、相对压强和真空度之间是什么关系？

（4）怎么测量大气压、相对压强和真空度？

（5）管道中用测压表测量的压强是什么压强？

（6）水平面一定是等压面吗？水平面就是等压面需要满足哪些条件？

（7）形心、重心、压力中心之间的区别是什么？

（8）什么是压力体？压力体中是否一定要充满液体？

（9）处于静止状态（包括绝对静止和相对静止）的流体是否具有黏性？

（10）在图 2-54 所示的结构中，力矩与水深是否有关？如果是矩形管道呢？

（11）如图 2-62 所示，如果容器旋转角速度非常快，容器中的水能否被甩出来？这又说明了一个什么原理？

（12）根据图 2-63 所示测量加速度，影响测量精度的因素有哪些？

第3章
流体动力学基础

本章包括流体运动学和流体动力学两部分内容。流体运动学仅研究流体运动的方式和状态，比如流速、加速度、位移等随空间与时间的变化。如果涉及流体运动的原因和条件，则属于流体动力学范畴，比如引起流体流动的作用力、力矩、动量和能量等。

流体的流动必须满足质量守恒定律、动量守恒定律和能量守恒定律。本章重点是利用这些守恒定律推导出适用于流体流动的控制方程，即连续性方程、欧拉方程、伯努利方程、动量方程、动量矩方程等，并讨论这些方程的具体应用。

第1节　流体运动的描述方法

一股清新的空气自窗口吹进，怎样去描述这股风的流动呢？研究流体流动的规律，首先要建立描述流体运动的方法。表达流体流动的过程与方式的方法有两种，一种是拉格朗日（Lagrange）法，另一种是欧拉（Euler）法。

1. 拉格朗日法

拉格朗日法又称质点跟踪法，着眼于流体内部各个质点的运动情况。这个方法是瑞士科学家欧拉首先提出来的，后被法国科学家拉格朗日做了完善的表述和具体运用。

拉格朗日法是将整个流体的流动当成许多流体质点运动的总和来进行研究的。这一方法需要考察每一个质点在运动过程中的轨迹、速度、加速度以及相应流动参数的变化等，然后再汇总起来研究整体的流动情况，这实际上是用理论力学中质点系动力学的方法来研究流体的运动。若以某一确定的流体质点为研究对象，其起始时刻 $t=0$ 时的位置为 (a,b,c)，在任一时刻 t 的位置为 (x,y,z)，则有

$$\begin{cases} x = x(a,b,c,t) \\ y = y(a,b,c,t) \\ z = z(a,b,c,t) \end{cases} \tag{3-1}$$

式中，a、b、c 称为拉格朗日变量，对某一具体的质点，起始坐标 a、b、c 为常数，x、y、z 仅是时间 t 的函数，式（3-1）所表达的就是这个质点的运动轨迹。如果 t 取定值，而 a、b、c 取不同的值，式（3-1）便表示了某一时刻 t 所有的流体质点的分布情况。

采用拉格朗日法求流体质点的速度，直接对式（3-1）求导，即有

$$\begin{cases} u = \dfrac{\mathrm{d}x(a,b,c,t)}{\mathrm{d}t} \\[2mm] v = \dfrac{\mathrm{d}y(a,b,c,t)}{\mathrm{d}t} \\[2mm] w = \dfrac{\mathrm{d}z(a,b,c,t)}{\mathrm{d}t} \end{cases} \tag{3-2}$$

式中，u、v、w分别为流体质点沿x、y、z方向的分速度。

由于有无限多的流体质点，故必须选择有代表性的质点进行逐一的研究，所建立的数学方程组很大，求解也比较困难，故除特殊情况外，一般很少使用。

2. 欧拉法

流体是由无穷多的流体质点组成的连续介质，流体的流动也是由整个流域中这无限多流体质点的运动所构成的，我们把这个空间称为流场。

鉴于拉格朗日方法的困难性，我们采用另外的方法对流体流动进行研究。比如在天气预报中，需要监测大气的流动，包括大气的温度、流速、流动方向等，并计算其发展趋势。所采用的方法就是设置许多观测站，在t时刻，各观测站汇报当地的气流情况，过Δt时刻，再汇报当地的气流情况，然后根据$t+\Delta t$时刻参数与t时刻参数的比较，包括甲地本身随时间的变化，以及甲地与乙地的差别，预测下一时刻的发展趋势。这种不是跟着气流跑，而是通过设置许多观测站进行空间整体监测的方法，就是场的方法，也称为欧拉法。

在研究流体的流动问题时，大多采用欧拉方法。其要点如下：

（1）分析流动空间某固定位置处流体的运动参数（速度、压强等）随时间的变化规律；

（2）分析由某一空间位置转移到另一空间位置时，运动参数（速度、压强等）随空间的变化规律。

欧拉法着眼于整个流场的流动状态，而不是个别质点的运动，研究的是表征流场内部流动特性的各个物理量，如速度分布、压力分布和密度分布等，并把这些物理量表示为空间坐标x、y、z和时间t的函数，即有

$$\begin{cases} u = u(x,y,z,t) \\ v = v(x,y,z,t) \\ w = w(x,y,z,t) \end{cases} \tag{3-3}$$

以及

$$p = p(x,y,z,t) \tag{3-4}$$

$$\rho = \rho(x,y,z,t) \tag{3-5}$$

式中，x、y、z和t称为欧拉变量。

3. 全导数

式（3-3）是欧拉法的三个速度分量表达式，分别对时间求导数，即可得到三个加速度分量。这里要注意，速度是坐标和时间的函数，运动质点的坐标x、y、z也随时间变化，必须用复合函数的求导法则进行求导。

加速度在x方向的分量为

$$a_x = \frac{\mathrm{d}u}{\mathrm{d}t} = \frac{\partial u}{\partial t} + \frac{\partial u}{\partial x} \cdot \frac{\mathrm{d}x}{\mathrm{d}t} + \frac{\partial u}{\partial y} \cdot \frac{\mathrm{d}y}{\mathrm{d}t} + \frac{\partial u}{\partial z} \cdot \frac{\mathrm{d}z}{\mathrm{d}t} \tag{3-6}$$

式中，$\dfrac{\mathrm{d}u}{\mathrm{d}t}$ 称为 u 对时间 t 的全导数，也称为全微分或物质导数。由于

$$\frac{\mathrm{d}x}{\mathrm{d}t}=u,\quad \frac{\mathrm{d}y}{\mathrm{d}t}=v,\quad \frac{\mathrm{d}z}{\mathrm{d}t}=w$$

代入式（3-6），有

$$a_x=\frac{\partial u}{\partial t}+u\frac{\partial u}{\partial x}+v\frac{\partial u}{\partial y}+w\frac{\partial u}{\partial z} \tag{3-7}$$

同理有

$$a_y=\frac{\partial v}{\partial t}+u\frac{\partial v}{\partial x}+v\frac{\partial v}{\partial y}+w\frac{\partial v}{\partial z} \tag{3-8}$$

$$a_z=\frac{\partial w}{\partial t}+u\frac{\partial w}{\partial x}+v\frac{\partial w}{\partial y}+w\frac{\partial w}{\partial z} \tag{3-9}$$

这三个式子可写成矢量形式为

$$\boldsymbol{a}=\frac{\partial V}{\partial t}+(V\cdot\nabla)V \tag{3-10}$$

式中，$\nabla=\mathbf{i}\dfrac{\partial}{\partial x}+\mathbf{j}\dfrac{\partial}{\partial y}+\mathbf{k}\dfrac{\partial}{\partial z}$ 是一个矢性算子，称为哈密尔顿算子。

注 1：用欧拉法描述流体的运动时，加速度由两部分组成。

$\dfrac{\partial V}{\partial t}$——在固定点处的速度变化率，称为当地加速度；

$(V\cdot\nabla)V$——由于空间位置发生变化而引起的速度变化率，称为迁移加速度。

问题讨论：水在一渐缩管道中做定常（与时间无关）的流动，如图 3-1 所示。问某截面处水流的加速度是否为 0？（否，当地加速度为 0，但迁移加速度不等于 0）

在图示的渐缩管道中，入口处平均流速为 V_0，入口处断面面积为

$$A_0=\frac{\pi D^2}{4}$$

设 x 轴坐标原点在入口中心处，则在坐标为 x 处的截面积为

$$A_x=\frac{\pi}{4}\left(D-\frac{D-d}{L}x\right)^2=\frac{\pi}{4}(D-2kx)^2$$

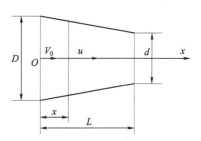

图 3-1　渐缩管道内的加速度

式中，k 为锥管壁面的斜率。则由连续性方程，任一截面处的平均流速 u 为

$$V_0A_0=uA_x$$

$$\frac{\pi}{4}V_0D^2=\frac{\pi}{4}u(D-2kx)^2$$

$$u=\frac{D^2}{(D-2kx)^2}V_0$$

由此，在 x 处，流体质点的全导数为

$$\frac{\mathrm{d}u}{\mathrm{d}t} = u\frac{\partial u}{\partial x} = \frac{(D^2 V_0)^2}{(D-2kx)^2}\frac{4k}{(D-2kx)^3} = \frac{2\times\dfrac{D-d}{L}D^4}{\left(D-\dfrac{D-d}{L}x\right)^5}V_0^2$$

显然，全导数不为 0。在渐缩管道出口处，$x=L$，质点的加速度为

$$a_x = \frac{\mathrm{d}u}{\mathrm{d}t}\bigg|_{x=L} = 2\frac{D-d}{L}\left(\frac{D}{d}\right)^4\frac{V_0^2}{d}$$

注 2：用欧拉法求质点的其他物理量的时间变化率时，形式是相同的，例如压强的变化率为

$$\frac{\mathrm{d}p}{\mathrm{d}t} = \frac{\partial p}{\partial t} + u\frac{\partial p}{\partial x} + v\frac{\partial p}{\partial y} + w\frac{\partial p}{\partial z}$$

也分为当地变化率与迁移变化率两部分。

第 2 节　关于流场的一些基本概念

1. 定常流动与非定常流动

在流场中，若所有流体质点的各个物理量都不随时间而变化，则这种流动称为定常流动。此时，各物理量仅仅是空间坐标的函数，与时间无关，各物理量对时间的偏导数均为零。

在流场中，若任一流体质点，其某个物理量随时间而变化，则这种流动称为非定常流动。此时，各物理量不仅是空间坐标的函数，还是时间的函数，此物理量对时间的偏导数不为零。

2. 迹线（Pathline）

将某一流体质点 M 在流场中连续占据的位置连成线，就是质点 M 的迹线，如图 3-2 所示。迹线就是流体质点 M 的运动轨迹。这里强调一下，迹线是同一个质点在连续的时间内运动所形成的线。在迹线上取微元线段 $\mathrm{d}l$ 表示该质点在 $\mathrm{d}t$ 时间内的微小位移，则其速度为

$$V = \frac{\mathrm{d}l}{\mathrm{d}t} = u\mathbf{i} + v\mathbf{j} + w\mathbf{k}$$

$$u = \frac{\mathrm{d}x}{\mathrm{d}t}, v = \frac{\mathrm{d}y}{\mathrm{d}t}, w = \frac{\mathrm{d}z}{\mathrm{d}t}$$

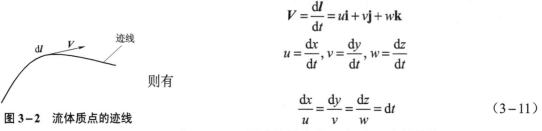

则有

$$\frac{\mathrm{d}x}{u} = \frac{\mathrm{d}y}{v} = \frac{\mathrm{d}z}{w} = \mathrm{d}t \tag{3-11}$$

图 3-2　流体质点的迹线

式（3-11）即为迹线方程，表示 M 点的轨迹。

3. 流线（Streamline）

某一时刻 t，在流场中作出一条曲线，使位于这条曲线上所有流体质点的速度矢量都与这条线相切，则这条曲线就是流场中的一条流线。这里强调一下，流线是在同一个时刻由不同的点连线而成的，由此对比流线与迹线的不同。

流线只表示某一时刻 t，许多位于这一流线上流体质点的运动情况，而不是某一个流体质点的运动轨迹。因此，如果在这条曲线上某点 B 处也取一微元线段 $\mathrm{d}l$，它并不表示某个流体质点在 B 处的位移，当然也就不能以此求出速度表达式了，如图 3-3 所示。

由流线的定义，曲线上某点处也取一微元线段 $\mathrm{d}l$，则 $\mathrm{d}l$ 与该

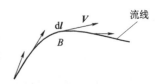

图 3-3　流场中的一条流线

点处的速度矢量 V 平行，由此得到

$$\begin{cases} V \times \mathrm{d}l = 0 \\ \dfrac{\mathrm{d}x}{u} = \dfrac{\mathrm{d}y}{v} = \dfrac{\mathrm{d}z}{w} \end{cases} \qquad (3-12)$$

式（3-12）即为流线方程。由于式中的 $\mathrm{d}l$ 不是位移，所以它并不表示某一个流体质点的运动轨迹。它就像照相一样，给出了某一瞬时 t 一些流体质点的运动图像。

流线具有如下的性质：

（1）一般情况下，流线不能相交，也不能突然转折，流线只能是一条光滑的曲线。因为若两条流线相交，则会在交点处产生速度的不确定性问题。

若两条流线相交于 A 点，如图 3-4 所示，则在 A 点的质点同时有两个运动方向，这显然是不能成立的。同理，流线也不能突然转折，故流线只能是一条光滑的曲线或直线。

注：流线可能相交在驻点或流场中的奇点处。

（2）流场中每一点都有流线通过，流线充满整个流场。

（3）在定常流动条件下，流线的形状和位置不随时间变化；在非定常流动条件下，流线的形状和位置一般是随时间而变化的。

（4）对于定常流动，流线和迹线重合；对于非定常流动，流线和迹线一般是不重合的。

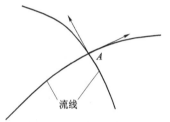

图 3-4　流线不能相交

4. 流面、流管

在流场中取一条曲线（不是流线），则过曲线上的所有流线组成的面称为流面，流面上每一点的流速与流面相切。若所取的曲线为一条非流线的封闭曲线，则过此封闭曲线上的所有流线就组成了一个管道，称为流管，如图 3-5 所示。

按照流线不能相交的特性，流管就相当于一个刚性的管道，里面的流体流不出来，外部的流体也流不进去。

流管可由无数微小流管组成，如图 3-6 所示。微小流管中的流体称为元流，任意大小流管中的流体均称为流束，由无数元流组成的整股流体（如管道中的水流）称为总流。

图 3-5　流管示意

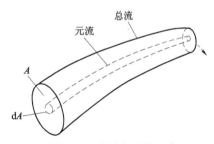

图 3-6　总流与元流示意

5. 过流断面、流量与平均流速

垂直于流线的断面称为过流断面，过流断面可以是平面，也可以是曲面，如图 3-7 中虚线所示。显然，当流线互相平行时，过流断面为平面，否则为曲面。

单位时间内通过某一过流断面的流体体积称为流量，一般用 Q 表示，单位为 m^3/s。

对于元流，由于过流断面很小，故可认为在过流断面 $\mathrm{d}A$ 上各点的流速相等，均为 u，方向与过流断面相垂直，则 $\mathrm{d}t$ 时间内通过 $\mathrm{d}A$ 的流体体积为 $u\mathrm{d}A\mathrm{d}t$，从而单位时间内通过 $\mathrm{d}A$ 的

流体体积即元流流量为

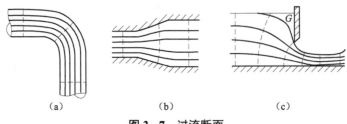

图 3-7 过流断面

（a）过流断面是平面；（b）过流断面是曲面；（c）过流断面有平面和曲面

$$dQ = udA$$

总流的流量 Q 是元流流量 dQ 的积分，有

$$Q = \int dQ = \int_A udA \qquad (3-13)$$

在同一个过流断面上流体质点的流速往往是不相等的，用式（3-13）来计算流量，需要确定过流断面上的速度分布，这在实际工程中很困难。为此引入过流断面平均流速，记为 V，定义如下

$$V = Q/A \qquad (3-14)$$

注：断面平均流速是一个想象的流速，认为总流过流断面上各点的流速都等于 V，水流以这一想象的速度流过过流断面，并与实际流量相等。

6. 一元流、二元流和三元流

流场中流体质点的速度在空间的分布有很多形式，根据与空间坐标的关系，可将其划分为三种类型，即一元流、二元流和三元流（又称为一维、二维和三维流动）。

一元流是指流体质点的速度只和一个空间变量有关，即 $u = u(s)$ 或 $u = u(s, t)$。

流场中任一点的速度是两个空间坐标的函数，即 $u = u(x, y)$ 或 $u = u(x, y, t)$，则称这种流动为二元流动。

流场中任一点的速度是三个空间坐标的函数，即 $u = u(x, y, z)$ 或 $u = u(x, y, z, t)$，则称这种流动为三元流动。

实际的流体力学问题都是三元或二元流动，但由于多维流动的复杂性，在数学上解决起来有困难，常简化为一元流动。最常用的简化方法就是引入过流断面平均速度的概念，将流动简化为一元流动。

讨论 1：等径圆管中的流动是几元流动？

讨论 2：在一元流场中，流线是彼此平行的（一定是直线吗）。

注：在等径直管中，对于定常流动来说，在充分发展段，流动是一元流动；在入口段，流动是二元流动。见黏性流体的管中流动。

第3节 流体一元流动的连续性方程

一个简单的问题：如果有一根等径的长管道，油（不可压缩）在管道中流动，考虑到油与管壁的摩擦损耗，油沿管道长度方向的流速是不是越流越慢呢？对于这个问题，很多同学会说，那是肯定的！那么如果在入口端单位时间内流入 100 kg 油，由于出口端流速慢，故可能在单位时间内只流出了 70 kg 油，那 30 kg 油到哪里去了呢？应该是流出的与流入的相等才合理，这就是质量守恒的问题，反映到流体力学，就是连续性方程，即流体流动必须满足质量守恒定律。

在流场中，任取一个封闭的固定区域，这部分区域称为控制体 D_c，区域的外表面称为控制面。流体流动通过这一区域时，有一部分表面是流入的，记为 A_1，另一部分表面是流出的，记为 A_2，控制面 $A_c = A_1 + A_2$，如图 3-8 所示。

单位时间内流入控制体的质量流量为

$$M_1 = -\iint_{A_1} \rho V \cdot \mathrm{d}A$$

这里的负号是考虑到微元面积的方向以外法线为正方向。

单位时间内流出控制体的质量流量为

$$M_2 = \iint_{A_2} \rho V \cdot \mathrm{d}A$$

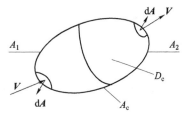

图 3-8　连续性方程用图

单位时间内控制体内部流体质量的增量为

$$\Delta M = \frac{\partial}{\partial t} \iiint_{D_c} \rho \mathrm{d}D_c$$

根据质量守恒定律，流入的质量减去流出的质量，应该等于内部流体质量的增量，即

$$M_1 - M_2 = \Delta M$$

$$\frac{\partial}{\partial t} \iiint_{D_c} \rho \mathrm{d}D_c = -\iint_{A_1} \rho V \cdot \mathrm{d}A - \iint_{A_2} \rho V \cdot \mathrm{d}A$$

由于 $A_c = A_1 + A_2$，得到积分形式的连续性方程

$$\frac{\partial}{\partial t} \iiint_{D_c} \rho \mathrm{d}D_c + \oiint_{A_c} \rho V \cdot \mathrm{d}A = 0 \tag{3-15}$$

对于积分形式的连续性方程的应用，可以设想有一根管道，流体在由入口断面 A_1、出口断面 A_2 和管壁（三者构成控制面）围成的流域（控制体）内流动，如图 3-9 所示。

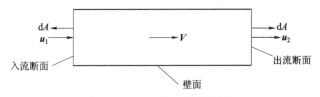

图 3-9　一元流动连续性方程

假设流体是不可压缩的均质流体，意味着流域内的质量不变，且密度 ρ 为常数，则 $\Delta M = \frac{\partial}{\partial t} \iiint_{D_c} \rho \mathrm{d}D_c = 0$。又因沿管壁没有流体的流入与流出，由式（3-15），有

$$\oiint_{A_c} \rho V \cdot \mathrm{d}A = 0$$

$$\iint_{A_1} u_1 \cdot \mathrm{d}A + \iint_{A_2} u_2 \cdot \mathrm{d}A = -u_1 A_1 + u_2 A_2 = 0$$

得到不可压缩流体流动总流所必须满足的连续性方程

$$u_1 A_1 = u_2 A_2 \tag{3-16}$$

由于假设入流断面和出流断面的速度都为匀速（断面平均速度），故这也是一元流动的连续性方程，表明总流沿任意过流断面的流量是相等的。

注1： 如果流体是可压缩的，假设为定常流动，应满足流入的流　量等于流出的流体质量，则式（3-16）应为

$$\rho_1 u_1 A_1 = \rho_2 u_2 A_2 \tag{3-17}$$

注2： 如果是不可压缩的定常流动，但总流出、入两断面之间有流量的流入与流出，如图3-10所示，则总流的连续性方程为

$$Q_1 \pm Q_3 = Q_2 \tag{3-18}$$

式中，Q_3 前的符号以流入为正、流出为负。

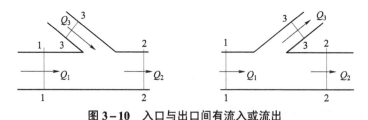

图3-10　入口与出口间有流入或流出

第4节　理想流体一元流动能量方程

1. 欧拉方程

流体的流动是力学问题，符合牛顿力学定律，下面我们应用牛顿第二定律来导出理想流体一元流动所满足的运动微分方程。

沿流线任取一圆柱形流体微团如图3-11所示，其轴向长度为 ds，端面与轴线垂直，端面面积为 dA。

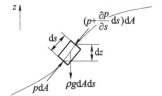

图3-11　沿流线小圆柱的受力分析

微团的受力分析：设仅有重力作用，则微团所受质量力为重力，大小为 $\rho g dA ds$，方向垂直向下；上游端面所受的表面力为 pdA，方向沿流动方向，垂直指向端面；下游端面所受表面力为 $\left(p + \dfrac{\partial p}{\partial s}ds\right)dA$，方向与流动方向相反；由于不考虑黏性力，微团侧面的表面力垂直于轴线，故在流动方向上的投影分量为0。设微团运动的切线加速度为 a_s，根据牛顿第二定律，有

$$pdA - \left(p + \frac{\partial p}{\partial s}ds\right)dA - \rho g dA ds \cos\theta = \rho dA ds a_s$$

式中，θ 为微团轴线与铅垂线之间的夹角。化简上式，消去 $dAds$，得到

$$g\cos\theta + \frac{1}{\rho}\frac{\partial p}{\partial s} + a_s = 0$$

由于

$$\frac{\partial z}{\partial s} = \cos\theta$$

$$a_s = \frac{\mathrm{d}V}{\mathrm{d}t} = \frac{\partial V}{\partial t} + V\frac{\partial V}{\partial s}$$

得到

$$g\frac{\partial z}{\partial s} + \frac{1}{\rho}\cdot\frac{\partial p}{\partial s} + \frac{\partial V}{\partial t} + V\frac{\partial V}{\partial s} = 0 \qquad (3-19)$$

此式称为理想流体一元非定常流动的运动方程，也称为欧拉方程。

对于定常流动，$\dfrac{\partial V}{\partial t} = 0$，且 ρ、p、z、V 仅与轴向距离 s 有关，可将式(3-19)中的偏导数写成全导数，则得到理想流体一元定常流动的运动方程为

$$g\mathrm{d}z + \frac{\mathrm{d}p}{\rho} + V\mathrm{d}V = 0 \qquad (3-20)$$

此式沿任意一条流线均成立，表达了在任意一条流线上流体质点的压强、密度、速度和位移之间的微分关系。

2. 伯努利方程

对于不可压缩流体，密度 ρ 为常数，对式（3-20）进行积分，得到

$$z + \frac{p}{\rho g} + \frac{V^2}{2g} = C \qquad (3-21)$$

式中，$\dfrac{V^2}{2g}$ 代表单位重量流体速度为 V 时的动能（速度水头）；$\dfrac{p}{\rho g}$ 为测压管高度，代表单位重量流体相对于大气压强的压能（压力水头）；z 为位置高度，代表单位重量流体相对于某一基准面的位置势能（位置水头）。

这就是著名的伯努利方程,是由瑞士科学家伯努利(Daniel Bernoulli）于 1738 年首先提出的。

理想流体的伯努利方程表明，在如图 3-12 所示的同一条流线上的任意两点 1、2 之间，应满足

$$\frac{V_1^2}{2g} + \frac{p_1}{\rho g} + z_1 = \frac{V_2^2}{2g} + \frac{p_2}{\rho g} + z_2 \qquad (3-22)$$

即单位重量流体的机械能是守恒的（总水头是不变的），式（3-21）的物理意义就是机械能守恒，故又称为能量方程。

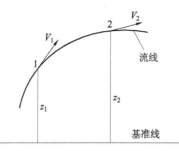

图 3-12　沿流线上机械能守恒

注意 1：伯努利方程的使用条件如下：

（1）流体为理想流体。

（2）流动为定常流动。

（3）流体是不可压缩的。

（4）只有重力场，质量力只有重力。

（5）沿一条流线。

沿不同的流线，常数的值一般是不相同的。

注意2：伯努利方程表示，沿一条流线单位质量流体的位能、压能和动能之和为常数。这是机械能守恒在流体力学中的体现，也是伯努利方程的物理意义。

注意3：对于水流而言，如果某点的压强低于水的汽化压强，则会产生气泡，发生汽化现象，此时方程（3-21）就不再适用了。

有几个常用的名称介绍如下：

（1）测压管水头——$\dfrac{p}{\rho g}$ 和 z 二者之和称为测压管水头（静压），即

$$h_p = \frac{p}{\rho g} + z$$

（2）总水头——单位重量流体所具有的总机械能称为总水头，即

$$H_0 = \frac{V^2}{2g} + \frac{p}{\rho g} + z$$

（3）总压——不考虑重力作用时，动压与静压之和也称为总压，即

$$p_0 = p + \frac{1}{2}\rho V^2$$

式中，p 为静压，而 $\dfrac{1}{2}\rho V^2$ 称为动压，二者之和为总压。如果知道总压 p_0 和静压 p，则流速为

$$V = \sqrt{\frac{2(p_0 - p)}{\rho}} = \sqrt{\frac{2\Delta p}{\rho}} \tag{3-23}$$

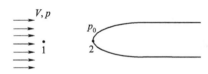

如果流体以速度 V 绕流一个固定的物体，如图 3-13 所示，在 1 点处压强（静压）为 p，速度为 V；2 点处的速度为 0，为驻点，压强（总压）为 p_0，则有

图 3-13　静压、动压和总压

$$p_0 = p + \frac{1}{2}\rho V^2$$

3. 伯努利方程应用举例

下面讨论几个有关伯努利方程应用的例子。

【例3-1】皮托（Henri Pitot）在 1773 年首次用一根弯成直角的玻璃管测量了塞纳河的流速，其原理如下：弯成直角的玻璃管两端开口，一端开口面对来流，另一端垂直向上通大气。设水流以速度 V 在河道中匀速流动，如图 3-14 所示。试分析水流速度 V 与垂直向上的管中液面高度 h 的关系。

解： 设折管插入水中深度为 y，并取水平线上的 1、2 两点，如图 3-14 所示。

（1）1、2 两点位于相同的水平线上，势能相同，$z_1 = z_2$；

（2）1 点处流速为 V，静压强为 $p_1 = \rho g y$；

（3）2 点处流速为 0（驻点），静压强为 $p_2 = \rho g(h + y)$；

则由伯努利方程

$$\frac{V_1^2}{2g} + \frac{p_1}{\rho g} + z_1 = \frac{V_2^2}{2g} + \frac{p_2}{\rho g} + z_2$$

有

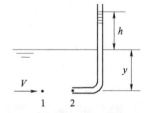

图 3-14　用折管测河流流速

$$\frac{V^2}{2g} + \frac{\rho gy}{\rho g} = \frac{0}{2g} + \frac{\rho g(h+y)}{\rho g}$$

化简后得到水流速度与液面高度的关系为

$$V = \sqrt{2gh} \tag{a}$$

【例3−2】设水流以速度 V 在封闭管道中匀速流动如图3−15所示，试求水流速度 V 与两管（直管与折管）中液面高度差Δh 的关系。

问题：如果利用例3−1的方法，仅仅用一个折管能否测量管中的流速？为什么？

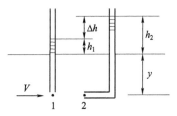

图3−15　管道中流速的测量

解：设管插入水中深度为 y，并取同一水平线上的 1、2 两点，如图3−15所示。

1点的静压强为

$$p_1 = \rho g(y + h_1)$$

2点是驻点，压强（总压）为

$$p_2 = \rho g(y + h_2)$$

则由伯努利方程

$$\frac{V_1^2}{2g} + \frac{p_1}{\rho g} + z_1 = \frac{V_2^2}{2g} + \frac{p_2}{\rho g} + z_2$$

化简后得到水流速度与液面高度差的关系为

$$V = \sqrt{2g\Delta h} \tag{a}$$

例3−2中需要用两个管来测量管道中的流速，一根直管测量压强，一根折管测量总压，应用起来很不方便。将这两个测压管合在一起，构成一个如图3−16所示的测速管，这就是皮托管。

皮托管是广泛用于测量流场各点流速的仪器，是一个弯成90°、顶端开有小孔 A、侧表面开有若干小孔 B 的套管。测量时将小孔 A 对准来流方向，则 A 点为驻点，A 点测量的是总压（相当于折管）；由于皮托管直径很小，对流场的扰动可以忽略，则 B 点的速度可以认为就是来流速度 V，B 点测量的就是静压（相当于直管），两管的液面差为 h。将伯努利方程用于 A、B 两点，得到

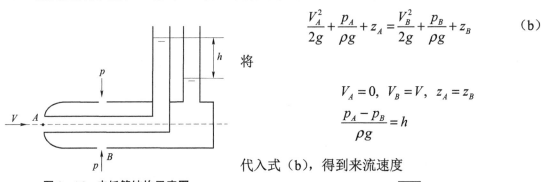

$$\frac{V_A^2}{2g} + \frac{p_A}{\rho g} + z_A = \frac{V_B^2}{2g} + \frac{p_B}{\rho g} + z_B \tag{b}$$

将

$$V_A = 0, \quad V_B = V, \quad z_A = z_B$$

$$\frac{p_A - p_B}{\rho g} = h$$

代入式（b），得到来流速度

$$V = \sqrt{2gh}$$

图3−16　皮托管结构示意图

由于实际流体是有黏性的，故上式需要修正，实际计算公式为

$$V = \xi\sqrt{2gh}$$

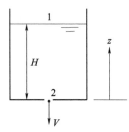

图 3-17 例 3-3 示意

式中，ξ 称为皮托管修正系数，其值与皮托管的构造有关，一般是一个接近 1.0 的数。

【例 3-3】 水深为 H 的容器如图 3-17 所示。在容器底部开一个小孔，在重力的作用下，容器中的水自小孔中流入大气。试求水自小孔流出的速度 V 与水深 H 的关系。

解： 自液面 1 到小孔出口处 2 列伯努利方程，考虑到液面和小孔出口处的压强均为大气压，且由于容器横截面面积比小孔截面面积大得多，故容器内液面下降速度很小，可设液面下降速度为 0，则有

$$\frac{0}{2g} + \frac{0}{\rho g} + H = \frac{V^2}{2g} + \frac{0}{\rho g} + 0$$

解得孔口处的出流速度为

$$V = \sqrt{2gH}$$

讨论 1： 泄空问题。对于本例，假设水箱截面面积为 A，出流孔截面面积为 a，若使水箱中的水完全流出，需要多长时间？

解： 如果按出流速度 $V = \sqrt{2gH}$，则有 $VaT = AH$，得到出流所需时间为

$$T = \frac{AH}{aV} = \frac{A}{a}\sqrt{\frac{H}{2g}} \tag{a}$$

这种算法是错误的，因为出流速度是随液面高度而变化的。

假设在 t 时刻，液面高度为 z，如图 3-18 所示。此时的出流速度为 $V = \sqrt{2gz}$，经过 $\mathrm{d}t$ 时间，液面下降了 $\mathrm{d}z$，经小孔流出的流体体积为 $Va\mathrm{d}t$，按照连续性方程，有

$$\sqrt{2gz}\,a\mathrm{d}t = -A\mathrm{d}z$$

$$\mathrm{d}t = -\frac{A\mathrm{d}z}{a\sqrt{2gz}}$$

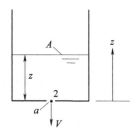

图 3-18 水箱的泄空问题

式中，负号是因为当 $\mathrm{d}t>0$ 时，液面下降，$\mathrm{d}z<0$。对上式积分，得到

$$\int_0^T \mathrm{d}t = -\int_H^0 \frac{A}{a\sqrt{2g}}\frac{\mathrm{d}z}{\sqrt{z}}$$

$$T = \frac{2A}{a\sqrt{2g}}\sqrt{H} = 2\frac{A}{a}\sqrt{\frac{H}{2g}}$$

我们发现，实际泄空时间是式（a）计算结果的 2 倍。

讨论 2： 若在容器底部加一个竖直的通道，试求水自竖直通道出流的速度。

设在底部孔口处安装一个长为 L 的竖直管道，如图 3-19 所示，自液面 1 到管道出口截面 3 列伯努利方程，有

$$\frac{0}{2g} + \frac{0}{\rho g} + (H+L) = \frac{V^2}{2g} + \frac{0}{\rho g} + 0$$

图 3-19 管道对出流的影响

解得出流速度为

$$V = \sqrt{2g(H+L)}$$

结论：底部增加竖直管后，出流速度加大了。

讨论 3：继续加长管道，出流速度能否无限增加下去？

经验告诉我们，这是不可能的，为什么呢？要说明这个问题，必须研究管道内压强的变化。为此，任取管道内一个截面 4，自管道出口截面 3 到截面 4 列伯努利方程，有

$$\frac{V^2}{2g} + \frac{0}{\rho g} + 0 = \frac{V^2}{2g} + \frac{p}{\rho g} + z$$

得到截面 4 处管道内的压强为 $p = -\rho g z$，即管道内有真空度。管道内压强最低的地方，也就是真空度最高的地方，是管道入口处的 2 点，最低压强为 $p_{\min} = -\rho g L$，这点的绝对压强为 $p_s = p_{\mathrm{atm}} - \rho g L$。当管道入口处压强低于水的汽化压强时，水会在入口处的 2 点发生汽化，此时流动变为两相流，已经超出了伯努利方程的使用范围，相应的结论也就不成立了。

第 5 节　总流的伯努利方程

前面导出的伯努利方程是适用于一条流线的，在实际工程中需要解决的是总流流动的问题，比如流体在整个管道、渠道中的流动问题。因此，需要通过在过流断面上的积分，将能量方程（伯努利方程）推广到总流上去。

1. 理想流体总流的伯努利方程

将沿流线的伯努利方程式（3-22）两端同乘 $\rho g \mathrm{d}Q$，得到单位时间内通过微元流束两个过流断面全部流体的流体机械能关系式为

$$\left(\frac{u_1^2}{2g} + \frac{p_1}{\rho g} + z_1\right)\rho g \mathrm{d}Q = \left(\frac{u_2^2}{2g} + \frac{p_2}{\rho g} + z_2\right)\rho g \mathrm{d}Q$$

考虑不可压缩流体密度为常数；又由于 $\mathrm{d}Q = u_1 \mathrm{d}A_1 = u_2 \mathrm{d}A_2$，代入上式后在过流断面上积分，得到在过流断面上总流的机械能之间的关系式为

$$\int_{A_1}\left(\frac{u_1^2}{2g} + \frac{p_1}{\rho g} + z_1\right)u_1 \mathrm{d}A_1 = \int_{A_2}\left(\frac{u_2^2}{2g} + \frac{p_2}{\rho g} + z_2\right)u_2 \mathrm{d}A_2 \qquad (3-24)$$

上式有两种类型的积分，分别说明如下：

（1）$\int_{A}\left(\frac{p}{\rho g} + z\right)u \mathrm{d}A$ 是单位时间内通过总流过流断面的流体位置势能和压力势能的总和，要确定这个积分，需要知道在过流断面上各点 $\frac{p}{\rho g} + z$ 的分布规律。$\frac{p}{\rho g} + z$ 的分布规律与过流断面上的流动状态有关，对于急变流断面，各点的 $\frac{p}{\rho g} + z$ 值不为常数，变化规律也比较复杂，不易积分；对于渐变流断面，各点压强近似地按静压强分布，各点的 $\frac{p}{\rho g} + z$ 值近似等于常数。因此，若将过流断面取在渐变流断面上，则积分后得到

$$\int_A \left(\frac{p}{\rho g} + z \right) u \mathrm{d}A = \left(\frac{p}{\rho g} + z \right) Q \tag{3-25}$$

说明：

过流断面——断面上各点的法线方向与该点的速度方向平行。

渐变流——渐变流是流速沿流线方向变化缓慢的流动（不是流速小，而是流速的变化小），流线的曲率很小，且流线近乎彼此平行，故过流断面近乎平面（称为渐变流断面），垂直于流向的加速度很小，可以忽略惯性力的影响，即渐变流断面上的压强分布规律近似地符合静力学压强分布规律。

急变流——急变流是流速沿流线方向变化急剧的流动（包括流速的大小和方向），流线的曲率较大或流线间的夹角较大（例如弯道、阀门等）。由于流线曲率较大或流线夹角较大，使得质点沿流线法线方向的加速度不能忽略，由加速度引起的惯性力将影响过流断面上的压强分布。

渐变流和急变流并没有严格的划分界限，工程中要根据实际情况和要求而定。

（2）$\int_A \left(\frac{u^2}{2g} \right) u \mathrm{d}A$ 是单位时间内通过总流过流断面的流体动能的总和。由于在过流断面上的速度分布难以确定，为计算方便，常用断面平均流速 V 来进行计算。在 $\int_A \left(\frac{u^2}{2g} \right) u \mathrm{d}A$ 中，令 $u = V$，得到用断面平均流速 V 计算出的流体动能的总和为 $\frac{V^3}{2g} A$。由于用实际速度 u 计算的动能与用平均速度 V 计算的动能之间有差异，故引入一个修正系数 α，称为动能修正系数，则有

$$\int_A \left(\frac{u^2}{2g} \right) u \mathrm{d}A = \frac{\alpha V^3}{2g} A = \frac{\alpha V^2}{2g} Q \tag{3-26}$$

动能修正系数 α 表示实际动能与按断面平均流速计算的动能之比，有

$$\alpha = \frac{\int_A \frac{u^3}{2g} \mathrm{d}A}{\frac{V^3}{2g} A} = \frac{1}{A} \int_A \left(\frac{u}{V} \right)^3 \mathrm{d}A \tag{3-27}$$

α 值与断面上的速度分布相关，对于紊流流动，常取 $\alpha = 1$；对于层流流动，一般取 $\alpha = 2$。层流与紊流的概念在后续章节中讨论。

将式（3-25）和式（3-26）代入式（3-24），考虑到 $Q_1 = Q_2 = Q$，得到

$$\frac{\alpha_1 V_1^2}{2g} + \frac{p_1}{\rho g} + z_1 = \frac{\alpha_2 V_2^2}{2g} + \frac{p_2}{\rho g} + z_2 \tag{3-28}$$

式（3-38）就是理想流体总流的伯努利方程，其使用条件归纳如下：

（1）流体是理想的不可压缩流体。

（2）流动是定常流动，且质量力仅有重力。

（3）两断面均为渐变流断面（两过流断面间可以是急变流）。

（4）两过流断面间没有能量的输入与输出。

当总流在两个过流断面间流过水泵、风机或水轮机等流体机械时，流体会额外地获得或失去能量，此时总流的伯努利方程修正如下：

$$\frac{\alpha_1 V_1^2}{2g} + \frac{p_1}{\rho g} + z_1 \pm H = \frac{\alpha_2 V_2^2}{2g} + \frac{p_2}{\rho g} + z_2 \qquad (3-29)$$

式中，$+H$ 表示单位重量流体流过水泵或风机时获得的能量；$-H$ 表示单位重量流体流过水轮机时所失去的能量。

【**例 3-4**】文丘里流量计是一种用来测量管中液体流量的设备，结构如图 3-20 所示。文丘里流量计由一段逐渐收缩后又逐渐扩大的管道组成，在收缩段的前后断面分别装一根测压管。设收缩段前后管道的直径分别为 D 和 d，测量出两测压管中的液面差 h，即可求得通过管道的流量 Q，计算过程及结果如下。

解： 以任一水平面为基准面，对收缩段前后渐变流断面 1 和 2（装测压管的两个断面）列总流的伯努利方程，得到

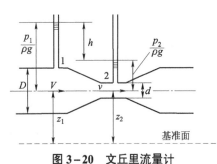

图 3-20　文丘里流量计

$$\frac{\alpha_1 V^2}{2g} + \frac{p_1}{\rho g} + z_1 = \frac{\alpha_2 v^2}{2g} + \frac{p_2}{\rho g} + z_2$$

设管道水平放置，则 $z_1 = z_2$，并设动能修正系数 $\alpha_1 = \alpha_2 = 1$，则有

$$\frac{p_1 - p_2}{\rho g} = \frac{v^2 - V^2}{2g} = h$$

由连续性方程，有 $\dfrac{\pi D^2}{4} V = \dfrac{\pi d^2}{4} v$，得到 $v = \left(\dfrac{D}{d}\right)^2 V$，代入上式，得到断面 1 处的平均流速为

$$V = \sqrt{\frac{2gh}{\left(\dfrac{D}{d}\right)^4 - 1}}$$

通过管道的流量为

$$Q = \frac{\pi D^2}{4} V = \frac{\pi D^2}{4} \sqrt{\frac{2gh}{\left(\dfrac{D}{d}\right)^4 - 1}} = \frac{\pi D^2 \sqrt{2g}}{4\sqrt{\left(\dfrac{D}{d}\right)^2 - 1}} \sqrt{h} = k_1 \sqrt{h} \qquad (a)$$

这是一个理论流量公式，没有考虑流动自 1 截面到 2 截面之间的流动损失等，式中，

$$k_1 = \frac{\pi D^2 \sqrt{2g}}{4\sqrt{\left(\dfrac{D}{d}\right)^2 - 1}} \qquad (b)$$

称为仪器系数。实际应用此公式计算时还需要进行修正，一般是加一个修正系数 k_2。k_2 是一个接近 1 的数，一般在 0.96~0.99，由试验测定，最后有

$$Q = k_2 k_1 \sqrt{h} \qquad (c)$$

问题研究： 缩放管道内的不可压缩流体定常流动数值模拟研究（见第 10 章）。

2. 黏性流体总流的伯努利方程

由式（3-22）可知，理想流体运动时，其机械能沿流程是不变的。但实际流体都是有黏

性的，由于流层间内摩擦阻力的存在，会消耗一部分机械能，使之不可逆转地转变为热能等能量形式而消耗掉，因此，实际流体的机械能是沿流程逐渐减小的。设 h_f 为总流中单位重量流体自 1 断面流至 2 断面所消耗的机械能（通常称为能量损失或水头损失），则根据能量守恒定律，有

$$\frac{\alpha_1 V_1^2}{2g} + \frac{p_1}{\rho g} + z_1 = \frac{\alpha_2 V_2^2}{2g} + \frac{p_2}{\rho g} + z_2 + h_f \tag{3-30}$$

这就是黏性流体总流的伯努利方程。其中损失项 h_f 又分沿程损失和局部损失，将在后续章节继续讨论。

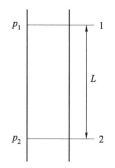

【例 3-5】 判断如图 3-21 所示竖直管道中水流动的方向。

水在竖直的等径管道中流动，在相距为 $L = 1$ m 的 1、2 两个截面处分别测得静水压强为 $p_1 = 10\,000$ Pa，$p_2 = 15\,000$ Pa，试确定水在管道中的流向。

解：对于这类问题，由于损失总是沿流动方向产生的，故可假设一个流动方向，如果算出的损失值为正值，则所设方向正确；如果为负值，则流动方向相反。假设水自 1 截面向 2 截面流动，列出 1—2 截面的伯努利方程，设动能修正系数为 $\alpha_1 = \alpha_2 = 1$，由式（3-30）有

图 3-21　竖直管道水的流向

$$\frac{V_1^2}{2g} + \frac{p_1}{\rho g} + z_1 = \frac{V_2^2}{2g} + \frac{p_2}{\rho g} + z_2 + h_f$$

由 $V_1 = V_2$，$z_1 - z_2 = L$，得到

$$h_f = \frac{p_1 - p_2}{\rho g} + (z_1 - z_2) = \frac{p_1 - p_2}{\rho g} + L$$

将已知数据代入，得到

$$h_f = \frac{p_1 - p_2}{\rho g} + L = \frac{10\,000 - 15\,000}{9810} + 1 = 0.49\,(\text{m})$$

说明流动方向确实是向下流动。

【例 3-6】 流动阻力损失的测试。水以速度 V 在直径为 D 的管道中流经一直径为 d 的小通道后继续流动，在小通道上、下游的 1、2 缓变流断面处接出两个测压管，如图 3-22 所示。测得汞柱的液面差为 h，试确定流经小通道的水头损失。

解：自 1 截面到 2 截面列伯努利方程，设动能修正系数均为 1，考虑到 1、2 两截面的面积相等、流速相同，由式（3-30）得

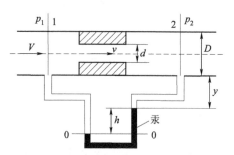

图 3-22　局部流动损失的测量

$$\frac{V^2}{2g} + \frac{p_1}{\rho g} = \frac{V^2}{2g} + \frac{p_2}{\rho g} + h_f$$

$$h_f = \frac{p_1 - p_2}{\rho g}$$

由于 0—0 面为等压面，由静力学关系式，有

$$p_1 + \rho g(y + h) = p_2 + \rho gy + \rho_G gh$$

$$\frac{p_1 - p_2}{\rho g} = \frac{\rho_G - \rho}{\rho} h$$

式中，ρ_G 为汞的密度。最后得到水流流过小通道的能量损失为

$$h_f = \frac{p_1 - p_2}{\rho g} = \frac{\rho_G - \rho}{\rho} h$$

【例 3-7】水在宽为 $d = 2 \text{ cm}$ 的通道中流动，并以匀速 $V_0 = 10 \text{ m/s}$ 流入弯道，如图 3-23 所示。设弯道平均曲率半径为 $R = 5 \text{ cm}$，试求点 A 和点 B 之间的压力差。（设为理想流体的不可压缩流动，并假设 $p_A < p_1$，$p_B > p_1$。）

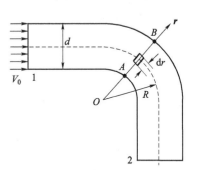

图 3-23 弯道沿径向的压差

解： 自 A 点到 B 点列运动方程（不计重力），有

$$dp = -\rho V dV \tag{a}$$

沿 r 方向取一个单位面积长为 dr 的小微元，其向心加速度为 $\dfrac{V^2}{r}$，则由牛顿第二定律，有

$$dp = \rho \frac{V^2}{r} dr \tag{b}$$

联解上述式（a）和式（b）两个方程，得到沿 AB 线的速度分布微分方程为

$$\frac{dV}{V} = -\frac{dr}{r}$$

解得沿 AB 线的速度分布为

$$Vr = C \tag{c}$$

过 AB 线单位宽度上的流量为

$$Q = \int_{R-d/2}^{R+d/2} V dr = \int_{4}^{6} \frac{C}{r} dr = C(\ln 6 - \ln 4) = C \ln 1.5 \tag{d}$$

由连续性方程，应有

$$Q = V_0 d \tag{e}$$

联解式（d）和式（e）得到

$$C = \frac{V_0 d}{\ln 1.5} = \frac{0.02}{\ln 1.5} V_0 = 0.5$$

代入式（c），得到

$$V = \frac{C}{r} = \frac{1}{2r} \tag{f}$$

下面求 A、B 两点之间的压差。对式（a）沿 AB 线积分并将式（f）代入，得到

$$p_B - p_A = \frac{1}{2} \rho (V_A^2 - V_B^2) = \frac{1}{8} \times \left(\frac{1}{0.04^2} - \frac{1}{0.06^2} \right) = 43.4 \text{ (kPa)}$$

即有

$$\Delta p = p_B - p_A = 43.4 \text{ kPa}$$

第6节　动量方程式

动量方程式是理论力学中的动量定理在流体力学中的具体体现，它反映了流体运动中动量的变化与作用力之间的关系，其特点在于不必知道流动区域内部的流动过程，而只需知道其边界面上的流动情况即可，故可用来解决急变流流动中流体与边界面之间的相互作用问题。

在理论力学中，质点系的动量定理可表述为：在 dt 时间内，作用于质点系的合外力等于同一时间间隔内该质点系在外力作用方向上动量的变化率，即

$$\sum F = \frac{d(mu)}{dt} \qquad (3-31)$$

式（3-31）适用于流体系统，通常称为拉格朗日型动量定理。由于流体运动的复杂性，流体力学中一般采用欧拉法来研究流体流动问题，因此，需要引进控制体和控制面的概念，将拉格朗日型动量定理转换为适用于控制体的欧拉型动量方程。

1. 系统（System）与控制体（Control Volume）

在流体力学中，系统是指由确定的、连续分布的众多流体质点所组成的流体团。系统一经选定，组成这个系统的流体质点也就固定不变了。比如一个班的同学组成一个系统，这个系统是由固定的人员组成的，各位同学可能忽聚忽散，所形成的边界也变化不定，但外班的同学无论怎样也不是这个系统的同学。系统在运动过程中，其体积以及边界的形状、大小和位置都可随时间发生变化，但以系统为边界的内部和外部之间没有质量的交换，即流体不能穿越边界流入或流出系统。对于系统，可以直接应用力学定律，例如牛顿第二定律等。以系统为研究对象，意味着采用拉格朗日观点。由于流体团在运动过程中不断地变形，故自始至终跟踪某一确定的流体系统，通常是极其困难的。

在很多情况下，人们感兴趣的往往并不是某一确定的流体团的运动，而是某一确定空间区域内流体的运动规律，故将力学定律应用于某一确定的空间区域——控制体内的流体，往往会很方便。

对流体流动来说，所谓控制体是指在流场中选取一个相对于某一坐标系固定不变的空间，其封闭的界面称为控制面。比如可以把教室比作一个控制体，由门、窗、墙壁、地板和天花板这些控制面包围而成。这个教室是固定不动的，但经过控制面可以有同学的进和出，教室内的学生人数也可以是多或少，甚至是没有学生。控制体只是一个几何上的概念，其内可以是充满的流体，也可以没有流体。经过控制面可以有流体质点的流入与流出，也就是说，占据控制体的质点随时间而变。从欧拉法的观点出发，可以分析流入、流出控制面以及控制体内物理量的变化情况，从而导出适用于控制体的流体力学基本方程。

2. 动量方程

下面推导适用于控制体的流体运动动量定理的表达式。设流动为不可压缩流体的定常流动，在流场中任取一个区域（实线所围部分）为控制体，其边界构成控制面。实线所围部分的流体经过 dt 时间后，便形成图 3-24 中虚线所示形状，动量的增量应是虚线部分的动量与实线部分动量之差。实线将虚线区域分为 Ⅱ 区和 Ⅲ 区；虚线将实线区域分割成 Ⅰ 区和 Ⅲ 区，并把实线边界分割成 A_1 和 A_2 两部分。

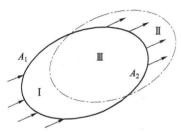

图 3-24　动量方程推导用图

由于Ⅲ区域为实线部分与虚线部分所共有，而且在定常流动中，Ⅲ区域内的动量在 dt 时间内没有变化，故经过 dt 时间后，流体动量的增量为Ⅱ区的动量与Ⅰ区的动量之差。

Ⅰ区域内的流体为在 dt 时间经 A_1 面流入的流体，质量为

$$M_{\mathrm{I}} = dt \int_{A_1} \rho u \cdot dA = \rho Q_{\mathrm{I}} dt$$

Ⅰ区域内的流体动量为在 dt 时间经 A_1 面流入的流体动量

$$E_{\mathrm{I}} = dt \int_{A_1} \rho u u \cdot dA$$

Ⅱ区域内的流体为在 dt 时间经 A_2 面流出的流体，质量为

$$M_{\mathrm{II}} = dt \int_{A_2} \rho u \cdot dA = \rho Q_{\mathrm{II}} dt$$

Ⅱ区域内的流体动量为在 dt 时间经 A_2 面流出的流体动量为

$$E_{\mathrm{II}} = dt \int_{A_2} \rho u u \cdot dA$$

故在 dt 时间内流体动量的增量为

$$dE = E_{\mathrm{II}} - E_{\mathrm{I}} = \left(\int_{A_2} \rho u u \cdot dA - \int_{A_1} \rho u u \cdot dA \right) dt \tag{3-32}$$

一般由于不知道速度分布，上式无法积分，为此，常取控制面为过流断面，并采用断面平均速度来进行计算，这就要求两个断面必须是均匀流或渐变流断面，因为均匀流或渐变流断面上的流速与平均流速的方向一致。用断面平均速度代替各点的流速计算动量时，必须引入动量修正系数 β，此时的动量为

$$\int_A \rho u u \cdot dA = \int_A \rho u^2 dA = \beta \rho Q V$$

动量的方向为速度的方向。动量修正系数为

$$\beta = \frac{\int_A u^2 dA}{V^2 A} = \frac{1}{A} \int_A \left(\frac{u}{V} \right)^2 dA \tag{3-33}$$

式中，动量修正系数常取 $\beta = 1$。

引入动量修正系数后，动量的增量式（3-32）可写成

$$dE = E_{\mathrm{II}} - E_{\mathrm{I}} = \rho (\beta_2 Q_{\mathrm{II}} V_{\mathrm{II}} - \beta_1 Q_{\mathrm{I}} V_{\mathrm{I}}) dt$$

式中，V_{I}、V_{II} 分别为在 A_1 面和 A_2 面上的平均流速。设在 dt 时间内作用于控制体内流体的合力为 $\sum F$，并考虑到连续性方程 $Q_{\mathrm{I}} = Q_{\mathrm{II}} = Q$，则由动量定理，得到

$$dt \sum F = dE = \rho (\beta_2 Q_{\mathrm{II}} V_{\mathrm{II}} - \beta_1 Q_{\mathrm{I}} V_{\mathrm{I}}) dt$$
$$\sum F = \rho Q (\beta_2 V_{\mathrm{II}} - \beta_1 V_{\mathrm{I}})$$

上式表明，对于定常不可压缩流动，作用在控制体内流体上的合力等于单位时间内通过

控制面流出与流入流体的动量之差。一般采用分量形式来进行求解，取动量修正系数为 1，其分量形式为

$$\sum F_x = \rho Q(V_{IIx} - V_{Ix})$$
$$\sum F_y = \rho Q(V_{IIy} - V_{Iy})$$

（3－34）

注1：动量定理（3－34）应用条件如下：

（1）不可压缩流体的定常流动。

（2）所取控制体中，有动量流入和流出的控制面必须是均匀流或渐变流断面，控制体中的流动可以是急变流。

注2：用动量定理解题时，一般按以下步骤进行：

（1）选取控制体。常选壁面和渐变流断面作为控制面。

（2）受力分析。正确分析作用在控制面上的表面力和作用在控制体内流体上的质量力，如果所求作用力的方向未知，可先假定其方向，如求出为正值，则所设方向正确；如为负值，则方向与假设相反。

（3）选取坐标系，注意速度的投影。

（4）进行动量分析并列动量方程。

（5）注意与连续性方程和能量方程联合求解。

3. 动量方程应用举例

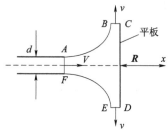

图3－25 水流冲击平板示意图

【**例3－8**】水自直径为 d 的圆管中以速度 V 垂直喷向竖直放置的平板 CD，如图3－25所示。试求平板所受到的水流冲击力 R。

解：这是一个射流冲击平板的问题，不要求求解射流流域内部的流动细节，也无须求解平板上的压强分布，只需求解平板所受的冲击力，故是一个动量定理应用的典型问题。

第1步　选取控制体。

选取以 $ABCDEFA$ 所围区域为控制体，并选取沿射流轴向向右方向为 x 轴正方向。

第2步　对控制体内的流体进行受力分析。

控制体内的流体所受的作用力如下：

（1）通过各个控制面作用在流体上的大气压力，这部分力处于平衡状态，合力为0。

（2）控制体内的流体所受重力，在 x 轴上投影为0。

（3）设平板对控制体内流体的作用力为 R，假设为理想流体，故 R 方向垂直于平板，沿 x 反方向。

第3步　进行动量分析。

（1）AB、EF 为流线，没有质量的流入与流出，当然也就没有动量的交换。

（2）CD 为固壁，当然也就没有动量的交换。

（3）经过 BC、DE 流出的动量与 x 轴垂直，在 x 轴上的分量为0。

（4）经 AF 流入的速度为 V，单位时间流入的动量为 ρQV。

第4步　列动量方程并求解。

沿 x 方向列动量方程，有

$$-R = \rho Q(0 - V)$$

解得平板所受的水流冲击力为

$$R = \rho QV = \frac{\pi d^2}{4}\rho V^2$$

注：这也是靶式流量计的工作原理，测得平板的受力 R，即可反算出喷水流量 Q。

问题研究：水流冲击平板的数值模拟计算（见第 10 章）

【例 3-9】水自直径为 d 的管中以速度 V 冲击一倾斜的平板，如图 3-26 所示，已知平板与射流轴线夹角为 β，设水流为理想流体，不计重力影响，试求平板所受到的水流冲击力 R 以及流量 Q_1 和 Q_2。

解：这是一个利用动量定理进行求解的典型问题，选取 Oxy 坐标，如图 3-26 所示。

第 1 步　选取控制体：选取 $ABCDEFA$ 所围区域为控制体。

第 2 步　对控制体内的流体进行受力分析。

（1）通过各个控制面作用在流体上的大气压力，这部分力处于平衡状态，合力为 0。

（2）控制体内的流体所受重力不计。（相比射流冲击力而言，重力往往可以忽略）

（3）平板对流体的作用力为 R，假设为理想流体，故 R 方向垂直于平板。

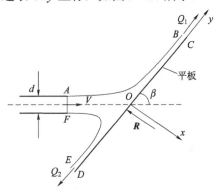

图 3-26　水流冲击倾斜的平板

第 3 步　进行动量分析。

（1）AB、EF 为流线，没有质量的流入与流出，当然也就没有动量的交换。

（2）CD 为固壁，当然也就没有动量的交换。

（3）经过 BC 流出的动量与 y 轴同向，大小为 $\rho Q_1 V_1$，在 x 轴上的分量为 0。

（4）经过 DE 流出的动量与 y 轴反向，大小为 $\rho Q_2 V_2$，在 x 轴上的分量为 0。

（5）经 AF 流入的速度为 V，单位时间流入的动量为 ρQV。

第 4 步　列动量方程并求解

沿 x 方向列动量方程，有

$$-R = \rho Q(0 - V\sin\beta)$$

解得平板所受的水流冲击力为

$$R = \rho QV\sin\beta = \frac{\pi d^2}{4}\rho V^2\sin\beta$$

下面求解沿平板的流量 Q_1 和 Q_2。沿 y 方向列动量方程有

$$0 = \rho Q_1 V_1 - \rho Q_2 V_2 - \rho QV\cos\beta \qquad\qquad (\text{a})$$

对于 V_1 和 V_2，沿自 AF 截面到 BC 截面的某条流线列伯努利方程，有

$$\frac{p_a}{\rho g} + \frac{V^2}{2g} = \frac{p_a}{\rho g} + \frac{V_1^2}{2g}$$

得到

$$V_1 = V$$

同理对于 V_2，也有 $V_2 = V$，最后有 $V_1 = V_2 = V$。

由式（a），有

$$Q_1 - Q_2 = Q \cos \beta \tag{b}$$

再由连续性方程，有

$$Q_1 + Q_2 = Q \tag{c}$$

联解式（b）和式（c），最后得到

$$Q_1 = \frac{1}{2}Q(1 + \cos \beta)$$

$$Q_2 = \frac{1}{2}Q(1 - \cos \beta)$$

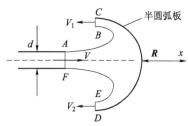

图 3-27　水流冲击半圆弧板

【例 3-10】 水自直径为 d 的管中以速度 V 垂直喷向相距为 L 的半圆弧板如图 3-27 所示，设水为理想流体，不计重力，试求半圆弧板所受到的水流冲击力 R。

解： 用动量定理求解此问题。

第 1 步　选取控制体。

选取以 $ABCDEFA$ 所围区域为控制体，并选取沿射流轴向向右方向为 x 轴正方向。

第 2 步　对控制体内的流体进行受力分析。

控制体内的流体所受的作用力如下：

（1）通过各个控制面作用在流体上的大气压力处于平衡状态，合力为 0。

（2）不计控制体内的流体所受到的重力影响。

（3）板对流体的作用力为 R，假设为理想流体，故 R 的方向沿 x 轴反方向。

第 3 步　进行动量分析。

（1）AB、EF 为流线，没有质量的流入与流出，当然也就没有动量的交换。

（2）CD 为固壁，当然也就没有动量的交换。

（3）由于不计重力影响，由伯努利方程，有 $V_1 = V_2 = V$。经过 BC 和 DE 流出的动量大小共为 $\rho Q V$，方向与 x 轴相反。

经 AF 流入的速度为 V，单位时间流入的动量大小为 $\rho Q V$。

第 4 步　列动量方程并求解

沿 x 方向列动量方程，有

$$-R = \rho Q(-V - V)$$

解得平板所受的水流冲击力为

$$R = 2\rho Q V = \frac{\pi d^2}{2} \rho V^2$$

【例 3-11】 两个大水箱如图 3-28 所示。大水箱 A 距液面下 H 处接一个直径为 d 的管子，水自管中喷出后冲击水箱 B 壁面处的平板，使平板将水箱 B 壁面上直径为 d 的小孔挡住没有泄漏。现自水箱 B 右下的小孔向水箱内缓慢注水，问水箱 B 内液面高 h 为多大时才能把挡板推开，并使水箱 B 的水泄漏出来。假设大水箱 A 的液面高 H 不变，不计一切流动损失。

解： 这是一个伯努利方程与动量定理以及静力学联合求解的例子。首先不妨猜一下，h 与 H 的关系，大于、小于或相等？然后进行计算求解。

首先，由伯努利方程可知，水箱 A 自管道流出的速度为 $V = \sqrt{2gH}$。

水流冲击平板的力为

$$R = \rho QV = \frac{\pi d^2}{4}\rho V^2 = \frac{\pi d^2}{4}\rho 2gH$$

水箱 B 中液体处于静止状态，对平板的静压力为

$$P = \frac{\pi d^2}{4}\rho gh$$

当 $P = R$ 时，平板处于即将打开状态，此时有

$$h = 2H$$

这个结果你猜到了吗？为什么呢？

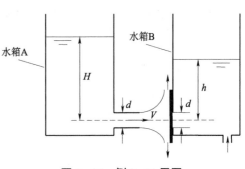

图 3−28　例 3−11 用图

【例 3−12】水平放置的管道结构如图 3−29 所示。水在直径为 D 的圆形管道中以速度 V_1 流动，并通过管道出口处的节流阀以速度 V_2 流入大气。已知管道直径 $D=40$ cm，阀门直径 $d=10$ cm，管中流速 $V_1 = 5$ m/s，不计一切流动损失，试求固定管道所需的力 F。

解：

由连续性方程，求得出流速度

$$V_2 = \frac{D^2}{d^2}V_1 = 16V_1 = 80\ \mathrm{m/s}$$

自 1 截面到 2 截面列伯努利方程，考虑到 2 截面压强为大气压，相对压强为 0，有

$$\frac{p}{\rho g} + \frac{V_1^2}{2g} = \frac{V_2^2}{2g}$$

图 3−29　例 3−12 用图

解得 1 截面处压强为

$$p = \frac{1}{2}\rho(V_2^2 - V_1^2) = 3\,187\,500\ \mathrm{Pa}$$

取控制体如图 3−29 中虚线所围区域，沿轴向列动量方程如下：

$$p\frac{\pi}{4}D^2 - F = \rho Q(V_2 - V_1)$$

将流量

$$Q = \frac{\pi}{4}D^2 V_1$$

代入，最后得到水流作用在闸门上的力为

$$F = p\frac{\pi}{4}D^2 - \rho\frac{\pi}{4}D^2 V_1(V_2 - V_1)$$

$$= \frac{\pi}{4}D^2\rho\frac{1}{2}(V_2^2 - V_1^2) - \frac{\pi}{4}D^2\rho V_1(V_2 - V_1)$$

$$= \frac{\pi}{8}D^2\rho[(V_2^2 - V_1^2) - 2V_1(V_2 - V_1)]$$

$$= \frac{\pi}{8}D^2\rho(V_2 - V_1)^2$$

$$= \frac{15^2\pi}{8}D^2\rho V_1^2 = 353\,429\ \mathrm{N}$$

【例3-13】上下圆盘半径均为 $R=100$ mm，相距为 $h=1$ mm。上圆盘连接一个直径 $d=50$ mm 的管道，水流在管道中以速度 $V=1$ m/s 流动，并冲击下面的圆盘，如图3-30所示，假设为理想流体，不计一切流动损失，不计重力影响，试求下面圆盘所受到的水流作用力。

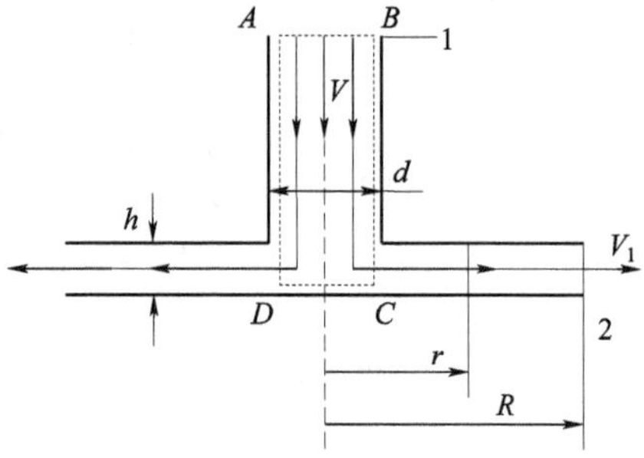

图3-30 例3-13用图

解：

设圆盘外缘处的出流速度为 V_1，由连续性方程，有 $\dfrac{\pi d^2}{4}V = 2\pi R h V_1$，得到

$$V_1 = \frac{d^2}{8Rh}V = \frac{0.05^2}{8 \times 0.1 \times 0.001}V = 3.125V = 3.125 \text{ m/s}$$

自管道截面1到圆盘外缘截面2列伯努利方程，设1截面处的压强为 p_0，并设大圆盘的外缘通大气，则有

$$\frac{p_0}{\rho g} + \frac{V^2}{2g} = \frac{V_1^2}{2g}$$

得到管道入口处压强为

$$p_0 = \frac{1}{2}\rho(V_1^2 - V^2) = 4\,382.8 \text{ Pa}$$

大圆盘的受力需分两步来进行计算，第一步用动量定理计算 DC 部分（底盘上与管道截面面积相等的一部分区域）的水流冲击力；第二步用伯努利方程计算半径大于 $d/2$ 那部分区域的压强分布，并积分得到这一区域的受力。将两部分合起来，就是整个圆盘的受力。

选取图中虚线所围 $ABCDA$ 部分为控制体，设圆盘对这一部分流体的作用力为 $\boldsymbol{F}_1$，方向向上。考虑到流出控制体的动量沿管道轴线的投影为0，沿管道轴线方向列动量方程，有

$$\frac{\pi d^2}{4}p_0 - F_1 = \rho Q(0 - V)$$

得到水流对圆盘的冲击力

$$F_1 = \frac{\pi d^2}{4}p_0 + \rho QV = \frac{\pi d^2}{4}(p_0 + \rho V^2) = 10.57 \text{ N}$$

设圆盘上半径为 r 截面处的压强为 p，流速为 V_r，自1截面到半径为 r 的截面列伯努利方程，有

$$\frac{p_0}{\rho g} + \frac{V^2}{2g} = \frac{p}{\rho g} + \frac{V_r^2}{2g}$$

根据连续性方程，有

$$\frac{\pi d^2}{4}V = 2\pi r h V_r$$

$$V_r = \frac{d^2}{8rh}V = \frac{0.312\,5}{r}$$

代入伯努利方程式，得到

$$p = p_0 + \frac{1}{2}\rho(V^2 - V_r^2) = 4\,882.8 - \frac{48.828}{r^2}$$

对圆盘半径大于 $d/2$ 部分的受力进行积分，得到

$$F_2 = \int_{d/2}^{R} p 2\pi r \mathrm{d}r$$

$$= 4\,882.8 \int_{d/2}^{R} 2\pi r \mathrm{d}r - 48.828 \int_{d/2}^{R} \frac{2\pi r}{r^2} \mathrm{d}r$$

$$= 4\,882.8 \left(\pi R^2 - \frac{\pi d^2}{4} \right) - 97.656\pi \left(\ln R - \ln \frac{d}{2} \right)$$

$$= 143.81 - 306.8 \times (-2.302\,6 + 3.688\,9) = -281.5 \,(\mathrm{N})$$

这个力为负数，为什么？

将以上两个力相加，最后得到圆盘所受的力为

$$F = F_1 + F_2 = 10.57 - 281.5 = -270.93 \,(\mathrm{N})$$

计算结果说明底盘受到向上的吸力。

讨论：若使圆盘所受合力为零，条件是什么？

第7节 动量矩方程

在分析水泵或水轮机等流体机械的流动时，还需要应用动量矩方程。与动量定理类似，动量矩方程就是流体系统内流体动量矩的时间变化率等于作用在系统上的所有外力矩的矢量和。对于定常流动，有

$$\oiint_{A} \rho(\boldsymbol{r} \times \boldsymbol{V}) V_n \mathrm{d}A = \sum (\boldsymbol{r}_i \times \boldsymbol{F}_i) \tag{3-35}$$

式中，A 为控制面。这个方程表明：在定常流动时，通过控制体表面流体动量矩的净通量等于作用于控制体的所有外力矩的矢量和，与控制体内的流动状态无关。

应用定常流动的动量矩方程式（3-35），可以导出常用的涡轮机械的基本方程。图3-31所示为离心式水泵或风机叶轮内的速度矢量分解图，图中 V_1 表示叶轮内圆上流体流入叶轮内部的绝对速度，V_{1r}、V_{1e} 为内圆上的相对速度和牵连速度，V_{1n}、V_{1t} 分别为 V_1 在内圆法向和切向上的分量。V_2 为外圆上流体出流的绝对速度，V_{2r}、V_{2e} 为 V_2 对应的相对速度和牵连速度，V_{2n}、V_{2t} 为其在外圆上的法向和切向分量。内圆的半径为 r_1，外圆的半径为 r_2，内外圆流入和流出的有效截面积分别 A_1、A_2。在流量 Q 和旋转角速度 ω 保持常数的情况下，叶轮内的流动为定常流动。

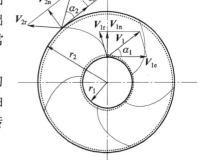

图3-31 离心泵叶轮内的流动示意

取图中虚线所围区域为控制体，不考虑重力及黏性力的影响，通过控制面作用在控制体内流体上的表面力，对转轴的力矩为0。此时，作用在控制体内流体上的外力矩只有转轴传给叶轮的力矩 T，所以沿 z 轴的合力矩为

$$\left| \sum (\boldsymbol{r}_i \times \boldsymbol{F}_i) \right|_z = T$$

经过控制体表面流体动量矩的净通量为

$$\left| \iint_{A} \rho(\boldsymbol{r} \times \boldsymbol{V}) V_n \mathrm{d}A \right|_z = \iint_{A_2} \rho V_2 r_2 \cos\alpha_2 V_{2n} \mathrm{d}A - \iint_{A_1} \rho V_1 r_1 \cos\alpha_1 V_{1n} \mathrm{d}A$$

$$= \rho V_2 r_2 \cos \alpha_2 V_{2n} A_2 - \rho V_1 r_1 \cos \alpha_1 V_{1n} A_1$$
$$= \rho Q (r_2 V_{2t} - r_1 V_{1t})$$

由动量矩方程式（3-35），有

$$T = \rho Q (r_2 V_{2t} - r_1 V_{1t}) \qquad (3-36)$$

单位时间内力矩对流体所做的功为

$$W = T\omega = \rho Q (V_{2e} V_{2t} - V_{1e} V_{1t}) \qquad (3-37)$$

单位重量流体通过叶轮所获得的能量(扬程)为

$$H = \frac{W}{\rho g Q} = \frac{1}{g}(V_{2e} V_{2t} - V_{1e} V_{1t}) \qquad (3-38)$$

式（3-38）即为涡轮机械基本方程，在已知叶轮机械的工作参数和叶轮几何参数的条件下，通过该方程可以求得流体流经叶轮机械时，单位重量流体获得的能量 H。这一数值是表征叶轮工作性能的特征量。叶轮机械性能曲线各参数间的关系都是根据这一基本方程推导出来的。

【例 3-14】叶片前弯的离心式通风机叶轮进、出口速度图如图 3-32 所示。已知叶轮的转速为 $n = 1\,500\,\mathrm{r/min}$，流量为 $Q = 12\,000\,\mathrm{m^3/h}$。设空气密度 $\rho = 1.2\,\mathrm{kg/m^3}$；内径 $d_1 = 480\,\mathrm{mm}$，进口角 $\beta_1 = 60°$，进口宽度 $b_1 = 105\,\mathrm{mm}$；外径 $d_2 = 600\,\mathrm{mm}$，出口角 $\beta_2 = 120°$，出口宽度 $b_2 = 84\,\mathrm{mm}$。试求叶轮进、出口的气流速度、经过叶轮单位重量空气获得的能量和叶轮能产生的理论压强。

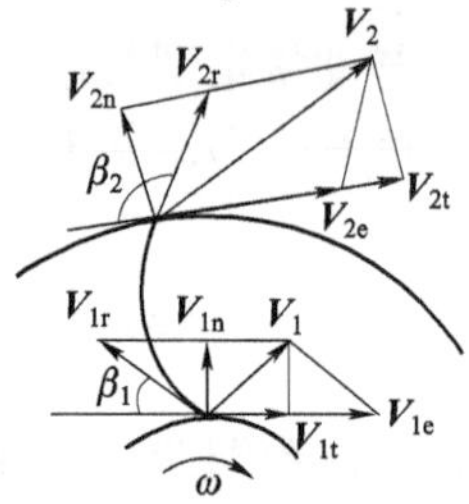

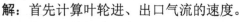

解： 首先计算叶轮进、出口气流的速度。

（1）进口处的气流速度。

牵连速度为

$$V_{1e} = \omega r_1 = \frac{2n\pi}{60} r_1 = 37.7\,\mathrm{m/s}$$

图 3-32　通风机叶轮进、
　　　　出口速度图

法向速度为

$$V_{1n} = \frac{Q}{A} = \frac{Q}{2\pi r_1 b_1} = \frac{12\,000/3\,600}{\pi \times 0.48 \times 0.105} = 21.05\,(\mathrm{m/s})$$

相对速度为

$$V_{1r} = \frac{V_{1n}}{\sin \beta_1} = 24.31\,\mathrm{m/s}$$

切向速度为

$$V_{1t} = V_{1e} - V_{1r} \cos \beta_1 = 25.55\,\mathrm{m/s}$$

绝对速度为

$$V_1 = \sqrt{V_{1n}^2 + V_{1t}^2} = 33.10\,\mathrm{m/s}$$

（2）出口处的气流速度。

牵连速度为

$$V_{2e} = \omega r_2 = \frac{2n\pi}{60} r_2 = 47.12\,\mathrm{m/s}$$

法向速度为

$$V_{2n} = \frac{Q}{2\pi r_2 b_2} = 21.05\,\mathrm{m/s}$$

相对速度为

$$V_{2r} = \frac{V_{2n}}{\sin(\pi - \beta_2)} = 24.31\,\text{m}/\text{s}$$

切向速度为

$$V_{2t} = V_{2e} + V_{2r}\cos 60° = 59.28\,\text{m}/\text{s}$$

绝对速度为

$$V_2 = \sqrt{V_{2n}^2 + V_{2r}^2} = 62.91\,\text{m}/\text{s}$$

（3）单位重量气流通过通风机所获得的能量。

经过叶轮后，单位重量流体获得的以空气柱表示的能量为

$$H = \frac{1}{g}(V_{2e}V_{2t} - V_{1e}V_{1t}) = (47.12 \times 59.28 - 37.7 \times 25.55)/9.807 = 186.6\,(\text{m})$$

叶轮产生的理论压强为

$$p = \rho g H = 1.2 \times 9.807 \times 186.6 = 2\ 196\ (\text{Pa})$$

【例 3–15】旋转喷水系统如图 3–33 所示。主管道中的水经三通 A 后流入管道 1 和 2，沿半径为 a 和 b 的圆周切线方向喷出。设喷口截面积与喷管截面积相同，主管道的水流量为 Q，喷管直径为 d，不计重力影响及一切摩擦和流动损失，试求喷管的旋转角速度。

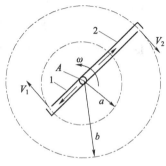

解：设两个出口的出流速度分别为 V_1 和 V_2，由于不计重力和流动损失，自主管道截面到出口截面列伯努利方程，有

$$\frac{p_0}{\rho g} + \frac{V_0^2}{2g} = \frac{V_1^2}{2g} = \frac{V_2^2}{2g}$$

得到 $V_1 = V_2$。由于主管道流量为 Q，故每个喷嘴的喷流速度应该是总流量的一半除以喷嘴面积，则两个喷口的出流速度均为

图 3–33　旋转喷水系统示意

$$V_1 = V_2 = \frac{Q/2}{\dfrac{\pi d^2}{4}} = \frac{2Q}{\pi d^2} = V_r$$

由于不计摩擦损失，故系统旋转所需的力矩为 0。喷口处的水流绝对速度为相对速度与牵连速度之差，考虑到是沿圆周切线方向喷出，则有

$$V_{1e} = \omega a,\ V_{1t} = V_1 = V_r - \omega a$$
$$V_{2e} = \omega b,\ V_{2t} = V_2 = V_r - \omega b$$

再由动量矩方程（3–35），有

$$\rho \frac{Q}{2}(bV_{2t} + aV_{1t}) = 0$$
$$b(V_r - \omega b) + a(V_r - \omega a) = 0$$

最后得到转动角速度为

$$\omega = \frac{a+b}{a^2+b^2}V_r = \frac{a+b}{a^2+b^2}\frac{2Q}{\pi d^2}$$

习　　题

3-1　对下列速度场，试确定

（1）哪些是定常流？哪些是非定常流？为什么？

（2）哪些是一元流？哪些是二元或三元流？为什么？

（a）$V = ax^2\mathbf{i} + bx\mathbf{j}$；　　　　　　　（b）$V = ax^2\mathbf{i} + bxz\mathbf{j}$；

（c）$V = ax^2 y\mathbf{i} + byzt\mathbf{j}$；　　　　　（d）$V = ax^2\mathbf{i} + by\mathbf{j} + cxz\mathbf{k}$。

3-2　对下列给出的速度场，试确定其流线方程，并画出流线的几何图形。

（1）$V = ay\mathbf{i}$；　　　　　　　　　　（2）$V = ay\mathbf{i} + ax\mathbf{j}$。

3-3　如果速度场为 $V = x\mathbf{i} - y\mathbf{j}$，求流线方程，并画出通过 $x = 2, y = 3$ 点的一条流线。

3-4　水在直径 $D = 160\,\text{cm}$ 的管道中流动，并经渐缩喷嘴后自直径 $d = 80\,\text{cm}$ 的管口喷出，如图 3-34 所示。用图示测管测得主管内的静压与出口处的总压之差，汞柱的液面差 $h = 600\,\text{mm}$，试计算喷嘴处水流的出流速度。

3-5　一个储水池用一个等径的管道向外排水，如图 3-35 所示。求管道中 A、B 两截面处的静压强和流速。假设储水池的自由液面保持不变，且不计一切摩擦损失。

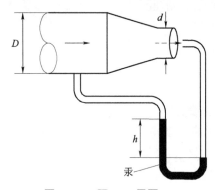

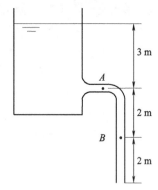

图 3-34　题 3-4 用图　　　　　　　　　　图 3-35　题 3-5 用图

3-6　通过如图 3-36 所示的一个缩放管放水。已知 $d_1 = 100\,\text{mm}, d_2 = 120\,\text{mm}$，储水池自由液面保持不变，设流体为理想流体，外界大气压 $p_a = 101\,325\,\text{Pa}$。试求

（1）截面 1 处的静压强。

（2）通过管道的流量。

（3）如果去掉扩张段，只保留收缩段，流量是否变化？

3-7　离心式通风机由吸气管吸入空气。吸气管直径 $d = 200\,\text{mm}$，装有一测压管，如图 3-37 所示。现测得测管中的水柱液面与容器液面高度差 $h = 0.25\,\text{m}$，问此风机的吸气量 Q 为多少？（空气的密度 $\rho = 1.2\,\text{kg/m}^3$）

3-8　水流过如图 3-38 所示的竖直渐缩管道。已知在 1 截面处管径 $d_1 = 300\,\text{mm}$，水的流速 $V = 6\,\text{m/s}$，2 截面距 1 截面的垂直距离 $H = 2\,\text{m}$，若使 1、2 两截面的压强相等，问管径 d_2 应为多大？（忽略一切摩擦损失）

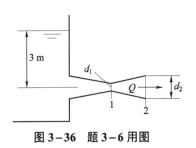

图 3-36　题 3-6 用图

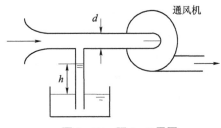

图 3-37　题 3-7 用图

3-9　在河道某处用虹吸管取水，结构如图 3-39 所示。虹吸管的最高点距水面 3 m，出水口在水面以下 5 m 处。忽略一切流动损失，试求虹吸管中的流速 V 以及最高点处的压强。

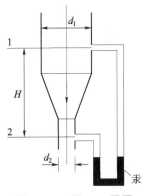

图 3-38　题 3-8 用图

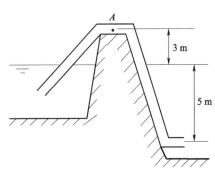

图 3-39　题 3-9 用图

3-10　水在直径为 D 的管道中以速度 V 流动，从管口经管道与直径为 d 的物块的间隙流入大气，结构如图 3-40 所示。求水流作用在物块上的力。已知 $D=5$ cm，$d=4$ cm，$V=4$ m/s。

3-11　水自直径 $d=3$ cm 的管道经突扩后流入直径 $D=6$ cm 的管道，如图 3-41 所示。已知 $p_1=60$ kPa，$V_1=20$ m/s，求 p_2。（在突然扩大的地方，压强为 p_1）

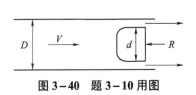

图 3-40　题 3-10 用图

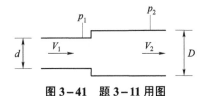

图 3-41　题 3-11 用图

3-12　一个 Y 型三通如图 3-42 所示，其中心线位于同一个水平面内，三个过流断面面积分别为 $A_1=A_2=0.1$ m^2，$A_3=0.03$ m^2，主流轴线与支流轴线夹角 $\beta=60°$。测得各断面上的表压强分别为 $p_1=50$ kPa，$p_2=45$ kPa，$p_3=0$ Pa；流量分别为 $Q_1=0.6$ m^3/s，$Q_2=0.4$ m^3/s，$Q_3=0.2$ m^3/s。试求保持三通固定所需的外力。

3-13　水自直径 $d=20$ mm 的管中以速度 $V=30$ m/s 自左向右冲击圆盘，而圆盘以速度 $V_0=7.6$ m/s 的速度向右运动，如图 3-43 所示。

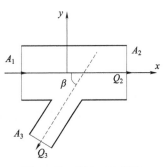

图 3-42　题 3-12 用图

（1）试计算作用在圆盘上的力。

（2）若在圆盘中心驻点处接一个折管，则折管中的液面高 h 为多少？

3-14　水射流自直径为 d 的管嘴喷出，冲击到一个竖直放置的半径为 R 的半圆形壁面，如图3-44所示。忽略一切摩擦阻力，试求水流冲击在半圆壁面的水平作用力。已知：$d=20$ mm，$h=60$ mm，$H=180$ mm，$R=400$ mm。

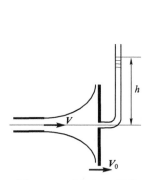

图3-43　题3-13用图

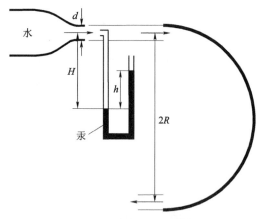

图3-44　题3-14用图

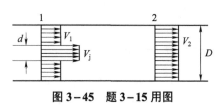

图3-45　题3-15用图

3-15　直径 $D=150$ mm 的圆筒混流器内的水流流动如图3-45所示。在1截面中心处由射流泵产生直径 $d=50$ mm、速度 $V_j=45$ m/s 的射流，1截面其他处的流速 $V_1=15$ m/s。射流与主流在1、2截面之间充分混合后，在2截面以速度 V_2 流动。忽略壁面摩擦阻力，试求水流从1截面到2截面的压强增量，以及水头损失。

补 充 习 题

B3-1　在伯努利方程中，$z+\dfrac{p}{\rho g}+\dfrac{V^2}{2g}$ 表示（　　　）。

（A）单位重力流体具有的机械能　　（B）单位质量流体具有的机械能

（C）单位体积流体具有的机械能　　（D）通过过流断面流体的总机械能

B3-2　水平放置的渐扩管，如忽略水头损失，断面形心点的压强有以下关系（　　　）。

（A）$p_1>p_2$　　　　（B）$p_1=p_2$　　　　（C）$p_1<p_2$

B3-3　如图3-46所示，轴对称回转体在静水中以 $V=36$ km/h 的速度运动。已知2-2截面处流体的相对速度为物体运动速度的2倍，1-1截面处压强为 $p_1=19.6\times10^4$ Pa。若不计摩擦阻力及重力，试求侧面2-2截面处的压强 p_2。

B3-4　测量流速的皮托管如图3-47所示，设被测流体密度为 ρ，测压管内液体密度为 ρ_0，测压管中液面高差为 h，试证明所测速度：

$$V=\sqrt{2gh\dfrac{\rho_0-\rho}{\rho}}$$

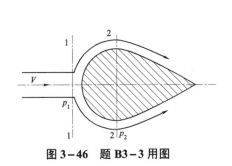

图 3-46　题 B3-3 用图

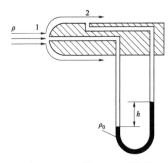

图 3-47　题 B3-4 用图

B3-5　一水箱底部有一个小孔，如图 3-48 所示，射流的截面积为 $A(x)$，在小孔处 $x=0$，截面积为 A_0，通过不断注水使水箱中的水位 h 保持常数，水箱横截面远比小孔大。设流体是理想不可压缩的，求射流截面积随 x 变化的规律 $A(x)$。

B3-6　一虹吸管放于水桶中，如图 3-49 所示。水管出口离桶中液面高为 h，水管最高点距液面高为 H。若水桶及虹吸管的截面积分别为 A 和 a，且 $A \gg a$，试计算虹吸管的流量及最高点处的压强。（视作理想流体，不计一切流动损失）

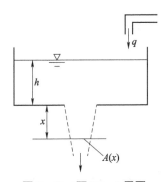

图 3-48　题 B3-5 用图

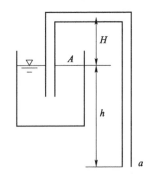

图 3-49　题 B3-6 用图

B3-7　水沿着圆形扩大管自容器出流到大气中如图 3-50 所示。设扩大管小端和大端直径分别为 d_1 和 d_2，长为 h_2，问 h_1 为多少时扩大管小端处的绝对压强为零？

B3-8　水流过如图 3-51 所示管路，已知 $p_1 = p_2$，$d_1 = 300\text{ mm}$，$V_1 = 6\text{ m/s}$，$h = 3\text{ m}$。不计损失，求 d_2。

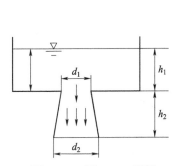

图 3-50　题 B3-7 用图

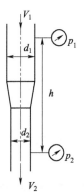

图 3-51　题 B3-8 用图

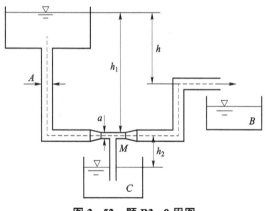

图 3-52　题 B3-9 用图

B3-9　如图 3-52 所示真空吸水装置。在下述情况下试求断面面积之比 A/a 与水头的关系。（不计任何能量损失）

（1）M 断面产生负压时。

（2）C 中的水被吸入时。

B3-10　如图 3-53 所示虹吸出流管直径 $D=100\ \text{mm}$，喷嘴出口直径 $d=30\ \text{mm}$。图中各部尺寸为 $h_1=4\ \text{m}$，$h_2=5\ \text{m}$，$h_3=1\ \text{m}$，不计损失，求管中 A、B、C 各点的压强。

B3-11　如图 3-54 所示射流装置，水位高 $h=40\ \text{m}$。欲使二孔射流交点位于和水箱底同一水平面且相距水箱 $a=20\ \text{m}$ 处，求二孔位置 h_1、h_2 应为多高？（不计流动损失）

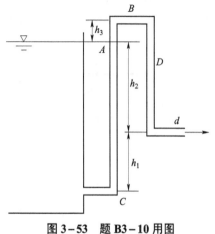

图 3-53　题 B3-10 用图

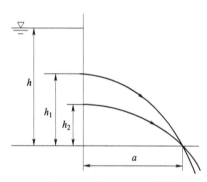

图 3-54　题 B3-11 用图

B3-12　如图 3-55 所示引风机入口喉部直径 $D=300\ \text{mm}$，吸入空气的密度为 $1.3\ \text{kg/m}^3$，求当测压水柱高 $h=300\ \text{mm}$ 时空气的流量为多少？

B3-13　如图 3-56 所示喷管出口直径 $d=50\ \text{mm}$，喷出射流高度 $h_1=6\ \text{m}$，此处测压管水柱高 $h_2=9\ \text{m}$，试计算流量和喷管倾角 α。

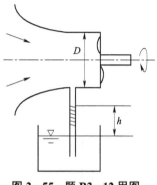

图 3-55　题 B3-12 用图

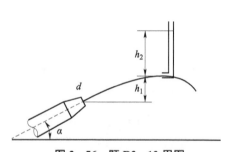

图 3-56　题 B3-13 用图

B3-14　如图 3-57 所示两小孔出流装置，试证明不计流动损失时有关系 $h_1 y_1 = h_2 y_2$。

B3-15　将一平板插入水的自由射流内，如图 3-58 所示，平板垂直于射流的轴线。已知射流流速 $V=30$ m/s，射流流量 $Q=36 \times 10^{-3}$ m³/s，该平板截去射流的流量 $Q_1 = 12 \times 10^{-3}$ m³/s。求偏角 α 及平板受力 F。

B3-16　如图 3-59 所示，水由水箱 1 经圆滑无阻力的孔口水平射出，冲击到一平板上，平板封盖着另一水箱 2 的孔口，两水箱孔口中心线重合，水位高分别为 h_1 和 h_2，孔口直径 $d_2 = 2 d_1$。求保证平板压在水箱 2 孔口上时 h_1 与 h_2 的关系。（不计平板的重量及摩擦力）

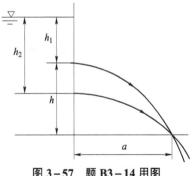

图 3-57　题 B3-14 用图

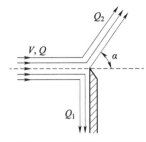

图 3-58　题 B3-15 用图

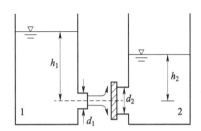

图 3-59　题 B3-16 用图

B3-17　如图 3-60 所示，底边长 $b=3$ m、高 $H=1.2$ m、壁厚 $\delta=0.15$ m 的正方形箱子在水中漂浮，其初始淹没于水中的深度 $h=0.6$ m。试确定从直径 $d=30$ mm 的底部孔口开启至箱子沉没所需的时间。（不计一切摩擦阻力）

B3-18　一直径 $d=50$ mm、速度 $V=70$ m/s 的射流射入如图 3-61 所示水斗，水斗出水口角度 $\beta=10°$，不计损失，求下列两种情况下水斗受力。

（1）水斗不动。

（2）水斗以 $u=35$ m/s 等速运动。

B3-19　图 3-62 所示为一安全阀，其阀座直径 $d=25$ mm，当阀座处的压力 $p=4$ MPa 时，通过油的流量 $Q=10$ L/s，油的密度 $\rho=900$ kg/m³，此时阀的开度 $x=5$ mm。如开启阀的初始压强 $p_0=3$ MPa，阀的弹簧刚度 $k=20$ N/mm，忽略流动损失，试确定射流方向角 α。

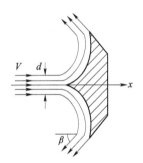

图 3-60　题 B3-17 用图

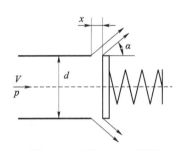

图 3-61　题 B3-18 用图

图 3-62　题 B3-19 用图

B3−20　使带有倾斜光滑平板的小车逆着射流方向以速度 u 移动，如图 3−63 所示。若射流喷嘴不动，射流断面积为 A，流速为 V，不计小车与地面的摩擦力，求推动小车所需的功率。

B3−21　如图 3−64 所示，水自铅垂方向的管嘴流出射向下方的水平板上，管嘴直径 $d=30$ mm，管嘴处水流速度 $V=15$ m/s，板至管嘴的高度 $h=5$ m，求此射流对平板的冲击力。

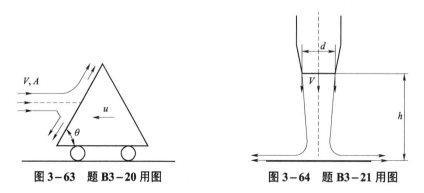

图 3−63　题 B3−20 用图　　　　　图 3−64　题 B3−21 用图

B3−22　图 3−65 所示为一均匀厚度的平板，受水平射流冲击，冲击后使平板与铅垂方向偏离角 $\alpha=30°$。此射流作用在平板的形心处，已知射流流速 $V=10$ m/s，流量 $Q=50$ L/min，射流与铰链的垂直距离 $h=15$ cm，不计流动损失，求：

（1）分量 Q_1，Q_2。

（2）射流对平板的作用力。

（3）平板的质量。

B3−23　图 3−66 所示为一平板与水平面成 $\alpha=45°$ 角沿不动的水面滑行。已知平板前进速度 $V=10$ m/s，在平板后引起的水位降低 $\Delta h=10$ mm。忽略流动阻力和水的自重，求水对单位宽度平板的作用力。

B3−24　油在如图 3−67 所示的管中流动，已知油的密度 $\rho=850$ kg/m³，流量 $q=0.5$ m³/s，管径 $d=25$ cm，两个弯头之间的距离 $L=1$ m，下部弯头出口处压强 $p=1$ MPa。求油流对上部弯头的作用力矩大小和方向。（不计损失）

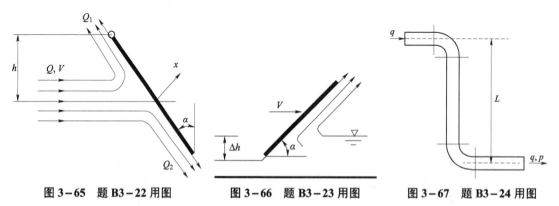

图 3−65　题 B3−22 用图　　　图 3−66　题 B3−23 用图　　　图 3−67　题 B3−24 用图

B3−25　一个双半球形滑块，重 $W=5$ N，被其下喷管向上喷出的射流托住，如图 3−68 所示。计算当流量 $Q=1.6$ L/s 时，滑块被喷上的高度。设喷管管口直径 $d=20$ mm，不计一切摩擦阻力。

B3－26　如图 3－69 所示,闸板 A 以匀速 $u = 5$ cm/s 下落,并覆盖在垂直壁的正方形孔上。已知 $H_1 = 3$ m,$H_2 = 4$ m,不计一切摩擦阻力,试求在关闭过程中的出流量。

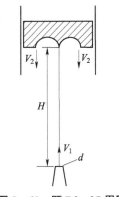

图 3－68　题 B3－25 用图

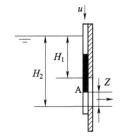

图 3－69　题 B3－26 用图

思　考　题

（1）描述流体流动的方法及其特点。

（2）简述流线与迹线的区别。

（3）为什么说对于定常流动,流线与迹线重合? 如果是非定常流动会是什么情况?

（4）全导数由哪两部分组成? 各自的含义是什么?

（5）不可压缩流场中的密度一定是常数（处处相同）吗?

（6）流场中某物理量的全导数为零,则此物理量一定为常数（处处相同）吗?

（7）伯努利方程的使用条件有哪些? 为什么必须满足这些条件?

（8）为什么把渐扩的管道又叫作扩压管?

（9）关于水流的去向问题,曾有以下一些说法:

① 水一定是从高处往低处流;

② 水是由压力大的地方向压力小的地方流;

③ 水是由流速大的地方向流速小的地方流。

这些说法对吗?

（10）缓变流有什么特征? 缓变流与流速有关系吗?

（11）缓变流与过流断面有什么关系?

（12）总流的伯努利方程为什么要选在过流断面上?

（13）总流的伯努利方程的动能项为什么需要一个修正系数?

（14）如果在管道中有一个泵,伯努利方程怎么使用?

（15）怎样测量泵的扬程?

（16）控制体与系统有哪些区别和共性?

（17）发动机排气道冒黑烟,设想通过安装一个缩放管道,将外界清新空气引入并与烟气混合,达到降低排烟浓度的效果,如图 3－70 所示,这样的设计可行吗?

（18）利用虹吸管排水结构如图 3－71 所示,请研究一下管道最高点的高度 H 和管道长度

h 的取值对流量有何影响？都有哪些限制？

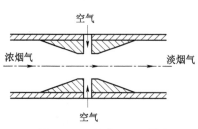

图 3-70　思考题 17 用图

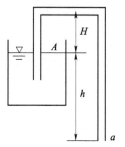

图 3-71　思考题 18 用图

第4章
黏性流体管内流动阻力和能量损失

本章的重点在于黏性流体流动过程中的能量损失及其计算。黏性流体在流动过程中，由于质点之间的相对运动而产生切应力、流体与壁面间的摩擦以及壁面对流体流动的扰动等，都要损失流体自身所具有的机械能。

本章重点要求掌握圆管中的层流计算及管路中的沿程阻力和局部阻力的计算与应用；要求对沿程损失、局部损失、层流、紊流的基本概念及有关公式有所了解。

第1节　沿程损失和局部损失

引起流动能量损失的因素主要有两点：一是由于流体有黏性，质点之间以及质点与壁面之间产生摩擦应力，这要消耗能量；二是由于流体流动大小和方向的不断变化，使得质点间以及质点与壁面之间的撞击加剧，并引起能量的损耗。所以，黏性虽是形成流体运动阻力的主要因素，但流体运动状态不同以及流体与固体壁面接触情况的不同，也都影响着流动阻力的大小，从而形成不同的能量损失。流体所受到的阻力与其所经过的过流断面密切相关，如果过流断面是不变的，则流体流过每一过流断面的阻力也是不变的；如果过流断面是变化的（包括过流面积的大小、形状和方位的变化），则流体流过每一过流断面的阻力也是变化的。因此，在流体工程设计计算中，根据过流断面的变化与否，把能量损失分为两类，一类是沿程损失，另一类是局部能量损失，它们的计算方法和能量损失机理是不同的。

下面首先分析过流断面对流动的影响，然后讨论流体运动与流动阻力的两种形式。

1. 过流断面上影响流动阻力的主要因素——水力半径

过流断面上影响流动阻力的因素有两个，一个是过流断面的面积 A，另一个是过流断面的湿周 χ（流体与固壁的交线长度）。流动阻力与过流断面面积 A 的大小成反比，而与湿周 χ 的大小成正比，由此可建立水力半径的概念。水力半径的表达式如下

$$R_H = \frac{A}{\chi} \tag{4-1}$$

对于半径为 r、充满流体的圆形管道来说，其过流断面上的水力半径为

$$R_H = \frac{A}{\chi} = \frac{\pi r^2}{2\pi r} = \frac{r}{2}$$

水力直径的定义如下

$$D_H = \frac{4A}{\chi} \qquad (4-2)$$

对于直径为 d、充满流体的圆形管道来说，其过流断面上的水力直径为

$$D_H = \frac{4A}{\chi} = \frac{\pi d^2}{\pi d} = d$$

由此可知，圆形管道的直径就是其水力直径。

2. 沿程损失（Frictional Loss）

流体流动的过流断面的大小、形状和方位沿流程不变，这种流动称为缓变流。在缓变流中，流体所承受的阻力只有不变的切应力（摩擦阻力），称这类阻力为沿程阻力，由此引起的能量损失称为沿程损失。沿程损失沿管段长度方向均匀分布，损失与管段的长度成正比。

沿程损失的计算公式为

$$h_f = \lambda \frac{l}{d} \frac{V^2}{2g} \qquad (4-3)$$

式中，l 为管长；d 为管径；V 为过流断面平均流速；λ 为沿程阻力损失系数。

式（4-3）称为达西（H.Darcy）公式，是法国工程师达西在 1852—1855 年根据实验得出的结论。这个公式可采用量纲分析的方法得到。

3. 局部损失（Minor Loss）

如果流体流动的过流断面的大小、形状和方位沿流程发生急剧的变化，其流速分布也产生急剧的变化，则这种流动称为急变流。各流段所形成的阻力是各种各样的，但都集中在很短的管段内（如管径突然扩大、管径突然收缩、弯道和阀门等），这种阻力称为局部阻力，由此引起的能量损失称为局部损失。

局部损失的表达式为

$$h_m = \xi \frac{V^2}{2g} \qquad (4-4)$$

式中，ξ 称为局部损失系数。

无论是沿程损失还是局部损失，都是由于流体在运动过程中克服阻力做功而形成的，且各有特点，总的能量损失是这两部分损失之和。

第2节　层流、紊流与雷诺数

早在 19 世纪初人们就注意到流体流动的能量损失与流动状态密切相关，在 1883 年，英国物理学家雷诺（Osborne Reynolds）进行了圆管的管流实验，证明了实际流体的流动存在两种不同的流动状态，并且两种流动状态下的能量损失的规律也不同。

1. 雷诺实验

雷诺实验装置如图 4-1 所示，水箱 A 内的水位保持不变，用阀门 C 调节流量和 B 管中水的流速，容器 D 内装有有颜色的水，D 中的颜色水经细管 E 流入玻璃管 B，阀门 F 用于控制颜色水的流量。

当 B 管内的流速较小时，管内颜色水成一股细直的流束，颜色水与清水分层流动，互相不混杂，这种流动状态称为层流，如图 4-1（a）所示。当阀门 C 逐渐开大，流速增大到一个临

界速度 V_c 时，颜色水出现摆动，如图 4-1（b）所示。继续增大流速，则颜色水与周围的清水相混，如图 4-1（c）所示，表明流体质点的运动轨迹极不规则，这种流动状态称为紊流。

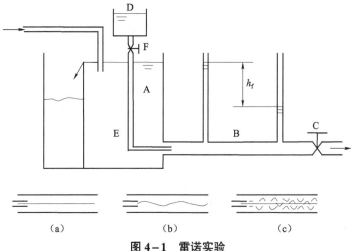

图 4-1　雷诺实验

实验发现，流动损失与管中的流态密切相关。在 B 管上相距为 L 的两断面处分别安装测压管，测量不同流速时两测压管的液面差，根据伯努利方程，由于两断面的流速相同，故两测压管的液面差就是管道在长度 L 上的沿程损失。实验测试结果如图 4-2 所示。

通过调节阀门 C，将管中的流速从小逐渐增大，得到的流动损失曲线为 OABDE；当流速达到 V_c' 后（B 点），管中的流动由层流转变为紊流。将管中流速从大逐渐减小，得到的曲线为 EDCAO，当流速小于 V_c 后（A 点），管中的流动由紊流转变为层流。实验发现，临界流速 $V_c' > V_c$，即称图中的 B 点对应的流速 V_c' 为上临界流速，A 点对应的流速 V_c 为下临界流速。图中 AD 部分不重合，AC 段和 BD 段实验点分布混乱，是流态不稳定的过渡区域。

实验还表明，对于特定的流动装置，上临界流速 V_c' 是不稳定的，随着流动的起始条件和实验条件及扰动的不同，V_c' 值可以有很大的差异，但下临界流速 V_c 却是相对稳定的。由于扰动不可避免，故上临界流速没有实际意义。临界流速一般都是指下临界流速 V_c。

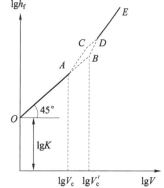

图 4-2　雷诺实验的阻力损失

对图 4-2 所示的实验曲线进行分析，发现流动水头损失与流速的关系为

$$h_f = KV^n \tag{4-5}$$

针对不同情况的流动，式（4-5）中的 n 是不同的。

（1）流速较小的 OA 段，是层流流动，$\lg h_f$ 与 $\lg V$ 的关系为直线，夹角为 $\theta = 45°$，因此

$$\lg h_f = \lg K + \tan\theta \cdot \lg V$$

$$h_f = KV$$

即有 $n=1$，沿程损失 h_f 与速度 V 成正比。

（2）流速较大的 CDE 段，n=1.75～2.0，$h_f = KV^{1.75\sim2.0}$。

（3）线段 AC 或 BD 的斜率都大于 2。

2. 两种流态的判断标准

通过雷诺实验观察发现，流动分为层流和紊流两种状态。进一步的实验分析发现，流动状态不仅和流速 V 有关，还和管径 d、流体的动力黏度 μ 和密度 ρ 有关。这四个参数可组成一个量纲为 1 的组合数 Re，称为雷诺数，表达式如下：

$$Re = \frac{\rho V d}{\mu} = \frac{V d}{\nu} \tag{4-6}$$

对应于临界流速的雷诺数称为临界雷诺数，用 Re_c 表示。实验表明，当管径或流动介质不同时，临界流速也不同；但对于任何管径和任何牛顿流体，临界雷诺数却是相同的。对于圆形截面的管流，临界雷诺数为 2 320，工程上考虑到扰动问题，常取为 2 000，即

$$Re_c = \frac{V_c d}{\nu} = 2\,000$$

当 $Re < 2\,000$ 时，认为流动为层流状态；当 $Re > 2\,000$ 时，认为流动为紊流状态。

注 1：Re 在 2 000～4 000 是由层流向紊流转变的过渡区，相当于 AC 段，这一段既有层流，也有紊流。

注 2：仅对圆形管道而言，临界雷诺数为 $Re_c = 2\,000$；对于异形管，$Re = \dfrac{V d_H}{\nu}$，临界雷诺数就不一定是 2 000 了。

注 3：当流体绕流固体时，也会产生层流绕流（物体后无漩涡）或紊流绕流（物体后面形成漩涡）的运动现象，同时会对固体产生不同的作用力（流体阻力）。对于这种外部绕流，其雷诺数为

$$Re = \frac{V L}{\nu}$$

式中，V 为流体的绕流速度；ν 为流体的运动黏度；L 为固体的特征长度。

对于直径为 d 的球形物体的绕流，经过大量实验得出其临界雷诺数为

$$Re_c = \frac{V_c d}{\nu} = 1$$

【例 4-1】 在管径为 $d=20$ mm 的圆形管道中，水的流速为 $V=1.0$ m/s，水温为 10 ℃。试判断管中的流动状态。

解：10 ℃时水的运动黏度为 $\nu = 1.31 \times 10^{-6}$ m²/s，雷诺数为

$$Re = \frac{V d}{\nu} = \frac{1.0 \times 0.02}{1.31 \times 10^{-6}} = 1.527 \times 10^4 > 2\,000$$

管内为紊流流动状态。

若使管内保持为层流，则有

$$Re = \frac{V d}{\nu} = \frac{V \times 0.02}{1.31 \times 10^{-6}} = 1.527 \times 10^4 V = 2\,000$$

解得

$$V = 0.131 \text{ m/s}$$

即管内流速小于 0.131 m/s 时，才能保持为层流流动状态。

3. 流态分析

层流和紊流的区别在于层流各流层间互不掺混，故只存在黏性引起的摩擦力；紊流流动

时则存在大小不等的涡，各流层之间互相掺混，除黏性阻力外，还存在着由于质点间相互碰撞所形成的阻力。因此，紊流阻力比层流阻力大得多。

层流是一种稳定有序的流动，而紊流则是一种不稳定的无秩序的流动，流动由层流到紊流的转变是外部扰动与内部黏性力之间相互较量的结果。举一个通俗的例子，假如幼儿园老师领着一队小朋友出去玩，老师领着第一个小朋友的手，第二个小朋友拉着第一个小朋友的后衣襟，第三个拉着第二个小朋友的后衣襟，依此类推，直到最后一个小朋友。队伍不散，有秩序地走着，这是层流。如果外部有扰动，使得队伍中某个小朋友受到侧向的力（离心力），有脱离队伍的趋势，而前后小朋友拉着他（这类似于黏性力），使他回归队伍，若回拉的力大于扰动力，队伍是稳定的，保持为层流；若扰动力大于回拉力，使他脱离了队伍，队伍就乱了，就变成紊流了。

下面我们再从流动过程来分析层流到紊流的转变过程。设流体最初做直线层流流动，由于某种原因的干扰，流层发生了波动，如图 4-3（a）所示。在波峰处流体质点的周向运动产生离心力 R，如果离心力 R 足够大，克服了黏性力，将使波形越来越陡（见图 4-3（b）），最后形成涡（见图 4-3（c）），从而流动也从层流转变为紊流了。

（a）　　　　　　　　（b）　　　　　　　　（c）

图 4-3　层流到紊流的转变示意

层流受扰动后，当起稳定作用的黏性力具有主导作用时，扰动就受到黏性的阻碍而衰减下来，流动是稳定的，保持为层流；当扰动占上风，黏性无法使扰动衰减下来时，流动就变成紊流。因此，流态取决于扰动的惯性力作用和黏性的稳定作用之间的较量。雷诺数之所以能用来判断流态，正是因为它反映了惯性力和黏性力之间的对比关系。

4. 黏性底层

实验证明，当 $Re \approx 1\ 200$ 时，流动的核心部分就已经出现波动，随着 Re 的增加，其波动的范围和强度随之增大，但黏性仍然起主导作用，流动保持为稳定的层流流态，直到 Re 达到 $2\ 000$ 左右时，在流动核心部分的惯性力克服了黏性力的阻滞，开始产生涡流，掺混现象也随之出现了。当 $Re > 2\ 000$ 以后，涡流越来越多，掺混也越来越剧烈，直到 $Re = 3\ 000 \sim 4\ 000$ 时，除了在邻近管壁的极小区域外，均已成为紊流流动。在邻近管壁的极小区域内存在着很薄的一层流体，由于固壁表面的阻滞作用，流速较小，惯性力也较小，故仍保持为层流状态，该区域称为黏性底层或层流底层，如图 4-4 所示。黏性底层对管壁粗糙的扰动作用和导热性能有很大影响，其厚度 δ 随着 Re 数的增大而越来越薄。

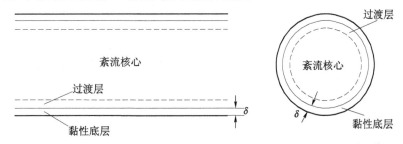

图 4-4　圆管中的流动结构

黏性底层的厚度可表示成

$$\delta = \frac{32.8d}{Re\sqrt{\lambda}} \qquad (4-7)$$

式中，d 为圆管的直径；Re 为雷诺数；λ 为沿程阻力系数。

第3节　圆管中的层流流动

1. 入口段与充分发展段

流体流入管道后，其速度分布有一个变化过程，如图 4-5 所示。经过一段距离后，速度分布逐渐达到稳定状态，这段距离称为入口段，也叫起始段。对于层流流动称为层流入口段，对于紊流流动称为紊流入口段，在这段距离之后的管段称为充分发展段。

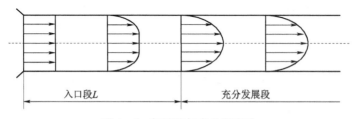

入口段 L　　充分发展段

图 4-5　起始段与充分发展段

对于管中层流流动来说，在入口段内过流断面上的速度分布沿流程逐渐向抛物面分布转化。在起始段，壁面处的速度梯度较大，由牛顿内摩擦定律可知，这一段的壁面摩擦力也较大，所以在入口段流体的内摩擦力大于充分发展段的流体内摩擦力。

由实验得到层流入口段长度可表示为

$$L = 0.028\,75dRe \qquad (4-8)$$

如果管路长度 $l \gg L$，则入口段的影响可以忽略；如果管路长度 $l < L$，则计算沿程水头损失的公式是

$$h_{\mathrm{f}} = \frac{A}{Re}\frac{l}{d}\frac{V^2}{2g} \qquad (4-9)$$

式中，A 是一个大于 64 的数。

对于紊流入口段，由于紊流质点间互相掺混，因而流体进入管道后较短距离就可以完成其在断面上的紊流速度分布规律，通常紊流入口段比层流入口段要短些。

2. 速度分布与切应力分布

对于截面形状和大小沿流程不变的长直管道来说，只有沿程损失而没有局部损失。下面推导在充分发展段内流体做层流流动所满足的基本方程。

在管道中取坐标 x 轴与圆管轴线重合，并取如图 4-6 所示的轴线为 x 轴、半径为 r、长为 l 的小圆柱体为研究对象。

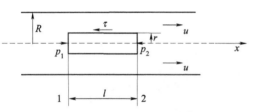

图 4-6　圆管层流运动方程用图

在定常流动中，这个小圆柱体处于平衡状态，所以作用在小圆柱体上的合外力在 x 轴上的投影为 0。作用在小圆柱表面的力有两个，一个是两个端面的压力 $(p_1-p_2)\pi r^2$，另一个是作用在圆柱面上的摩擦力 $\tau 2\pi r l$，由合力为 0，得到

$$(p_1-p_2)\pi r^2 - \tau 2\pi r l = 0$$

再由牛顿内摩擦定律，考虑到 $\dfrac{\mathrm{d}u}{\mathrm{d}r}$ 为负值，u 随着 r 的增大而减小，故 $\tau = -\mu\dfrac{\mathrm{d}u}{\mathrm{d}r}$，代入上式得到

$$\frac{\mathrm{d}u}{\mathrm{d}r} = -\frac{p_1-p_2}{2\mu l}r = -\frac{\Delta p}{l}\frac{r}{2\mu} \tag{4-10}$$

式中，$\Delta p = p_1 - p_2$。根据牛顿内摩擦定律得到剪切应力分布为

$$\tau = -\mu\frac{\mathrm{d}u}{\mathrm{d}r} = \frac{\Delta p}{2l}r \tag{4-11}$$

当 $r = R$ 时，壁面摩擦力为 $\tau_0 = \dfrac{\Delta p}{2l}R$，与式（4-11）相比，得到切应力分布为

$$\frac{\tau}{\tau_0} = \frac{r}{R}$$

切应力分布如图 4-7 所示，这就是过流断面上切应力的 K 字形分布规律，既适用于层流，也适用于时均紊流，只不过二者的 τ_0 不同，K 字的斜率不同而已。

积分式（4-10），得到速度分布为

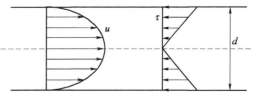

图 4-7 圆管层流速度分布与切应力分布

$$u = -\int\frac{\Delta p}{l}\frac{r}{2\mu}\mathrm{d}r = C - \frac{\Delta p}{l}\frac{r^2}{4\mu}$$

当 $r = R$ 时，壁面处的流速为 0，则 $C = \dfrac{\Delta p}{l}\dfrac{R^2}{4\mu}$，最后得到

$$u = \frac{\Delta p}{l}\frac{1}{4\mu}(R^2 - r^2) \tag{4-12}$$

这是一个抛物面方程，即速度分布是一个抛物面分布，如图 4-7 所示。

3. 流量、平均速度与最大速度

在任意一个过流断面上对式（4-12）积分，得到流量为

$$Q = \int_0^R u2\pi r\mathrm{d}r = \frac{\Delta p}{l}\frac{2\pi}{4\mu}\int_0^R(R^2 - r^2)r\mathrm{d}r \tag{4-13}$$

$$= \frac{\pi\Delta p R^4}{8\mu l} = \frac{\pi d^4 \Delta p}{128\mu l}$$

这就是圆形管道内层流流动的流量计算公式。德国工程师哈根在 1839 年、法国科学家泊肃叶在 1840 年对此结果进行了实验验证，故又称为哈根—泊肃叶公式，式中，Δp 为在长为 l 的管路上的压力降。

根据断面平均流速的定义，有

$$V = \frac{Q}{A} = \frac{4}{\pi d^2} \frac{\pi d^4 \Delta p}{128 \mu l} = \frac{d^2 \Delta p}{32 \mu l} \tag{4-14}$$

根据式（4-12），断面上的最大速度在 $r = 0$ 处，大小为

$$u_{\max} = \frac{\Delta p}{l} \frac{R^2}{4\mu} = \frac{d^2 \Delta p}{16 \mu l} \tag{4-15}$$

与式（4-14）对比，得到断面平均速度是断面最大速度的一半，即

$$V = \frac{1}{2} u_{\max} \tag{4-16}$$

注意 1： 式（4-16）是一个很有用的结论，但只适用于圆管充分发展段的层流流动。

注意 2： 由流量计算公式（4-13）发现，对于充分发展的层流流动，壁面粗糙对流动没有影响，也就是说，如果压力梯度 $\Delta p / l$、流体黏度和管径相同时，不管用什么材料的管道，流量都是相同的。其原因是层流把壁面粗糙完全掩盖了，使其对流动没有任何影响。

4. 沿程损失系数

在管道的截面 1 和截面 2 列总流的伯努利方程，有

$$\frac{p_1}{\rho g} + \frac{\alpha_1 V_1^2}{2g} = \frac{p_2}{\rho g} + \frac{\alpha_2 V_2^2}{2g} + h_{\mathrm{f}}$$

由于两截面均为层流，故 $\alpha_1 = \alpha_2$；又因为截面面积不变，由连续性方程，有 $V_1 = V_2 = V$，则有

$$h_{\mathrm{f}} = \frac{p_1 - p_2}{\rho g} = \frac{\Delta p}{\rho g}$$

这说明，流体自截面 1 到截面 2 的能量损失，损失的不是动能，而是压能。再由式（4-14），可得

$$\Delta p = \frac{32 \mu l}{d^2} V$$

代入上式，得到沿程损失为

$$h_{\mathrm{f}} = \frac{32 \mu l V}{d^2 \rho g} = \frac{64}{Vd} \frac{\mu}{\rho} \frac{l}{d} \frac{V^2}{2g} = \frac{64}{Re} \frac{l}{d} \frac{V^2}{2g}$$

上式表明，对于层流来说，流动损失与速度的二次方成正比。对比达西公式

$$h_{\mathrm{f}} = \lambda \frac{l}{d} \frac{V^2}{2g}$$

得到圆管层流流动的沿程阻力系数为

$$\lambda = \frac{64}{Re} \tag{4-17}$$

上式表明，圆管层流的沿程阻力系数仅与雷诺数有关，且与雷诺数成反比，而和壁面粗糙度无关。

5. 层流流动的动能与动量修正系数

动能修正系数 α 表示实际动能与按断面平均流速计算的动能之比，由式（3-27）、式（3-33）、式（4-12）和式（4-14），有

$$\frac{u}{V} = \frac{8}{d^2}(R^2 - r^2) = 2 \times \left(1 - \frac{r^2}{R^2}\right)$$

$$\alpha = \frac{1}{A}\int_A \left(\frac{u}{V}\right)^3 \mathrm{d}A = \frac{1}{\pi R^2}\int_0^R 8\left(1 - \frac{r^2}{R^2}\right)^3 2\pi r \mathrm{d}r$$

$$= \frac{16}{R^2}\int_0^R \left(1 - 3 \times \frac{r^2}{R^2} + 3 \times \frac{r^4}{R^4} - \frac{r^6}{R^6}\right) r \mathrm{d}r \qquad (4-18)$$

$$= \frac{16}{R^2}\left(\frac{1}{2}R^2 - \frac{3}{4}R^2 + \frac{1}{2}R^2 - \frac{1}{8}R^2\right) = 2$$

圆管层流的动量修正系数

$$\beta = \frac{1}{A}\int_A \left(\frac{u}{V}\right)^2 \mathrm{d}A = \frac{1}{\pi R^2}\int_0^R 4\left[1 - \left(\frac{r}{R}\right)^2\right]^2 2\pi r \mathrm{d}r$$

$$= \frac{8}{R^2}\int_0^R \left(1 - \frac{2}{R^2}r^2 + \frac{r^4}{R^4}\right) r \mathrm{d}r = \frac{8}{R^2}\left(\frac{R^2}{2} - \frac{2}{4}R^2 + \frac{1}{6}R^2\right) = \frac{4}{3}$$

层流的动能修正系数与动量修正系数都比 1 大得多，这是由于层流流速分布很不均匀导致的。后面我们会讲到，在紊流流动时，动能和动量修正系数均约为 1，这是由于紊流使断面流速分布比较均匀。对于层流流动，相对而言，断面速度分布不均匀，故动能修正系数不是 1，而是 2；动量修正系数不是 1，而是 4/3。在实际工程中，大部分管内流动都是紊流，因此大多取值为 1。

【例 4-2】密度 $\rho = 850\ \mathrm{kg/m^3}$、动力黏度 $\mu = 1.53 \times 10^{-2}\ \mathrm{kg/(m \cdot s)}$ 的油在管道直径 $d = 100\ \mathrm{mm}$ 的管道内流动，测得流量为 $Q = 0.5\ \mathrm{L/s}$。

（1）试判断流态；

（2）试求沿程损失系数和 100 m 管长的能量损失；

（3）试求管轴心及 $r = 20\ \mathrm{mm}$ 处的速度和切应力。

解：

（1）由于

$$V = \frac{Q}{A} = \frac{4 \times 5 \times 10^{-4}}{\pi (0.1)^2} = 0.063\ 7\ (\mathrm{m/s})$$

$$Re = \frac{Vd}{\mu / \rho} = \frac{0.1 \times 0.063\ 7}{1.53 \times 10^{-2} / 850} = 354$$

得到 $Re < 2\ 000$，所以流动为层流流动。

（2）由式（4-17），沿程损失系数为

$$\lambda = \frac{64}{Re} = \frac{64}{354} = 0.180\ 8$$

再由达西公式，管长为 100 m，得到水头损失及压强损失为

$$h_\mathrm{f} = \lambda \frac{l}{d}\frac{V^2}{2g} = 0.180\ 8 \times \frac{100}{0.1} \times \frac{0.063\ 7^2}{2 \times 9.81} = 0.037\ 4\ (\mathrm{m})$$

$$\Delta p = \rho g h_\mathrm{f} = 311.8\ \mathrm{Pa}$$

（3）在管道中心处速度最大，为

$$u_{\max} = \frac{\Delta p}{l}\frac{1}{4\mu}R^2 = \frac{311.8}{100} \times \frac{0.05^2}{4 \times 1.53 \times 10^{-2}} = 0.127 \quad (\text{m/s})$$

在半径 $r = 20$ mm 处的速度为

$$u = \frac{\Delta p}{l}\frac{1}{4\mu}(R^2 - r^2) = \frac{311.8}{100} \times \frac{0.05^2 - 0.02^2}{4 \times 1.53 \times 10^{-2}} = 0.107 \quad (\text{m/s})$$

由式（4-11），得到管壁处的切应力为

$$\tau_0 = \frac{\Delta p}{2l}R = \frac{311.8 \times 0.05}{2 \times 100} = 0.078 \quad (\text{N/m}^2)$$

在半径 $r = 20$ mm 处的切应力为

$$\tau = \frac{\Delta p}{2l}r = \frac{311.8 \times 0.02}{2 \times 100} = 0.0312 \quad (\text{N/m}^2)$$

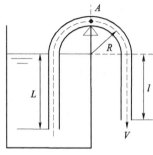

图 4-8　虹吸管结构示意图

【例 4-3】采用直径为 d 的虹吸管将敞开至大气的水箱中的液体排出，结构如图 4-8 所示。已知虹吸管直径 $d = 5$ mm，$L = 0.5$ m，$R = 0.25$ m，水的运动黏度 $\nu = 1 \times 10^{-6}$ m²/s。若使管中的流动保持为层流（$Re < 2\,000$），则管长 l 最长是多少？此时虹吸管内最低压强为多少？（不计一切局部阻力损失）

解： 由于不计局部损失，故是一个仅需考虑管道沿程损失的虹吸管内流动问题。自水箱液面到虹吸管出口处列伯努利方程，有

$$l = \frac{\alpha V^2}{2g} + h_{\text{f}} \tag{a}$$

（1）由于管内为层流流动，故 $\alpha = 2$。

（2）设 $Re = \dfrac{Vd}{\nu} = 2\,000$，得到管中最大流速为

$$V = \frac{2\,000\nu}{d} = \frac{2\,000 \times 1 \times 10^{-6}}{0.005} = 0.4 \, (\text{m/s}) \tag{b}$$

（3）由达西公式，管中流动的水头损失为

$$h_{\text{f}} = \lambda \frac{L_0}{d}\frac{V^2}{2g} = \frac{64}{Re}\frac{L + \pi R + l}{d}\frac{V^2}{2g} \tag{c}$$

式中，$L_0 = L + \pi R + l$，为虹吸管的管长。

（4）将 $\alpha = 2$ 及式（c）代入伯努利方程（a），得到保持层流的最大管长为

$$l = \frac{2V^2}{2g} + \frac{64}{2\,000}\frac{0.5 + 0.25\pi + l}{d}\frac{V^2}{2g}$$

$$= [2 + 6.4 \times (1.285\,4 + l)]\frac{V^2}{2g}$$

$$= (10.227 + 6.4l)\frac{V^2}{2g}$$

整理得

$$\left(\frac{2g}{V^2}-6.4\right)l=10.227$$

$$l=0.088 \text{ m}=88 \text{ mm}$$

（5）自管道出口截面到虹吸管最高点 A 处截面列伯努利方程，考虑到两截面流速相同，出口截面的相对压强为 0，设 A 点截面的压强为 p，则有

$$(l+R)+\frac{p}{\rho g}=h_f=\frac{64}{Re}\frac{\frac{1}{2}\pi R+l}{d}\frac{V^2}{2g}=\frac{64}{Re}\frac{\pi R+2l}{2d}\frac{V^2}{2g}$$

得到 A 点的压强为

$$p=\frac{64}{2\,000}\times\frac{0.25\pi+2\times0.088}{2\times0.005}\times\frac{0.4^2}{2g}\times1\,000g-1\,000g(0.088+0.25)$$

$$=[32\times(25\pi+17.6)\times0.08]-338g=246-3\,316=-3\,070（\text{Pa}）$$

A 点的相对压强为负值，其真空度为 3 070 Pa。

第 4 节　圆管中的紊流流动

1. 紊流流动的特征

紊流又叫湍流，日文里是乱流，是流体质点的一种无定向、无规则的混乱运动，主要体现为紊流的脉动现象，即诸如速度、压强等物理量随时间的变化是一种无规则的随机变动。在相同条件下做重复试验时，所得到的瞬时值是各不相同的，但多次重复试验结果的算术平均值趋于稳定值，且具有规律性。图 4-9 所示为一个典型的紊流流动在空间一个固定点处测得的速度 u 随时间的变化，其特点是相对某一固定值 $\overline{u}$ 上下随机、无规则的脉动。在图 4-9 中，u 为瞬时速度，$\overline{u}$ 为时间平均速度，u' 为脉动速度。

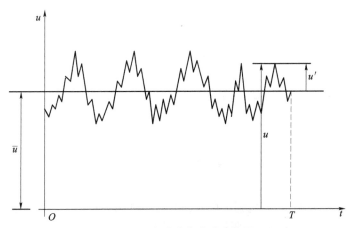

图 4-9　紊流速度脉动示意图

由于脉动的随机性，一般采用时间平均值对紊流流动进行研究。假设脉动的平均周期为 T，则定义速度的时间平均值（简称时均值）为

$$\overline{u} = \frac{1}{T} \int_0^T u \, \mathrm{d}t \qquad (4-19)$$

瞬时值与时均值之差就是脉动值，用带有上标"'"的相应字母表示，于是，脉动速度为

$$u' = u - \overline{u}$$

或写成

$$u = \overline{u} + u' \qquad (4-20)$$

同样，瞬时压强、时均压强和脉动压强的关系为

$$p = \overline{p} + p'$$

注1：在定常流动中，脉动速度的时均值必为0。

$$\overline{u'} = \frac{1}{T} \int_0^T u' \, \mathrm{d}t = \frac{1}{T} \int_0^T (u - \overline{u}) \, \mathrm{d}t = \frac{1}{T} \int_0^T u \, \mathrm{d}t - \frac{1}{T} \int_0^T \overline{u} \, \mathrm{d}t = \overline{u} - \overline{u} = 0$$

注2：脉动值的平方在 $0 \sim T$ 上对时间的积分不为0。

这是很显然的，$u'^2 > 0$，则积分必定大于0，即有

$$\overline{u'^2} = \frac{1}{T} \int_0^T (u')^2 \, \mathrm{d}t > 0$$

这里需要注意，$\overline{u'^2} \neq (\overline{u'})^2$，因为 $\overline{u'} = 0$。另外，常用 u' 的均方根 $\sqrt{\overline{u'^2}}$ 与时均速度 $\overline{u}$ 之比 $(\sqrt{\overline{u'^2}} / \overline{u})$ 来表示流速 u 的紊流强度（Turbulence Intensity）。

注3：时均速度的平方不等于速度平方后的时均值，即 $\overline{u}^2 \neq \overline{u^2}$，这是由于

$$\overline{u^2} = \frac{1}{T} \int_0^T (\overline{u} + u')^2 \, \mathrm{d}t$$

$$= \frac{1}{T} \int_0^T \overline{u}^2 \, \mathrm{d}t + \frac{1}{T} \int_0^T 2u' \cdot \overline{u} \, \mathrm{d}t + \frac{1}{T} \int_0^T u'^2 \, \mathrm{d}t = \overline{u}^2 + \frac{1}{T} \int_0^T u'^2 \, \mathrm{d}t = \overline{u}^2 + \overline{u'^2}$$

由注2可知 $\overline{u}^2 \neq \overline{u^2}$。

如果紊流流动中各物理量的时均值不随时间而变，仅仅是空间坐标的函数，则称此流动为定常流动。

紊流的瞬时流动是非定常的，而时均流动既可以是不定常的，也可以是定常的。工程上关心的是时均流动，一般仪器仪表测量的也是时均值。对紊流采用时均化后，前面所述的连续性方程、伯努利方程及动量方程等仍然适用。

对于三元流动，u、v、w 为三个速度分量，相应的 u'、v'、w' 为三个脉动速度，此时紊流脉动的强弱程度是用紊流强度 ε 来表示的，紊流强度的定义如下：

$$\varepsilon = \frac{1}{\overline{V}} \sqrt{\frac{1}{3}(\overline{u'^2} + \overline{v'^2} + \overline{w'^2})} \qquad (4-21)$$

式中，$\overline{V} = (\overline{u}^2 + \overline{v}^2 + \overline{w}^2)^{1/2}$。紊流强度随流速的增大而增强，在管流、射流和物体绕流等紊流流动中，初始来流紊流强度的强弱将影响到后来的流动。

紊流可分为以下三种。

（1）均匀各向同性紊流：在流场中，不同点以及同一点在不同方向上的紊流特性都相同，主要存在于无界的流场或远离边界的流场，例如远离地面的大气层等。

（2）自由剪切紊流：边界为自由面而无固壁限制的紊流。例如自由射流、外部绕流的尾流等。

（3）有壁剪切紊流：紊流在固壁附近的发展受到限制，如管内紊流以及绕流边界层等。

2. 紊流附加切应力、普朗特混合长度理论

（1）紊流附加切应力。

在紊流流动中，由于时均流速的不同，各流层间有相对运动，存在黏性切应力，这可由牛顿内摩擦定律求得。另一方面，由于质点的脉动，相邻流层之间还有质量的交换。低速流层的质点由于横向运动而进入高速流层后，对高速流层起阻滞作用；反之，高速流层的质点在进入低速流层后，对低速流层却起到推动作用。这就是说，由于质量的交换形成了动量的交换，从而在流层分界面上产生了切向力，称为紊流附加切应力，记为 $\overline{\tau_{xy}}$。

$$\overline{\tau_{xy}} = -\rho\overline{u'v'} \tag{4-22}$$

对于式（4-22），可由动量方程加以说明。设有一个二元定常紊流流动，取 xOy 坐标，其时均流速分布曲线如图 4-10 所示。由于是二元定常的缓变流，其时均流速只有沿 x 方向的分速度 $\overline{u}$，而沿 y 轴和 z 轴的时均速度均为 0，即 $\overline{v} = \overline{w} = 0$；在坐标平面 xOy 内，脉动速度则有沿 x 和 y 两个方向的分量 u' 和 v'。

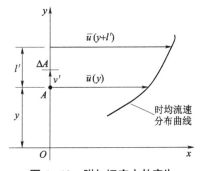

图 4-10　附加切应力的产生

在图 4-10 中 A 点处，质点具有沿 x 和 y 方向的脉动流速 u' 和 v'，在 Δt 时间内，通过垂直于 y 轴的小面积 ΔA 的脉动质量为

$$\Delta m = \rho\Delta A v'\Delta t$$

这部分流体质量在脉动分速度 u' 的作用下，在流动方向的动量增量为

$$\Delta m \cdot u' = \rho\Delta A u'v'\Delta t$$

根据动量定理，此动量等于紊流附加切向力 ΔT 的冲量，即

$$\Delta T\Delta t = \rho\Delta A u'v'\Delta t$$

因此，紊流附加切应力的大小为

$$\tau_{xy} = \frac{\Delta T}{\Delta A} = \rho u'v'$$

再取时均，即得

$$\overline{\tau_{xy}} = \rho\overline{u'v'}$$

由流动的连续性可知，u' 和 v' 总是异号的，为使切应力保持正值，需要加一个负号，最后有

$$\overline{\tau_{xy}} = -\rho\overline{u'v'}$$

这就是用脉动流速表示的紊流附加切应力的基本表达式，它表明附加切应力与流体黏性无直接关系，只与流体密度和脉动的强弱有关，因为其是由雷诺于 1895 年提出的，故也称为雷诺应力。

对于紊流流动，切应力为黏性切应力和附加切应力之和，即

$$\tau = \mu\frac{\mathrm{d}\bar{u}}{\mathrm{d}y} + (-\rho\overline{u'v'}) \tag{4-23}$$

两部分切应力的大小随流动情况而有所不同。对于雷诺数较小的流动，黏性切应力占主要地位。随着雷诺数的增加、脉动程度的加剧，后项也逐渐增大。对于雷诺数很大的流动，紊流已得到充分发展，前项与后项相比很小，甚至可以忽略黏性切应力项。

（2）混合长度理论。

由于脉动速度的随机性和不确定性，式（4-22）不便于直接使用，目前主要采用半经验的方法，即在对紊流机理进行分析的基础上，依靠一些具体的实验结果来建立附加切应力和时均流速之间的关系。1925年，德国学者普朗特（L.Prandtl）提出的混合长度理论就是经典的半经验理论。

普朗特设想流体质点的紊流脉动与气体分子的运动是类似的。气体分子走完一个平均自由程才与其他分子碰撞，并发生动量交换。普朗特认为，流体质点因脉动从某流速的流层进入另一流速的流层时，也要运行一段与时均流速相垂直的距离 l' 后才和周围流体质点发生动量交换，而在运行 l' 距离之内，质点保持其本来的流动特征不变，普朗特称这个距离 l' 为混合长度。

若在 A 点处的流体质点沿 x 方向的时均流速为 $\bar{u}(y)$，沿 y 轴在距 A 点 l' 处流体质点沿 x 方向的时均流速为 $\bar{u}(y+l')$，则这两个点上的流体质点沿 x 方向的时均速度差为

$$\Delta\bar{u} = \bar{u}(y+l') - \bar{u}(y) = \bar{u}(y) + l'\frac{\mathrm{d}\bar{u}}{\mathrm{d}y} - \bar{u}(y) = l'\frac{\mathrm{d}u}{\mathrm{d}y}$$

上式最后一项中，为了简便而没标时均符号，后面时均值也不再标时均符号了。

假设脉动速度与时均流速梯度成比例，即

$$u' = \pm C_1 l'\frac{\mathrm{d}u}{\mathrm{d}y}$$

由流动的连续性，v' 与 u' 具有相同的数量级，但符号相反，则有

$$v' = \mp C_2 l'\frac{\mathrm{d}u}{\mathrm{d}y}$$

于是有

$$\tau_{xy} = -\rho u'v' = \rho C_1 C_2 (l')^2 \left(\frac{\mathrm{d}u}{\mathrm{d}y}\right)^2$$

令 $l^2 = C_1 C_2 (l')^2$，得到紊流附加切应力的表达式为

$$\tau_{xy} = \rho l^2 \left(\frac{\mathrm{d}u}{\mathrm{d}y}\right)^2 \tag{4-24}$$

混合长度 l 是未知的，需根据具体问题做出假定，并结合试验结果才能确定。普朗特混合长度的假设有其局限性，但在一些紊流流动中所获得的结果与实验还是比较相符的，故至今仍然是工程上应用最广的紊流理论。

3. 圆管紊流的速度分布

紊流过流断面上的速度分布，是推导紊流阻力系数计算公式的基础。在紊流核心区，黏

性切应力可以忽略不计，则由式（4-24），流层中的切应力只有

$$\tau = \rho l^2 \left(\frac{\mathrm{d}u}{\mathrm{d}y} \right)^2$$

式中的 l 只能由实验求得，对于圆管中的紊流流动，普朗特根据实验观察提出用式（4-25）表示：

$$l = Ky \tag{4-25}$$

式中，y 为流体层到管壁的距离；K 为实验常数，据卡门（Karmann）实测，可取 $K=0.36\sim0.435$，代入上式，有

$$\tau = \rho l^2 \left(\frac{\mathrm{d}u}{\mathrm{d}y} \right)^2 = \rho K^2 y^2 \left(\frac{\mathrm{d}u}{\mathrm{d}y} \right)^2$$

得到

$$\mathrm{d}u = \frac{1}{K} \sqrt{\frac{\tau}{\rho}} \frac{\mathrm{d}y}{y}$$

为便于求出紊流时均速度的近似分布，以管壁处摩擦阻力 τ_0 代替 τ，并令

$$u_* = \sqrt{\tau_0 / \rho}$$

称为切应力速度，则有

$$\mathrm{d}u = \frac{u_*}{K} \frac{\mathrm{d}y}{y}$$

积分得速度分布为

$$u = \frac{u_*}{K} \ln y + c \tag{4-26}$$

由此看出，在紊流流动中，速度是按对数曲线分布的。这也表明，由于动量交换，使管轴附近各点上的速度大大平均化了，如图 4-11 所示，这与层流流动中的速度分布是不同的。层流时的切应力是由于分子运动的动量交换引起的黏性切应力；而紊流切应力除了黏性切应力外，还包括流体质点脉动引起的动量交换所产生的惯性切应力（附加切应力）。由于脉动交换远大于分子交换，因此，在紊流充分发展的流域内，惯性切应力远大于黏性切应力，即紊流切应力主要是惯性切应力。

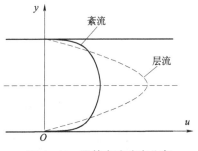

图 4-11　圆管紊流速度分布

此外，也有人认为，紊流运动中的速度分布曲线是指数曲线，紊流流速计算公式为

$$u = u_{\max} \left(\frac{y}{R} \right)^{1/n} = u_{\max} \left(\frac{R-r}{R} \right)^{1/n} = u_{\max} \left(1 - \frac{r}{R} \right)^{1/n} \tag{4-27}$$

式中，n 取值为 $4\sim10$；R 为圆管半径；y 为管中任一流层到管壁的距离；r 为管中任一流层到管轴的距离（即半径）。

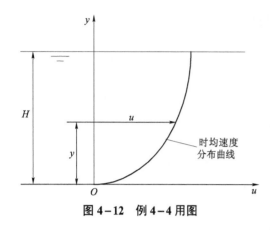

图 4-12　例 4-4 用图

【例 4-4】设明渠中过流断面上的流速分布为如图 4-12 所示的对数型分布，即

$$u = u_{\max} + \frac{u_*}{K} \ln \frac{y}{H}$$

式中，$u_{\max}$ 为自由液面处的最大流速；H 为水深。试求：

（1）断面平均流速 V；

（2）当流速 u 等于断面平均流速 V 时的 y 值。

解：

（1）按照速度分布，可求出过流断面上的流量为

$$Q = \int_0^H u \, \mathrm{d}y = \int_0^H \left(u_{\max} + \frac{u_*}{K} \ln \frac{y}{H} \right) \mathrm{d}y$$

$$= u_{\max} H + \frac{u_*}{K} H \int_0^1 \ln t \, \mathrm{d}t = u_{\max} H + \frac{u_*}{K} H (t \ln t - t) \Big|_0^1$$

$$= u_{\max} H - \frac{u_*}{K} H$$

由平均流速的定义，最后得到断面平均流速为

$$V = \frac{Q}{H} = u_{\max} - \frac{u_*}{K}$$

（2）按题意，求 $u = V$ 时的 y 值，有以下关系式

$$u_{\max} + \frac{u_*}{K} \ln \frac{y}{H} = u_{\max} - \frac{u_*}{K}$$

得到

$$\ln \frac{y}{H} = -1$$

$$y = \frac{H}{\mathrm{e}} = 0.37H$$

第 5 节　管路中的沿程阻力

沿程摩擦阻力是形成沿程能量损失的原因，沿程水头损失可由达西公式

$$h_{\mathrm{f}} = \lambda \frac{l}{d} \frac{V^2}{2g}$$

来计算，此式对层流和紊流均适用。从达西公式明显看出，计算沿程损失的关键是确定沿程阻力系数 λ。

1. 沿程阻力系数及其影响因素

由于紊流流动的复杂性，λ 不可能像层流那样从理论上推导出来。对于紊流流动沿程阻

力系数的研究途径有两个：一是直接根据紊流沿程损失的实测资料，综合整理出阻力系数的纯经验公式；二是用理论和实验相结合的方法，以紊流的半经验理论为基础，整理成半经验公式。

对于层流流动，其阻力是黏性阻力，且由理论分析得知，$\lambda = 64/Re$，即 λ 仅与 Re 有关，而与壁面粗糙度无关。

紊流的阻力由黏性阻力和惯性阻力两部分组成。壁面的粗糙在一定条件下成为产生惯性阻力的主要外因，不断地扰动并产生漩涡从而引起流动的紊动。因此，壁面粗糙的影响在紊流中是一个非常重要的因素。所以，紊流的能量损失一方面取决于反映流动内部黏性力和惯性力的对比关系，另一方面又决定于流动的边壁几何条件。前者可用 Re 数表示，后者包括管长、过流断面的形状和大小以及壁面的粗糙等。对于圆管来说，过流断面的形状确定了，而管径和管长已包含在达西公式中，因此，只剩下管壁粗糙需要在 λ 中反映出来。所以，沿程阻力系数 λ 主要取决于 Re 数和壁面粗糙这两个主要因素。

2. 尼古拉兹实验

没有绝对光滑的壁面，任何管道的壁面都有一定的凸起，称为粗糙度。粗糙度分绝对粗糙度和相对粗糙度。绝对粗糙度是指管壁最大凸起的高度，用 Δ 表示；相对粗糙度是指绝对粗糙度与管径之比，即 $\varepsilon = \Delta/d$，其倒数称为相对光滑度。这样，影响 λ 的因素就是雷诺数和相对粗糙度，即

$$\lambda = f(Re, \varepsilon)$$

尼古拉兹在实验中使用了一种简化的粗糙模型，他把大小基本相同、形状近似球体的砂粒均匀而稠密地黏附于管壁上，用砂粒的直径来表示壁面的粗糙度。为了研究阻力系数 λ 的变化规律，他用多种管径和多种粒径的砂粒，测量了不同流量时断面平均速度 V 和沿程水头损失，将实验结果绘制在对数坐标纸上，得到如图 4－13 所示的曲线。

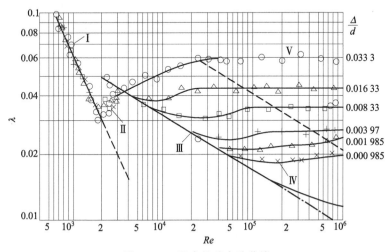

图 4－13　尼古拉兹实验曲线

根据 λ 的变化特征，图中曲线可分成以下五个阻力区。

（1）Ⅰ区为层流区。当 $Re < 2\,000$ 时，不论相对粗糙度如何，所有的试验点都集中在一条直线上，表明 λ 仅随 Re 而变化，与相对粗糙度无关，其方程就是 $\lambda = f_1(Re) = 64/Re$。

（2）Ⅱ区为过渡区。$Re < 2\,000 \sim 4\,000$ 范围是由层流向紊流的过渡区，λ 随 Re 的增大而增大，而与相对粗糙度无关，$\lambda = f_2(Re)$。

（3）Ⅲ区为紊流光滑管区。在 $Re > 4\,000$ 后，不同相对粗糙度的试验点，起初都集中在曲线Ⅲ上，随着 Re 的加大，相对粗糙度较大的管道，其试验点在较低雷诺数 Re 时就偏离了曲线Ⅲ，而相对粗糙度较小的管道，其试验点在较大的 Re 时才偏离曲线Ⅲ。在曲线Ⅲ范围内，λ 只与 Re 有关，而与相对粗糙度 ε 无关，故称为紊流光滑管区，$\lambda = f_3(Re)$。

（4）Ⅳ区为紊流过渡区。试验点偏离了光滑管曲线Ⅲ，不同相对粗糙度的试验点各自分散成一条条波状曲线，λ 既与 Re 有关，也与相对粗糙度 $\varepsilon = \Delta/d$ 有关，$\lambda = f_4(Re, \varepsilon)$。

（5）Ⅴ区为紊流粗糙管区。不同相对粗糙度的试验点，分别落在与横坐标平行的直线上，Re 的增大对 λ 没有影响。λ 只与相对粗糙度 ε 有关，而与 Re 无关。当 λ 与 Re 无关时，由达西公式可知，此时沿程损失与流速的平方成正比，因此又称为阻力平方区，$\lambda = f_5(\varepsilon)$。

下面用层流底层来解释紊流阻力的变化，见图 4-14。

在光滑管区，绝对粗糙度 Δ 比层流底层的厚度 δ 小得多，管壁的粗糙完全被掩盖在黏性底层内，如图 4-14（a）所示，粗糙度对紊流核心的流动几乎没有影响。壁面粗糙所引起的扰动作用完全被黏性底层内流体黏性的稳定作用所抑制，管壁粗糙对流动阻力不产生影响。

在紊流过渡区，黏性底层变薄，壁面的粗糙开始影响到紊流核心区的流动，如图 4-14（b）所示，壁面的扰动加大了紊流核心区的紊流强度，增大了流动阻力损失。此时，λ 不仅与 Re 有关，也与相对粗糙度 ε 有关。

在粗糙管区，层流底层更薄，壁面粗糙凸起的高度几乎全部暴露在紊流核心区，$\Delta \gg \delta$，如图 4-14（c）所示。壁面粗糙的扰动作用已经成为紊流核心中惯性阻力产生的主要原因，Re 对紊流强度的影响相比之下已经微不足道了，此时 $\varepsilon = \Delta/d$ 成了影响 λ 的唯一因素。

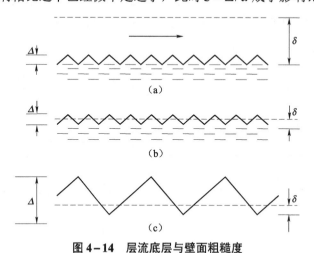

图 4-14　层流底层与壁面粗糙度

（a）光滑管区；（b）紊流过渡区；（c）粗糙管区

由此得知，粗糙度一定的管道中的紊流流动，属于光滑管区还是粗糙管区，并不完全取决于绝对粗糙度 Δ，还取决于和 Re 有关的黏性底层的厚度 δ。

3. 沿程阻力系数 λ 的计算公式

（1）人工粗糙管的半经验公式。

根据断面流速的对数分布公式（4-26），结合尼古拉兹的实验曲线，对于人工粗糙管的紊流沿程阻力系数 λ 有如下的半经验公式。

紊流光滑管区 λ 的计算公式

$$\frac{1}{\sqrt{\lambda}} = 2\lg(Re\sqrt{\lambda}) - 0.8 \qquad (4-28)$$

或写成

$$\frac{1}{\sqrt{\lambda}} = 2\lg\frac{Re\sqrt{\lambda}}{2.51} \qquad (4-28')$$

紊流粗糙管区 λ 的计算公式

$$\lambda = \frac{1}{\left[2\lg\left(3.7\dfrac{d}{\Delta}\right)\right]^2} \qquad (4-29)$$

（2）工业管道的计算公式。

尼古拉兹实验是对人工均匀粗糙管进行的实验，工业管道的实际粗糙度与之有很大的不同。在流体力学中，把尼古拉兹的"人工粗糙"作为度量粗糙度的基本标准，针对工业管道的不均匀粗糙度提出了"当量粗糙度"的概念。所谓当量粗糙度，就是指与工业管道紊流粗糙管区 λ 值相等的同直径尼古拉兹粗糙管的绝对粗糙度。常用工业管道的当量粗糙度见表 4-1。这样，在紊流粗糙管区就可用式（4-29）计算 λ 值了。

表 4-1　工业管道当量粗糙度　　　　　　　mm

管材种类	Δ
新聚氯乙烯管、玻璃管、黄铜管	0～0.02
光滑混凝土管、新焊接钢管	0.015～0.06
新铸铁管、离心混凝土管	0.15～0.5
旧铸铁管	1～1.5
轻度锈蚀管	0.25
清洁的镀锌铁管	0.25
钢管	0.046

对于紊流过渡区，工业管道实验曲线和尼古拉兹曲线存在较大的差异，结论就是尼古拉兹过渡区的实验资料对工业管道完全不适用。柯列勃洛克根据大量的工业管道实验资料，整理出工业管道过渡区曲线，并提出该曲线的方程如下

$$\frac{1}{\sqrt{\lambda}} = -2\lg\left(\frac{\Delta}{3.7d} + \frac{2.51}{Re\sqrt{\lambda}}\right) \qquad (4-30)$$

式中，Δ 为工业管道的当量粗糙度。此式称为柯列勃洛克公式，实际上，式（4-30）是尼古拉兹光滑管区公式和粗糙管区公式的结合。当 Re 很小时，公式右边括号内的第二项相比第一项很大，这样，式（4-30）就接近尼古拉兹光滑管区的公式（4-28）；当 Re 很大时，公式

右边括号内的第二项很小，公式就接近尼古拉兹粗糙管区公式（4-29）。式（4-30）适用于整个紊流阻力区，所以称为紊流沿程阻力系数 λ 的综合计算公式。

为了简化计算，莫迪（Moody）在式（4-30）的基础上绘制了工业管道 λ 的计算曲线，称为莫迪图，如图4-15所示。在图上，可根据 Re 数和相对粗糙度直接查出阻力系数。

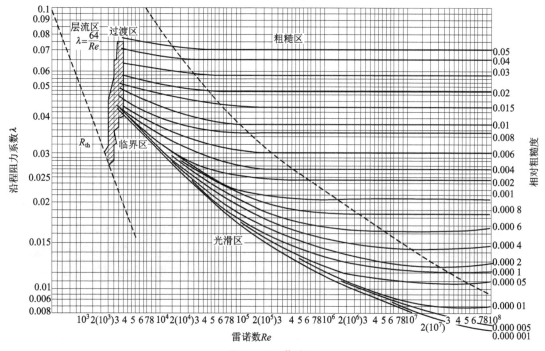

图4-15　莫迪图

此外，还有许多经验公式，应用较广的公式介绍如下：

对于光滑管区，勃拉休斯（H.Blasius）归纳的计算公式为

$$\lambda = \frac{0.316\,4}{Re^{0.25}} \tag{4-31}$$

这是勃拉休斯于1913年在综合光滑管区实验资料的基础上提出的。将式（4-31）代入达西公式计算沿程损失时，发现 h_f 与 $V^{1.75}$ 成正比，故紊流光滑管区又称为1.75次方阻力区。

粗糙管区的希弗林松公式

$$\lambda = 0.11\left(\frac{\Delta}{d}\right)^{0.25} \tag{4-32}$$

适用于紊流光滑管区、过渡区与粗糙管区的莫迪公式和阿里特苏里公式

$$\lambda = 0.005\,5\left[1+\left(20\,000\frac{\Delta}{d}+\frac{10^6}{Re}\right)^{1/3}\right] \tag{4-33}$$

$$\lambda = 0.11\left(\frac{\Delta}{d}+\frac{68}{Re}\right)^{0.25} \tag{4-34}$$

为方便使用，相关的计算公式汇集于表4-2。

表 4-2　λ 的相关计算公式

阻力区	范　围	λ 的理论或半经验公式	λ 的经验公式
层流区	$Re < 2\,000$	$\lambda = \dfrac{64}{Re}$	$\lambda = \dfrac{64}{Re}$
临界区	$2\,000 < Re < 4\,000$	—	$\lambda = 0.002\,5Re^{1/3}$
紊流光滑区	$4\,000 < Re < 22.2\left(\dfrac{d}{\Delta}\right)^{8/7}$	$\dfrac{1}{\sqrt{\lambda}} = 2\lg(Re\sqrt{\lambda}) - 0.8$	$\lambda = \dfrac{0.316\,4}{Re^{0.25}}$
过渡区	$22.2\left(\dfrac{d}{\Delta}\right)^{8/7} < Re < 597\left(\dfrac{d}{\Delta}\right)^{9/8}$	$\dfrac{1}{\sqrt{\lambda}} = -2\lg\left(\dfrac{\Delta}{3.7d} + \dfrac{2.51}{Re\sqrt{\lambda}}\right)$	$\lambda = 0.11\left(\dfrac{\Delta}{d} + \dfrac{68}{Re}\right)^{0.25}$
粗糙紊流区	$597\left(\dfrac{d}{\Delta}\right)^{9/8} < Re$	$\lambda = \dfrac{1}{\left[2\lg\left(3.7\dfrac{d}{\Delta}\right)\right]^2}$	$\lambda = 0.11\left(\dfrac{\Delta}{d}\right)^{0.25}$

【例 4-5】 水在管径 $d = 100$ mm 的管道内流动，流速为 $V = 3$ m/s。已知水的运动黏度 $\nu = 1 \times 10^{-6}$ m²/s，水的密度 $\rho = 1\,000$ kg/m³；管道壁面的相对粗糙度 $\varepsilon = \Delta/d = 0.002$，管长为 $l = 300$ m，试求沿程损失 h_f。

解： 首先判断流态并确定损失系数。由于 $Re = \dfrac{Vd}{\nu} = \dfrac{3 \times 0.1}{1 \times 10^{-6}} = 3 \times 10^5$，流态为紊流。查莫迪图（图 4-15），先确定相对粗糙度为 0.002 所对应的曲线，再确定 $Re = 3 \times 10^5$ 对应的竖直线，两线交点所对应的值，就是相对粗糙度为 0.002、雷诺数为 3×10^5 时对应的沿程阻力损失系数，查得 $\lambda = 0.023\,5$。

再由达西公式得到沿程水头损失为

$$h_f = \lambda \frac{l}{d}\frac{V^2}{2g} = 0.023\,5 \times \frac{300}{0.1} \times \frac{3^2}{2 \times 9.81} = 32.34 \text{ (m)}$$

【例 4-6】 一个敞开的大水箱，下端距水箱水面为 H 的地方水平接出一根长为 L、直径为 d 的直管，如图 4-16 所示。已知水密度 $\rho = 1\,000$ kg/m³，运动黏度 $\nu = 1 \times 10^{-6}$ m²/s，管长 $L = 3$ m，管径 $d = 30$ mm。水箱水面到管道中心的垂直距离为 $H = 1$ m，水自管道流入大气，测得流量为 $Q = 2$ L/s。不计一切局部阻力损失，试求这段管道的水头损失和沿程损失系数。

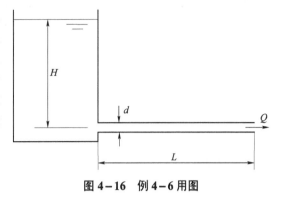

图 4-16　例 4-6 用图

解： 先判断管中的流态。由于

$$V = \frac{4Q}{\pi d^2} = \frac{4 \times 0.002}{3.141\,6 \times 0.03^2} = 2.83 \text{ (m/s)}$$

得到

$$Re = \frac{Vd}{\nu} = \frac{2.83 \times 0.03}{1 \times 10^{-6}} = 8.49 \times 10^4$$

流动为紊流，动能修正系数为 $\alpha = 1$。

自大水箱液面到管道出口列伯努利方程，有

$$\frac{0}{\rho g} + H + \frac{0}{2g} = \frac{0}{\rho g} + 0 + \frac{V^2}{2g} + h_f$$

解得流动水头损失为

$$h_f = H - \frac{V^2}{2g} = 1 - \frac{2.83^2}{2g} = 0.592 \quad (\text{m})$$

再由达西公式

$$h_f = \lambda \frac{L}{d} \frac{V^2}{2g}$$

得到管道的沿程阻力损失系数为

$$\lambda = \frac{2gdh_f}{V^2 L} = \frac{2 \times 9.81 \times 0.03 \times 0.592}{2.83^2 \times 3} = 0.014\,5$$

讨论：在本例中，就管道而言，入口处与出口处压强水头差为 H，故这是一个已知流量 Q、管径 d、压差 H，求管道流动损失的问题。

现在把问题变一下，设已知水箱液面高为 $H = 2\,\text{m}$，其他条件不变，问管中的流量为多大？假设管道为紊流光滑管，沿程阻力损失系数 λ 与 Re 数的关系满足勃拉休斯公式。

假设管中流动为紊流，取 $\alpha = 1$，自水箱液面到管道出口列伯努利方程，有

$$H = \frac{V^2}{2g} + \lambda \frac{L}{d} \frac{V^2}{2g} = \left(1 + \lambda \frac{L}{d}\right) \frac{V^2}{2g}$$

$$2 = (1 + 100\lambda) \frac{V^2}{2g}$$

得到

$$V = \sqrt{\frac{4g}{(1 + 100\lambda)}} = \frac{6.26}{\sqrt{1 + 100\lambda}}$$

分析：要求解 Q，需要解出 V；求解 V，需要知道 λ；要确定 λ，需要知道 Re；而 Re 的确定又需要先解出流速 V。

这看似无解，下面借助勃拉休斯公式

$$\lambda = \frac{0.316\,4}{Re^{0.25}}$$

进行试算求解。

先假设 $\lambda = 0.01$，解得 $V = 4.426\,\text{m/s}$，得 $Re = 1.328 \times 10^5$，算得 $\lambda = 0.016\,6$；

再假设 $\lambda = 0.016\,6$，解得 $V = 3.84\,\text{m/s}$，得 $Re = 1.152 \times 10^5$，算得 $\lambda = 0.017\,2$；

再假设 $\lambda = 0.017\,2$，解得 $V = 3.80\,\text{m/s}$，得 $Re = 1.139 \times 10^5$，算得 $\lambda = 0.017\,2$。

看到 λ 的前后变化很小，即可认为管内流速约为 $V = 3.8\,\text{m/s}$。此时

$$Re = \frac{Vd}{\nu} = \frac{3.8 \times 0.03}{10^{-6}} = 1.14 \times 10^5 > 2\,000$$

可判断管中流动为紊流，前提假设是成立的。最后得到流量为

$$Q = \frac{\pi d^2}{4} V = 0.002\,686 \text{ m}^3/\text{s} = 2.686 \text{ L/s}$$

第 6 节　管路中的局部阻力

流体在流经各种局部障碍（如阀门、弯头、三通等）时，由于边壁的影响使得流动速度的大小和方向都发生很大的变化，由此产生的能量损失称为局部损失或局部阻力。

局部损失种类很多，由于局部的边壁变化很大，加之紊流本身的复杂性，故只有很少的问题可以通过理论计算得以解决，大多局部损失还要依赖于实验测试。

局部水头损失的表达形式为

$$h_j = \xi \frac{V^2}{2g} \qquad\qquad (4-35)$$

式中，ξ 称为局部阻力系数。

由于局部的边壁及流动参数变化都较大，一般为紊流流动，故只讨论紊流状态下的局部水头损失。

1. 局部损失发生的原因

局部流动变化较大时就会发生局部能量损失，这种情况很多，流动特征主要有过流断面的扩大或收缩（阀门或孔板）、流动方向的改变（弯道）、流量的汇集与分流（三通）等几种基本形式，以及这几种基本形式的不同组合，如图 4-17 所示。

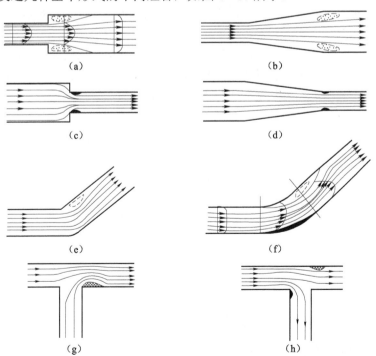

图 4-17　局部损失的分类

（a）突扩管；（b）渐扩管；（c）突缩管；（d）渐缩管；（e）折弯管；（f）圆弯管；（g）合流三通；（h）分流三通

（1）边壁发生突变的情况。

从边壁的变化缓急来分，局部阻碍可分为突变和渐变两类。图 4-17 中左边一列为突变的，右边一列为渐变的情况。当流体通过突变通道时，不能像边壁那样突然折转，必然在边壁突变的地方出现主流与边壁脱离的现象，并形成漩涡区。大尺度漩涡会不断地被主流带走，也会不断地出现新的漩涡，如此周而复始。

（2）边壁发生渐变的情况。

边壁没有突然的变化，但沿流动方向会出现增速或减速情况，也会产生漩涡区。比如在渐扩管（图 4-17（b））中，流速沿流程逐渐减小，压强就会不断地增大。在这样的减速增压区，流体质点受到与流动方向相反的压差作用。在这一反向压差的作用下，靠近边壁流体质点的速度逐渐减小到零，随后会出现与主流方向相反的流动。在速度等于零的地方，主流开始与壁面脱离，出现了反向的流动并形成漩涡。

对于渐缩管道（图 4-17（d））这种减压增速区，流体质点受到与流动方向相同的压差作用，故只能加速，不能减速，因此，渐缩管道内不会出现漩涡区。但在紧邻渐缩管之后，常常会产生一个不大的小漩涡区。

（3）流动方向发生变化的情况。

流体流过等径的圆弯管（图 4-17（f））时，虽然过流断面沿程不变，但弯管内流体质点受到离心力的作用，在弯管前半段，外侧压强沿程逐渐增大，内侧压强沿程逐渐减小；而流速则是外侧减小，内侧增大；所以弯管前半段沿外壁是减速增压，也会出现漩涡区。在弯管后半段，在 Re 数较大和弯管转角较大（曲率半径较小）的情况下，漩涡区又会在内侧出现，而且其大小和强度一般都比外侧来的大，是弯管能量损失的重要因素。

漩涡区的能量来自主流，因此，漩涡不断地产生，也就不断地消耗着主流的能量。局部损失总是和漩涡区的存在相联系的，漩涡区越大，能量损失也越大。若能将边壁的变化仅仅使流体质点的速度分布发生改变，而不出现漩涡区，其局部损失将会大大降低。

由对各种局部阻碍的大量实验表明，局部阻力系数取决于局部的几何形状、壁面的相对粗糙度和雷诺数，其中局部形状是起主导作用的因素，故在一般工程计算中，认为局部阻力系数只决定于局部形状。

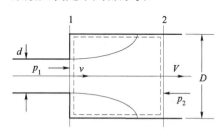

图 4-18　突然扩大管的局部损失

2. 突然扩大管的局部损失

图 4-18 所示为一个由管径 d 到管径 D 的局部突然扩大的管道，称为突扩管，流体流经此突扩管，由于断面 1 及断面 2 之间流体将与壁面分离并形成漩涡，故必然发生局部的流动能量损失。

（1）列伯努利方程。

在断面 1 及断面 2 处属于渐变流，可对两断面列伯努利方程，取动能修正系数均为 1，有

$$\frac{p_1}{\rho g} + \frac{v^2}{2g} = \frac{p_2}{\rho g} + \frac{V^2}{2g} + h_j \tag{a}$$

式中，h_j 为突然扩大管局部水头损失。由于 1 断面和 2 断面距离很短，故其沿程水头损失可忽略不计。

（2）列动量方程。

取控制体为图 4-18 中虚线所围区域，控制体内流体所受外力有：

作用在过流断面 1 上的总压力 $p_1 A_1$；

作用在过流断面 2 上的总压力 $p_2 A_2$；

环形壁面对流体的作用力，实验表明，环形壁面上的压强与 1 断面上的压强相等，则这部分力为 $p_1(A_2 - A_1)$；

边壁上的摩擦力可忽略不计。

根据以上分析，可列出动量方程为

$$p_1 A_1 + p_1(A_2 - A_1) - p_2 A_2 = \rho Q(V - v)$$
$$\Rightarrow (p_1 - p_2)A_2 = \rho Q(V - v) \tag{b}$$

（3）连续性方程。

根据连续性方程，有

$$A_1 v = A_2 V = Q \tag{c}$$

将式（c）代入式（b），得到

$$(p_1 - p_2) = \rho \frac{Q}{A_2}(V - v) = \rho(V^2 - Vv)$$

$$\Rightarrow \frac{p_1 - p_2}{\rho g} = \frac{V^2 - Vv}{g}$$

再代入式（a），得到

$$h_j = \frac{p_1 - p_2}{\rho g} + \frac{v^2 - V^2}{2g} = \frac{V^2 - Vv}{g} + \frac{v^2 - V^2}{2g} = \frac{(v - V)^2}{2g} \tag{4-36}$$

此式称为包达定理，也是理论计算得到局部损失的典型算例。由连续性方程可得到突然扩大管局部阻力系数

$$h_j = \left(1 - \frac{A_1}{A_2}\right)^2 \frac{v^2}{2g} = \xi_1 \frac{v^2}{2g}$$

$$h_j = \left(\frac{A_2}{A_1} - 1\right)^2 \frac{V^2}{2g} = \xi_2 \frac{V^2}{2g} \tag{4-37}$$

式中，$\xi_1 = (1 - A_1 / A_2)^2$，$\xi_2 = (A_2 / A_1 - 1)^2$，为突然扩大管的阻力系数。

注：当流体从管道流入断面很大的容器中或气体流入大气时，相当于 $A_2 \to \infty$，对应的阻力损失系数 $\xi = 1$，这是突然扩大管的特殊情况，称为出口阻力系数。

3. 弯管的局部损失

流体流经弯管时，弯管的内侧和外侧会出现两个漩涡区，还会产生与主流方向正交的流动，称为二次流，如图 4-19 所示。沿着弯道流动的流体质点具有离心惯性力，这使弯管外侧（E 处）的压强增大、内侧（H 处）的压强减小。而弯管左右两侧（F、G 处）由于靠壁面附近处的流速很小，离心力也小，故压强的变化不大，于是沿图中的 EFH 和 EGH 产生压降，并形成了与主流正交的二次流。这个二次流和主流叠加在一起，使通过弯管的流体质点做螺旋运动，并产生较大的局部能量损失。

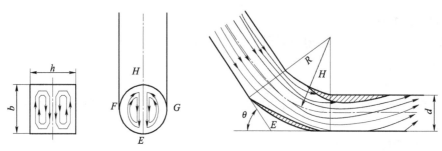

图 4-19　流经弯道的局部损失

弯管的几何形状取决于转角 θ 及曲率半径 R 与管径 d 之比 R/d，对于矩形断面的弯道还与高宽比 h/b 有关。

4. 三通的局部损失

常见的三通有两类：支流对称于总流轴线的"Y"形三通，如图 4-20（a）所示；在直管上接出支管的"T"形三通，如图 4-20（b）所示。三通又有分流和合流两种情况。

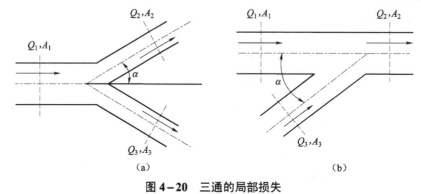

（a）　　　　　　　　　　　　　　　　（b）

图 4-20　三通的局部损失

（a）"Y"形分流三通；（b）"T"形合流三通

三通的形状由总流与支流间的夹角和支管与主管断面的面积比 A_2/A_1、A_3/A_1 所确定。由于三通的前后流量有变化，故三通的阻力系数不仅取决于几何参数，还与支流与主流的流量比 Q_2/Q_1 和 Q_3/Q_1 有关。它有两个支管，所以有两个局部阻力损失系数。三通前后有不同的流速，必须确定和支管相应的阻力系数，以及和该系数相应的速度水头。

合流三通的局部阻力系数常出现负值，这意味着经过三通后，流体的能量不仅没有损耗，反而增加了。这是由于当两股流速不同的流体汇合后，高速流动的流体将能量传递给了低速流动的流体，使低速流的能量有所增加。如果低速流体获得的这部分能量超过了流经三通所损失的能量，低速流的损失系数就会为负值，但三通两个支管的阻力系数绝不会同时为负值。

5. 若干局部损失系数

（1）突缩管：

$$h_j = 0.5\left(1 - \frac{A_2}{A_1}\right)\frac{V_2^2}{2g}$$

（2）渐扩管：当锥角 $2° < \theta < 5°$ 时，

$$h_j = 0.2\frac{(V_1 - V_2)^2}{2g}$$

（3）管道进口：管道进口也是一种断面收缩，其阻力系数与管道进口边缘的情况有关，不同边缘进口阻力系数如图4-21所示。

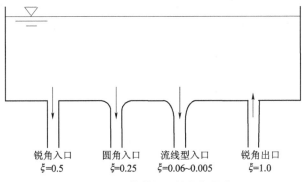

锐角入口　　　圆角入口　　　流线型入口　　　锐角出口
$\xi=0.5$　　　$\xi=0.25$　　　$\xi=0.06\sim0.005$　　　$\xi=1.0$

图4-21　管道入口的局部损失

【例4-7】 直径$d=100$ mm、长10 m的管道中有两个90°的弯管（$d/R=1.0$），每个弯管的局部损失系数为$\xi=0.3$，管路的沿程阻力系数$\lambda=0.037$。如果去掉这两个弯管并保持原有管道长度，在管道两端总水头不变的条件下，管道内的流量能增加百分之多少？

解： 去掉弯道前的水头损失为

$$h_f = \lambda\frac{l}{d}\frac{V_1^2}{2g} + 2\xi\frac{V_1^2}{2g} = \left(0.037\times\frac{10}{0.1} + 2\times0.3\right)\frac{V_1^2}{2g} = 4.3\frac{V_1^2}{2g}$$

去掉弯管后的流动损失为

$$h_f = \lambda\frac{l}{d}\frac{V_2^2}{2g} = 0.037\times\frac{10}{0.1}\times\frac{V_2^2}{2g} = 3.7\frac{V_2^2}{2g}$$

若管道两端总水头不变，则有

$$3.7\frac{V_2^2}{2g} = 4.3\frac{V_1^2}{2g}$$

得到

$$\frac{V_2}{V_1} = \sqrt{\frac{4.3}{3.7}} = 1.078$$

若管道截面积不变，则有

$$Q_2 = V_2 A = 1.078 V_1 A = 1.078 Q_1$$

即流量增加的百分比为

$$\frac{Q_2 - Q_1}{Q_1}\times100\% = 7.8\%$$

第7节　孔口与管嘴出流

孔口、管嘴是流体机械中常见的出流装置，也是典型的流体出现流动局部损失问题之处。本节的目的是通过能量方程及阻力计算理论，导出流体流经孔口和管嘴的计算公式。

1. 孔口出流的分类

容器侧部或底部开一形状规则的孔，液体自孔中流入或流出到另一部分流体中，这种流动称为孔口出流。若液体经孔口直接出流到大气中，则称为自由出流，如图4-22（a）所示；若出流到充满液体的空间，则称为淹没出流，如图4-22（b）所示。

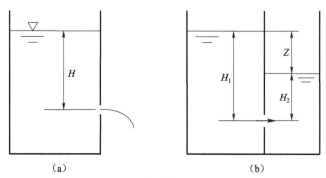

图4-22　自由出流与淹没出流

（a）自由出流；（b）淹没出流

孔口直径 d 小于孔口前水头 H 或孔口前后水头差 Z 的十分之一，则称为是小孔出流，否则为大孔口出流。当孔口具有尖锐的边缘，且壁厚不影响孔口出流，即壁厚＜$3d$ 时，称为薄壁孔口；对于壁厚＞$3d$ 的厚壁孔口，则按管嘴出流处理。

2. 薄壁圆形小孔口定常出流

（1）自由出流

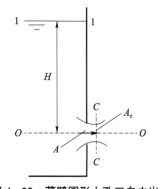

图4-23　薄壁圆形小孔口自由出流

液体在水头一定的情况下，由薄壁圆形小孔口出流到大气，如图4-23所示。液体由容器向孔口出流时，由于液体的惯性作用，液体的流线不能急剧改变而形成圆滑曲线，故孔口出流的流股上发生一定的收缩，至离孔口约 $d/2$ 处，流线几乎达到平行状态，该断面称为收缩断面。令

$$\varepsilon = \frac{A_c}{A} \qquad (4-38)$$

式中，ε 称为断面收缩系数；A 为孔口面积；A_c 为断面收缩面积。

以孔口中心轴线 $O-O$ 为基准，由自由液面 1-1 到收缩断面 $C-C$，列伯努利方程，有

$$H + \frac{p_1}{\rho g} + \frac{\alpha_1 V_1^2}{2g} = \frac{p_2}{\rho g} + \frac{\alpha_2 V_2^2}{2g} + h_f \qquad (4-39)$$

断面 1-1 为自由液面，液面高不变，孔口出流流入大气。孔口出流是在一极短的流程上完成的，可以认为流动阻力损失完全是由局部摩擦阻力所产生的，即 $h_f = \xi \dfrac{V_c^2}{2g}$，$\xi$ 为孔口出流时的局部阻力系数。因为是小孔口，故认为收缩断面上各点均处于同一水头作用，流速分布均匀，即 $\alpha_1 = \alpha_2 = 1$，则有

$$H = \frac{V_c^2}{2g} + \xi \frac{V_c^2}{2g} = (1 + \xi)\frac{V_c^2}{2g} \tag{4-40}$$

即

$$V_c = \frac{1}{\sqrt{1+\xi}}\sqrt{2gH} = C_V\sqrt{2gH} \tag{4-41}$$

式中，$C_V = \dfrac{1}{\sqrt{1+\xi}}$，称为速度系数。

　　式（4-41）就是薄壁圆形小孔口定常出流的速度计算公式。由于 $\sqrt{2gH}$ 是理想流体，不计局部流动损失的出流速度，故速度系数的物理意义就是实际出流速度与理想出流速度之比。

　　由流量计算公式，有

$$Q = V_c A_c = \varepsilon A C_V \sqrt{2gH} = C_q A\sqrt{2gH} \tag{4-42}$$

式中，$C_q = \varepsilon \cdot C_V$，称为流量系数，其物理意义为实际出流流量与理想出流流量之比。

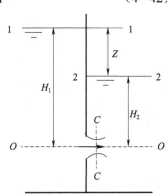

　　式（4-42）即为薄壁圆形小孔口定常水头自由出流流量计算的基本公式。对于薄壁圆形小孔口充分收缩时的实验，流量系数 C_q 的取值为 0.60～0.64。

　　（2）淹没出流

　　流体由孔口出流进入充满液体的空间，即孔口被液体淹没，如图 4-24 所示。同样列出 1-1 截面到 2-2 截面的伯努利方程，有

图 4-24　薄壁圆形小孔口淹没出流

$$H_1 + \frac{p_1}{\rho g} + \frac{\alpha_1 V_1^2}{2g} = H_2 + \frac{p_2}{\rho g} + \frac{\alpha_2 V_2^2}{2g} + h_f$$

　　设孔口前后两自由液面不变，即 $V_1 = V_2 = 0$，且 $p_1 = p_2 = 0$，则有

$$H_1 - H_2 = h_f = \xi_t \frac{V_c^2}{2g} \tag{4-43}$$

式中，ξ_t 为淹没出流时的局部阻力系数，包括孔口收缩断面的损失和收缩断面到自由液面 2-2 突然扩大的损失两部分，即

$$\xi_t = \xi + 1$$

于是有

$$V_c = \frac{1}{\sqrt{1+\xi}}\sqrt{2g(H_1 - H_2)} = C_V\sqrt{2gZ} \tag{4-44}$$

$$Q = C_q A\sqrt{2gZ} \tag{4-45}$$

这就是薄壁圆形小孔淹没出流的流量计算公式。

3. 定常水头大孔口自由出流与淹没出流

　　当孔口直径 $d > H/10$ 时，称为大孔口出流，此时在收缩断面上各点处的速度都不相同，不能认为是一个常数。

　　在实际应用中，对大孔口自由出流的流量，按与小孔口自由出流的流量公式计算，即大孔口自由出流的流量计算公式可写成

$$Q = C_q A\sqrt{2gH} \tag{4-46}$$

但需对公式中的流量系数进行修正。用实验方法来测定流量系数 C_q 随大孔口形状和孔口出流时收缩程度的变化。根据实验，大孔口的流量系数为 0.6～0.9。

大孔口淹没出流时，孔口前后的水头差 Z 对孔口断面上各点都是一定的，其流量系数与自由出流时的流量系数一样，即有淹没出流的流量计算公式为

$$Q = C_q A \sqrt{2gZ} \tag{4-47}$$

4. 管嘴出流

容器壁较厚或在容器孔口上加设短管，使出流能力受到影响，这种装置的流体流动称为管嘴出流。管嘴长 l 一般为管径的 3～4 倍，液体经管嘴出流，先是在管嘴内部形成一定的真空度，然后扩张充满全断面泄流出去，因而增设管嘴既影响出流的流速系数和断面的收缩，同时又影响流量系数，即会改变出流的流速和流量。

管嘴出流时的阻力损失与管嘴进口局部摩阻和管嘴收缩断面扩大后局部摩阻起主要作用，而管嘴的沿程摩阻可以忽略不计。

如图 4-25 所示，管嘴按其形状可分为：圆柱形外管嘴［见图 4-25（a）］、圆柱形内管嘴［见图 4-25（b）］、圆锥形收缩管嘴［见图 4-25（c）］、圆锥形扩张管嘴［见图 4-25（d）］和流线型管嘴［见图 4-25（e）］。所有的管嘴和孔口出流一样，有管嘴自由出流和淹没出流。

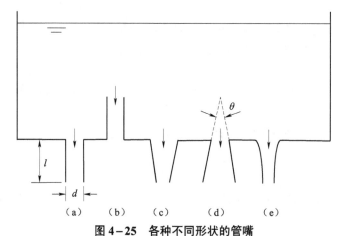

图 4-25　各种不同形状的管嘴

（a）圆柱形外管嘴；（b）圆柱形外管嘴；（c）圆锥形外管嘴；（d）圆锥形扩张管嘴；（e）流线型管嘴

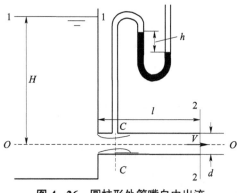

图 4-26　圆柱形外管嘴自由出流

（1）圆柱形外管嘴的定常自由出流

圆柱形外管嘴的定常水头自由出流如图 4-26 所示，管嘴长 $l = (3 \sim 4)d$，液体进入管嘴，因惯性，在紧靠管嘴进口处形成一收缩断面 $C-C$，并产生真空度；而在管嘴出口处，液流则充满全断面流出，因而对于管嘴的出口断面，其收缩系数 $\varepsilon = 1$。

设管嘴断面面积为 A，以管轴线为基准面，对管嘴前自由液面 1-1 与管嘴出口断面 2-2 列伯努利方程，有

$$H + \frac{p_1}{\rho g} + \frac{\alpha_1 V_1^2}{2g} = \frac{p_2}{\rho g} + \frac{\alpha_2 V_2^2}{2g} + h_f \tag{4-48}$$

式中，$h_f = \sum \xi \dfrac{V^2}{2g}$，$\sum \xi$ 是包含管嘴进口断面和管嘴收缩到出口断面的局部阻力系数。设容器液面高 H 为定值，取动能修正系数 $\alpha = 1$，管嘴出口压力为大气压，管嘴出流速度为 V，则有

$$H = \frac{V^2}{2g} + \sum \xi \frac{V^2}{2g} \tag{4-49}$$

管嘴的出流速度为

$$V = \frac{1}{\sqrt{1 + \sum \xi}} \sqrt{2gH} = C_V \sqrt{2gH} \tag{4-50}$$

式中，C_V 称为速度系数。

相应的管嘴流量为

$$Q = AV = C_V A \sqrt{2gH} = C_q A \sqrt{2gH} \tag{4-51}$$

式中，$C_q = C_V$，即对于管嘴来说，流量系数与速度系数相同，这是由于断面收缩完全在管嘴内部完成，故断面收缩系数为 1。

注意：因为孔口的收缩系数永远小于 1，故孔口的出流流量系数永远小于管嘴出流的流量系数。根据实验，圆柱形外管嘴的流量系数为 0.82，而薄壁孔口出流的流量系数为 0.62。

（2）圆柱形外管嘴的定常淹没出流

圆柱形外管嘴出口在自由液面以下则为管嘴淹没出流，如图 4-27 所示。按孔口淹没出流的推导方法，可得出此时的流量公式为

$$Q = C_q A \sqrt{2gZ} \tag{4-52}$$

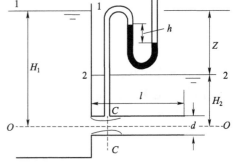

图 4-27　圆柱形外管嘴淹没出流

式中，$Z = H_1 - H_2$，为管嘴前后的液面差。

问题讨论 1：管嘴真空现象

在孔口处接上管嘴后，管嘴的损失要比孔口大，但管嘴的出流量不是减小而是加大，这是因为管嘴在收缩断面处有真空度存在。根据实验，把一个 U 形测压管接于管嘴壁上收缩断面处，如图 4-26 所示，则 U 形管内流体由于管嘴有真空度存在，会被抽吸上升，高度 $h = 0.75H$。这种由于真空度存在，影响管嘴出流的增加要比由管嘴阻力增加而减少的出流量大得多。

这种现象的理论说明如下：

如图 4-26 所示，以管嘴轴线为基准，对自由液面 1-1 与管嘴收缩断面 C-C 处列伯努利方程

$$H + \frac{p_a}{\rho g} + \frac{\alpha_1 V_1^2}{2g} = \frac{p_c}{\rho g} + \frac{\alpha_c V_c^2}{2g} + \xi \frac{V_c^2}{2g}$$

如略去 $\alpha_1 V_1^2 / 2g$ 不计，且 $\alpha_c \approx 1$，于是

$$\frac{p_a - p_c}{\rho g} = (1 + \xi) \frac{V_c^2}{2g} - H \tag{4-53}$$

由连续性方程，有
$$V_c = \frac{A}{A_c}V = \frac{V}{\varepsilon}$$

由式（4-50），有
$$V = C_V\sqrt{2gH}$$

则式（4-53）可写成

$$\frac{p_a - p_c}{\rho g} = (1+\xi)\frac{V^2}{2g\varepsilon^2} - H = (1+\xi)\frac{C_V^2}{\varepsilon^2}H - H$$

如将 $\xi = 0.06, \varepsilon = 0.64, C_V = 0.82$ 代入上式，则有

$$\frac{p_a - p_c}{\rho g} = (1+\xi)\frac{C_V^2}{\varepsilon^2}H - H \tag{4-54}$$

$$= (1+0.06)\times\frac{0.82^2}{0.64^2}H - H = 0.74H \approx 0.75H$$

式（4-54）右边为正值，则说明左边 $p_a > p_c$，即在管嘴收缩断面 $C-C$ 处产生真空度。由于管嘴产生的真空度对液流有抽吸作用，致使管嘴出流量大于孔口出流量。

问题讨论 2：管嘴的工作条件

管嘴中产生真空度，使出流量加大，但当管嘴真空度过大，即在收缩断面 $C-C$ 处的绝对压强低于液体的汽化压强时，液体将不断发生气泡，这不仅会使液流的连续性遭到破坏，同时管嘴外面的空气也会由于压强差太大，经管嘴出口断面冲入真空区，使管嘴内的液体离开管内壁，不再充满整个出口断面。因此，对管嘴内的真空度应有所限制。

根据对水的实验，管嘴收缩断面处的真空度不应超过 7 m 水柱。又据式（4-54），管嘴内最大真空值等于 $0.75H$。所以圆柱形管嘴的作用水头 H 的极限值应当是

$$H \leqslant \frac{7}{0.75} = 9.3\,(\text{m}) \tag{4-55}$$

只有在这种作用水头下，真空才不致产生破裂现象。

问题讨论 3：管嘴的长度限制

管嘴的长度如太短，液流经管嘴收缩后还来不及在管内扩大，或虽充满管嘴，但因真空距管嘴出口断面太近，极易引起真空的破坏；若管嘴太长，将增加沿程摩阻，使管嘴的流量系数相应减小，又达不到增加出流量的目的。

根据实验，为保证管嘴正常工作，并忽略沿程摩阻，必须具备的条件如下：

（1）管嘴长度应符合 $l = (3\sim4)d$；

（2）收缩断面处的真空度 $h < 7\,\text{m}$ 水柱，或作用水头 $H \leqslant 9\,\text{m}$ 水柱。

5. 其他形状的管嘴出流

（1）圆柱形内管嘴

对于圆柱形内管嘴，流体在入口前扰动较大，其与外管嘴的区别就是在进入管嘴时摩阻较大，因此其流量系数或速度系数较外管嘴小。

（2）圆锥形收缩管嘴

液流经管嘴收缩后，不需要过分扩张，出流分散较小，故管嘴阻力损失小，流量系数与流速系数均比圆柱管嘴大，且其所有系数都与管嘴的圆锥角有关，随着圆锥角的大小而改变。流量系数最大值为 0.95，发生在圆锥角 $\theta = 13°$ 时。流速系数随 θ 的增加而增加，如当 $\theta = 30°$ 时，$C_V = 0.98$。

注意：在薄壁孔口处接上一个圆锥形管嘴，并不能增大出流流量，但由于这种管嘴断面

没有收缩，液流流经管嘴出流后可形成高速的、连续不断的射流，所以在不需要很大流量，但需要较大的动能时，宜采用此种管嘴，如水枪的喷嘴等。

（3）圆锥形扩张管嘴

这种管嘴阻力损失大、出流流速小。管嘴的系数与 θ 角有关，当圆锥角 $\theta = 5° \sim 7°$ 时，管嘴出口断面的流速系数和流量系数约为 0.5，管嘴阻力系数为 3.0，收缩系数为 1；若 θ 角大于 7°，则将在出口处吸入空气，破坏真空。故为避免液流离开管壁，圆锥角不应超过 7°。

注意： 这种管嘴出流量大，故多应用在流速不大而又要具有较大的出流量的工程装置中，如排水用的泄流管。

（4）流线型管嘴

其外形与薄壁孔口出流流线形状相似，但没有收缩。这种管嘴阻力损失最小，流速系数与流量系数均较大。

各种类型的管嘴与薄壁孔口系数实验值见表 4-3。

表 4-3　各种类型的管嘴与薄壁孔口系数实验值

种　类	名　称			
	速度系数 C_V	收缩系数 C_c	流量系数 C_q	阻力系数 ξ
薄壁圆形小孔口	0.97	0.64	0.62	0.06
圆柱形外管嘴	0.82	1.00	0.82	0.50
圆柱形内管嘴	0.71	1.00	0.71	1.00
圆锥形收缩管嘴（$\theta = 13°$）	0.96	0.98	0.94	0.09
圆锥形扩张管嘴（$\theta = 5° \sim 7°$）	0.45	1.00	0.46	3.00
流线型管嘴	0.98	1.00	0.98	0.04

由表 4-3 可得到以下结论：

1）在同一水头作用下，速度系数大，则流速也大，即 $V = C_v \sqrt{2gH}$。

2）在同一水头作用下，当孔口面积相同时，安装不同类型的管嘴，其流量系数大时，流量并不一定也大。

原因： 在流量公式 $Q = C_q A \sqrt{2gH}$ 中，A 为管嘴出口面积，其与管嘴进口面积不一定相等，故管嘴出流量的大小不仅取决于流量系数的大小，还要依赖于管嘴出口面积及其断面收缩产生的真空度的大小来确定。

如圆锥形扩张管嘴的流量系数虽不大，但由于其断面收缩引起的真空度高、抽吸力大、出口面积大，故其出流量较大；而圆锥形收缩管嘴的流量系数虽然不小，但由于抽吸力及出口面积均较小，故出流量也较小。

例 4-8　水沿管 T 流入容器 A，并由此流过流线型管嘴（$d_1 = 8$ mm）而流到容器 B，然后又经圆柱形外管嘴（$d_2 = 10$ mm）流到容器 C，最后又经圆柱形外管嘴（$d_3 = 6$ mm）流入大气，如图 4-28 所示。当 $H = 1.1$ m，$l = 25$ mm 时，求经过此系统时水的流量和水位降 h_1 及 h_2。

解：

1）由 A 经流线型管嘴流入 B 属于淹没出流，流量系数为 0.98，则有

$$Q_1 = C_{q1} A_1 \sqrt{2gh_1}$$

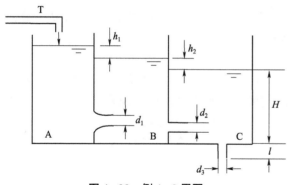

图 4-28　例 4-8 用图

2）由 B 经圆柱形外管嘴流入 C 属于淹没出流，流量系数为 0.82，则有

$$Q_2 = C_{q2} A_2 \sqrt{2gh_2}$$

3）由 C 经圆柱形外管嘴流入大气属于自由出流，流量系数为 0.82，则有

$$Q_3 = C_{q3} A_3 \sqrt{2g(H+l)}$$

由于 $C_{q3} = 0.82$，$A_3 = \dfrac{\pi d_3^2}{4}$，$H = 1.1 \text{ m}$，$l = 25 \text{ mm}$，得到容器 C 流入大气的出流量为

$$Q_3 = 0.82 \times \frac{\pi \times 0.006^2}{4} \times \sqrt{2 \times 9.81 \times (1.1 + 0.025)} = 0.132\,8 \text{（L/s）}$$

容器 C 液面不变，则应有

$$Q_2 = C_{q2} A_2 \sqrt{2gh_2} = Q_3 = C_{q3} A_3 \sqrt{2g(H+l)}$$

由于 $C_{q2} = C_{q3}$，得到

$$h_2 = \left(\frac{A_3}{A_2}\right)^2 (H+l) = \left(\frac{d_3}{d_2}\right)^4 (H+l)$$

$$= \left(\frac{6}{10}\right)^4 \times (1.1 + 0.025) = 0.146 \text{（m）}$$

容器 B 液面不变，则应有

$$Q_1 = C_{q1} A_1 \sqrt{2gh_1} = Q_2 = C_{q2} A_2 \sqrt{2gh_2}$$

由于 $C_{q1} = 0.98$，$C_{q2} = 0.82$，故得到

$$h_1 = \left(\frac{C_{q2} A_2}{C_{q1} A_1}\right)^2 h_2 = \left(\frac{0.82}{0.98}\right)^2 \left(\frac{d_2}{d_1}\right)^4 h_2$$

$$= \left(\frac{0.82}{0.98}\right)^2 \times \left(\frac{10}{8}\right)^4 \times 0.146 = 0.25 \text{（m）}$$

例 4-9　如图 4-29 所示，一矩形蓄水池，长 $L = 3 \text{ m}$，宽 $B = 2 \text{ m}$，在深 $H = 1.5 \text{ m}$ 处装有两个泄流底孔，孔径 $d = 0.1 \text{ m}$，问池内水面若下降 1 m，需要多长时间？

解：

这属于薄壁小孔口非定常出流问题。设孔口的截面积为 a，在水位下降到水深为 z 时，在 $\mathrm{d}t$ 时间内的出流量为

$$\mathrm{d}q = Q\mathrm{d}t = 2C_q a \sqrt{2gz}\,\mathrm{d}t$$

而水面下降了 $\mathrm{d}z$，流出的量为 $A\mathrm{d}z$，由连续性原理有

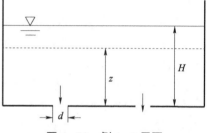

图 4-29　例 4-9 用图

$$-A\mathrm{d}z = \mathrm{d}q = 2C_q a\sqrt{2gz}\,\mathrm{d}t$$

$$\mathrm{d}t = -\frac{A}{2C_q a\sqrt{2g}}\frac{\mathrm{d}z}{\sqrt{z}}$$

对上式积分

$$\int_0^T \mathrm{d}t = -\frac{A}{2C_q a\sqrt{2g}}\int_H^{H-1}\frac{\mathrm{d}z}{\sqrt{z}} = \frac{A}{C_q a\sqrt{2g}}(\sqrt{H}-\sqrt{H-1})$$

得到所需时间为

$$T = \frac{(2\times3)^2}{0.62\times\dfrac{\pi}{4}\times0.1^2\times\sqrt{2\times9.81}}\times(\sqrt{1.5}-\sqrt{0.5}) = 590\ (\text{s})$$

第8节　管路的水力计算

管路可分为简单管路、串联管路和并联管路，组成管路的管道可分为长管和短管。所谓长管是指流体在管道中流动时，其局部损失与沿程损失相比很小，可以忽略不计，比如城市的供水管路等。所谓短管是指流体在管道中流动时，其局部损失超过沿程损失或与沿程损失相差不大，在计算中不能忽略不计，比如机器润滑系统或液压传动系统的输油管等。本节主要介绍长管的计算。

1. 简单管路

简单管路就是具有相同直径 d、相同流量 Q 的管段，它是组成各种复杂管路的基本单元，如图 4-30 所示。

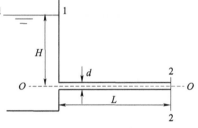

图 4-30　简单管路

从水池接出一根长为 L、直径为 d 的管道，水池的水面距管道轴线的高度为 H，管路流出的流量为 Q。现推导简单管路基本参数 Q、d、H 和 L 的关系式，也就是管路水力计算的基本公式。

忽略自由液面速度，且出口流至大气，自 1-1 到 2-2 列伯努利方程，则有

$$H = \frac{V^2}{2g}+h_f = \frac{V^2}{2g}+\lambda\frac{L}{d}\frac{V^2}{2g}+\sum\xi\frac{V^2}{2g}$$

$$= \left(1+\lambda\frac{L}{d}+\sum\xi\right)\frac{V^2}{2g} \tag{4-56}$$

因出口局部阻力系数 $\xi_0=1$，若将 $\xi_0=1$ 作为局部阻力系数包括到 $\sum\xi_i$ 中去，则有

$$H = \left(\lambda\frac{L}{d}+\sum\xi_i\right)\frac{V^2}{2g} = \left(\lambda\frac{L}{d}+\sum\xi_i\right)\frac{8Q^2}{g\pi^2 d^4} \tag{4-57}$$

令

$$S_H = \frac{8\left(\lambda\dfrac{L}{d}+\sum\xi_i\right)}{g\pi^2 d^4} \tag{4-58}$$

S_H 称为管路的阻抗，对已给定的管路是一个定数，它综合反映了管路上的沿程阻力和局部阻力情况。

由此，式（4-57）可写成

$$H = S_H Q^2 \qquad (4-59)$$

这就是简单管路水力计算的基本公式。对简单管路来说，式（4-57）和式（4-59）说明，总阻力损失 H 与体积流量 Q 的平方成正比，这一规律在管路计算中广为应用。

简单管路计算可归纳为以下三类问题：

（1）已知流量 Q、管长 L 和水头 H，求出管道直径 d；

（2）已知流量 Q、管长 L 和管径 d，求出所需水头 H；

（3）已知管长 L、管径 d 和水头 H，求出流量 Q。

2. 串联管路

由直径不同、长度不同的数段管道串联在一起组成的管路称为串联管路，如图 4-31 所示。管段相接之点称为节点，如图 4-31 中 a、b、c 点。在每个节点都遵循质量守恒原理，即流入的质量流量与流出的质量流量相等。

对串联管路的计算所应遵循的原则如下：

1）由质量守恒原理，对于不可压缩流体，应有

$$Q_1 = Q_2 = Q_3 \qquad (4-60)$$

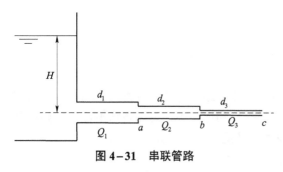

图 4-31　串联管路

2）阻力损失按叠加原理，有

$$h_f = h_{f1} + h_{f2} + h_{f3} \qquad (4-61)$$

由于各段的流量 Q 相同，故总阻抗等于各分阻抗之和，即

$$S = S_1 + S_2 + S_3 \qquad (4-62)$$

因此，对无中途分流或合流的串联管路，其流量相等、阻力叠加、总管路的阻抗 S 等于各管段的阻抗叠加，这就是串联管路的流动规律。

3. 并联管路

流体从总管路节点 a 上分出两根以上的管段，而这些管段同时又汇集到另一节点 b 上，在节点 a 和 b 间的各管段称为并联管路，如图 4-32 所示。

同串联管路一样，并联管路计算应遵循的原则如下：

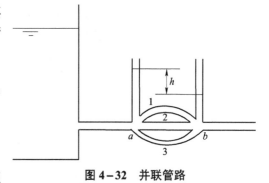

图 4-32　并联管路

1）质量守恒原理，对于不可压缩流体，在 a 点上，各支路流量之和等于总流量，即

$$Q = Q_1 + Q_2 + Q_3 \qquad (4-63)$$

2）各支路的阻力损失相同。并联节点 a、b 间的阻力损失，从能量平衡观点来看，无论

是支路 1、支路 2 还是支路 3，均等于 a、b 两节点的压强差，各支路的损失是相同的，即

$$h_{f1} = h_{f2} = h_{f3} = h_f \tag{4-64}$$

设 S 为并联管路的总阻抗，Q 为总流量，则由式（4-59）和式（4-64），有

$$S_1 Q_1^2 = S_2 Q_2^2 = S_3 Q_3^2 = SQ^2 \tag{4-65}$$

因为 $Q = \dfrac{\sqrt{h_f}}{\sqrt{S}}$，$Q_1 = \dfrac{\sqrt{h_{f1}}}{\sqrt{S_1}}$，$Q_2 = \dfrac{\sqrt{h_{f2}}}{\sqrt{S_2}}$，$Q_3 = \dfrac{\sqrt{h_{f3}}}{\sqrt{S_3}}$，再由（4-63）得到

$$\frac{1}{\sqrt{S}} = \frac{1}{\sqrt{S_1}} + \frac{1}{\sqrt{S_2}} + \frac{1}{\sqrt{S_3}} \tag{4-66}$$

于是得到并联管路的流动规律：

1）并联节点上的总流量为各支管中流量之和；

2）并联各支管上的阻力损失相等；

3）总的阻抗平方根倒数等于各支管阻抗平方根的倒数之和。

对于式（4-65），可将其写成

$$\frac{Q_1}{Q_2} = \sqrt{\frac{S_2}{S_1}}，\quad \frac{Q_2}{Q_3} = \sqrt{\frac{S_3}{S_2}}，\quad \frac{Q_3}{Q_1} = \sqrt{\frac{S_1}{S_3}} \tag{4-67}$$

写成连比形式，有

$$Q_1 : Q_2 : Q_3 = \frac{1}{\sqrt{S_1}} : \frac{1}{\sqrt{S_2}} : \frac{1}{\sqrt{S_3}} \tag{4-68}$$

以上两式为并联管路流量分配规律。式（4-68）的意义在于，各分支管路的管段几何尺寸、局部构件确定后，按照节点间各分支管路的阻力损失相等来分配各支管上的流量，阻抗 S 大的支管其流量小，S 小的支管其流量大。

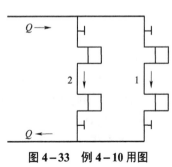

图 4-33　例 4-10 用图

例 4-10　如图 4-33 所示，某两层楼的供暖立管，管段 1 的直径为 20 mm，总长度为 20 m，$\sum \xi_i = 15$；管段 2 的直径为 20 mm，总长度为 10 m，$\sum \xi_i = 15$，管路的沿程阻力系数 $\lambda = 0.025$，主干管中的流量 $Q = 1 \times 10^{-3}$ m³/s，求 Q_1 和 Q_2。

解：

自 a 点到 b 点列伯努利方程，对于管段 1，有

$$\frac{p_a}{\rho g} + \frac{V_1^2}{2g} = \frac{p_b}{\rho g} + \frac{V_2^2}{2g} + h_{f1}$$

由于管径相等，则 $V_1 = V_2$，故有

$$\frac{p_a - p_b}{\rho g} = h_{f1} = \left(\lambda \frac{l_1}{d} + \sum \xi_i \right) \frac{V_1^2}{2g} = \left(\lambda \frac{l_1}{d} + \sum \xi_i \right) \frac{8 Q_1^2}{g \pi^2 d^4} = S_1 Q_1^2$$

$$S_1 = \left(\lambda \frac{l_1}{d} + \sum \xi_i \right) \frac{8}{g \pi^2 d^4}$$

同理，对于管段 2，有

$$\frac{p_a - p_b}{\rho g} = h_{f2} = \left(\lambda \frac{l_2}{d} + \sum \xi_i \right) \frac{V_2^2}{2g} = \left(\lambda \frac{l_2}{d} + \sum \xi_i \right) \frac{8Q_2^2}{g\pi^2 d^4} = S_2 Q_2^2$$

$$S_2 = \left(\lambda \frac{l_2}{d} + \sum \xi_i \right) \frac{8}{g\pi^2 d^4}$$

则

$$\frac{S_2}{S_1} = \frac{\lambda \frac{l_2}{d} + 15}{\lambda \frac{l_1}{d} + 15} = \frac{0.025 \times \frac{10}{0.02} + 15}{0.025 \times \frac{20}{0.02} + 15} = \frac{27.5}{40} = 0.687\ 5$$

由于 $S_1 Q_1^2 = S_2 Q_2^2$，有 $\dfrac{Q_1}{Q_2} = \sqrt{\dfrac{S_2}{S_1}} = 0.829$，得到

$$Q_1 = 0.829 Q_2$$
$$Q_1 + Q_2 = Q$$

解得

$$Q_1 = 0.453\ 3Q = 0.453\ 3\ \text{L/s}$$
$$Q_2 = 0.546\ 7Q = 0.436\ 7\ \text{L/s}$$

第 9 节　有压管路中的水锤

前面讨论的管路流动都是不可压缩的定常流，本节要研究可压缩流体在管路中非定常流动的一个特例，即管中水锤现象。

水锤现象也称水击现象，是指在有压管道中，液体流速发生急剧变化所引起的压强大幅度波动的现象，这种现象在管路阀门突然关闭时常常发生。当突然关闭管路的阀门时，管路中的流速就会急剧变化，由于流体的惯性作用，必然引起管中液体压强的上升或下降，伴随而来的有液体的锤击声音，所以称为水锤现象。

水锤现象引起的压强升高，有时是非常大的，可能会引起管道的爆裂；水锤也会引起管内压强的降低，使管内形成真空，并有可能使管道发生变形而损坏，因此对水锤现象必须加以研究。

1. 水锤现象的发展过程

本节主要研究等径简单管路中由于阀门突然关闭所引起的水锤问题。首先要考虑到液体是可压缩、管壁是可变形的，这是两个必要的前提条件。

图 4-34 所示为一固定水头的水箱，侧面接一等径 d 的简单管路，管长为 L，在管路出口处安装一阀门，水由水箱通过管道流入大气。

当阀门突然关闭后，管道内发生水锤现象，可以按以下四个过程来研究水锤现象。

（1）减速、升压过程

减速、升压过程如图 4-35 所示，水流以 V_0 的速度流向阀门，阀门处压强升为 $p_0 + \Delta p$，阀门处产生的压力波以 C 的速度由阀门向入口传播，压力波所过之处，压强由 p_0 升为 $p_0 + \Delta p$，流动停止。

当阀门突然关闭时，紧邻阀门的第一层液体首先停止流动，它的动能立即转变为势能，结果阀门附近的压强立即升高，液体受到压缩，同时管壁亦发生膨胀。

在靠近阀门的一层液体停止后，以后各层液体也相继停止下来。这样一层复一层地液体被停止的结果，使每一层液流的动能变为势能；各层液体，在压强急剧升高的作用下，受到

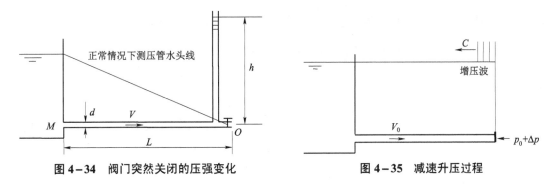

图 4-34 阀门突然关闭的压强变化　　　图 4-35 减速升压过程

了压缩，整个管径也受到膨胀作用，这种增高的压强称为水锤压强。这样就使得在整个管路中形成了一个高压区和低压区，其分界面的压强波从阀门处开始以速度 C 向上游水箱方向传播，速度 C 就是水锤波的传播速度。

在阀门关闭后 $t_1 = \dfrac{L}{C}$ 时刻，水锤波到达管道入口处，此时管长 L 中全部液体都依次停止了流动，而且液体处于压缩状态下的瞬时静止中。

（2）压强恢复过程

压强恢复过程如图 4-36 所示，水流以 V_0 的速度流向水箱，减压波以 C 的速度由管道入口向阀门传播，减压波所过之处，压强由 $p_0 + \Delta p$ 降为 p_0。

管道内流体处于高压这种状态是不稳定的，因为管内压强高于水箱内压强，管中紧邻入口处的液层将会以速度 V_0 流向水箱。与此同时与管道入口处紧邻的第一液体层解除了受压状态，水锤压强 Δp 消失，恢复到正常情况下的压强，管壁也恢复了原状。之后，正常压强按水锤压强波的传播速度 C 沿管路向阀门 O 处传递。

当阀门关闭后 $t_2 = \dfrac{2L}{C}$ 时刻，全管长 L 内液体压强恢复到正常压强 p_0，而且都具有向水箱方向的流动速度 V_0。

（3）压强降低过程

压强降低过程如图 4-37 所示，水流以 V_0 的速度继续流向水箱，减压波以 C 的速度由阀门向管道入口处传播，减压波所过之处，压强由 p_0 降为 $p_0 - \Delta p$，并使阀门处的压强降为 $p_0 - \Delta p$。

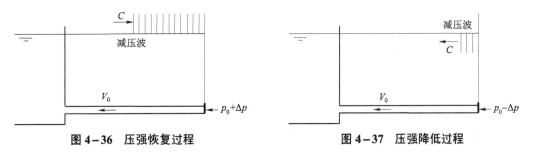

图 4-36 压强恢复过程　　　　　图 4-37 压强降低过程

当阀门处的压强恢复到常压 p_0 后，由于液体的惯性作用，管中的液体仍以速度 V_0 向水箱方向流动，致使阀门处的压强急剧降低至常压之下 $p_0 - \Delta p$，并使贴近阀门的液体层速度为零。这一低压波也按水锤波的传播速度 C 沿管路向管道入口处传递。

当阀门关闭后 $t_3 = \dfrac{3L}{C}$ 时刻，低压波传递到入口处，全管长 L 内的液体都处于低压 $p_0 - \Delta p$ 状态的瞬时静止状态。

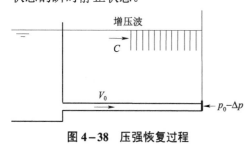

图 4-38　压强恢复过程

（4）压强恢复过程

压强恢复过程如图 4-38 所示，水流以 V_0 的速度自入口流向阀门，增压波以 C 的速度由入口向阀门传播，增压波所过之处，压强由 $p_0 - \Delta p$ 升为 p_0。

由于进口处水箱压强为 p_0，管道内流体处于低压 $p_0 - \Delta p$ 状态，入口处的压强高于管中压强，这种状态是不能平衡的。在这样的压强差的作用下，液体必然由水箱流向管道，使紧邻进口处的液层首先恢复到正常的速度 V_0 和压强 p_0，这样按层次地以水锤压强波的传播速度 C 由水箱向阀门方向传播。

当阀门关闭后 $t_4 = \dfrac{4L}{C}$ 时刻，阀门处的压强也恢复到正常压强 p_0，管路内液体以速度 V_0 由水箱流向阀门，完全恢复到水锤未发生时的起始正常状态。

此后，因为阀门仍在关闭状态，所以将重复上述压缩、常态、膨胀及常态这四个过程，如此周而复始地传播下去，直到水流的阻力损失、管壁和水因变形做功而耗尽了引起水锤的能量时，水锤现象才会终止。液流的流动方向及阀门压强的变化次序如图 4-39 所示。

注意：引起管路中流速突然变化的因素，如阀门突然关闭等，这只是水锤现象产生的外在因素，而液体本身的可压缩性和惯性是发生水锤现象的内在因素。

由于水锤现象而增大的压强以 Δp 表示，以 p_0 表示水锤发生前紧邻阀门前的压强，理想情况下（不计摩擦损失）水锤压强的变化规律如图 4-40 所示。

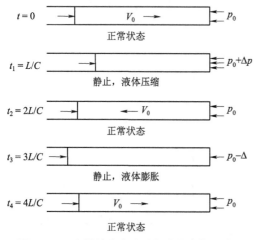

图 4-39　水锤管路中流动各阶段变化次序图

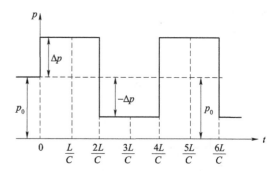

图 4-40　理想情况下水锤压强变化图

由图 4-40 看出，该处的压强每经过 $\dfrac{2L}{C}$ 时间段，互相变换一次，称 $\dfrac{2L}{C}$ 为摆动相长或简称相，并以 t_0 表示，即

$$t_0 = \frac{2L}{C} \tag{4-69}$$

两个相的时间正好是一个周期 T，即

$$T = 2t_0 = \frac{4L}{C} \tag{4-70}$$

虽然管路阀门突然关闭，但实际上关闭所用的时间不会是零，而是一个有限的时间间隔 T_0。这样关闭时间 T_0 与水锤波在全管长 L 来回传递一次所需时间 $t_0 = \frac{2L}{C}$ 对比，存在下面两种关系：

（1）$T_0 < \frac{2L}{C}$，即阀门关闭时间很短，在从水箱反回来的水锤波未到达阀门处时，阀门已经关闭完成了。这种情况下的水锤称为直接水锤。

（2）$T_0 > \frac{2L}{C}$，即阀门关闭时间较长，从水箱反回来的水锤波到达阀门处时，阀门还未完成关闭。这种情况下的水锤称为间接水锤。

2. 水锤压强计算公式

当管路阀门突然关闭时，在一无限小的 Δt 时间内，紧邻阀门的一层流体首先停止流动，如图 4-41 所示。这一液体层厚度为 ΔS，其体积为 $A\Delta S$，质量为 $\rho A\Delta S$。这层流体在 Δt 时间内受左面液体作用而压缩，减少厚度，因而空出一部分空间，同时，另外一层流动的流体以速度 V_0 流入这一空间。

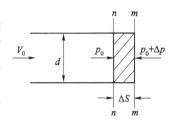

以 p_0 表示阀门尚未关闭时阀门前的压强，即正常压强，而 $p_0 + \Delta p$ 为阀门关闭后的压强，H.E.茹科夫斯基根据动量定理导出 水锤压强计算公式。

图 4-41 水锤压强公式用图

实际上，若 $m-m$ 上的压强为 $p_0 + \Delta p$，而 $n-n$ 上的压强为 p_0，则在 Δt 时间段内沿管轴方向作用的外力的冲量等于 $-\Delta p A \Delta t$，同时停下来的那层流体的动量变化等于 $-\rho A\Delta S V_0$，根据动量定理可得

$$-\Delta p A \Delta t = -\rho A \Delta S V_0$$

$$\Delta p = \rho \frac{\Delta S}{\Delta t} V_0$$

以 $C = \frac{\Delta S}{\Delta t}$ 代表水锤压强波的传播速度，则水锤的压强为

$$\Delta p = \rho \frac{\Delta S}{\Delta t} V_0 = \rho C V_0 \tag{4-71}$$

或

$$\frac{\Delta p}{\rho g} = \frac{C V_0}{g} \tag{4-72}$$

式（4-71）和式（4-72）为水锤压强 Δp 的计算公式。

在一个无穷小的时间段内，紧邻第一层的第二层液体又停止下来，其厚度亦为 ΔS，也受

上一层液体压缩。以此类推，这样在阀门处增加的压强沿管逆流向逐渐传播开来。

式（4-71）适用于直接水锤，对于间接水锤的压强，可近似地由下式计算：

$$\Delta p = \rho C V_0 \frac{t_0}{T_0} = \rho V_0 \frac{2L}{T_0} \qquad (4-73)$$

比较式（4-73）和式（4-71）可看出，间接水锤压强较直接水锤压强小，而且关闭时间 T_0 越长，则水锤压强 Δp 越小。

3. 水锤压强传播速度

当阀门突然关闭时，首先紧邻阀门的 $m-n$ 段液体受到压缩，同时这段管壁发生膨胀。若不考虑液体的压缩性和管壁的弹性，当阀门突然关闭时，管中全部液体的流动便立刻停止，其动能变为零，从而立即引起沿整个管长压强的升高。这时水锤压强波的传播速度 C 为无穷大。但是实际上由于液体的压缩性和管壁的弹性，水锤现象并非如此，C 的值也并非无穷大。

在 Δt 时间段内，水锤压强波传播距离为 ΔS，则 $\Delta S = C\Delta t$。同时考虑到管子具有弹性，在 ΔS 范围内，管子断面 A 变成 $A+\mathrm{d}A$，液体的密度 ρ 由于受到压缩增加为 $\rho+\mathrm{d}\rho$，在这种变形下，ΔS 段内的液体质量增量为

$$(\rho + \mathrm{d}\rho)(A + \mathrm{d}A)C\Delta t - \rho A C \Delta t$$

略去高阶小量，则有

$$(\rho \mathrm{d}A + A\mathrm{d}\rho)C\Delta t$$

根据连续性原理，ΔS 段内流体质量的增量是由于 Δt 时间内流体以速度 V_0 经过管内未发生形变部分流入的结果，这时流入的质量为 $\rho V_0 A\Delta t$，根据质量守恒原理，应有

$$(\rho \mathrm{d}A + A\mathrm{d}\rho)C\Delta t = \rho V_0 A\Delta t$$

$$V_0 = C\left(\frac{\mathrm{d}\rho}{\rho} + \frac{\mathrm{d}A}{A}\right) = C\left(\frac{\mathrm{d}\rho}{\rho} + 2\frac{\mathrm{d}D}{D}\right) \qquad (4-74)$$

式中，$A = \dfrac{\pi D^2}{4}$，则有 $\dfrac{\mathrm{d}A}{A} = 2\dfrac{\mathrm{d}D}{D}$。下面对式（4-74）进行整理。

（1）根据液体弹性模量 E_q 的定义，E_q 是体积压缩系数的倒数，即

$$E_q = \frac{1}{\beta} = \frac{-\mathrm{d}p}{\dfrac{\mathrm{d}V}{V}} = \rho\frac{\mathrm{d}p}{\mathrm{d}\rho} \qquad (4-75)$$

（2）根据材料力学胡克定律，管壁材料的弹性模量和它的形变之间的关系为

$$\frac{\mathrm{d}D}{D} = \frac{\mathrm{d}\sigma}{E} \qquad (4-76)$$

式中，D 为管道直径；$\mathrm{d}D$ 为管道因膨胀而产生的直径增量；$\mathrm{d}\sigma$ 为管壁上张应力的增量；E 为管壁的弹性模量。

（3）由材料力学，管壁张应力公式为 $\sigma = \dfrac{pD}{2e}$，微分得到

$$\mathrm{d}\sigma = \frac{D}{2e}\mathrm{d}p \qquad (4-77)$$

式中，e 为管壁厚度

将式（4-77）代入式（4-76），得

$$\frac{\mathrm{d}D}{D} = \frac{\dfrac{D}{2e}\mathrm{d}p}{E} = \frac{D\mathrm{d}p}{2eE} \tag{4-78}$$

将式（4-75）及式（4-78）代入式（4-74），得到

$$V_0 = C\left(\frac{\mathrm{d}\rho}{\rho} + 2\frac{\mathrm{d}D}{D}\right) = C\left(\frac{\mathrm{d}p}{E_q} + \frac{D\mathrm{d}p}{eE}\right) \tag{4-79}$$

$$\mathrm{d}p = \frac{V_0 E_q}{C\left(1 + \dfrac{DE_q}{eE}\right)} \tag{4-80}$$

将式（4-71）写成 $\mathrm{d}p = \rho C V_0$，代入式（4-80），得到

$$\rho C V_0 = \frac{V_0 E_q}{C\left(1 + \dfrac{DE_q}{eE}\right)}$$

即

$$C = \frac{\sqrt{\dfrac{E_q}{\rho}}}{\sqrt{1 + \dfrac{DE_q}{eE}}} \tag{4-81}$$

这就是著名的茹科夫斯基水锤压强波传播速度公式。式中 $\sqrt{E_q/\rho} = C_0$ 是声波在密度为 ρ、弹性模量为 E_q 的液体介质中的传播速度。

对于水

$$C_0 = \sqrt{\frac{E_q}{\rho}} = \sqrt{\frac{20.58 \times 10^8}{1\,000}} = 1\,434 \ (\mathrm{m/s})$$

一般设 $C_0 = 1\,425$ m/s，由式（4-81），则有

$$C = \frac{1\,425}{\sqrt{1 + \dfrac{DE_q}{eE}}} \tag{4-82}$$

由式（4-82）可见，水锤压强波的传播速度与管材的弹性、液体的物理性质及管的尺寸（D 和 e）有关。当管壁看作绝对无弹性，即 $E = \infty$ 时，得 $C = C_0 = 1\,434$ m/s。由此看出，管壁的弹性模量 E 越大，水锤压强波传播速度也越大。各种管壁材料的弹性模量见表 4-4。

表 4-4　各种管壁材料的弹性模量

管壁材料	$E/(\mathrm{kg \cdot cm^{-2}})$	E_q/E
钢和铁	2×10^8	0.01
生　铁	1×10^8	0.02
混凝土	2×10^7	0.10
木　材	1×10^7	0.20

例 4–11 一铸铁管直径 $D=200$ mm，管壁厚 $e=10$ mm，管中水的平均流速 $V_0=1$ m/s。求管道阀门突然关闭时水锤的传播速度及所产生的最大水锤压强。

解：

由表 4–4 查得 $E_q/E=0.02$，根据式（4–80），得水锤波的传播速度为

$$C=\frac{1\,425}{\sqrt{1+\dfrac{DE_q}{eE}}}=\frac{1\,425}{\sqrt{1+0.02\times\dfrac{200}{10}}}=1\,204\ (\text{m/s})$$

最大水锤压强为

$$\Delta p=\rho CV_0=1\,000\times1\,204\times1=12.04\times10^5\ (\text{Pa})$$

这相当于 123 m 水柱高的压强，可见水锤压强是相当大的，所以才有可能引起管子爆裂。

4. 水锤的减弱

水锤现象的发生对管路是十分有害的，因此必须设法减弱它的作用。减弱水锤压强的几种常用方法如下：

（1）缓慢关闭阀门，即令 $T_0>t_0$，由式（4–73），T_0 越大，则 Δp 越小。

（2）缩短管路长度 L，即令 $t_0=\dfrac{2L}{C}$ 减小，由式（4–73），t_0 越大，则 Δp 越小。

这也说明，当管路较短时不宜发生水锤现象。

（3）在管路上装置安全阀或调压塔，一般装在紧靠阀门的前部。

最后指出，虽然水锤现象是有害的，但也有可利用的地方。比如水锤泵就是利用水锤的作用，将液体输送到高处去的水力机械。

习　题

4–1　若临界雷诺数为 2 000，计算水流保持为层流的最大流速。

（1）管径为 2 m；　　　　（2）管径为 2 cm；　　　　　　　（3）管径为 2 mm。

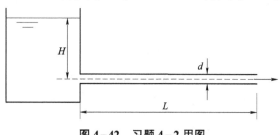

图 4–42　习题 4–2 用图

4–2　大水箱中的水通过一个水面下 $H=2$ m、直径 $d=5$ mm、长 $L=40$ m 的管道流入大气，如图 4–42 所示。试求管中的流量 Q。（设为层流流动）

4–3　20 ℃的空气在直径为 2 cm 的水平管道中做层流流动。设气体密度为 $\rho=1.2$ kg/m³，试求在 10 m 长管路上的最大压降。

4–4　用一根直管和一个折管测量管中液体的流速，如图 4–43 所示。设流动为层流，测得两测压管的液面差 H，若可用流量公式 $Q=\pi R^2\sqrt{2gH}$ 计算流量，则 r 应为多少？

4–5　两个大水箱中的水位差为 $H=30$ m，下部用一根长为 $L=200$ m 的新铸铁管道相连，如图 4–44 所示。若管道直径 d 分别是

（1）4 cm；　　　　　　（2）8 cm；　　　　　　　　（3）12 cm。

不计局部损失，试求管道中的流量 Q。

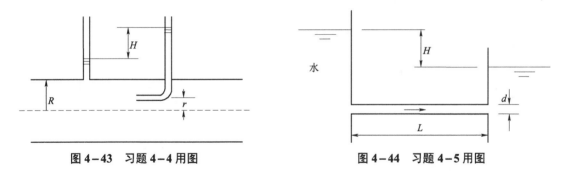

图 4-43　习题 4-4 用图　　　　　　图 4-44　习题 4-5 用图

4-6　结构如图 4-45 所示。测得管中的流量为 $Q = 0.004\ \mathrm{m^3/s}$，已知 $H = 2\ \mathrm{m}$，$d = 4\ \mathrm{cm}$，$L = 2\ \mathrm{m}$，不计壁面摩擦损失，试求阀门的局部损失。

4-7　测试阀门局部损失的管路结构如图 4-46 所示。测得管中水的流量为 $Q = 6\ \mathrm{L/s}$，若（1）$H = 4\ \mathrm{cm}$，（2）$H = 8\ \mathrm{cm}$，试分别求阀门的局部损失。

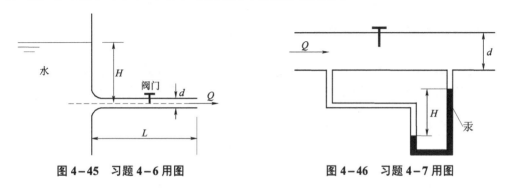

图 4-45　习题 4-6 用图　　　　　　图 4-46　习题 4-7 用图

4-8　内径 $d = 5\ \mathrm{cm}$ 的圆环放在直径 $D = 10\ \mathrm{cm}$ 的管道中，如图 4-47 所示。若水银压差计中水银液面差为 $h = 20\ \mathrm{cm}$，计算管中水流的流量。（假设突然缩小的局部损失系数 $\xi_1 = 0.478$，不计沿程阻力损失）

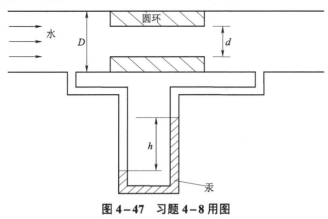

图 4-47　习题 4-8 用图

4-9　水自直径 $d = 20\ \mathrm{mm}$ 的管道流入直径 $D = 40\ \mathrm{mm}$ 的管道，如图 4-48 所示。在突扩处下游 $H = 200\ \mathrm{mm}$ 处，测得流速 $V = 2.0\ \mathrm{m/s}$，试计算水银压差计的读数与方向。

4-10　试求水银压差计的读数与方向。已知：$L = 3\ \mathrm{m}$，$d = 75\ \mathrm{mm}$；水的流速为 $V = 4.5\ \mathrm{m/s}$；$H = 2.4\ \mathrm{m}$，$h = 0.9\ \mathrm{m}$（设管道为水力光滑管，见图 4-49）。

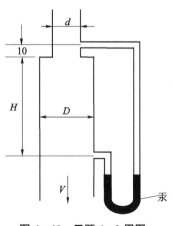

图 4-48　习题 4-9 用图

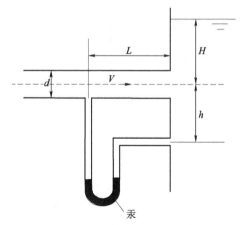

图 4-49　习题 4-10 用图

4-11　水箱侧壁开有高低两个小孔，如图 4-50 所示。设水箱内水位高 $h=5$ m。欲使二孔的射流交点位于和水箱底同一水平面且相距水箱侧壁 $a=3$ m 处，求二孔位置 h_1，h_2 应为多高？

4-12　如图 4-51 所示水箱中用一带薄壁孔口的板隔开，已知孔口及两出流管嘴直径相等，均为 $d=100$ mm，流入左侧水箱的流量 $Q=80$ L/s，试求两管嘴流出的流量 Q_1 和 Q_2。

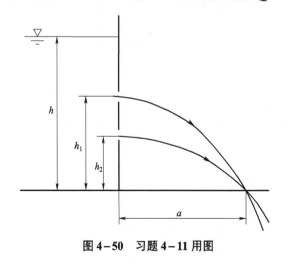

图 4-50　习题 4-11 用图

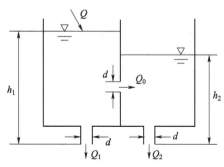

图 4-51　习题 4-12 用图

4-13　如图 4-52 所示，设输水管路的总作用水头为 $H=12$ m，管路上各管段的直径和管长分别为：$d_1=200$ mm，$L_1=900$ m，$d_2=175$ mm，$L_2=650$ m，$d_3=150$ mm，$L_3=750$ m。设各管段的沿程阻力损失系数均为 0.03，忽略局部损失，试求各管段中的损失水头。

4-14　如图 4-53 所示，两水池的水面差 $H=24$ m，各管路尺寸分别为：$d_1=d_2=d_4=100$ mm，$d_3=200$ mm，$L_1=L_2=L_3=L_4=100$ m，管路的摩阻系数 $\lambda_1=\lambda_2=\lambda_4=0.025$，$\lambda_3=0.02$；闸阀的阻力系数 $\xi=3$。试求管路系统中的流量。又当闸门关闭时，各段的流量将如何变化。

4-15　已知钢管的直径 $d=600$ mm，管壁厚 $e=10$ mm，管中水流平均速度 $u=2.5$ m/s，当瞬间关闭管路时，试求水锤压强波传播速度及压强增高值。

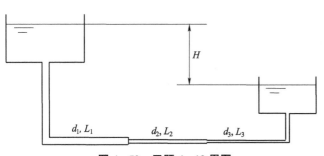

图 4-52　习题 4-13 用图

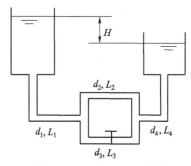

图 4-53　习题 4-14 用图

补 充 习 题

B4-1　如图 4-54 所示，水在垂直管内由上向下流动，相距 L 的两断面间，测压管水头差为 h，则两断面间沿程水头损失 h_f 是（　　）。

（A）$h_f = h$　　　　（B）$h_f = h + L$　　　　（C）$h_f = h - L$

B4-2　如图 4-55 所示，圆管层流流动过流断面上的切应力分布为（　　）。

（A）在过流断面上是常数

（B）管轴处是零，且与半径成正比

（C）管壁处是零，向管轴线性增大

（D）按抛物线分布

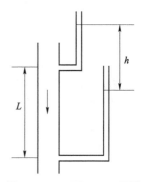

图 4-54　习题 B4-1 用图

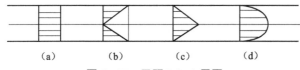

图 4-55　习题 B4-2 用图

B4-3　在圆管流动中，紊流的断面流速分布符合（　　）。

（A）均匀规律　　　　　　　　　　（B）直线变化规律

（C）抛物线规律　　　　　　　　　（D）对数曲线规律

B4-4　在圆管流动中，层流的断面流速分布符合（　　）。

（A）均匀规律　　　　　　　　　　（B）直线变化规律

（C）抛物线规律　　　　　　　　　（D）对数曲线规律

B4-5　半圆形明渠如图 4-56 所示，半径 $r_0 = 4$ m，水力半径为（　　）。

（A）4 m　　　　（B）3 m

（C）2 m　　　　（D）1 m

B4-6　变直径管流，细断面直径 d_1，粗断面直径 $d_2 = 2d_1$，粗细断面雷诺数的关系为（　　）。

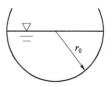

图 4-56　习题 B4-5 用图

（A）$Re_1 = 0.5Re_2$ （B）$Re_1 = Re_2$

（C）$Re_1 = 1.5Re_2$ （D）$Re_1 = 2Re_2$

B4-7 圆管层流，实测管轴线上的流速为 4 m/s，则断面平均流速为（   ）。

（A）4 m/s   （B）3.2 m/s   （C）2 m/s

B4-8 黏性流体总水头线沿程的变化是（   ）。

（A）沿程下降   （B）沿程上升

（C）保持水平   （D）前三种情况都有可能

B4-9 直径 $D=15$ mm 的圆管，流体以 $V=15$ m/s 的速度在管中流动，试确定流态。若保证为层流，最大允许速度为多少？

（1）润滑油（$\nu = 1.0 \times 10^{-4}$ m²/s）。

（2）汽油（$\nu = 0.884 \times 10^{-6}$ m²/s）。

（3）水（$\nu = 1 \times 10^{-6}$ m²/s）。

（4）空气（$\nu = 1.5 \times 10^{-5}$ m²/s）。

B4-10 $\mu = 4.03 \times 10^{-3}$ Pa·s，$\rho = 740$ kg/m³ 的油液通过直径 $d=2.54$ cm 的圆管，平均流速 $V=0.3$ m/s。试计算 $L=30$ m 长管子上的压强降，并计算管内距内壁 $y=0.6$ cm 处的流速。

B4-11 图 4-57 所示为一容器，其出水管直径 $d=10$ cm，当龙头关闭时压强计读数为 $p_0 = 49\,000$ Pa，龙头开启后压强计读数降为 19 600 Pa。如果总的能量损失为 4 900 Pa，试求通过管路的水流流量 Q。

B4-12 烟囱直径 $d=1$ m，如图 4-58 所示，通过排气量 $Q=1\,000$ kg/h，烟气密度 $\rho = 0.7$ kg/m³，环境大气密度 $\rho_0 = 1.2$ kg/m³，烟囱内阻力损失系数 $\lambda = 0.035$。为保证烟囱底部断面 1 的负压不小于 10 mm 水柱，烟囱高度 H 应为多少？

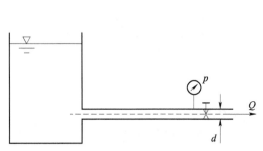

图 4-57 习题 B4-11 用图

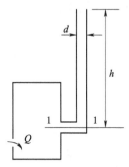

图 4-58 习题 B4-12 用图

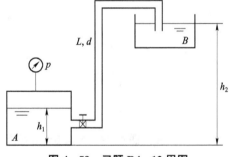

图 4-59 习题 B4-13 用图

B4-13 如图 4-59 所示，水沿 $d=25$ mm、长 $L=10$ m 的管子，从水箱 A 流到储水池 B。若水箱 A 中表压强 $p=1.96 \times 10^5$ Pa，$h_1=1$ m，$h_2=5$ m，管子的入口损失系数 $\xi_1=0.5$，阀门的损失系数 $\xi_2=4$，弯头的损失系数 $\xi_3=0.2$，沿程损失系数 $\lambda=0.03$，试求水的流量。

B4-14 如图 4-60 所示，石油（$\rho = 900$ kg/m³，$\nu = 1.3$ cm²/s）沿长 $L=3\,600$ m、直径 $D=100$ mm 的

输油管由 A 到 B（通向大气）。已知 $L_{AC}=L_{CB}=L/2=1\,800$ m，$h_1=90$ m，$h_2=22$ m，流量 $Q=56.25$ m³/h，不计弯管的损失，试确定：

（1）A 点的压强；

（2）C 点的压强。

B4-15　水由具有固定水位的储水池中沿直径 $d=100$ mm 的输水管流入大气，如图 4-61 所示。管路是由同样长度 $L=50$ m 的水平管段 AB 和倾斜管段 BC 组成的，$h_1=2$ m，$h_2=25$ m，试问为了使输水管 B 处的真空度不超过 7 m 水柱，阀门的最大损失系数 ζ 为多少？此时流量 Q 为多少？取沿程阻力系数 $\lambda=0.035$，不计弯曲处的损失。

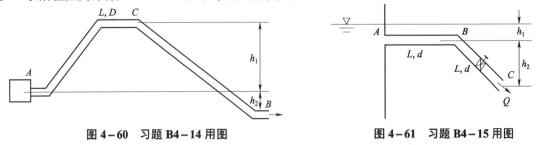

图 4-60　习题 B4-14 用图　　　　　图 4-61　习题 B4-15 用图

B4-16　虹吸管结构如图 4-62 所示，要求保证自流式虹吸管中液体流量 $Q=10^{-2}$ m³/s，只计沿程损失，已知 $h_1=2$ m，$L=44$ m，$v=10^{-4}$ m²/s，$\rho=900$ kg/m³，试求：

（1）为保证层流，d 应为多少？

（2）若在距进口 L/2 处的 A 断面上的极限真空为 $p_v=5.4$ m 水柱，输油管在储油池液面以上的最大允许高度 h_{max} 为多少？

B4-17　齿轮泵从油箱吸油，结构如图 4-63 所示。已知流量 $Q=1.2$ L/s，油的运动黏度 $v=4\times10^{-5}$ m²/s，油液密度为 $\rho=900$ kg/m³，吸油管长 $l=10$ m，管径 $d=40$ mm。

（1）若油泵进口最大允许真空度 $p_v=25$ kPa，求油泵允许的安装高度 h。（不计局部损失）

（2）若将油泵的供油能力增加一倍，极限吸出高度将如何变化？

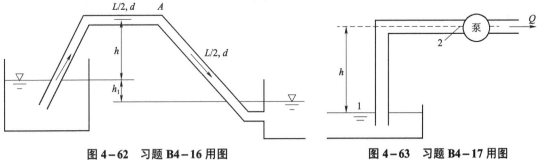

图 4-62　习题 B4-16 用图　　　　　图 4-63　习题 B4-17 用图

B4-18　水从水箱沿着高 $L=2$ m、直径 $d=40$ mm 的铅垂管路流入大气，如图 4-64 所示。不计管路的进口损失，取 $\lambda=0.04$，试求：

（1）管路起始段面 A 的压强与箱内的水位 H 之间的关系式，并求当 H 为多少时，此断面绝对压强等于 1 个大气压。

（2）流量和管长 L 的关系，并指出在怎样的水位 H 下流量不随 L 而变化。

B4-19　用突然扩大管道使平均流速从 V_1 减到 V_2。

（1）如图 4-65（a）所示，如果 d_1 及 V_1 一定，试求使测压管液柱差 h 成为最大值时的 V_2 及 d_2，并求 h_{max}。

（2）如图 4-65（b）所示，如果用两个突然扩大，使 V_1 先减到 V 再减到 V_2，试求使 1-1、2-2 断面间的局部水头损失 h_ξ 成为最小值时的 V 及 d，并求 $h_{\xi min}$。

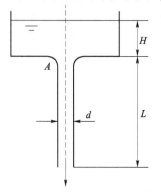

图 4-64　习题 B4-18 用图

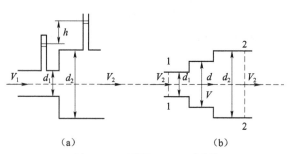

（a）　　　　　　　　　（b）

图 4-65　习题 B4-19 用图

B4-20　如果管道长度不变，通过的流量不变，欲使沿程损失减少一半，直径需增大百分之几？

（1）管内为层流流动　$\lambda = \dfrac{64}{Re}$。

（2）管内流动为光滑管区　$\lambda = \dfrac{0.316\,4}{Re^{0.25}}$。

（3）设 K 为管壁的粗糙度，管内流动为粗糙管区　$\lambda = 0.11 \left(\dfrac{K}{d} \right)^{0.25}$。

B4-21　如图 4-66 所示孔板流量计是将一直径 $d=100$ mm 的孔口置于直径为 D 的管道中组成的。设 $D \gg d$，孔口流量系数 $C_q = 0.65$，两侧压差由水银压差计测出。设管中油的密度为 $\rho = 900$ kg/m³，且测压管中水银上部充满油，则当 $h=760$ mm 时，流量 Q 为多少？

B4-22　为测定 90° 弯头的局部阻力系数 ξ，可采用如图 4-67 所示的装置。已知 AB 段管长 $L=10$ m，管径 $d=50$ mm，$\lambda = 0.03$。实测：

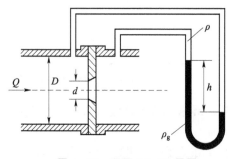

图 4-66　习题 B4-22 用图

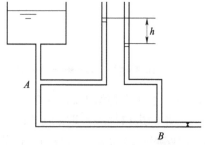

图 4-67　习题 B4-22 用图

（1）AB 两断面测压管水头差 $h=0.629$ m；

（2）经 2 min 流出的体积为 0.329 m³。

求弯头的局部损失系数 ξ。

思　考　题

（1）流体流动产生能量损失的根本原因是什么？

（2）理想流体流动过程中是否会产生能量损失？

（3）流体流动具有哪些能量？

（4）什么样的流动情况会使压能产生损失而不损失动能？

（5）有没有一种流动只损失动能而不损失压能？

（6）什么情况下壁面粗糙度的改变对能量损失没有影响？

（7）什么情况下壁面粗糙度对管道流量没有影响？

（8）什么情况下管道中流速对损失系数没有影响？

（9）如果管道直径、长度、两端压差相同，那么黏性流体做缓慢流动时，采用铸铁管和光滑玻璃管，其流量是否也相同？

（10）管中流动的能量损失与流动速度有什么关系？

（11）紊流中存在脉动现象，具有非定常流性质，但又是定常流，其中有无矛盾？

（12）流体管中流动中的阻力损失分哪几个区？分别都有什么特点？

（13）管中流动问题大致有以下三种情况：

① 已知管道长 L、管径 d、壁面粗糙度 Δ、进出口压差 Δp，求流量 Q。

② 已知管道长 L、管径 d、壁面粗糙度 Δ、流量 Q，求进出口压差 Δp。

③ 已知管道长 L、壁面粗糙度 Δ、进出口压差 Δp、流量 Q，求管径 d。

试对以上不同类型问题的计算方法进行归纳总结。

（14）有一圆管如图 4-68 所示，长为 L，水头为 H，沿程损失系数为 λ，流动处于阻力平方区（不计局部损失）。现拟将管道延长（管径不变）ΔL，试问水平伸长 ΔL 和转弯伸长 ΔL，哪一种布置流量较大？如果考虑弯头的局部损失呢？用哪些方法来测流量呢？

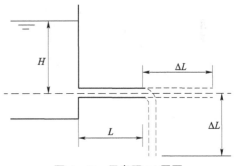

图 4-68　思考题 14 用图

（15）管中流动的阻力损失情况很复杂，相应的经验公式也很多，试根据不同情况编制计算程序，使之可适用于各种情况的管中流动计算。

（16）试说明水锤泵的工作原理。

第5章
相似理论与量纲分析

本章的教学重点为相似理论和量纲分析。相似理论主要是针对在模型试验设计中，模型与原型在几何、运动和动力的相似所应满足的设计准则，重点在于流体动力学准则。量纲分析则是根据物理量的和谐性，对复杂流动找寻最基本的定性关系。无论是相似理论还是量纲分析，都对模型试验与试验数据整理具有指导意义。

在相似理论方面，要对流体动力相似准则，即雷诺准则、富鲁德准则和欧拉准则等的物理意义以及应用有深入了解。在量纲分析方面，要理解量纲的和谐性原理，学会应用这一原理解决简单的问题。

第1节 几何、运动和动力相似

在进行模型试验时，模型与原型之间所必须遵循的原则有哪些呢？首先应该是几何上的相似，包括长度、面积和体积之间成一定的比例关系。还有就是关于速度、加速度等运动学量之间成比例，这属于运动学相似。试验必然涉及运动的原因——力，原型与模型之间力的相似就是动力学相似。按照牛顿第二定律，动力学中包含了运动学问题，故几何相似是基础，动力学相似是关键。

1. 几何相似

几何相似是指模型和原型之间所有对应线段的长度成固定的比例，我们称这个长度比例为长度比例尺 δ_l，定义为原型的长度 l_0 与模型的长度 l_m 之比，即

$$\delta_l = \frac{l_0}{l_m} \qquad (5-1)$$

相应的面积和体积之间的比例常数分别称为面积比例尺 δ_A 和体积比例尺 δ_V，分别有

$$\delta_A = \frac{A_0}{A_m} = \frac{l_0^2}{l_m^2} = \delta_l^2$$

$$\delta_V = \frac{V_0}{V_m} = \frac{l_0^3}{l_m^3} = \delta_l^3 \qquad (5-2)$$

式中，A_0、A_m 分别为原型和模型的面积；V_0、V_m 分别为原型和模型的体积。只有满足式（5-1）和式（5-2），原型与模型才是几何相似的。

2. 运动相似

运动相似是指原型与模型之间，在对应时刻和对应点上流速（加速度）的方向一致，大

小成固定比例，这就包括了时间、速度和加速度之间的相似。当然，几何相似是运动相似的前提条件。

首先定义时间比例尺 δ_t 为原型的时间 t_0 与模型的时间 t_m 之比，即

$$\delta_t = \frac{t_0}{t_m} \tag{5-3}$$

对应点的速度和加速度比例——速度比例尺 δ_u 和加速度比例尺 δ_a 分别为

$$\delta_u = \frac{u_0}{u_m} = \frac{l_0/t_0}{l_m/t_m} = \frac{\delta_l}{\delta_t}$$

$$\delta_a = \frac{a_0}{a_m} = \frac{u_0/t_0}{u_m/t_m} = \frac{\delta_l}{\delta_t^2} \tag{5-4}$$

式中，u_0、u_m 分别为原型和模型流体质点的流速；a_0、a_m 分别为原型和模型流体质点的加速度。

类似的还可以定义体积流量比例尺 δ_Q 为

$$\delta_Q = \frac{Q_0}{Q_m} = \frac{l_0^3/t_0}{l_m^3/t_m} = \frac{\delta_l^3}{\delta_t} \tag{5-5}$$

等。

3. 动力相似

在几何相似的前提下，为了保证运动的相似，必须在对应时刻的相应点上保证原型与模型所受到的作用力方向一致且大小成比例。这里的作用力包括重力、表面力、黏性力和惯性力等，这就是原型与模型之间的动力相似。

按照牛顿第二定律，原型与模型之间力的比值 δ_N 可表示为

$$\delta_N = \frac{F_0}{F_m} = \frac{M_0 a_0}{M_m a_m} = \frac{\rho_0 V_0 a_0}{\rho_m V_m a_m} = \frac{\rho_0 l_0^3 l_0/t_0^2}{\rho_m l_m^3 l_m/t_m^2} = \delta_\rho \delta_l^2 \delta_u^2 \tag{5-6}$$

式中，F、M、V 和 ρ 分别代表力、质量、体积和密度；δ_ρ 称为流体的密度比例尺。

上述三种相似是相互关联的，几何相似是流体动力学相似的前提；动力相似是主导因素；运动相似则是几何相似和动力相似的表象。在几何相似的条件下，满足运动相似和动力相似，则此流动必定相似。

第 2 节 动力相似准则

两种物理现象保证彼此相似的条件或准则，称为相似准则。对于式（5-6），也可写成

$$\frac{F_0}{F_m} = \frac{\rho_0}{\rho_m} \frac{l_0^2}{l_m^2} \frac{u_0^2}{u_m^2}$$

即有

$$\frac{F_0}{\rho_0 l_0^2 u_0^2} = \frac{F_m}{\rho_m l_m^2 u_m^2} \tag{5-7}$$

定义牛顿数 Ne 为

$$Ne = \frac{F}{\rho l^2 u^2} \tag{5-8}$$

Ne 数是作用力与惯性力的比值，若模型与原型满足动力相似，则由式（5-7），牛顿数必定相等，即 $Ne_0 = Ne_m$；反之亦然，这就是牛顿相似准则。

1. 重力相似准则（富鲁德准则）

在式（5-8）中，取 F 为重力，$F = Mg$，要求原型与模型之间满足重力相似，则有

$$Ne = \frac{F}{\rho l^2 u^2} = \frac{\rho V g}{\rho l^2 u^2} = \frac{\rho l^3 g}{\rho l^2 u^2} = \frac{gl}{u^2}$$

式中，g 为重力加速度；u 为流速；l 为特征长度。定义富鲁德（Froude）数 Fr 为

$$Fr = \frac{u^2}{gl} \tag{5-9}$$

若原型与模型满足重力相似，则必须满足 $Fr_0 = Fr_m$，即

$$\frac{u_0^2}{g_0 l_0} = \frac{u_m^2}{g_m l_m}$$

这就是重力相似准则，又称富鲁德准则。

富鲁德数的物理意义为惯性力与重力的比值。

2. 黏性力相似准则（雷诺准则）

在式（5-8）中，取 F 为黏性力，由牛顿内摩擦定律有 $F = \mu \dfrac{du}{dy} A$，要求原型与模型之间满足黏性力相似，则有

$$\frac{F}{\rho l^2 u^2} = \frac{\mu \dfrac{du}{dy} A}{\rho l^2 u^2} = \frac{\rho v \dfrac{u}{l} l^2}{\rho l^2 u^2} = \frac{v}{ul}$$

式中，v 为流体的运动黏度。

黏性力相似要求原型与模型之间满足 $\dfrac{v_0}{u_0 l_0} = \dfrac{v_m}{u_m l_m}$，令

$$Re = \frac{ul}{v} \tag{5-10}$$

则要求原型与模型之间满足 Re 相等，这就是黏性力相似准则，又称雷诺准则。Re 称为雷诺（Reynolds）数，其物理意义为惯性力与黏性力的比值。

3. 压力相似准则（欧拉准则）

在式（5-8）中，取 F 为压力，$F = pA$，即要求原型与模型之间满足压力相似，则有

$$\frac{F}{\rho l^2 u^2} = \frac{pA}{\rho l^2 u^2} = \frac{p l^2}{\rho l^2 u^2} = \frac{p}{\rho u^2}$$

式中，p 为压强。

压力相似要求原型与模型之间满足 $\dfrac{p_0}{\rho u_0^2} = \dfrac{p_m}{\rho u_m^2}$，令

$$Eu = \frac{p}{\rho u^2} \tag{5-11}$$

则要求原型与模型之间满足 Eu 相等，这就是压力相似准则，又称欧拉准则。Eu 称为欧拉（Euler）数，其物理意义为总压力与惯性力的比值。

4. 弹性力相似准则（柯西准则）

在式（5-8）中，取 F 为弹性力，则

$$F = KA\frac{\mathrm{d}V}{V}$$

式中，K 为体积模量；$\mathrm{d}V/V$ 为体积相对变化率。

要求原型与模型之间满足弹性力相似，则有

$$\frac{F}{\rho l^2 u^2} = \frac{KA\dfrac{\mathrm{d}V}{V}}{\rho l^2 u^2} = \frac{Kl^2}{\rho l^2 u^2} = \frac{K}{\rho u^2}$$

定义柯西（Cauchy）数 Ca 为

$$Ca = \frac{\rho u^2}{K} \tag{5-12}$$

若原型与模型弹性力相似，则必须满足 $Ca_0 = Ca_m$，即

$$\frac{\rho_0 u_0^2}{K_0} = \frac{\rho_m u_m^2}{K_m}$$

这就是弹性力相似准则，又称柯西准则。柯西数的物理意义为惯性力与弹性力的比值。

若流场中的流体为气体，由声速公式和式（1-7），有

$$c^2 = \frac{\mathrm{d}p}{\mathrm{d}\rho} = \frac{1}{\rho\dfrac{\mathrm{d}\rho}{\rho\mathrm{d}p}} = \frac{1}{\rho}\frac{1}{\beta} = \frac{K}{\rho}$$

式中，c 为声速，由式（5-12），有

$$Ca = \frac{\rho u^2}{K} = \frac{\rho u^2}{\rho c^2} = \frac{u^2}{c^2}$$

要求原型与模型之间满足 $\dfrac{u_0}{c_0} = \dfrac{u_m}{c_m}$。

令

$$Ma = \frac{u}{c} \tag{5-13}$$

Ma 称为马赫（Mach）数，其物理意义是惯性力与弹性力的比值，称为弹性力相似准则，又称马赫准则。马赫数 Ma 不仅是判断气流压缩性影响程度的一个指标，也是判断可压缩流体在弹性力作用下的动力相似的一个准则。

5. 表面张力相似准则（韦伯准则）

在式（5-8）中，取 F 为表面张力，则

$$F = \sigma l$$

式中，σ 为表面张力。则有

$$\frac{F}{\rho l^2 u^2} = \frac{\sigma l}{\rho l^2 u^2} = \frac{\sigma}{\rho u^2 l}$$

令

$$We = \frac{\rho u^2 l}{\sigma} \qquad (5-14)$$

We 称为韦伯（Weber）数，其物理意义为惯性力与表面张力的比值。两流场的表面张力作用相似，它们的韦伯数必定相等，这就是表面张力作用相似准则，又称韦伯准则。

6. 非定常性相似准则（斯特劳哈尔准则）

对于非定常流动，在式（5-8）中，取 F 为由当地加速度引起的惯性力，$F = M\dfrac{\partial u}{\partial t}$，则有

$$\frac{F}{\rho l^2 u^2} = \frac{\rho V \dfrac{\partial u}{\partial t}}{\rho l^2 u^2} = \frac{\rho l^3 \dfrac{u}{t}}{\rho u^2 l^2} = \frac{l}{ut}$$

令

$$Sr = \frac{l}{ut} \qquad (5-15)$$

Sr 称为斯特劳哈尔（Strouhal）数，其物理意义为当地惯性力与迁移惯性力的比值。两种非定常流动相似，它们的斯特劳哈尔数必定相等，这就是非定常相似准则，又称斯特劳哈尔准则。

本节导出的牛顿数、弗劳德数、雷诺数、欧拉数、柯西数、马赫数、韦伯数、斯特劳哈尔数统称为流体动力学相似准则数。

第3节　相似模型试验

对于模型试验设计，如果在原型与模型之间严格满足相似律，则两个流动就是相似的，模型试验的结果，按照相似律完全可以反映出原型的流动情况。在相似律中，几何相似是由加工来完成的，运动相似可以由动力相似反映出来，那么动力相似律能否完全满足呢？

如果要求满足雷诺相似的前提下还要求满足富鲁德相似，那么有以下的讨论。

满足雷诺相似准则，要求有 $Re_0 = Re_m$，即

$$\frac{u_0 l_0}{\nu_0} = \frac{u_m l_m}{\nu_m}$$

$$\Rightarrow \delta_\nu = \frac{\nu_0}{\nu_m} = \frac{u_0}{u_m}\frac{l_0}{l_m} = \delta_u \delta_l \qquad (5-16)$$

满足富鲁德相似准则，要求有 $Fr_0 = Fr_m$，即

$$\frac{u_0^2}{g_0 l_0} = \frac{u_m^2}{g_m l_m}$$

假设原型与模型的重力加速度相同，即 $g_0 = g_m$，则有

$$\delta_u = \frac{u_0}{u_m} = \sqrt{\frac{l_0}{l_m}} = \delta_l^{1/2} \qquad (5-17)$$

结合上述结果式（5-16）和式（5-17），要求原型与模型所用的流体运动黏度之比为

$$\delta_\nu = \delta_l^{3/2} \qquad (5-18)$$

如果长度比例尺 $\delta_l = 4$，则要求原型流体运动黏度与模型流体运动黏度之比为 $\delta_v = 8$，这在实际工程研究中是很难满足的。

由此看出，要想使流动完全相似是很难办到的，相似准则数越多，模型试验的设计就越困难，甚至根本无法满足。在工程实际中，模型试验往往只能满足部分相似准则，称为局部相似。这种近似的模型试验是根据对流动现象的分析，以及相似准则的物理意义，使原型与模型之间满足重要的相似准则。比如对于管中流动等以黏性为主的流动，应满足雷诺相似准则；而对于船舶或明渠类等以重力为主的流动，应满足富鲁德相似准则。

另外还可采用自模化的特性和稳定性来简化模型设计。例如，在有压黏性管流中，当雷诺数大到一定数值后，管内流体的紊乱程度及速度剖面几乎不再变化，阻力系数与雷诺数无关，此时雷诺准则已失去作用，流动进入自动模化区，此时不必考虑模型的雷诺数与原型的雷诺数是否相等，只要模型与原型所处同一模化区即可。

【例 5–1】 直径 $l_0 = 1\,\text{mm}$ 的长形物体在密度为 $\rho_0 = 1000\,\text{kg/m}^3$、动力黏度为 $\mu_0 = 0.001\,\text{kg/(m·s)}$ 的水中运动，现采用比例为 1:100 的模型进行模拟试验和阻力测试。试验用液体的密度为 $\rho_m = 1263\,\text{kg/m}^3$，动力黏度为 $\mu_m = 1.5\,\text{kg/(m·s)}$，测试速度为 $u_m = 30\,\text{cm/s}$，测得阻力为 $F_m = 1.3\,\text{N}$。那么由模型试验反映出原型的运动速度和阻力是多少呢？

解：采用 1:100 的模型，即 $\delta_l = 1/100$，则模型的直径为 $l_m = l_0 / \delta_l = 100\,\text{mm}$。模型的雷诺数为

$$Re_m = \frac{\rho_m u_m l_m}{\mu_m} = \frac{1263 \times 0.3 \times 0.1}{1.5} = 25.3$$

按照雷诺相似准则，应满足 $Re_0 = Re_m$，即

$$Re_0 = \frac{\rho_0 u_0 l_0}{\mu_0} = \frac{1000 \times u_0 \times 0.001}{0.001} = 1000 u_0 = Re_m = 25.3$$

得到原型的运动速度为

$$u_0 = 25.3 \times 10^{-3}\,\text{m/s} = 0.025\,3\,\text{m/s}$$

根据牛顿数相等，有

$$Ne_m = \frac{F_m}{\rho_m l_m^2 u_m^2} = \frac{1.3}{1263 \times 0.1^2 \times 0.3^2} = 1.14$$

$$Ne_0 = \frac{F_0}{\rho_0 l_0^2 u_0^2} = \frac{F_0}{1000 \times 0.001^2 \times 0.025\,3^2} = 1.14$$

得到原型在水中的运动阻力为

$$F_0 = 1.14 \times 2.53^2 \times 10^{-7}\,\text{N} = 7.30 \times 10^{-7}\,\text{N}$$

显然，原型这么小的阻力是很难测量的，这也说明模型试验的重要性。

【例 5–2】 水库的闸门如图 5–1 所示，模型闸门是按长度比例尺 $\delta_l = 10$ 制作的。

（1）已知水库的水深 $h_0 = 5\,\text{m}$，试确定模型闸门前的水深 h_m。

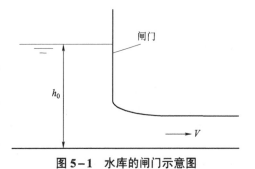

图 5–1　水库的闸门示意图

（2）模型实验测得收缩断面的平均流速为 $u_m = 2.0 \text{ m/s}$，试确定原型在收缩断面上的平均流速 u_0。

（3）测得模型的流量为 $Q_m = 3 \times 10^{-2} \text{ m}^3/\text{s}$，试确定原型的流量 Q_0。

（4）测得模型水流作用在闸板上的力为 $F_m = 100 \text{ N}$，试确定原型闸板上的受力 F_0。

解：这是一个重力作用下的流动，原型与模型之间应该满足富鲁德准则。

（1）按长度比例尺，模型闸门前的水深

$$h_m = h_0 / \delta_l = 5 / 10 = 0.5 \quad (\text{m})$$

（2）由富鲁德相似准则，考虑到重力加速度相同，有

$$\frac{u_0^2}{g_0 l_0} = \frac{u_m^2}{g_m l_m}$$

$$\Rightarrow u_0 = \delta_l^{1/2} u_m = \sqrt{10} \times 2 = 6.33 \, (\text{m/s})$$

（3）原型与模型之间的流量之比为

$$\frac{Q_0}{Q_m} = \frac{u_0 A_0}{u_m A_m} = \delta_l^2 \frac{u_0}{u_m} = \delta_l^{5/2}$$

得到

$$Q_0 = \delta_l^{5/2} Q_m = 10^{5/2} \times 3 \times 10^{-2} = 9.49 \, (\text{m}^3/\text{s})$$

（4）由原型与模型之间的牛顿数相等

$$\frac{F_0}{\rho_0 u_0^2 l_0^2} = \frac{F_m}{\rho_m u_m^2 l_m^2}$$

考虑到原型与模型的流体相同，得到

$$F_0 = \delta_\rho \delta_u^2 \delta_l^2 F_m = \delta_\rho \delta_l^3 F_m = 1 \times 10^3 \times 100 = 10^5 \, (\text{N}) = 100 \text{ kN}$$

第4节 量纲分析

量纲分析的基本原理是量纲的和谐性，比如要问 1 马力[①]等于多少牛顿，你会认为很荒唐，因为马力和牛顿的单位（量纲）不同，一个是功率的单位，一个是力的单位，是无法比较的。再比如，问 1 千米等于多少立方米，你会觉得这个问题更荒唐。两个量能进行比较的前提是它们的量纲（单位）相同，这就是量纲的和谐性原理，当然，两个量纲为 1 的量是可以无条件相互比较的。

欧拉（Euler）在 1765 年首先提出了物理量的单位与量纲的和谐性问题；瑞利（Rayleigh）在 1822 年提出了量纲和谐性原理，并在 1877 年利用量纲分析方法给出了一些物理关系式；后来白金汉（Buckingham）在 1914 年提出了量纲为 1 的参数的白金汉定理，又称为 π 定理。

任何一个物理方程中各项的量纲必定是相同的，这便是物理方程量纲和谐性原则。既然物理方程中各项的量纲相同，那么，用物理方程中的任何一项通除整个方程，便可将该方程

---

① 1 马力=735.499 瓦。

化为量纲为 1 的方程。量纲分析方法正是依据物理方程量纲和谐性原则，从量纲分析入手，找出相关物理量之间最基本的关系，这也是探索流动规律的重要方法，量纲分析方法的核心是 π 定理。

1. 基本量纲与导出量纲

物理量的单位叫量纲，物理量的单位分基本单位和导出单位，量纲也相应地分为基本量纲和导出量纲。基本量纲是不能由别的量纲推导出来的，而导出量纲是可以由别的量纲推导出来的。但哪些量纲作为基本量纲并没有一定的标准，只是一个习惯和方便的问题。流体力学中常取长度 L、时间 T 和质量 M 为基本量纲；在与温度有关的流体力学问题中，还要增加温度的量纲 Θ 为基本量纲。由基本量纲组成的单位称为导出量纲，任一物理量 N 的量纲表示为 $\dim N$。

力学中的基本量纲一般定为三个，关于三个基本量纲的选取有一定的要求，即要求基本量纲必须具有独立性，其中任何一个都不能从其余的基本量纲导出。例如长度、时间和速度三个显然是不成的，因为速度可以由长度和时间导出，不是独立的。

有了基本量纲后，其他物理量的量纲可以从该物理量的定义推导出来。例如选定长度 L、质量 M 和时间 T 为基本量，则动力黏度 μ 的量纲应为

$$\dim \mu = \dim \left[\frac{\tau}{\dfrac{\mathrm{d}u}{\mathrm{d}y}} \right] = \frac{\dfrac{F}{L^2}}{\dfrac{L}{T}\dfrac{1}{L}} = \frac{FT}{L^2} = \frac{MLT^{-2}T}{L^2} = \frac{M}{LT} = ML^{-1}T^{-1}$$

流体力学中常遇到的导出量纲有：

密度：$\dim \rho = ML^{-3}$；　　　　　　　　表面张力：$\dim \sigma = MT^{-2}$；

压强：$\dim p = ML^{-1}T^{-2}$；　　　　　　　体积模量：$\dim K = ML^{-1}T^{-2}$；

速度：$\dim u = LT^{-1}$；　　　　　　　　　动力黏度：$\dim \mu = ML^{-1}T^{-1}$；

加速度：$\dim a = LT^{-2}$；　　　　　　　　运动黏度：$\dim \nu = L^2 T^{-1}$；

力：$\dim F = MLT^{-2}$；　　　　　　　　　气体常数：$\dim R = L^2 T^{-2}\Theta^{-1}$。

明显看出，所有的量纲都是以基本量纲单项的幂乘积的形式出现的。

注：在实际问题中，基本量的选取是比较灵活的，可任选能分别代表长度 L、时间 T 和质量 M 的量。比如选定长度后，可选速度代表时间、选密度代表质量等。

2. 量纲的和谐性原理

量纲不同的物理量是不能相加、相减或相等的。比如 1 m 和 1 s 相加是毫无意义的；也不能说 1 kg 大于 1 m，这二者是无法比较的。但 1 m 和 2 in①是可以相加的，因为它们都是长度的量纲，只是单位不同，将单位换算一下就可以相加了。

不同量纲的物理量不能加或减，但可以通过乘或除组合在一起。比如速度和时间相乘，得到的是距离等。这时，两个不同量纲的物理量相乘或相除时，除了数值的运算外，它们的量纲也要进行运算，并得出一个新的量纲。

---

①　1 in=2.54 cm。

一个物理方程的各个项，因为是通过"+""－"或"="相联系，则这些项的量纲必须相同，即要求物理方程中各项的量纲必须是和谐的。量纲和谐是一个重要的原理，是进行量纲分析的依据，也是检验已有方程是否合理的重要方法。

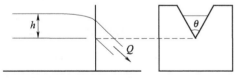

图 5-2　三角堰示意

【例 5-3】盛水容器的一侧有一铅直的边壁，在边壁上部开一个三角形缺口，如图 5-2 所示。当容器中的水面超过缺口顶点后，水将从缺口处流出，这种缺口称为堰。当缺口为三角形时，称为三角堰，通过堰的流动称为堰流，称 h 为堰上水头。试用量纲分析的方法求流量 Q 与 h、θ 等参数的关系式。

解：堰流属于重力流，显然，流量 Q 与堰上水头 h、重力加速度 g 和三角堰的顶角 θ 有关，可一般性地写出函数式

$$Q = f(h, g, \theta)$$

式中，Q 的量纲是 $\dim Q = L^3 T^{-1}$，则等式右边也应该是相同的量纲。

等式右端的 h、g 和 θ 怎样组合才能有量纲 $L^3 T^{-1}$ 呢？由于 θ 的量纲为 1，h 的量纲为 L，g 的量纲为 LT^{-2}，因为方程右边出现量纲 T^{-1}，即只能有 $g^{1/2}$，从而有 $L^{1/2} T^{-1}$ 的量纲。相比还要有量纲 $L^{3-\frac{1}{2}}$，即有 $h^{5/2}$ 项，这样按照量纲和谐性，应有关系式

$$Q = f(\theta) h^{5/2} g^{1/2} = C_q g^{1/2} h^{5/2} = C_q h^2 \sqrt{gh}$$

式中，$C_q = f(\theta)$，是一个与三角堰顶角有关的量纲为 1 的数，称为流量系数。

3. π 定理

π 定理的内容：若物理方程

$$f(x_1, x_2, \cdots, x_n) = 0$$

共含有 n 个物理量，其中有 k 个是基本量。在保持量纲和谐性的前提下，这个物理方程可以简化成

$$F(\pi_1, \pi_2, \cdots, \pi_{n-k}) = 0$$

其中，$\pi_1, \pi_2, \cdots, \pi_{n-k}$ 是由方程中的物理量所构成的量纲为 1 的组合。

确定量纲为 1 参数 π 的方法如下：

（1）从方程所有的物理量 $x_1, x_2, \cdots, x_n$ 中选出 k 个作为基本量，这 k 个量应该是独立、不能互相导出的。

（2）将所选出的 k 个基本量组成基本量组合。

（3）用其余的每个物理量分别除以这个基本量组合，使之量纲为 1，即

$$\pi_i = \frac{x_i}{x_{n-k+1}^{\alpha_1} x_{n-k+2}^{\alpha_2} \cdots x_n^{\alpha_k}}$$

分子的量纲与分母的量纲相等，故 π_i 就是一个量纲为 1 的参数。

下面我们用一个例子来说明 π 定理的应用。

【例 5-4】密度为 ρ、运动黏度为 ν 的黏性流体，以速度 u 流经长为 l、直径为 d 的直管道，如图 5-3 所示。试用量纲分析的方法确定两端压强差 $\Delta p = p_1 - p_2$ 与流动参数的关系式。

解：

（1）先写出相关物理量的函数式

$$f(\Delta p, d, l, V, \rho, \nu, \Delta) = 0 \tag{a}$$

式中，Δ 为管壁的粗糙度。

（2）物理量的数目有 7 个，选出 3 个基本量：

几何量，代表长度量纲 L，选择管径 d，$\dim d = L$；

运动量，代表时间量纲 T，选择速度 u，$\dim u = LT^{-1}$；

动力量，代表质量量纲 M，选择密度 ρ，$\dim \rho = ML^{-3}$。

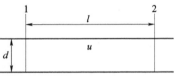

图 5-3　管中流体流动的能量损失

这三个基本量的组合为 $d^x u^y \rho^z$，量纲为

$$\dim d^x u^y \rho^z = L^x (LT^{-1})^y (ML^{-3})^z = L^{x+y-3z} T^{-y} M^z \tag{b}$$

（3）将方程中其余的量进行量纲为 1 化。

Δp 的量纲为 $L^{-1} T^{-2} M$，与式（b）比较，对应项的指数相等，得到

$$\begin{cases} x + y - 3z = -1 \\ -y = -2 \\ z = 1 \end{cases}$$

解得

$$\begin{cases} x = 0 \\ y = 2 \\ z = 1 \end{cases} \qquad \pi_1 = \frac{\Delta p}{\rho u^2}$$

管长 l 的量纲为 L，与式（b）相比，得到

$$\pi_2 = \frac{l}{d}$$

ν 的量纲为 $L^2 T^{-1}$，与式（b）相比，得到

$$\begin{cases} x + y - 3z = 2 \\ -y = -1 \\ z = 0 \end{cases}$$

解得

$$\begin{cases} x = 1 \\ y = 1 \\ z = 0 \end{cases} \qquad \pi_3 = \frac{\nu}{ud}$$

管壁粗糙度 Δ 的量纲为 L，与式（b）相比，得到

$$\pi_4 = \frac{\Delta}{d}$$

（4）由上面得到的 $\pi_1, \pi_2, \pi_3, \pi_4$，习惯上将 $\pi_3 = \dfrac{\nu}{ud}$ 倒过来写成 $\dfrac{ud}{\nu}$，得到与式（a）等价的关系式为

$$F\left(\frac{\Delta p}{\rho V^2}, \frac{l}{d}, \frac{ud}{\nu}, \frac{\Delta}{d} \right) = 0 \tag{c}$$

式中，$\dfrac{ud}{\nu}$ 为雷诺数；$\dfrac{\Delta}{d} = \varepsilon$ 为管壁的相对粗糙度，则式（c）也可写成

$$\frac{\Delta p}{\rho u^2} = F\left(\frac{l}{d}, Re, \varepsilon \right)$$

由实验得知，流动损失与管道长度成正比，而与管道直径成反比，即 $\dfrac{\Delta p}{\rho u^2}$ 与 $\dfrac{l}{d}$ 成线性关系，则有

$$\frac{\Delta p}{\rho u^2} = \frac{l}{d}\varphi(Re,\varepsilon)$$

$$h_{\mathrm{f}} = \frac{\Delta p}{\rho g} = 2\varphi(Re,\varepsilon)\frac{l}{d}\frac{u^2}{2g} = \lambda\frac{l}{d}\frac{u^2}{2g}$$

式中，h_{f} 称为沿程水头损失；λ 称为沿程损失系数。这就是著名的达西公式。可见，黏性流体管内流动的沿程阻力系数 λ 是一个与雷诺数和壁面相对粗糙度有关的函数。

【例 5−5】 用孔板测流量，管路直径为 D，孔的直径为 d，流体密度为 ρ，运动黏度为 ν，流体流经孔板时的速度为 u，孔板前后的压强差为 Δp。试用量纲分析的方法导出流量 Q 的表达式。

解：

（1）先写出相关物理量的函数式

$$f(Q,D,d,u,\nu,\rho,\Delta p) = 0 \tag{a}$$

（2）物理量的数目有 7 个，选出 3 个基本量：

几何量，代表长度 L，选择 d，$\dim d = L$；

运动量，代表时间 T，选择 u，$\dim u = LT^{-1}$；

动力量，代表质量 M，选择 ρ，$\dim \rho = ML^{-3}$。

这三个基本量的组合为 $d^x u^y \rho^z$，量纲为

$$\dim d^x u^y \rho^z = L^x (LT^{-1})^y (ML^{-3})^z = L^{x+y-3z}T^{-y}M^z \tag{b}$$

（3）将方程中其余的量进行量纲为 1 化。

Q 的量纲为 $L^3 T^{-1}$，与式（b）相比，有

$$\begin{cases} x+y-3z=3 \\ -y=-1 \\ z=0 \end{cases}$$

解得

$$\begin{cases} x=2 \\ y=1 \\ z=0 \end{cases} \qquad \pi_1 = \frac{Q}{d^2 u}$$

D 的量纲为 L，与式（b）相比，得到

$$\pi_2 = \frac{D}{d}$$

ν 的量纲为 $L^2 T^{-1}$，与式（b）相比，得到

$$\begin{cases} x+y-3z=2 \\ -y=-1 \\ z=0 \end{cases}$$

解得

$$\begin{cases} x = 1 \\ y = 1 \\ z = 0 \end{cases} \qquad \pi_3 = \frac{v}{ud}$$

Δp 的量纲为 $ML^{-1}T^{-2}$，与式（b）式比较，得到

$$\begin{cases} x + y - 3z = -1 \\ -y = -2 \\ z = 1 \end{cases}$$

解得

$$\begin{cases} x = 0 \\ y = 2 \\ z = 1 \end{cases} \qquad \pi_4 = \frac{\Delta p}{\rho u^2}$$

（4）由上面得到的 $\pi_1, \pi_2, \pi_3, \pi_4$，习惯上将 $\pi_3 = \frac{v}{ud}$ 倒过来写成 $\frac{ud}{v} = Re$，为雷诺数，得到与式（a）等价的关系式为

$$F\left(\frac{Q}{ud^2}, \frac{D}{d}, \frac{ud}{v}, \frac{\Delta p}{\rho u^2}\right) = 0 \qquad (c)$$

另外，由伯努利方程可知，Δp 与 u 是相互关联的，速度 u 可用 $\sqrt{\dfrac{\Delta p}{\rho}}$ 代换，或者说 Δp 可用流速 u 和密度 ρ 表示。所以，在流速 u、密度 ρ 和压强差 Δp 三者之间选两个作为相关物理量即可，故可将 $\dfrac{\Delta p}{\rho u^2}$ 消去；在量纲和谐的意义上，$\dfrac{Q}{ud^2}$ 与 $\dfrac{Q}{d^2\sqrt{\dfrac{\Delta p}{\rho}}}$ 相同，所以式（c）可写成

$$\frac{Q}{ud^2} = \varphi\left(\frac{D}{d}, Re\right)$$

或

$$Q = \varphi\left(\frac{D}{d}, Re\right)ud^2 = C_q ud^2$$

式中，$C_q = \varphi(D/d, Re)$ 称为孔板流量系数，是管径与孔径之比和雷诺数的函数，一般由实验确定。

【例 5-6】 飞机机翼在静止空气中运动时所受阻力 F_D 与翼弦 b、翼展 l、冲角 α 以及飞行速度 u、空气的密度 ρ、动力黏度 μ 和体积模量 K 有关。试用 π 定理导出翼型阻力的表达式。

解：

（1）首先写出与翼型阻力有关物理量的方程式

$$f\left(F_D, \mu, K, l, \alpha, b, u, \rho\right) = 0 \qquad (a)$$

（2）物理量的数目有 8 个，选出 3 个基本量：

几何量，代表长度 L，选择翼弦 b，$\dim b = L$；

运动量，代表时间 T，选择飞行速度 u，$\dim u = LT^{-1}$；

动力量，代表质量 M，选择空气密度 ρ，$\dim \rho = ML^{-3}$。

这三个基本量的组合为 $b^x u^y \rho^z$，量纲为

$$\dim b^x u^y \rho^z = L^x (LT^{-1})^y (ML^{-3})^z = L^{x+y-3z} T^{-y} M^z \tag{b}$$

（3）将方程中其余的量进行量纲为 1 化。

F_D 的量纲为 MLT^{-2}，与式（b）相比，有

$$\begin{cases} x+y-3z=1 \\ -y=-2 \\ z=1 \end{cases}$$

解得

$$\begin{cases} x=2 \\ y=2 \\ z=1 \end{cases} \qquad \pi_1 = \frac{F_D}{b^2 \rho u^2}$$

μ 的量纲为 $ML^{-1}T^{-1}$，与式（b）相比，得到

$$\begin{cases} x+y-3z=-1 \\ -y=-1 \\ z=1 \end{cases}$$

解得

$$\begin{cases} x=1 \\ y=1 \\ z=1 \end{cases} \qquad \pi_2 = \frac{\mu}{\rho b u}$$

K 的量纲为 $ML^{-1}T^{-2}$，与式（b）相比，得到

$$\begin{cases} x+y-3z=-1 \\ -y=-2 \\ z=1 \end{cases}$$

解得

$$\begin{cases} x=0 \\ y=2 \\ z=1 \end{cases} \qquad \pi_3 = \frac{K}{\rho u^2}$$

翼展 l 的量纲为 L，与式（b）相比，得到

$$\pi_4 = \frac{l}{b}$$

攻角 α 是量纲为 1 的参数。

（4）对于上面得到的 π_1、π_2、π_3、π_4，习惯上将 $\pi_2 = \dfrac{\mu}{\rho u b}$ 倒过来写成 $\dfrac{\rho u b}{\mu} = Re$，为雷诺数；而 $\pi_3 = \dfrac{K}{\rho u^2} = \dfrac{c^2}{u^2} = \dfrac{1}{Ma^2}$，是 Ma 的函数。

用 π_1、π_2、π_3、π_4 这些量纲为 1 的数代替式（a）中相应的量，得到与式（a）等价的关系式为

$$F\left(\frac{F_D}{\rho u^2 b^2}, Re, Ma, \frac{l}{b}, \alpha\right) = 0 \tag{c}$$

实验证实，翼弦的阻力与翼展成正比，与弦长成反比，则式（c）可写成

$$F_D = \varphi(Re, Ma, \alpha)\rho u^2 b^2 \frac{l}{b} = C_D A \frac{\rho u^2}{2}$$

式中，$A = bl$，为物体的特征面积，一般取迎风面积；对于机翼，取弦长与翼展的乘积；对于圆柱体，取直径和柱长的乘积。$C = f(Re, Ma, \alpha)$，称为机翼的阻力系数。当 $Ma < 0.3$ 时，可以不考虑压缩性的影响，此时 $C_D = f(Re, \alpha)$；对于圆柱体的绕流问题，不存在攻角 α 的影响，$C_D = f(Re)$。

习　题

5-1　用模型研究溢流堰的流动，采用长度比例尺 $\delta_l = 20$。

（1）已知原型堰顶水头 $h = 3$ m，试求模型的堰顶水头。

（2）测得模型上的流量 $Q_m = 0.19$ m³/s，试求原型上的流量。

5-2　运动黏度为 $\nu_0 = 4.0 \times 10^{-5}$ m²/s 的油在内径 $d_0 = 200$ mm 的圆形管道中流动，流量为 $Q_0 = 0.12$ m³/s。若用内径 $d_e = 50$ mm 的圆管，并分别用 20 ℃ 的水和 20 ℃ 的空气进行模型试验，试求流动相似时模型管内应有的流量。

5-3　将一高层建筑的几何相似模型放在开口风洞中吹风，风速为 $u_e = 10$ m/s，测得模型迎风面点（速度为 0 的点）处的压强 $p_{m1} = 980$ Pa，背风面点处的计示压强 $p_{m2} = -49$ Pa。试求建筑物在 $u_0 = 30$ m/s 强风作用下对应点的压强。

5-4　汽车高 1.5 m，最大行驶速度为 108 km/h，拟在风洞中进行模型试验。已知风洞试验段的最大风速为 45 m/s，试求模型的高度。在该风速下测得模型的风阻为 1 500 N，试求原型在最大行驶速度时的风阻。

5-5　在管道内以 $u_0 = 20$ m/s 的速度输送密度 $\rho_0 = 1.86$ kg/m³、运动黏度 $\nu_0 = 1.3 \times 10^{-5}$ m²/s 的天然气。为了预测沿管道的压强降，采用水模型试验，并取长度比例尺 $\delta_l = 10$。已知，水的密度 $\rho_m = 998$ kg/m³、运动黏度 $\nu_m = 1.007 \times 10^{-6}$ m²/s。为保证流动相似，模型内水的流速应等于多少？已经测得模型每 0.1 m 管长的压强降 $\Delta p_m = 1 000$ Pa，天然气管道每米的压强降等于多少？

5-6　流体通过水平毛细管的流量 Q 与管径 d、动力黏度 μ、压力梯度 $\Delta p / L$ 有关，试导出流量的表达式。

5-7　薄壁孔口出流的流速 u 与孔径 d、孔口水头 H、流体密度 ρ、动力黏度 μ、表面张力 σ、重力加速度 g 有关，试导出孔口出流速度的表达式。

5-8　小球在不可压缩黏性流体中运动的阻力 F_D 与小球的直径 d、等速运动的速度 u、流体的密度 ρ、动力黏度 μ 有关，试导出流量表达式。

5-9　流体通过孔板流量计的流量 Q 与孔板前后的压差 Δp、管道的内径 D、管内流速 u、孔板的孔径 d、流体的密度 ρ、动力黏度 μ 有关，试导出流量表达式。

补 充 习 题

B5-1　弦长为 3 m 的飞机机翼以 300 km/h 的速度，在温度为 20 ℃、压强为 1 at 的静止空气中飞行，用比例为 20 的模型在风洞中做试验，要求实现动力相似。

（1）如果风洞中空气的温度、压强和飞行中的相同，求风洞中空气的速度。

（2）如果在可变密度的风洞中做试验，温度仍为 20 ℃，而压强为 30 at，求速度。

（3）如果模型在水中试验，水温为 20 ℃，则速度需多大？

B5-2　长 1.5 m、宽 0.3 m 的平板，在温度为 20 ℃ 的水（$\nu=10^{-6}$ m²/s）内拖曳，当速度为 3 m/s 时，阻力为 14 N。计算相似板的尺寸，其在速度为 15 m/s、绝对压强为 101.4 kPa、温度为 15 ℃ 的空气（$\nu=15\times10^{-6}$ m²/s）流中形成动力相似条件，并估计其阻力。

B5-3　当水温为 20 ℃、平均速度为 4.5 m/s 时，直径为 0.3 m 的水平管线某段的压强降为 68.95 kPa，如果用比例为 6 的模型管线，以空气为工作流体，当平均流速为 30 m/s 时，要求在相应段产生 55.2 kPa 的压强降。计算力学相似所要求的空气压强，设空气温度为 20 ℃。

B5-4　拖曳比例为 50 的船模型以 4.8 km/h 速度航行所需的力为 9 N。如果原型航行主要受（1）密度和重力；（2）密度和黏性力的作用，试计算原型相应的速度和所需的力。

B5-5　在风速为 8 m/s 的条件下，在模型上测得建筑物模型背风面压强为 −24 Pa，迎风面压强为 +40 Pa。试估计在实际风速为 10 m/s 的条件下，原型建筑物背风面和迎风面的压强。

B5-6　一孔板流量计，孔径 $d=10$ cm，管径 $D=20$ cm，测量空气通过孔板流量计的流量。现用水进行试验，测试的最小流量为 $Q_m=8\times10^{-3}$ m³/s，同时测得汞柱压差 $\Delta h_g=2.2$ cm。已知水的黏度 $\nu_H=1\times10^{-6}$ m²/s，空气的黏度 $\nu_a=1\times10^{-6}$ m²/s，空气的密度 $\rho_a=1.183$ kg/m³。试确定：

（1）孔板测量空气时 Q_0 的值；

（2）空气流量为 Q_0 时差压计水柱读数。

B5-7　一个球放在流速为 1.6 m/s 的水中，受到的阻力为 4.0 N。另一个直径为其两倍的圆球置于一风洞中，求在动力相似条件下风速的大小及球所受到的阻力。（$\rho_a=1.28$ kg/m³，$\nu_a/\nu_H=13$）

B5-8　一个阀门直径 $D=30$ mm，当阀芯离开阀座的开度 $h=3$ mm 时，油的流量 $Q=1\times10^{-3}$ m³/s。现在用模型阀门进行试验，试验油的运动黏度为实物油的一半，测得模型阀的流量 $Q_m=0.2\times10^{-3}$ m³/s，模型阀前后压差 $\Delta p_m=0.4$ MPa，作用在模型阀芯上的作用力 $F_m=120$ N。试求模型阀芯离开阀座的开度 h_m、阀径 D_m 以及实物阀前后的压差 Δp_0 和作用在阀芯上的力 F_0。

B5-9　要把直径 $D=2$ m，飞行速度 $u=140$ m/s，置于气温℃（密度 1.293 kg/m³）的环境中的螺旋桨缩小至 1/10，放在气温 30 ℃（密度 1.165 kg/m³）的风洞里进行摸化试验。测得流过模型螺旋桨的空气速度 $u_m=80$ m/s，通过的空气流量 $Q_m=5$ m³/s，桨叶前后压差 $\Delta p_m=1\,500$ Pa，螺旋桨推力 $F_m=150$ N，螺旋桨驱动功率 $N_m=10$ kW。试问实物螺旋桨的 Q、Δp、F、N 各为多少？

B5-10　按照新的设计方案，一辆赛车在海平面 30 ℃ 的气温下的最高速度为 94.4 m/s。

用 1/10 的模型在水温 20 ℃的水洞中进行模型试验。试问水洞中水流速度是多少？如果模型上测得阻力为 4.6 kN，问赛车的阻力为多少？

（空气在 30 ℃的运动黏度 $\nu = 16 \times 10^{-6}$ m²/s，密度 $\rho = 1.165$ kg/m³）

B5－11　一水库模型，当打开水闸时，4 min 内水放空，如果模型与原型的尺寸比为 1/225，求原型水库放空的时间。

B5－12　两个共轴圆筒，外筒固定、内筒旋转。两筒筒壁间隙中充满不可压缩的黏性流体，写出维持内筒以不变角速度旋转所需转矩的量纲为 1 的关系式。假定这种转矩只与筒的长度和直径、流体的密度和黏度，以及内筒的旋转角速度有关。

B5－13　角度为 ϕ 的三角堰如图 5－4 所示，其溢流量 Q 是堰上水头 H、堰前流速 u 和重力加速度的函数，分别以（1）H、g；（2）H、u 为基本物理量，写出 Q 的量纲为 1 的表达式。

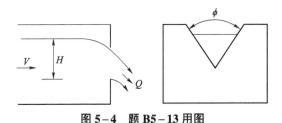

图 5－4　题 B5－13 用图

B5－14　飞机机翼产生的升力 F_L 与机翼弦长 b、攻角 α、飞行速度 u、空气密度 ρ、黏度 μ 和机翼的长度 L 有关，试求升力 F_L 的表达式。

B5－15　流体通过孔板流量计的流量 Q 与孔板前后的压差 Δp、管径 d、流速 u、流体密度 ρ 和黏度 μ 有关，试求孔板流量计流量的表达式。

思　考　题

（1）分别叙述雷诺数、富鲁德数和欧拉数的物理意义。

（2）为什么能用雷诺数来判断流态，即判断是层流流动还是紊流流动？

（3）如果采用非国际单位制（比如英制单位），临界雷诺数该怎样确定？

（4）为什么说原型与模型之间完全满足动力相似条件几乎是不可能的？

（5）雷诺准则与欧拉准则，或富鲁德准则与欧拉准则能否同时满足？

（6）什么是量纲的和谐性？

（7）量纲不同的量之间可以进行哪些运算？不可以进行哪些运算？

（8）如果一个量的量纲为 1，那么它的量纲用什么来表示？

（9）对基本量的选取有哪些要求？

（10）设计一辆新型大轿车，试导出轿车行驶阻力与车速之间的函数关系。

（11）设计一辆新型大轿车，要进行模型阻力试验，试制定一个切实可行的模型试验方案，并给出原型与模型之间的数据处理计算方法。

（12）试分析模型试验数据相对原型真实数据所产生误差的原因。

第6章

理想流体的有旋与无旋流动

　　流体微团运动分解定理、流体流动的连续性方程、理想流体运动方程以及理想流体的有势流动是流体多元流动的重点，特别是点源、点汇、点涡和偶极流及其叠加所形成的流动及其应用是必须掌握的。

第1节　流体流动微分形式的连续性方程

　　连续性方程的物理意义是质量守恒定律，在第3章，我们已经根据这一定律导出了连续性方程的积分形式，现在我们推导其微分形式。微分形式的连续性方程可采用微元分析法得到，也可由积分形式的连续性方程式（3-15）导得。下面我们从积分形式的连续性方程进行推导。

　　在积分形式的连续性方程

$$\frac{\partial}{\partial t}\iiint_{V_c} \rho dV_c + \oiint_{A_c} \rho V \cdot dA = 0$$

中，由于控制体是任意选定的，方程中第一项可写成

$$\frac{\partial}{\partial t}\iiint_{V_c} \rho dV_c = \iiint_{V_c} \frac{\partial \rho}{\partial t} dV_c$$

　　由于

$$V = u\mathbf{i} + v\mathbf{j} + w\mathbf{k}$$

$$dA = \mathbf{i}dydz + \mathbf{j}dxdz + \mathbf{k}dxdy$$

以及高斯公式，方程中第二项可写成

$$\oiint_{A_c} \rho V \cdot dA = \oiint_{A_c} \rho(udydz + vdxdz + wdxdy)$$

$$= \iiint_{V_c} \left(\frac{\partial \rho u}{\partial x} + \frac{\partial \rho v}{\partial y} + \frac{\partial \rho w}{\partial z} \right) dV_c$$

式中，控制体V_c就是由控制面A_c所围成的区域。这样，积分形式的连续性方程可写成

$$\frac{\partial}{\partial t}\iiint_{V_c} \rho dV_c + \oiint_{A_c} \rho V \cdot dA = \iiint_{V_c} \left(\frac{\partial \rho}{\partial t} + \frac{\partial \rho u}{\partial x} + \frac{\partial \rho v}{\partial y} + \frac{\partial \rho w}{\partial z} \right) dV_c = 0$$

由于控制体V_c是任意选定的，上式积分为0，则被积函数必为0，得到

$$\frac{\partial \rho}{\partial t} + \frac{\partial \rho u}{\partial x} + \frac{\partial \rho v}{\partial y} + \frac{\partial \rho w}{\partial z} = 0 \qquad (6-1)$$

这就是微分形式的连续性方程。

由于

$$\frac{\partial \rho u}{\partial x} = \rho \frac{\partial u}{\partial x} + u \frac{\partial \rho}{\partial x}$$

$$\frac{\partial \rho v}{\partial y} = \rho \frac{\partial v}{\partial y} + v \frac{\partial \rho}{\partial y}$$

$$\frac{\partial \rho w}{\partial z} = \rho \frac{\partial w}{\partial z} + w \frac{\partial \rho}{\partial z}$$

根据全导数的定义，式（6-1）可变形为

$$\frac{\partial \rho}{\partial t} + u \frac{\partial \rho}{\partial x} + v \frac{\partial \rho}{\partial y} + w \frac{\partial \rho}{\partial z} + \rho \left(\frac{\partial u}{\partial x} + \frac{\partial v}{\partial y} + \frac{\partial w}{\partial z} \right) = 0$$

$$\frac{\mathrm{d} \rho}{\mathrm{d} t} + \rho \left(\frac{\partial u}{\partial x} + \frac{\partial v}{\partial y} + \frac{\partial w}{\partial z} \right) = 0 \tag{6-2}$$

注 1：微分形式的连续性方程有多种形式，分别适用于不同的情况。

（1）可压缩流体的定常流动。

此时，由于 $\dfrac{\partial \rho}{\partial t} = 0$，式（6-1）可简化为

$$\frac{\partial \rho u}{\partial x} + \frac{\partial \rho v}{\partial y} + \frac{\partial \rho w}{\partial z} = 0 \tag{6-3}$$

（2）均质的不可压缩流体的定常或非定常流动。

此时整个流场的流体密度为常数，则有

$$\frac{\partial u}{\partial x} + \frac{\partial v}{\partial y} + \frac{\partial w}{\partial z} = 0 \tag{6-4}$$

不可压缩流体连续性方程式（6-4）的矢量形式为

$$\nabla \times V = 0 \tag{6-5}$$

注 2：连续性方程可用来判断流场的存在性。

对于任意给出的一个速度分布矢量场，例如 $V = x\mathbf{i} + y\mathbf{j} + z\mathbf{k}$，其能否是一个均质不可压缩流体的流动呢？如果是，则必须满足连续性方程，将其代入式（6-4），得到

$$\frac{\partial u}{\partial x} + \frac{\partial v}{\partial y} + \frac{\partial w}{\partial z} = 3 \neq 0$$

显然不满足连续性方程，故不存在这样的流动。

第 2 节　流体微团运动分解定理

流体微团在运动过程中不断受到外部压力和剪切力的作用，在这些力的作用下不断地进行着移动、转动和变形运动。流体微团的运动是一个连续、复杂的运动过程，为此我们将微团运动的过程进行分析和分类，这就是流体微团运动的分解。

在流场中任取一个流体微团，如图 6-1 所示。在微团中任选一个点 A，位于 (x, y, z)，再任取另外一个点 B，位于 $(x + \mathrm{d}x, y + \mathrm{d}y, z + \mathrm{d}z)$，下面以 A 为基点，分析 B 点相对于基点 A 的运动过程。

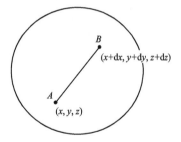

图 6-1　流体微团速度的分解

设 A 点处的三个速度分量为
$$u(x,y,z),\quad v(x,y,z),\quad w(x,y,z)$$

在 B 点处的三个速度分量为
$$u(x+\mathrm{d}x,y+\mathrm{d}y,z+\mathrm{d}z),$$
$$v(x+\mathrm{d}x,y+\mathrm{d}y,z+\mathrm{d}z),$$
$$w(x+\mathrm{d}x,y+\mathrm{d}y,z+\mathrm{d}z)$$

则由泰勒定理，有

$$u(x+\mathrm{d}x,y+\mathrm{d}y,z+\mathrm{d}z)=u(x,y,z)+\frac{\partial u}{\partial x}\mathrm{d}x+\frac{\partial u}{\partial y}\mathrm{d}y+\frac{\partial u}{\partial z}\mathrm{d}z$$

$$v(x+\mathrm{d}x,y+\mathrm{d}y,z+\mathrm{d}z)=v(x,y,z)+\frac{\partial v}{\partial x}\mathrm{d}x+\frac{\partial v}{\partial y}\mathrm{d}y+\frac{\partial v}{\partial z}\mathrm{d}z$$

$$w(x+\mathrm{d}x,y+\mathrm{d}y,z+\mathrm{d}z)=w(x,y,z)+\frac{\partial w}{\partial x}\mathrm{d}x+\frac{\partial w}{\partial y}\mathrm{d}y+\frac{\partial w}{\partial z}\mathrm{d}z$$

上式用矩阵形式表达，可写成

$$\begin{pmatrix}u_B\\v_B\\w_B\end{pmatrix}=\begin{pmatrix}u_A\\v_A\\w_A\end{pmatrix}+\begin{pmatrix}\dfrac{\partial u}{\partial x}&\dfrac{\partial u}{\partial y}&\dfrac{\partial u}{\partial z}\\[2mm]\dfrac{\partial v}{\partial x}&\dfrac{\partial v}{\partial y}&\dfrac{\partial v}{\partial z}\\[2mm]\dfrac{\partial w}{\partial x}&\dfrac{\partial w}{\partial y}&\dfrac{\partial w}{\partial z}\end{pmatrix}\begin{pmatrix}\mathrm{d}x\\\mathrm{d}y\\\mathrm{d}z\end{pmatrix}\tag{6-6}$$

上式右边第一项表示 B 点与 A 点一起做平行运动，即若右边第二项为 0，则
$$u_B=u_A,\quad v_B=v_A,\quad w_B=w_A$$

对于右边第二项，我们进行如下的分析。由代数学知识可知，一个矩阵可以唯一地分解为一个对称矩阵和一个反对称矩阵之和，则有

$$\begin{pmatrix}\dfrac{\partial u}{\partial x}&\dfrac{\partial u}{\partial y}&\dfrac{\partial u}{\partial z}\\[2mm]\dfrac{\partial v}{\partial x}&\dfrac{\partial v}{\partial y}&\dfrac{\partial v}{\partial z}\\[2mm]\dfrac{\partial w}{\partial x}&\dfrac{\partial w}{\partial y}&\dfrac{\partial w}{\partial z}\end{pmatrix}=\begin{pmatrix}\varepsilon_x&e_{xy}&e_{xz}\\e_{xy}&\varepsilon_y&e_{yz}\\e_{xz}&e_{yz}&\varepsilon_z\end{pmatrix}+\begin{pmatrix}0&-\omega_{xy}&\omega_{xz}\\\omega_{xy}&0&-\omega_{yz}\\-\omega_{xz}&\omega_{yz}&0\end{pmatrix}$$

对上式进行求解，得到

$$\varepsilon_x+0=\frac{\partial u}{\partial x}$$

$$\varepsilon_y+0=\frac{\partial v}{\partial y}$$

$$\varepsilon_z+0=\frac{\partial w}{\partial z}$$

解得

$$\varepsilon_x = \frac{\partial u}{\partial x}$$

$$\varepsilon_y = \frac{\partial v}{\partial y}$$

$$\varepsilon_z = \frac{\partial w}{\partial z}$$

又由

$$e_{xy} - \omega_{xy} = \frac{\partial u}{\partial y}$$

$$e_{xy} + \omega_{xy} = \frac{\partial v}{\partial x}$$

解得

$$e_{xy} = \frac{1}{2}\left(\frac{\partial u}{\partial y} + \frac{\partial v}{\partial x}\right)$$

$$\omega_{xy} = \frac{1}{2}\left(\frac{\partial v}{\partial x} - \frac{\partial u}{\partial y}\right)$$

由

$$e_{xz} - \omega_{xz} = \frac{\partial w}{\partial x}$$

$$e_{xz} + \omega_{xz} = \frac{\partial u}{\partial z}$$

解得

$$e_{xz} = \frac{1}{2}\left(\frac{\partial u}{\partial z} + \frac{\partial w}{\partial x}\right)$$

$$\omega_{xz} = \frac{1}{2}\left(\frac{\partial u}{\partial z} - \frac{\partial w}{\partial x}\right)$$

由

$$e_{yz} - \omega_{yz} = \frac{\partial v}{\partial z}$$

$$e_{yz} + \omega_{yz} = \frac{\partial w}{\partial y}$$

解得

$$e_{yz} = \frac{1}{2}\left(\frac{\partial v}{\partial z} + \frac{\partial w}{\partial y}\right)$$

$$\omega_{yz} = \frac{1}{2}\left(\frac{\partial w}{\partial y} - \frac{\partial v}{\partial z}\right)$$

最后得到

$$
\begin{aligned}
&\varepsilon_x=\frac{\partial u}{\partial x} &\quad e_{xy}=\frac{1}{2}\left(\frac{\partial u}{\partial y}+\frac{\partial v}{\partial x}\right) &\quad \omega_{xy}=\frac{1}{2}\left(\frac{\partial v}{\partial x}-\frac{\partial u}{\partial y}\right)\\
&\varepsilon_y=\frac{\partial v}{\partial y} &\quad e_{xz}=\frac{1}{2}\left(\frac{\partial u}{\partial z}+\frac{\partial w}{\partial x}\right) &\quad \omega_{xz}=\frac{1}{2}\left(\frac{\partial u}{\partial z}-\frac{\partial w}{\partial x}\right)\\
&\varepsilon_z=\frac{\partial w}{\partial z} &\quad e_{yz}=\frac{1}{2}\left(\frac{\partial v}{\partial z}+\frac{\partial w}{\partial y}\right) &\quad \omega_{yz}=\frac{1}{2}\left(\frac{\partial w}{\partial y}-\frac{\partial v}{\partial z}\right)
\end{aligned}
\tag{6-7}
$$

下面分析式（6–7）中各项的物理意义。

（1）ε_x代表沿 x 方向的拉伸变形。

图 6–2　线变形速率

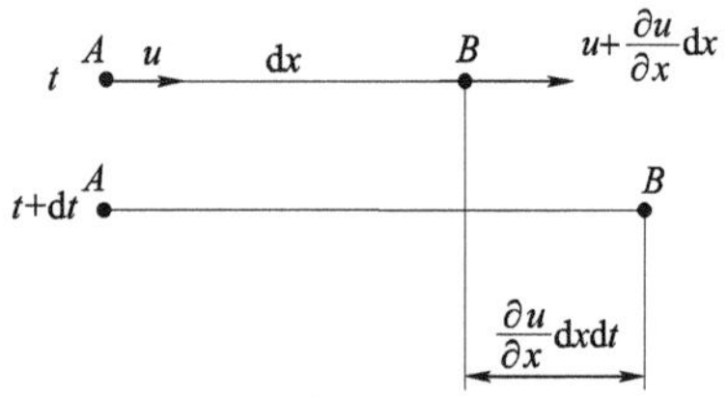

设在 t 时刻 A 点的速度分量为 u，相距 dx 位置的 B 点的速度分量为$u+\frac{\partial u}{\partial x}\mathrm{d}x$，经过 d$t$ 时间后，B 点相对于 A 点的运动如图 6–2 所示。

明显看出，经过 dt 时间后，沿 x 轴方向 B 点比 A 点多移动了$\frac{\partial u}{\partial x}\mathrm{d}x\mathrm{d}t$的距离，这相当于 AB 线拉伸的伸长量。故单位长度、单位时间的伸长率为$\varepsilon_x=\frac{\partial u}{\partial x}$，因此，$\varepsilon_x$代表沿 x 方向的拉伸变形速率。

同理，ε_y与ε_z分别代表沿 y 和 z 方向的拉伸变形速率。

下面讨论平面的运动情况，在流体微团中任取一个平行四边形 $ABCD$，如图 6–3 所示，经过 dt 时间后变形为 $AB'C'D'$。

图 6–3　角变形速率与转动

图 6–3 中在 A 点的速度分量为 u 和 v，在 D 点的速度分量为

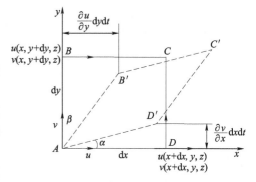

$$u(x+\mathrm{d}x,y,z)=u+\frac{\partial u}{\partial x}\mathrm{d}x$$

$$v(x+\mathrm{d}x,y,z)=v+\frac{\partial v}{\partial x}\mathrm{d}x$$

经过 dt 时刻，D 点移动到 D' 点，相对于基点 A 沿 y 轴方向的位移量为

$$\frac{\partial v}{\partial x}\mathrm{d}x\mathrm{d}t$$

在 B 点的速度分量为

$$u(x,y+\mathrm{d}y,z)=u+\frac{\partial u}{\partial y}\mathrm{d}y$$

$$v(x,y+\mathrm{d}y,z)=v+\frac{\partial v}{\partial y}\mathrm{d}y$$

经过 dt 时刻，B 点移动到 B' 点，相对于基点 A 沿 x 轴方向的位移量为

$$\frac{\partial u}{\partial y}\mathrm{d}y\mathrm{d}t$$

则有

$$\alpha \approx \tan\alpha \approx \dfrac{\dfrac{\partial v}{\partial x}\mathrm{d}x\mathrm{d}t}{\mathrm{d}x} = \dfrac{\partial v}{\partial x}\mathrm{d}t$$

$$\beta \approx \tan\beta \approx \dfrac{\dfrac{\partial u}{\partial y}\mathrm{d}y\mathrm{d}t}{\mathrm{d}y} = \dfrac{\partial u}{\partial y}\mathrm{d}t$$

（6-8）

（2）e_{xy} 代表在 xy 平面内的剪切变形速率。

$AB'C'D'$ 相对于 $ABCD$ 来说，AB 与 AD 之间的夹角减小了 $\alpha+\beta$，由式（6-8），有

$$\alpha+\beta = \left(\frac{\partial v}{\partial x}+\frac{\partial u}{\partial y}\right)\mathrm{d}t$$

所以

$$e_{xy} = \frac{1}{2}\left(\frac{\partial v}{\partial x}+\frac{\partial u}{\partial y}\right)$$

相当于 AB 和 AD 之间夹角的平均改变率，称为 xy 平面的剪切变形速率。

同理，有

$$e_{xz} = \frac{1}{2}\left(\frac{\partial u}{\partial z}+\frac{\partial w}{\partial x}\right)$$

$$e_{yz} = \frac{1}{2}\left(\frac{\partial v}{\partial z}+\frac{\partial w}{\partial y}\right)$$

分别表示 xz、yz 平面的剪切变形速率。

（3）ω_{xy} 代表 xy 平面内的旋转速率。

设想，若 $ABCD$ 进行了剪切变形后，其位置与 $AB'C'D'$ 还会相差一个角度，这个角度就是 $\dfrac{1}{2}(\alpha-\beta)$，即还需旋转 $\dfrac{1}{2}(\alpha-\beta)$ 角度才是最后的状态。

注：旋转以逆时针为正方向，符合右手法则。

根据式（6-8），由于

$$\theta = \frac{1}{2}(\alpha-\beta) = \frac{1}{2}\left(\frac{\partial v}{\partial x}-\frac{\partial u}{\partial y}\right)\mathrm{d}t$$

这相当于整体沿逆时针方向旋转的角度，故

$$\omega_{xy} = \frac{1}{2}\left(\frac{\partial v}{\partial x}-\frac{\partial u}{\partial y}\right)$$

代表微团在 xy 平面内的旋转速率。

同理，有

$$\begin{cases} 2\omega_{xy} = \dfrac{\partial v}{\partial x}-\dfrac{\partial u}{\partial y} = 2\omega_z \\[2mm] 2\omega_{xz} = \dfrac{\partial u}{\partial z}-\dfrac{\partial w}{\partial x} = 2\omega_y \\[2mm] 2\omega_{yz} = \dfrac{\partial w}{\partial y}-\dfrac{\partial v}{\partial z} = 2\omega_x \end{cases}$$

（6-9）

上面三个式子又可以写成行列式的形式，即

$$2\boldsymbol{\omega} = \boldsymbol{\Omega} = \begin{vmatrix} \mathbf{i} & \mathbf{j} & \mathbf{k} \\ \dfrac{\partial}{\partial x} & \dfrac{\partial}{\partial y} & \dfrac{\partial}{\partial z} \\ u & v & w \end{vmatrix} = \nabla \times V \tag{6-10}$$

综上所述，流体微团的运动可分解为三部分：一是与某个基点一起做相同运动的平动；二是相对此基点的拉伸或剪切变形运动；三是绕此基点的旋转运动。这就是流体微团速度分解定理，也称为柯西—亥姆霍茨定理。

讨论 1：按照流体微团速度分解定理，流体的流动又可分为有旋流动和无旋流动，即若式（6-10）为 0，则流动为无旋流动，否则就是有旋流动。

【例6-1】 若有速度场 $V = ax\mathbf{i} + by\mathbf{j} + c\mathbf{k}$ 表示一个不可压缩流体的无旋流动，则 a、b、c 应满足什么关系式。

解：由式（6-10），有

$$2\boldsymbol{\omega} = \begin{vmatrix} \mathbf{i} & \mathbf{j} & \mathbf{k} \\ \dfrac{\partial}{\partial x} & \dfrac{\partial}{\partial y} & \dfrac{\partial}{\partial z} \\ ax & by & c \end{vmatrix} = \mathbf{0}$$

即此流场是无旋的，但若此流场代表一个不可压缩流场，则还应满足连续性方程，即有

$$\frac{\partial u}{\partial x} + \frac{\partial v}{\partial y} + \frac{\partial w}{\partial z} = a + b = 0$$

故 a、b、c 应满足的关系式为 $a + b = 0$。

讨论 2：流动的有旋与无旋和质点的轨迹无关。

【例6-2】 两个相距为 h 的平板之间充满的黏性液体如图6-4所示。现设下板不动，上板以速度 V 沿水平方向运动，设任意截面上的速度分布为线性分布，试确定两平板间的流体是否有旋。

解：根据速度的线性分布假设，任意截面上的速度分布为

$$u = \frac{y}{h} V$$

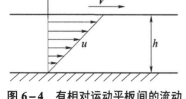

图6-4 有相对运动平板间的流动

则根据式（6-9），有

$$2\boldsymbol{\omega} = \begin{vmatrix} \mathbf{i} & \mathbf{j} & \mathbf{k} \\ \dfrac{\partial}{\partial x} & \dfrac{\partial}{\partial y} & \dfrac{\partial}{\partial z} \\ \dfrac{y}{h}V & 0 & 0 \end{vmatrix} = 0\mathbf{i} + 0\mathbf{j} - \frac{V}{h}\mathbf{k} \neq \mathbf{0}$$

故流动为有旋流动。

注：在这个例子中，流体质点的运动轨迹显然是直线，但流动为有旋。这里应特别注意，流动有旋与无旋是质点本身的运动状态，而与这个质点的轨迹无关。

讨论3： 流动的无旋与有势互为充要条件。

若流动为无旋流动，则其必然是有势流动，反之亦然。所谓有势流动是指存在一个速度势函数 φ，使得对于速度场

$$V = u\mathbf{i} + v\mathbf{j} + w\mathbf{k}$$

有

$$\frac{\partial \varphi}{\partial x} = u$$

$$\frac{\partial \varphi}{\partial y} = v \qquad\qquad (6-11)$$

$$\frac{\partial \varphi}{\partial z} = w$$

写成矢量形式就是

$$V = \nabla \varphi \qquad\qquad (6-12)$$

【例 6-3】 已知二元流场的速度势函数为 $\varphi = x^2 - y^2$，试求速度分量以及证明流动为无旋流动。

解： 由速度势函数的定义，有

$$u = \frac{\partial \varphi}{\partial x} = 2x$$

$$v = \frac{\partial \varphi}{\partial y} = -2y$$

再由式（6-9），流场的旋度为

$$\omega_k = \frac{1}{2}\left(\frac{\partial v}{\partial x} - \frac{\partial u}{\partial y}\right) = 0$$

即流动为无旋流动。

第3节 理想流体运动微分方程及其积分

流体质点的运动是符合牛顿第二定律的，由此得出流体的运动与它所受到的作用力之间的关系，从而建立流体运动的基本方程。本节考虑流体为理想流体，流体质点没有切向力，只有法向力，所建立的运动方程是理想流体运动方程。

1. 理想流体的运动微分方程式

在空间流场中，取一边长分别是 dx、dy、dz 的微元六面体，如图 6-5 所示，该六面体的各个边与坐标轴平行，并设 $A(x,y,z)$ 点为该六面体的顶点。

（1）作用在微元上的表面力。

设 A 点处的压强为 p，由于 dx、dy、dz 都很小，可以认为在包含 A 点的三个微元体的边界面上，压强均为 p，则由数学中的泰勒展开，对应的三个边界面上的压强分别为

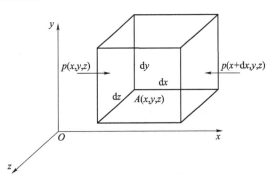

图 6-5 平行六面体微团

$$p(x+\mathrm{d}x, y, z) = p + \frac{\partial p}{\partial x}\mathrm{d}x,$$

$$p(x, y+\mathrm{d}y, z) = p + \frac{\partial p}{\partial y}\mathrm{d}y$$

$$p(x, y, z+\mathrm{d}z) = p + \frac{\partial p}{\partial z}\mathrm{d}z$$

沿 x 方向的表面力合力为

$$[p - p(x+\mathrm{d}x, y, z)]\mathrm{d}y\mathrm{d}z = -\frac{\partial p}{\partial x}\mathrm{d}x\mathrm{d}y\mathrm{d}z$$

沿 y 方向的表面力合力为

$$[p - p(x, y+\mathrm{d}y, z)]\mathrm{d}x\mathrm{d}z = -\frac{\partial p}{\partial y}\mathrm{d}x\mathrm{d}y\mathrm{d}z$$

沿 z 方向的表面力合力为

$$[p - p(x, y, z+\mathrm{d}z)]\mathrm{d}x\mathrm{d}y = -\frac{\partial p}{\partial z}\mathrm{d}x\mathrm{d}y\mathrm{d}z$$

（2）作用在微元上的质量力。

设作用于单位质量流体上质量力的三个分量分别为 X、Y、Z，微元体内的流体质量为 $\rho\mathrm{d}x\mathrm{d}y\mathrm{d}z$，则微元体所受的质量力在 x、y、z 三个坐标方向的分量分别为

$$X\rho\mathrm{d}x\mathrm{d}y\mathrm{d}z, \quad Y\rho\mathrm{d}x\mathrm{d}y\mathrm{d}z, \quad Z\rho\mathrm{d}x\mathrm{d}y\mathrm{d}z$$

（3）根据牛顿第二定律列方程。

微元流体在表面力和质量力的作用下运动，其三个加速度分量分别为 $\frac{\mathrm{d}u}{\mathrm{d}t}$、$\frac{\mathrm{d}v}{\mathrm{d}t}$、$\frac{\mathrm{d}w}{\mathrm{d}t}$，则由牛顿第二运动定律，沿 x 轴方向的运动方程为

$$X\rho\mathrm{d}x\mathrm{d}y\mathrm{d}z - \frac{\partial p}{\partial x}\mathrm{d}x\mathrm{d}y\mathrm{d}z = \rho\mathrm{d}x\mathrm{d}y\mathrm{d}z\frac{\mathrm{d}u}{\mathrm{d}t}$$

得到

$$X - \frac{\partial p}{\rho\partial x} = \frac{\mathrm{d}u}{\mathrm{d}t}$$

同理，可以得到沿 y、z 轴的运动方程，最后有

$$
\begin{aligned}
X - \frac{\partial p}{\rho\partial x} &= \frac{\mathrm{d}u}{\mathrm{d}t} = \frac{\partial u}{\partial t} + u\frac{\partial u}{\partial x} + v\frac{\partial u}{\partial y} + w\frac{\partial u}{\partial z} \\
Y - \frac{\partial p}{\rho\partial y} &= \frac{\mathrm{d}v}{\mathrm{d}t} = \frac{\partial v}{\partial t} + u\frac{\partial v}{\partial x} + v\frac{\partial v}{\partial y} + w\frac{\partial v}{\partial z} \\
Z - \frac{\partial p}{\rho\partial z} &= \frac{\mathrm{d}w}{\mathrm{d}t} = \frac{\partial w}{\partial t} + u\frac{\partial w}{\partial x} + v\frac{\partial w}{\partial y} + w\frac{\partial w}{\partial z}
\end{aligned}
\tag{6-13}
$$

这就是著名的欧拉理想流体运动微分方程，是由欧拉在 1755 年得出的。欧拉方程（6-13）和连续性方程（6-4）一起构成描述理想流体运动的偏微分方程组。

注1：对于不可压缩流体，密度为常数，方程组中含有 4 个未知量 p、u、v、w，与方程个数相等，可通过求解方程组得到未知量的变化规律。

注2：若流体为可压缩流体，密度是未知的，则还需要补充能量方程和状态方程。

注 3：对于黏性流体，需要考虑流体切应力的作用。对于不可压缩黏性流体，单位质量流体所受到的切应力沿 x、y、z 方向的分力分别为 $\nu\nabla^2 u$、$\nu\nabla^2 v$ 和 $\nu\nabla^2 w$，此时流体运动微分方程变为

$$X - \frac{\partial p}{\rho\partial x} + \nu\nabla^2 u = \frac{\mathrm{d}u}{\mathrm{d}t} = \frac{\partial u}{\partial t} + u\frac{\partial u}{\partial x} + v\frac{\partial u}{\partial y} + w\frac{\partial u}{\partial z}$$

$$Y - \frac{\partial p}{\rho\partial y} + \nu\nabla^2 v = \frac{\mathrm{d}v}{\mathrm{d}t} = \frac{\partial v}{\partial t} + u\frac{\partial v}{\partial x} + v\frac{\partial v}{\partial y} + w\frac{\partial v}{\partial z} \qquad (6-14)$$

$$Z - \frac{\partial p}{\rho\partial z} + \nu\nabla^2 w = \frac{\mathrm{d}w}{\mathrm{d}t} = \frac{\partial w}{\partial t} + u\frac{\partial w}{\partial x} + v\frac{\partial w}{\partial y} + w\frac{\partial w}{\partial z}$$

式中，$\nabla^2 = \dfrac{\partial^2}{\partial x^2} + \dfrac{\partial^2}{\partial y^2} + \dfrac{\partial^2}{\partial z^2}$，称为拉普拉斯算子。式（6-14）就是著名的纳维—斯托克斯（Navier-Stokes）方程，简称 N-S 方程。

2. 对欧拉运动微分方程的积分

对于理想流体运动微分方程式（6-13），将三个方程分别乘 $\mathrm{d}x$、$\mathrm{d}y$、$\mathrm{d}z$ 后，对应项相加，则有以下公式成立。

（1）对于等式左边第一项，分别乘 $\mathrm{d}x$、$\mathrm{d}y$、$\mathrm{d}z$ 再相加后，得到

$$X\mathrm{d}x + Y\mathrm{d}y + Z\mathrm{d}z = \boldsymbol{F} \cdot \mathrm{d}\boldsymbol{l} \qquad (6-15)$$

式中

$$\boldsymbol{F} = X\mathbf{i} + Y\mathbf{j} + Z\mathbf{k}, \quad \mathrm{d}\boldsymbol{l} = \mathbf{i}\mathrm{d}x + \mathbf{j}\mathrm{d}y + \mathbf{k}\mathrm{d}z$$

（2）对于等式左边第二项，分别乘 $\mathrm{d}x$、$\mathrm{d}y$、$\mathrm{d}z$ 再相加后为

$$\frac{1}{\rho}\left(\frac{\partial p}{\partial x}\mathrm{d}x + \frac{\partial p}{\partial y}\mathrm{d}y + \frac{\partial p}{\partial z}\mathrm{d}z\right) = \frac{\mathrm{d}p}{\rho} \qquad (6-16)$$

（3）对于等式右边第一项，分别乘 $\mathrm{d}x$、$\mathrm{d}y$、$\mathrm{d}z$ 再相加后为

$$\frac{\partial u}{\partial t}\mathrm{d}x + \frac{\partial v}{\partial t}\mathrm{d}y + \frac{\partial w}{\partial t}\mathrm{d}z = \frac{\partial \boldsymbol{V}}{\partial t} \cdot \mathrm{d}\boldsymbol{l} \qquad (6-17)$$

式中，$\boldsymbol{V} = u\mathbf{i} + v\mathbf{j} + w\mathbf{k}$。

（4）对于等式右边第二、三、四项，分别乘 $\mathrm{d}x$、$\mathrm{d}y$、$\mathrm{d}z$ 再相加后，有

$$\left(u\frac{\partial u}{\partial x}\mathrm{d}x + v\frac{\partial u}{\partial y}\mathrm{d}y + w\frac{\partial u}{\partial z}\mathrm{d}z\right) + \left(u\frac{\partial v}{\partial x}\mathrm{d}x + v\frac{\partial v}{\partial y}\mathrm{d}y + w\frac{\partial v}{\partial z}\mathrm{d}z\right) +$$

$$\left(u\frac{\partial w}{\partial x}\mathrm{d}x + v\frac{\partial w}{\partial y}\mathrm{d}y + w\frac{\partial w}{\partial z}\mathrm{d}z\right) \qquad (6-18)$$

$$= \mathrm{d}\left(\frac{V^2}{2}\right) + \begin{vmatrix} \mathrm{d}x & \mathrm{d}y & \mathrm{d}z \\ \omega_x & \omega_y & \omega_z \\ u & v & w \end{vmatrix}$$

式中，$V^2 = u^2 + v^2 + w^2$，这一部分的推导比较烦琐，省略，请读者自行完成。

综上所述，结合式（6-15）至式（6-18），最后得到

$$\boldsymbol{F} \cdot \mathrm{d}\boldsymbol{l} - \frac{\mathrm{d}p}{\rho} = \frac{\partial \boldsymbol{V}}{\partial t} \cdot \mathrm{d}\boldsymbol{l} + \mathrm{d}\left(\frac{V^2}{2}\right) + \begin{vmatrix} \mathrm{d}x & \mathrm{d}y & \mathrm{d}z \\ \omega_x & \omega_y & \omega_z \\ u & v & w \end{vmatrix} \qquad (6-19)$$

为了得到积分形式的便于应用的关系式，下面对此式进一步进行分析。

对于等式（6-19）左边第一项，积分条件要求质量力有势，设质量力势函数为 W，即有函数 W 满足

$$X = \frac{\partial W}{\partial x}, Y = \frac{\partial W}{\partial y}, Z = \frac{\partial W}{\partial z}$$

则有

$$\boldsymbol{F} \cdot \mathrm{d}\boldsymbol{l} = X\mathrm{d}x + Y\mathrm{d}y + Z\mathrm{d}z = \mathrm{d}W$$
$$\int \boldsymbol{F} \cdot \mathrm{d}\boldsymbol{l} = W \tag{6-20}$$

对于等式（6-19）左侧第二项，积分条件要求密度仅仅为压强的函数，即 $\rho = \rho(p)$，这类流体称为正压性流体，则有

$$\int \frac{\mathrm{d}p}{\rho} = P \tag{6-21}$$

式中，P 称为压力函数。

对于等式（6-19）右侧第二项，已经是全微分形式了，则有

$$\int \mathrm{d}\left(\frac{V^2}{2}\right) = \frac{V^2}{2} \tag{6-22}$$

对于等式（6-19）右侧第三项，此项为 0 的条件如下：

无旋流动：

$$\omega_x = \omega_y = \omega_z = 0 \tag{6-23}$$

或沿一条流线运动，此时

$$\frac{\mathrm{d}x}{u} = \frac{\mathrm{d}y}{v} = \frac{\mathrm{d}z}{w} \tag{6-24}$$

综合以上讨论，在满足式（6-23）或式（6-24）的条件下，即在满足无旋流动或沿一条流线运动的情况下，将式（6-20）、式（6-21）和式（6-22）代入式（6-19），得到

$$\frac{V^2}{2} + P - W + \int \frac{\partial V}{\partial t} \cdot \mathrm{d}\boldsymbol{l} = C \tag{6-25}$$

进一步设质量力只有重力作用，则

$$W = -gz \tag{6-26}$$

再设流体为不可压缩流体，则

$$\int \frac{\mathrm{d}p}{\rho} = P = \frac{p}{\rho} \tag{6-27}$$

则由式（6-25）得到

$$\frac{V^2}{2g} + \frac{p}{\rho g} + z + \frac{1}{g}\int \frac{\partial V}{\partial t} \cdot \mathrm{d}\boldsymbol{l} = C \tag{6-28}$$

这就是在重力场作用下不可压缩理想流体做不定常流动的伯努利方程。对于定常流动，由于

$$\frac{\partial V}{\partial t} = 0$$

则方程变为

$$gz + \frac{p}{\rho} + \frac{V^2}{2} = C \tag{6-29}$$

或者

$$z + \frac{p}{\rho g} + \frac{V^2}{2g} = C \tag{6-30}$$

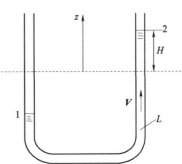

图 6-6　U 形管中液柱的运动

这就是著名的伯努利方程，其中特别注意，对于无旋流动，流场中任意两点间伯努利方程都是成立的；而对于有旋流动，则流场中任意两点必须在一条流线上才满足。

【例 6-4】U 形管内充有长为 L 的液柱，如图 6-6 所示。初始时刻，右侧液柱位于平衡线上方 H 处，并在重力作用下开始做振荡运动，试求液柱的运动方程和振荡周期。

解：这是一个不定常流动问题。假设液体为不可压缩的理想流体，质量力仅有重力。由于速度仅仅是时间 t 的函数，且速度矢量与管道轴线方向平行，则

$$\frac{\partial V}{\partial t} \cdot \mathrm{d}l = \frac{\mathrm{d}V}{\mathrm{d}t} \cdot \mathrm{d}l = \frac{\mathrm{d}V}{\mathrm{d}t} \mathrm{d}l$$

即由式（6-28），自 1 截面到 2 截面对液柱列方程，有

$$\frac{V_1^2}{2g} + \frac{p_1}{\rho g} - z + \frac{1}{g}\int_0^0 \frac{\mathrm{d}V}{\mathrm{d}t}\mathrm{d}l = \frac{V_2^2}{2g} + \frac{p_2}{\rho g} + z + \frac{1}{g}\int_0^L \frac{\mathrm{d}V}{\mathrm{d}t}\mathrm{d}l$$

由于管径不变，则 $V_1 = V_2$；由于液面都是大气压，则 $p_1 = p_2 = 0$。另外，对于某一时刻 t，沿程的加速度相同，$\frac{\mathrm{d}V}{\mathrm{d}t}$ 与轴线位置无关，则有

$$\frac{1}{g}\frac{\mathrm{d}V}{\mathrm{d}t}L + 2z = 0$$

由于 $\frac{\mathrm{d}V}{\mathrm{d}t} = \frac{\mathrm{d}^2 z}{\mathrm{d}t^2}$，代入上式，得到液柱运动微分方程为

$$\frac{\mathrm{d}^2 z}{\mathrm{d}t^2} + \frac{2g}{L}z = 0$$

此方程的通解为

$$z = A\cos\omega t + B\sin\omega t$$

式中，$\omega = \sqrt{\frac{2g}{L}}$。将初始条件代入，得到

$$z = H\cos\omega t$$

这就是液柱的运动方程，其振荡周期为

$$T = \frac{2\pi}{\omega} = 2\pi\sqrt{\frac{L}{2g}}$$

第4节　二元有势流动的势函数与流函数

这一节讨论平面的无旋流动，对于二元流动来说，若流动无旋，则必有势函数 φ 存在，且有

$$\frac{\partial \varphi}{\partial x} = u$$

$$\frac{\partial \varphi}{\partial y} = v \tag{6-31}$$

当然，若式（6-31）成立，则必有

$$\omega_k = \frac{1}{2}\left(\frac{\partial v}{\partial x} - \frac{\partial u}{\partial y}\right) = \frac{1}{2}\left(\frac{\partial^2 \varphi}{\partial x \partial y} - \frac{\partial^2 \varphi}{\partial x \partial y}\right) = 0$$

即流动一定是无旋的。

对于二元流动，不管是有旋还是无旋流动，我们都可以定义另外一个函数，称为流函数，记作 ψ，定义如下

$$\begin{cases} \dfrac{\partial \psi}{\partial x} = -v \\ \dfrac{\partial \psi}{\partial y} = u \end{cases} \tag{6-32}$$

这样的函数是天然满足连续性方程的，即有

$$\frac{\partial u}{\partial x} + \frac{\partial v}{\partial y} = \frac{\partial^2 \psi}{\partial x \partial y} - \frac{\partial^2 \psi}{\partial x \partial y} = 0$$

流函数与势函数有以下基本特性。

1. 对于有势流动，流函数与势函数均为调和函数

若流场是有势的，即式（6-31）成立，则由连续性方程，有

$$\frac{\partial u}{\partial x} + \frac{\partial v}{\partial y} = \frac{\partial^2 \varphi}{\partial x^2} + \frac{\partial^2 \varphi}{\partial y^2} = 0 \tag{6-33}$$

即势函数满足拉普拉斯方程，是一个调和函数。

若流动为无旋流动，则由无旋流动的条件，有

$$\omega_k = \frac{1}{2}\left(\frac{\partial v}{\partial x} - \frac{\partial u}{\partial y}\right) = -\frac{1}{2}\left(\frac{\partial^2 \psi}{\partial x^2} + \frac{\partial^2 \psi}{\partial y^2}\right) = 0 \tag{6-34}$$

即流函数也满足拉普拉斯方程，也是一个调和函数。

2. 势流的叠加原理

速度势函数和流函数都满足拉普拉斯方程，由于拉普拉斯方程是线性方程，故两个速度势函数 φ_1 和 φ_2 的叠加也满足拉普拉斯方程，即 $\varphi = \varphi_1 + \varphi_2$ 也是速度势函数。

设 φ_1 和 φ_2 满足拉普拉斯方程，即有

$$\frac{\partial^2 \varphi_1}{\partial x^2} + \frac{\partial^2 \varphi_1}{\partial y^2} = 0$$

$$\frac{\partial^2 \varphi_2}{\partial x^2} + \frac{\partial^2 \varphi_2}{\partial y^2} = 0$$

则 $\varphi = \varphi_1 + \varphi_2$ 也满足拉普拉斯方程，即有

$$\frac{\partial^2 \varphi}{\partial x^2} + \frac{\partial^2 \varphi}{\partial y^2} = 0$$

同理，对于无旋运动的流函数也有这一特性，两个流函数叠加后可构成新的流函数。

这一结论推广出有限个势函数或流函数的叠加仍然成立。

3. 流函数与势函数满足科希—黎曼关系式

由式（6−31）和式（6−33）可知，势函数与流函数满足关系式

$$\begin{cases} \dfrac{\partial \varphi}{\partial x} = \dfrac{\partial \psi}{\partial y} \\[2mm] \dfrac{\partial \varphi}{\partial y} = -\dfrac{\partial \psi}{\partial x} \end{cases} \tag{6−35}$$

此式称为科希—黎曼关系式。

4. 等流函数线与等势函数线正交

对于等流函数线，有 $\psi = C$，即有

$$\mathrm{d}\psi = \frac{\partial \psi}{\partial x}\mathrm{d}x + \frac{\partial \psi}{\partial y}\mathrm{d}y = 0$$

在等流函数线上一点 (x, y) 处曲线切线的斜率为

$$k_1 = \frac{\mathrm{d}y}{\mathrm{d}x} = -\frac{\partial \psi / \partial x}{\partial \psi / \partial y} = \frac{v}{u} \tag{6−36}$$

对于等势函数线，有 $\varphi = C$，即有

$$\mathrm{d}\varphi = \frac{\partial \varphi}{\partial x}\mathrm{d}x + \frac{\partial \varphi}{\partial y}\mathrm{d}y = 0$$

在等势函数线上一点 (x, y) 处曲线切线的斜率为

$$k_2 = \frac{\mathrm{d}y}{\mathrm{d}x} = -\frac{\partial \varphi / \partial x}{\partial \varphi / \partial y} = -\frac{u}{v} \tag{6−37}$$

结合式（6−36）和式（6−37）可知，在等流函数线与等势函数线的交点 (x, y) 处，有

$$k_1 \cdot k_2 = -1 \tag{6−38}$$

即等流函数线与等势函数线的交点处的切线互相垂直。由此得知，等流函数线与等势函数线构成一个正交网络。

5. 等流函数线为一条流线

对于等流函数线，有 $\psi = C$，即有

$$\mathrm{d}\psi = \frac{\partial \psi}{\partial x}\mathrm{d}x + \frac{\partial \psi}{\partial y}\mathrm{d}y = -v\mathrm{d}x + u\mathrm{d}y = 0$$

得到

$$\frac{\mathrm{d}x}{u} = \frac{\mathrm{d}y}{v}$$

这恰好是流线方程，即 $\psi = C$ 的线为一条流线。

推论：由于等势函数线与等流函数线正交，故等势面就是过流断面。

6. 两条流线之间的流量为两条流线的流函数值之差

如图 6-7 所示，在两条流线所形成的流道内，流量 Q 与两条流线所对应的流函数值之间，有

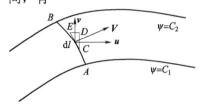

图 6-7　两条流线之间的流量

$$dQ = d\psi$$
$$Q = \psi_B - \psi_A = C_2 - C_1 \qquad (6-39)$$

证明如下：

在通道截面 AB 上，取有向线段 dl 为 CE，线段在 x 轴和 y 轴的投影长分别为 DE 和 CD，长度分别是 $-dx$ 和 dy。线段上的速度分量分别为 u 和 v，则由流量的定义式，有

$$Q = \int_{AB} V \cdot dl = \int_{AB} (u\overline{CD} + v\overline{DE}) = \int_{AB} (udy - vdx)$$
$$= \int_{AB} \left(\frac{\partial \psi}{\partial y}dy + \frac{\partial \psi}{\partial x}dx \right) = \int_{AB} d\psi = \psi_B - \psi_A = C_2 - C_1$$

【例 6-5】 已知二元流动的流函数为 $\psi = x^2 - y^2$，试求：

（1）流场中的速度分布；

（2）流动是否有旋；

（3）若无旋，求出速度势函数；

（4）画出流场的流线图，并标明流动方向。

解：

（1）按照流函数的定义，得到流场的速度分布为

$$u = \frac{\partial \psi}{\partial y} = -2y$$

$$v = -\frac{\partial \psi}{\partial x} = -2x$$

（2）判断流场是否有旋。

由于

$$\omega_k = \frac{1}{2}\left(\frac{\partial v}{\partial x} - \frac{\partial u}{\partial y} \right) = 0$$

故流场为无旋流场。

（3）求速度势函数。

由速度势函数的定义，有

$$\frac{\partial \varphi}{\partial x} = u = -2y$$

$$\frac{\partial \varphi}{\partial y} = v = -2x$$

解得

$$\varphi = -2xy$$

（4）由于 $\psi = C$ 的线为流线，画出流线图，如图 6-8 所示。

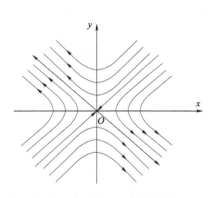

图 6-8　例 6-5 的流线图

第 5 节　基本平面势流的流函数与势函数

所谓基本平面势流包括平行来流、点源、点汇、点涡和偶极流，这些基本平面势流的叠加可形成许多流动，也是利用势流理论解决实际问题的基础。

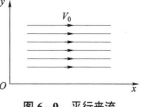

图 6-9　平行来流

1. 平行来流

平行来流是指流体自无穷远处以固定的流速和方向进行的流动，如图 6-9 所示。

选择坐标系的 x 轴与来流方向相同，则有

$$\begin{cases} u = V_0 = \dfrac{\partial \varphi}{\partial x} = \dfrac{\partial \psi}{\partial y} \\ v = 0 = \dfrac{\partial \varphi}{\partial y} = -\dfrac{\partial \psi}{\partial x} \end{cases}$$

对上式积分，得到平行来流的势函数与流函数分别为

$$\begin{cases} \varphi = V_0 x \\ \psi = V_0 y \end{cases} \tag{6-40}$$

2. 点源与点汇

所谓点源与点汇，也称为奇点，流动情形如图 6-10 所示。可以设想是无限大水池中的进水口和出水口，流体只有沿径向方向的流动，其流量是一定的，这个流量 q 称为点源或点汇的强度。

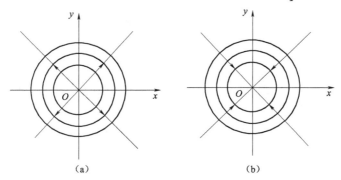

图 6-10　点源与点汇

（a）点源；（b）点汇

以点源为中心，取一个半径为 r 的圆周，由于流量不变，则由连续性方程，有

$$2\pi r V_r = q \tag{6-41}$$

鉴于流动的特点，显然取极坐标系统比较方便。设 x 轴与 r 重合，则对应有

$$\frac{\partial}{\partial x} = \frac{\partial}{\partial r}$$

$$\frac{\partial}{\partial y} = \frac{\partial}{r \partial \theta} \tag{6-42}$$

这样，根据式（6-41），得到流场的速度分布为

$$\begin{cases}V_r=\dfrac{q}{2\pi r}\\ V_\theta=0\end{cases}\tag{6-43}$$

再由式（6－42），有

$$\begin{cases}\dfrac{\partial\varphi}{\partial x}=\dfrac{\partial\varphi}{\partial r}=V_r=\dfrac{q}{2\pi r}\\ \dfrac{\partial\varphi}{\partial y}=\dfrac{\partial\varphi}{r\partial\theta}=V_\theta=0\end{cases}\tag{6-44}$$

$$\begin{cases}\dfrac{\partial\psi}{\partial x}=\dfrac{\partial\psi}{\partial r}=-V_\theta=0\\ \dfrac{\partial\psi}{\partial y}=\dfrac{\partial\psi}{r\partial\theta}=V_r=\dfrac{q}{2\pi r}\end{cases}\tag{6-45}$$

积分后，得到势函数与流函数分别为

$$\begin{aligned}\varphi&=\pm\frac{q}{2\pi}\ln r\\ \psi&=\pm\frac{q}{2\pi}\theta\end{aligned}\tag{6-46}$$

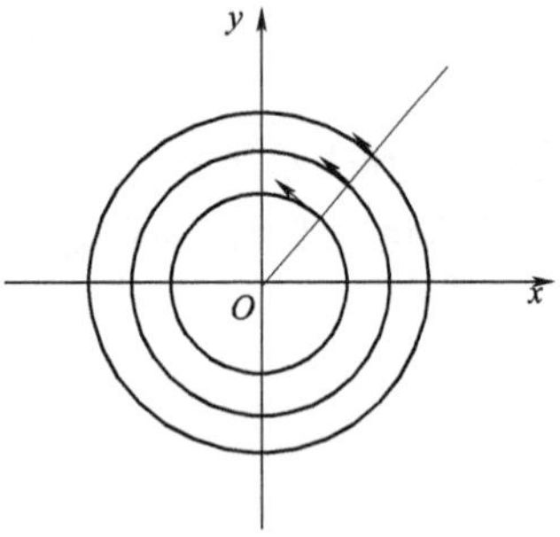

图 6－11　点涡流动

在式（6－46）中，当取正值时称为点源，取负值时称为点汇。

3. 点涡

点涡也称自由涡，是一个围绕中心点 O 做圆周运动的流动，如图 6－11 所示。

首先我们定义一个新的量，称为速度环量，记为 Γ，定义式如下：

$$\Gamma=\oint_C \boldsymbol{V}\cdot \mathrm{d}\boldsymbol{l}\tag{6-47}$$

式中，C 为流域中一条封闭曲线；$\mathrm{d}\boldsymbol{l}$ 为沿曲线的微元有向线段；$\boldsymbol{V}$ 为曲线上的流速；积分以逆时针方向为正。对于点涡流动，取 C 为一条以点涡中心点为中心的等径圆周，由于没有径向分速度，只有沿曲线的切向速度，且沿一条圆周上的切线速度相同，故点涡的速度环量为

$$\Gamma=\oint_C \boldsymbol{V}\cdot \mathrm{d}\boldsymbol{l}=2\pi rV_\theta\tag{6-48}$$

假设点涡流动为等环量流动，即沿任一圆周上的速度环量都相等，则点涡的速度分布为

$$\begin{cases}V_r=0\\ V_\theta=\dfrac{\Gamma}{2\pi r}\end{cases}\tag{6-49}$$

再由式（6－42）与速度势函数和流函数的定义，有

$$\begin{cases}\dfrac{\partial\varphi}{\partial x}=\dfrac{\partial\varphi}{\partial r}=V_r=0\\ \dfrac{\partial\varphi}{\partial y}=\dfrac{\partial\varphi}{r\partial\theta}=V_\theta=\dfrac{\Gamma}{2\pi r}\end{cases}\tag{6-50}$$

$$\begin{cases} \dfrac{\partial \psi}{\partial x} = \dfrac{\partial \psi}{\partial r} = -V_\theta = -\dfrac{\Gamma}{2\pi r} \\[3mm] \dfrac{\partial \psi}{\partial y} = \dfrac{\partial \psi}{r\partial \theta} = V_r = 0 \end{cases} \qquad (6-51)$$

积分后得到点涡的势函数和流函数分别为

$$\varphi = \pm \frac{\Gamma}{2\pi}\theta$$
$$\psi = \mp \frac{\Gamma}{2\pi}\ln r \qquad (6-52)$$

注：若 φ 中 Γ 前取正号，同时 ψ 中 Γ 前取负号，则流动方向为逆时针方向；否则相反，流动方向为顺时针方向。

4. 偶极流

这是一个由点源和点汇叠加而形成的一种特殊流动。假设在 A 点（$-a, 0$）处放置一个强度为 q 的点源，在 B 点（$a, 0$）处放置强度相等的点汇，如图 6-12 所示，则点源与点汇叠加后流场的速度势函数为

$$\varphi = \frac{q}{2\pi}\ln r_A - \frac{q}{2\pi}\ln r_B$$
$$r_A = PA = \sqrt{y^2 + (x+a)^2}$$
$$r_B = PB = \sqrt{y^2 + (x-a)^2}$$

叠加后的势函数为

$$\varphi = \frac{q}{2\pi}(\ln r_A - \ln r_B) = \frac{q}{2\pi}\ln\frac{r_A}{r_B} = \frac{q}{4\pi}\ln\frac{y^2 + (x+a)^2}{y^2 + (x-a)^2} \qquad (6-53)$$

叠加后的流函数为

$$\psi = \frac{q}{2\pi}(\theta_A - \theta_B) = -\frac{q}{2\pi}\theta_P \qquad (6-54)$$

注：设 $\psi = $ 常数，得到流线方程为 $\theta_P = $ 常数，这是一个经过点 A 和点 B 的圆线簇，如图 6-13 所示。

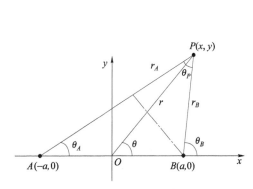

图 6-12　点源与点汇的叠加流动

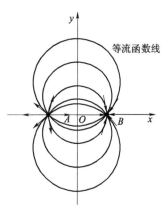

图 6-13　点源与点汇的叠加流线

如果点源和点汇无限接近，即令 $a \rightarrow 0$，可得到一个无旋流动，称为偶极流。偶极流的流函数与势函数的推导如下。

点源与点汇叠加后的势函数为

$$\varphi = \frac{q}{2\pi}(\ln r_A - \ln r_B) = \frac{q}{2\pi}\ln\frac{r_A}{r_B} = \frac{q}{2\pi}\ln\left(1 + \frac{r_A - r_B}{r_B}\right)$$

当 $a \rightarrow 0$ 时，$r_A - r_B$ 为很小的量，则

$$\ln(1+t) = t - \frac{t^2}{2} + \frac{t^3}{3} - \cdots$$

当 t 为小量时，有 $\ln(1+t) \approx t$，即有

$$\varphi = \frac{q}{2\pi}\ln\left(1 + \frac{r_A - r_B}{r_B}\right) \approx \frac{q}{2\pi}\frac{r_A - r_B}{r_B}$$

当 $a \rightarrow 0$ 时，由于

$$r_A - r_B \approx 2a\cos\theta_A$$
$$r_A \rightarrow r, \quad r_B \rightarrow r$$
$$\theta_A \rightarrow \theta, \quad \theta_B \rightarrow \theta$$

并设

$$q \rightarrow \infty \quad \text{且} \quad 2aq \rightarrow M$$

其中，M 称为偶极矩，则有

$$\varphi = \lim_{\substack{2a \rightarrow 0 \\ q \rightarrow \infty}} \frac{q}{2\pi}\ln\left(1 + \frac{r_A - r_B}{r_B}\right) = \lim_{\substack{2a \rightarrow 0 \\ q \rightarrow \infty}} \frac{q}{2\pi}\left(\frac{2a\cos\theta_A}{r_B}\right)$$
$$= \frac{M\cos\theta}{2\pi r} = \frac{M}{2\pi}\frac{r\cos\theta}{r^2}$$

即有速度势函数

$$\varphi = \frac{M}{2\pi}\frac{x}{r^2} = \frac{M}{2\pi}\frac{x}{x^2 + y^2} \tag{6-55}$$

令上式为常数 C，得到等势线方程为

$$\left(x - \frac{M}{4\pi C}\right)^2 + y^2 = \left(\frac{M}{4\pi C}\right)^2 \tag{6-56}$$

这是一簇与 y 轴在原点相切的圆周，如图 6-14 中虚线所示。

点源与点汇叠加后的流函数为

$$\psi = \frac{q}{2\pi}(\theta_A - \theta_B) = \frac{q}{2\pi}\left(\arctan\frac{y}{x+a} - \arctan\frac{y}{x-a}\right)$$
$$= \frac{q}{2\pi}\arctan\frac{\dfrac{y}{x+a} - \dfrac{y}{x-a}}{1 + \dfrac{y}{x+a}\dfrac{y}{x-a}} = \frac{q}{2\pi}\arctan\frac{-2ay}{x^2 + y^2 - a^2}$$

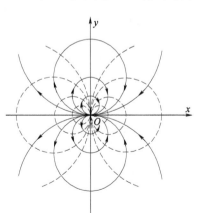

图 6-14　偶极流的流线等势线

由数学知识可知，当 t 很小时，有

$$\arctan t \approx t$$

则当 $a \to 0$ 时，有

$$\psi = \lim_{\substack{2a \to 0 \\ q \to \infty}} \left(\frac{q}{2\pi} \arctan \frac{-2ay}{x^2 + y^2 - a^2} \right) = \lim_{\substack{2a \to 0 \\ q \to \infty}} \left(-\frac{q}{2\pi} \frac{2ay}{x^2 + y^2 - a^2} \right)$$

设 $2aq \to M$ ，则有

$$\psi = -\frac{M}{2\pi} \frac{y}{x^2 + y^2} = -\frac{M}{2\pi} \frac{y}{r^2} \tag{6-57}$$

这就是偶极流的流函数。

设流函数为常数 C ，得到偶极流的流线方程为

$$x^2 + \left(y + \frac{M}{4\pi C} \right)^2 = \left(\frac{M}{4\pi C} \right)^2 \tag{6-58}$$

这是一簇与 x 轴在原点相切的圆周，如图 6-14 中实线所示。

第 6 节　几种典型的有势流动

1. 点源与点涡叠加——螺旋流动

对于压气机等设备，气流沿圆周切向流入，这样的流动可看成是点汇和点涡的叠加。假设在坐标原点处放置一个强度为 q 的点汇和一个逆时针旋转环量为 Γ 的点涡，如图 6-15 所示。试求所形成流场的流函数和势函数以及流线。

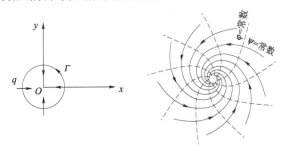

图 6-15　点源与点涡的叠加

根据势流的叠加原理，点汇与点涡叠加后的势函数和流函数分别为

$$\varphi = -\frac{q}{2\pi} \ln r + \frac{\Gamma}{2\pi} \theta$$
$$\psi = -\frac{q}{2\pi} \theta - \frac{\Gamma}{2\pi} \ln r \tag{6-59}$$

由于等流函数线就是流线，令 $\psi = \frac{\Gamma}{2\pi} \ln C$ ，则有

$$-\frac{q}{2\pi} \theta - \frac{\Gamma}{2\pi} \ln r = \frac{\Gamma}{2\pi} \ln C$$

$$\ln Cr = -\frac{q}{\Gamma} \theta$$

整理得流线方程为

$$r = \frac{1}{C}e^{-\frac{q}{\Gamma}\theta} = r_0 e^{-\frac{q}{\Gamma}\theta} \tag{6-60}$$

显然这是一条螺旋线，如图6-15所示。

注：离心式风机的外壳又称为蜗壳，其形状就是根据这一流线方程设计的。

2. 平行来流与点源叠加——半体绕流

设在沿 x 轴方向来流速度为 V_0 的流场中的坐标原点处放置一个强度为 q 的点源，如图6-16所示，试求流动的流函数与势函数，并求流线方程。

解：由点源和平行来流的流函数与势函数，根据势流的叠加原理，可得到流场的势函数与流函数为

$$\varphi = \frac{q}{2\pi}\ln r + V_0 x = \frac{q}{2\pi}\ln r + V_0 r\cos\theta$$
$$\psi = \frac{q}{2\pi}\theta + V_0 y = \frac{q}{2\pi}\theta + V_0 r\sin\theta \tag{6-61}$$

由势函数定义，得到速度分布为

$$V_r = \frac{\partial\varphi}{\partial r} = \frac{q}{2\pi r} + V_0\cos\theta$$
$$V_\theta = \frac{\partial\varphi}{r\partial\theta} = -V_0\sin\theta \tag{6-62}$$

令速度为0，得到驻点位置为

$$\theta_0 = \pi$$
$$r_0 = \frac{q}{2\pi V_0}$$

过驻点的流函数值为 $\psi_0 = \dfrac{q}{2}$，则过驻点的流线为

$$\frac{q}{2\pi}\theta + V_0 r\sin\theta = \frac{q}{2}$$
$$r\sin\theta = \frac{q}{2\pi V_0}(\pi - \theta) \tag{6-63}$$

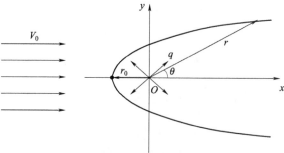

图6-16 平行来流与点源的叠加

这条流线将流场分为两部分，由于流线不能相交，故两部分的流体质点没有质量交换，

这相当于把这条流线看成是固壁，流场相当于来流绕流由这条流线形成的固壁，故也称为半体绕流。由于 $y = r\sin\theta$，故当沿流动方向无限延伸时，$r \to \infty, \theta \to 0$，则半体的最大宽度为

$$b = 2\frac{q}{2\pi V_0}\pi = \frac{q}{V_0}$$

船舶头部的绕流等与半体绕流类似。

3. 点源引起的半空间流动——镜面反射原理

在无限大平板的上方放置一个强度为 q 的点源，如图 6−17 所示。设点源距平板的距离为 h，求此流场的势函数与流函数。

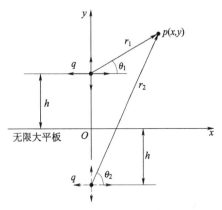

这是一个镜面反射原理的应用问题。设想以平板为对称面，在点源的对称点（0，$-h$）处放置强度相同的点源，使 x 轴为一条流线，则由两个点源叠加而成的流场，其 $y > 0$ 部分区域内的流动与原流场是相同的。

设在（0，h）和（0，$-h$）处有强度为 q 的点源，如图 6−17 所示，则叠加后的流动势函数和流函数为

图 6−17　点源所产生的半空间流动

$$\varphi = \frac{q}{2\pi}\ln r_1 + \frac{q}{2\pi}\ln r_2 = \frac{q}{2\pi}\ln(r_1 \cdot r_2)$$

$$\psi = \frac{q}{2\pi}\theta_1 + \frac{q}{2\pi}\theta_2 = \frac{q}{2\pi}(\theta_1 + \theta_2)$$

由于

$$r_1 = \sqrt{x^2 + (y-h)^2}$$

$$r_2 = \sqrt{x^2 + (y+h)^2}$$

$$\theta_1 = \arctan\frac{y-h}{x}$$

$$\theta_2 = \arctan\frac{y+h}{x}$$

再由三角公式

$$\tan(\theta_1 + \theta_2) = \frac{\tan\theta_1 + \tan\theta_2}{1 - \tan\theta_1 \tan\theta_2}$$

得到流场的势函数与流函数为

$$\varphi = \frac{q}{4\pi}\ln\{[x^2 + (y-h)^2] \cdot [x^2 + (y+h)^2]\}$$

$$\psi = \frac{q}{2\pi}\arctan[\tan(\theta_1 + \theta_2)] = \frac{q}{2\pi}\arctan\frac{\tan\theta_1 + \tan\theta_2}{1 - \tan\theta_1 \tan\theta_2}$$

$$= \frac{q}{2\pi}\arctan\frac{\dfrac{y-h}{x} + \dfrac{y+h}{x}}{1 - \dfrac{y-h}{x}\dfrac{y+h}{x}} = \frac{q}{2\pi}\arctan\frac{2xy}{x^2 - y^2 + h^2}$$

设 ψ 等于 0，得到流线方程为 $x=0$ 和 $y=0$ 。 $y=0$ 这条流线可替代平板，平板上方区域则要求 $y>0$ 。

第7节 圆柱体的无环量绕流——平行来流与偶极流的叠加

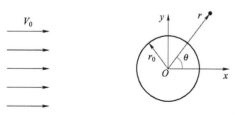

图 6-18 圆柱体的无环量绕流

在无穷远处速度为 V_0 的平行流，绕流半径为 r_0 的无限长圆柱体，如图 6-18 所示。其流动由平行来流和偶极流叠加而成，是一种有势的组合平面流动。

设坐标原点位于圆柱中心处，平行来流的方向平行于 x 轴。在原点处放置一个偶极矩为 M 的偶极子，则由平行来流与偶极流叠加而成的组合平面流动的流函数为

$$\psi = V_0 y - \frac{M}{2\pi}\frac{y}{x^2+y^2} = V_0 y \left(1 - \frac{M}{2\pi V_0}\frac{1}{x^2+y^2}\right) \qquad (6-64)$$

流线方程为

$$\psi = V_0 y \left(1 - \frac{M}{2\pi V_0}\frac{1}{x^2+y^2}\right) = C$$

取 $C=0$，即得到所谓零流线的方程为

$$y = 0$$

和

$$x^2 + y^2 = \frac{M}{2\pi V_0} = R^2$$

显然半径为 $R = \sqrt{\dfrac{M}{2\pi V_0}}$ 的圆周和 x 轴均为流线。

设 $R=r_0$ 为圆柱的半径，并算出偶极矩为 $M = 2\pi V_0 r_0^2$，则平行来流绕圆柱的流动可由平行来流和偶极矩为

$$M = 2\pi V_0 r_0^2 \qquad (6-65)$$

的偶极流组合而成。考虑到

$$x = r\cos\theta$$
$$y = r\sin\theta$$
$$x^2 + y^2 = r^2$$

则组合后的流函数为

$$\psi = V_0 y \left(1 - \frac{r_0^2}{x^2+y^2}\right) = V_0 \left(1 - \frac{r_0^2}{r^2}\right) r\sin\theta \qquad (6-66)$$

组合流动的势函数为

$$\varphi = V_0 x + \frac{M}{2\pi}\frac{x}{x^2+y^2} = V_0 x\left(1+\frac{r_0^2}{x^2+y^2}\right)$$

$$= V_0\left(1+\frac{r_0^2}{r^2}\right)r\cos\theta \tag{6-67}$$

流场速度分布为

$$u = \frac{\partial\varphi}{\partial x} = V_0\left[1-\frac{r_0^2(x^2-y^2)}{(x^2+y^2)^2}\right]$$

$$v = \frac{\partial\varphi}{\partial y} = -2V_0 r_0^2\frac{xy}{(x^2+y^2)^2} \tag{6-68}$$

对于柱坐标，速度分量为

$$V_r = \frac{\partial\varphi}{\partial r} = V_0\left(1-\frac{r_0^2}{r^2}\right)\cos\theta$$

$$V_\theta = \frac{1}{r}\frac{\partial\varphi}{\partial\theta} = -V_0\left(1+\frac{r_0^2}{r^2}\right)\sin\theta \tag{6-69}$$

讨论 1：流场的驻点位于圆柱面 $r=r_0,\theta=0$ 和 $r=r_0,\theta=\pi$ 两点 A 和 B 处，如图 6-19 所示。

讨论 2：沿包围圆柱体的圆形周线的速度环量为 0。

$$\Gamma = \oint V_\theta \mathrm{d}s = -V_0 r\left(1+\frac{r_0^2}{r^2}\right)\oint\sin\theta\mathrm{d}\theta = 0$$

讨论 3：圆柱面上的速度分布，径向速度为 0，只有沿圆柱面的切向速度

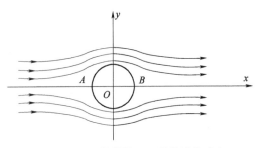

图 6-19　圆柱体的无环量绕流的驻点

$$\begin{cases} V_r = \frac{\partial\varphi}{\partial r} = V_0\left(1-\frac{r_0^2}{r^2}\right)\cos\theta = 0 \\ V_\theta = \frac{1}{r}\frac{\partial\varphi}{\partial\theta} = -V_0\left(1+\frac{r_0^2}{r^2}\right)\sin\theta = -2V_0\sin\theta \end{cases} \tag{6-70}$$

讨论 4：圆柱面上的压强分布。

自无穷远到圆柱面上一点列伯努利方程，得到

$$\frac{p}{\rho g}+\frac{V_\theta^2}{2g} = \frac{p_0}{\rho g}+\frac{V_0^2}{2g}$$

则圆柱面上一点处的压强为

$$p = p_0 + \frac{1}{2}\rho V_0^2(1-4\sin^2\theta) \tag{6-71}$$

圆柱面上的压力系数为

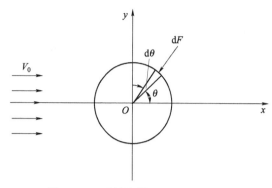

图 6-20 圆柱体微元面积上的受力

$$C_p = \frac{p - p_0}{\frac{1}{2}\rho V_0^2} = 1 - \left(\frac{V}{V_0}\right)^2 = 1 - 4\sin^2\theta \quad (6-72)$$

讨论5： 作用在圆柱体上的合力为0。

沿 x 轴和 y 轴的作用力分量分别为

$$\mathrm{d}F_x = -pr_0\cos\theta\,\mathrm{d}\theta$$

$$\mathrm{d}F_y = -pr_0\sin\theta\,\mathrm{d}\theta$$

式中，负号是因为 θ 取正值时，力的方向分别与 x 轴和 y 轴方向相反，如图 6-20 所示。对上式积分得

$$F_x = -\int_0^{2\pi} r_0 \left[p_0 + \frac{1}{2}\rho V_\infty^2(1 - 4\sin^2\theta) \right]\cos\theta\,\mathrm{d}\theta = 0$$

$$F_y = -\int_0^{2\pi} r_0 \left[p_0 + \frac{1}{2}\rho V_\infty^2(1 - 4\sin^2\theta) \right]\sin\theta\,\mathrm{d}\theta = 0$$

$$(6-73)$$

来流对圆柱的作用力合力为 0，这显然是错误的，这也称为达朗伯悖论，说明理想流体不考虑黏性所带来的问题。

这个结论的逻辑推理是正确的，但它同实际不符，因为所有的物体在流体中运动时都受到阻力，有的还受到升力，故被称为悖论、佯谬或疑难。产生悖论的主要原因是忽略了黏性这一能量耗散机制。真实流体都是有黏性的，只是有些流体黏性很小（例如水和空气）。在边界层内黏性起着重要的作用，例如，边界层内流体的黏性引起围绕物体的环流而产生升力（见本章第8节）；黏性会在物体表面产生切向应力，使物体受到摩擦阻力；黏性还会使非流线型物体上的边界层从物体表面分离，形成物体后面的尾流，在这种情况下，耗散的机械能以压差阻力的形式表现出来。可见黏性是使物体在运动中受到合力的根本原因，也是揭开达朗伯悖论的关键。

第8节 圆柱体有环量绕流——平行来流、偶极流和点涡的叠加

下面我们讨论绕圆柱体有环量的平面绕流问题。假设流场由平行于 x 轴的均匀来流、位于坐标原点处的偶极流和顺时针旋转的点涡组成，如图 6-21 所示。

假设偶极流的偶极矩为 $M = 2\pi V_0 r_0^2$，点涡的速度环量为顺时针方向，则叠加后流场的流函数和势函数为

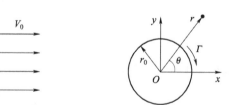

图 6-21 圆柱体有环量绕流

$$\psi = V_0 \left(1 - \frac{r_0^2}{r^2} \right) r \sin\theta + \frac{\Gamma}{2\pi} \ln r$$

$$\varphi = V_0 \left(1 + \frac{r_0^2}{r^2} \right) r \cos\theta - \frac{\Gamma}{2\pi} \theta \tag{6-74}$$

当 $r = r_0$ 时，$\psi = \frac{\Gamma}{2\pi} \ln r_0 =$ 常数，即圆柱面为一条流线，此流线可替代圆柱边界。

流场的速度分布为

$$V_r = \frac{\partial \varphi}{\partial r} = V_0 \left(1 - \frac{r_0^2}{r^2} \right) \cos\theta$$

$$V_\theta = \frac{1}{r} \frac{\partial \varphi}{\partial \theta} = -V_0 \left(1 + \frac{r_0^2}{r^2} \right) \sin\theta - \frac{\Gamma}{2\pi r} \tag{6-75}$$

将 $r = r_0$ 代入，得到圆柱面上的速度分布为

$$V_r = 0$$

$$V_\theta = -2V_0 \sin\theta - \frac{\Gamma}{2\pi r_0} \tag{6-76}$$

故圆柱面上的法向速度为 0，只有切线速度，并得到驻点位置满足

$$\sin\theta = -\frac{\Gamma}{4\pi r_0 V_0} \tag{6-77}$$

关于驻点的位置，我们进行如下讨论。

讨论 1： 若 $\Gamma < 4\pi r_0 V_0$，则 $|\sin\theta| < 1$，又 $\sin(-\theta) = \sin[-(\pi-\theta)]$，则两个驻点在圆柱面上，如图 6−22 所示，并左右对称地位于第三和第四象限内。

讨论 2： 若 $\Gamma = 4\pi r_0 V_0$，则 $\sin\theta = -1$，则两个驻点重合成一点，位于圆柱面的最下端，如图 6−23 所示。

讨论 3： 若 $\Gamma > 4\pi r_0 V_0$，则 $|\sin\theta| > 1$，则圆柱面上没有驻点，驻点脱离圆柱面沿 y 轴向下移动到相应位置 A，如图 6−24 所示。

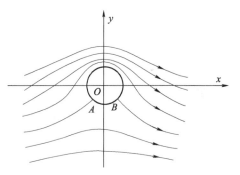

图 6−22　驻点沿圆柱面下移

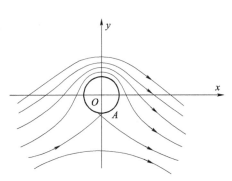

图 6−23　驻点在圆柱面最下端

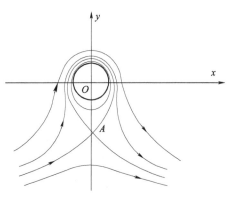

图 6−24　驻点在圆柱面外

下面讨论圆柱体的受力情况。由伯努利方程可知，柱面上的压强分布为

$$p = p_0 + \frac{1}{2}\rho V_0^2 - \frac{1}{2}\rho(V_r^2 + V_\theta^2)$$

$$= p_0 + \frac{1}{2}\rho\left[V_0^2 - \left(2V_0\sin\theta + \frac{\Gamma}{2\pi r_0}\right)^2\right] \tag{6-78}$$

作用在单位长度圆柱体上的阻力为

$$F_D = F_x = -\int_0^{2\pi} p r_0 \cos\theta \,\mathrm{d}\theta$$

$$= -\int_0^{2\pi}\left\{p_0 + \frac{1}{2}\rho\left[V_0^2 - \left(2V_0\sin\theta + \frac{\Gamma}{2\pi r_0}\right)^2\right]\right\}r_0\cos\theta\,\mathrm{d}\theta$$

$$= -r_0\left(p_0 + \frac{1}{2}\rho V_0^2 - \frac{\rho\Gamma^2}{8\pi^2 r_0^2}\right)\int_0^{2\pi}\cos\theta\,\mathrm{d}\theta + \frac{\rho V_0\Gamma}{\pi}\int_0^{2\pi}\sin\theta\cos\theta\,\mathrm{d}\theta + \tag{6-79}$$

$$2r_0\rho V_0^2\int_0^{2\pi}\sin^2\theta\cos\theta\,\mathrm{d}\theta = 0$$

升力为

$$F_L = F_y = -\int_0^{2\pi} p r_0 \sin\theta\,\mathrm{d}\theta$$

$$= -\int_0^{2\pi}\left\{p_0 + \frac{1}{2}\rho\left[V_0^2 - \left(2V_0\sin\theta + \frac{\Gamma}{2\pi r_0}\right)^2\right]\right\}r_0\sin\theta\,\mathrm{d}\theta$$

$$= -r_0\left(p_0 + \frac{1}{2}\rho V_0^2 - \frac{\rho\Gamma^2}{8\pi^2 r_0^2}\right)\int_0^{2\pi}\sin\theta\,\mathrm{d}\theta + \frac{\rho V_0\Gamma}{\pi}\int_0^{2\pi}\sin^2\theta\,\mathrm{d}\theta + \tag{6-80}$$

$$2r_0\rho V_0^2\int_0^{2\pi}\sin^2\theta\,\mathrm{d}\theta$$

$$= \frac{\rho V_0\Gamma}{\pi}\left(-\frac{1}{2}\cos\theta\sin\theta + \frac{1}{2}\theta\right)\Big|_0^{2\pi} = \rho V_0\Gamma$$

这个公式就是著名的库塔—茹科夫斯基（Kutta-Joukovski）升力公式，对于理想流体，平行来流绕流圆柱体有环量的流动，在垂直于来流的方向上，流体作用于单位长度圆柱体上的升力大小等于流体密度、来流速度和速度环量三者的乘积。升力的方向是由来流方向沿逆速度环量的方向旋转 90° 得到的，如图 6-25 所示。

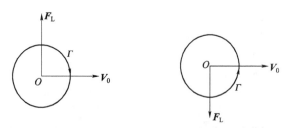

图 6-25　升力方向的确定

这个结论有许多应用，比如在足球比赛中，发角球就是利用这一原理使足球走出一条香蕉线的。另外，乒乓球中的弧圈球等也是利用了这一原理。

第 9 节　叶栅的库塔—儒可夫斯基升力公式

叶栅是由同一叶型的叶片以相等的间隔距离排列而成的，叶栅的通道形状可根据叶型、栅距和安装角三者确定。现在应用动量定理推导叶栅的库塔—儒可夫斯基公式，确定理想不可压缩流体绕叶栅做定常无旋流动时，叶栅中任一叶型所受到的作用力。

图 6–26 所示为一个典型的叶栅通道，气流绕流叶栅中的某个叶型时，会对叶型产生作用力，并产生力矩，使叶栅绕自身轴转动起来。

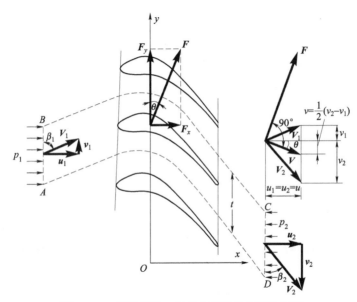

图 6–26　推导库塔—儒可夫斯基升力定理用图

1. 选取控制面

在叶栅中选择一个控制面，如图 6–26 中虚线 $ABCDA$ 所示。

（1）这个控制面是由两条平行于叶栅额线、长度等于栅距 t 的线段和两条相同的流线所组成的。

（2）两条线段 AB 和 CD 都远离叶栅，可以认为每条线段上的速度和压力都是均匀一致的常数。

（3）设在 AB 线上各点的速度为 V_1，与额线成 β_1 角；在 CD 线上各点的速度为 V_2，与额线成 β_2 角。

（4）在叶栅通道中，两条相同的流线 AD 和 BC 也相距一个栅距 t。

叶栅中围绕每一个孤立叶型的流动都是相同的，两条流线在通道中的位置又完全相同，显然，这两条流线上的压力分布应完全一样。所以，作用在 AD 和 BC 上的压力合力恰好大小相等而指向相反，互相平衡。

2. 受力分析

设这个控制面内流体作用于叶型（单位高度的叶片）上的合力为 $\boldsymbol{F}$，其分量为轴向作用力 F_x 和周向作用力 F_y。

作用在控制面内流体上的力 $\boldsymbol{R}$ 由两部分组成：

（1）叶片对流体的反作用力 $-F_x$ 和 $-F_y$；

（2）控制面以外的流体对控制面以内流体的作用力的合力 $(p_1 - p_2)t \times 1$。

由此，$\boldsymbol{R}$ 的分量为

$$R_x = -F_x + (p_1 - p_2)t$$
$$R_y = -F_y \tag{6-81}$$

3. 动量分析

由连续性方程，每秒流入控制面的流体质量为

$$M = \rho u_1 t \times 1 = \rho u_2 t \times 1$$
$$u_1 = u_2 = u \tag{6-82}$$

由动量定理，沿 x 和 y 轴的动量方程为

$$R_x = -F_x + (p_1 - p_2)t = \rho u t(u_2 - u_1) = 0$$
$$R_y = -F_y = \rho u t[(-v_2) - v_1] = -\rho u t(v_1 + v_2) \tag{6-83}$$

得到

$$F_x = (p_1 - p_2)t$$
$$F_y = \rho u t(v_1 + v_2) \tag{6-84}$$

4. 导出升力公式

下面推导式（6-84）中的速度与绕流叶型环量之间的关系。由于沿流线 BC 和 DA 速度的线积分大小相等而方向相反，互相抵消，故绕封闭周线 $ABCDA$ 的速度环量 Γ 的大小为

$$\Gamma = \Gamma_{ABCDA} = \Gamma_{AB} + \Gamma_{BC} + \Gamma_{CD} + \Gamma_{DA}$$
$$= \Gamma_{AB} + \Gamma_{CD} \tag{6-85}$$
$$= t(v_1 + v_2)$$

引入几何平均速度

$$V = \frac{1}{2}(V_1 + V_2)$$

其分量为

$$u = \frac{1}{2}(u_1 + u_2) = u_1 = u_2$$
$$v = \frac{1}{2}(v_2 - v_1) \tag{6-86}$$

由伯努利方程，略去质量力，得到

$$p_1 - p_2 = \frac{1}{2}\rho(V_2^2 - V_1^2)$$
$$= \frac{1}{2}\rho(v_2^2 - v_1^2) = \rho(v_2 + v_1)v \tag{6-87}$$

将式（6-85）代入式（6-87），得到

$$p_1 - p_2 = \rho \Gamma \frac{v}{t} \qquad (6-88)$$

在将式（6-85）、式（6-86）、式（6-88）代入式（6-84），又由于 $V = \sqrt{u^2 + v^2}$，得到

$$
\begin{aligned}
F_x &= \rho v \Gamma \\
F_y &= \rho u \Gamma \\
F &= \sqrt{F_x^2 + F_y^2} = \rho V \Gamma \\
\frac{F_x}{F_y} &= \frac{v}{u} = \tan \theta
\end{aligned}
\qquad (6-89)
$$

此即叶栅的库塔—儒可夫斯基公式。表示理想不可压缩流体绕叶栅做定常无旋流动时，作用在叶栅中每一个叶型上的合力等于流体密度、几何平均速度和绕叶型的速度环量三者的乘积，合力方向是把几何平均速度矢量 V 沿反速度环量方向转过 90°。

根据理论计算，对于孤立翼型，绕儒可夫斯基翼型的速度环量为

$$\Gamma = \pi V_0 l \sin(\alpha - \alpha_0) \qquad (6-90)$$

代入式（6-89），得到作用在儒可夫斯基翼型的升力为

$$F_{\mathrm{L}} = \rho V_0 \Gamma = \pi \rho V_0^2 l \sin(\alpha - \alpha_0) \qquad (6-91)$$

式中，V_0 为来流速度；α 为来流的攻角；α_0 为零升角，即当 $\alpha = \alpha_0$ 时，升力为 0。

第 10 节　理想流体的有旋流动

按照流体微团速度分解定理，流体微团的运动可分解为有旋流动与无旋流动。有旋流动又叫旋涡流动，流场的全部或局部区域中连续地充满着绕自身轴旋转的流体微团，是流体运动的一种重要类型。

流体速度的旋度简称为涡量，并以 $\boldsymbol{\Omega}$ 表示：

$$\boldsymbol{\Omega} = \nabla \times V = \begin{vmatrix} \mathbf{i} & \mathbf{j} & \mathbf{k} \\ \dfrac{\partial}{\partial x} & \dfrac{\partial}{\partial y} & \dfrac{\partial}{\partial z} \\ u & v & w \end{vmatrix}$$

当涡量 $\boldsymbol{\Omega}$ 等于零时为无旋流动，否则为有旋流动。对于有旋流动，涡量的三个分量分别为

$$\Omega_x = \frac{\partial w}{\partial y} - \frac{\partial v}{\partial z}, \quad \Omega_y = \frac{\partial u}{\partial z} - \frac{\partial w}{\partial x}, \quad \Omega_z = \frac{\partial v}{\partial x} - \frac{\partial u}{\partial y}$$

充满涡量的流场称为涡量场，涡量场中流体微团的旋转角速度为

$$\omega = \frac{1}{2} \nabla \times V$$

前面我们讨论了无旋流动及其计算，本节我们讨论理想流体的有旋流动问题。首先介绍涡量场的基本要素，即涡线、涡管、涡束和漩涡强度。

1. 涡线涡管旋涡强度

（1）涡线。

涡线是在给定瞬时处处与涡量矢量相切的曲线，是沿该线各流体微团的瞬时转动轴线，如图 6–27 所示。

根据涡量矢量与涡线相切的条件，涡线的微分方程可写成

$$\frac{\mathrm{d}x}{\Omega_x} = \frac{\mathrm{d}y}{\Omega_y} = \frac{\mathrm{d}z}{\Omega_z} \qquad (6-92)$$

若流动为非定常，涡线的形状和位置是随时间变化的；若流动为定常，则涡线的形状和位置保持不变。

（2）涡管涡束。

类似于流管的定义，在给定的瞬时，在涡量场中取一条不是涡线的封闭曲线，通过封闭曲线上的每一点作涡线，这些涡线形成的管状表面称为涡管，截面无限小的涡管称为微元涡管，如图 6–28 所示。

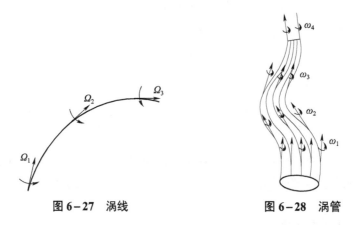

图 6–27　涡线　　　　　图 6–28　涡管

涡管中充满着做旋转运动的流体称为涡束，微元涡管中的涡束称为微元涡束或涡丝。

（3）旋涡强度。

在涡量场中，取一微元面积 $\mathrm{d}A$，其上流体微团的涡量为 Ω，则经过微元面积的涡通量为

$$\mathrm{d}J = \Omega \cdot \mathrm{d}A$$

经过面 A 的涡通量为

$$J = \int_A \Omega \cdot \mathrm{d}A \qquad (6-93)$$

涡通量又称涡旋强度，若面 A 是涡管的截面，则称 J 为涡管强度。

2. 速度环量斯托克斯定理

（1）速度环量。

实际观察发现，在有旋流动中，漩涡强度越大，旋转速度越快，旋转范围越大，故漩涡强度与环绕核心的流体中的速度分布有密切关系，为此引进速度环量的概念。

速度环量是表征流场涡旋强度的量，定义为速度矢量 V 沿封闭周线 K 的线积分，用符号 Γ 表示，即

$$\Gamma = \oint V \cdot \mathrm{d}l = \oint (V_x \mathrm{d}x + V_y \mathrm{d}y + V_z \mathrm{d}z) \tag{6-94}$$

速度环量的正向规定为：沿封闭周线前进时，周线所包围的面积在速度方向的左侧，即逆时针方向的速度环量为正，如图 6-29 所示。

（2）斯托克斯定理。

斯托克斯（G.G.Stokes）定理：当封闭周线 K 内有涡束时，沿封闭周线 K 的速度环量等于该封闭周线内所有涡束的漩涡强度之和，用公式表示为

$$\oint_K V \cdot \mathrm{d}l = \iint_A \Omega \cdot \mathrm{d}A \tag{6-95}$$

斯托克斯定理说明，速度环量的存在不但可以决定漩涡的存在，还可以衡量封闭周线所包围区域中全部漩涡的总强度。环量等于零，总漩涡强度等于零；环量不等于零，必然存在漩涡。反之，没有漩涡，就没有环量。

斯托克斯定理的证明如下：

首先证明在微元面积上的斯托克斯定理。在 $x-y$ 平面上取一边长为 $\mathrm{d}x$、$\mathrm{d}y$ 的微元矩形周线 $ABCDA$，如图 6-30 所示。在点 A、B、C、D 上的速度分量如下：

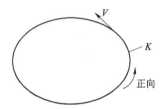

图 6-29　速度环量用图

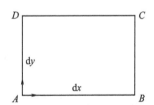

图 6-30　微元矩形的速度环量

A 点的速度为

$$V_x(x, y), V_y(x, y)$$

B 点的速度为

$$V_x(x + \mathrm{d}x, y) = V_x + \frac{\partial V_x}{\partial x} \mathrm{d}x$$

$$V_y(x + \mathrm{d}x, y) = V_y + \frac{\partial V_y}{\partial x} \mathrm{d}x$$

C 点的速度为

$$V_x(x + \mathrm{d}x, y + \mathrm{d}y) = V_x + \frac{\partial V_x}{\partial x} \mathrm{d}x + \frac{\partial V_x}{\partial y} \mathrm{d}y$$

$$V_y(x + \mathrm{d}x, y + \mathrm{d}y) = V_y + \frac{\partial V_y}{\partial x} \mathrm{d}x + \frac{\partial V_y}{\partial y} \mathrm{d}y$$

D 点的速度为

$$V_x(x, y + \mathrm{d}y) = V_x + \frac{\partial V_x}{\partial y}\mathrm{d}y$$

$$V_y(x, y + \mathrm{d}y) = V_y + \frac{\partial V_y}{\partial y}\mathrm{d}y$$

沿 AB 线的速度环量为 A 点和 B 点沿 x 方向的平均速度与 AB 线段长度 $\mathrm{d}x$ 之积，即

$$\mathrm{d}\Gamma_{AB} = \frac{1}{2}\left[V_x + \left(V_x + \frac{\partial V_x}{\partial x}\mathrm{d}x\right)\right]\mathrm{d}x = V_x\mathrm{d}x + \frac{1}{2}\frac{\partial V_x}{\partial x}\mathrm{d}x\mathrm{d}x$$

沿 BC 线的速度环量为 B 点和 C 点沿 y 方向的平均速度与 BC 线段长度 $\mathrm{d}y$ 之积，即

$$\mathrm{d}\Gamma_{BC} = \frac{1}{2}\left[\left(V_y + \frac{\partial V_y}{\partial x}\mathrm{d}x\right) + \left(V_y + \frac{\partial V_y}{\partial x}\mathrm{d}x + \frac{\partial V_y}{\partial y}\mathrm{d}y\right)\right]\mathrm{d}y$$

$$= V_y\mathrm{d}y + \frac{\partial V_y}{\partial x}\mathrm{d}x\mathrm{d}y + \frac{1}{2}\frac{\partial V_y}{\partial y}\mathrm{d}y\mathrm{d}y$$

沿 CD 线的速度环量为 C 点和 D 点沿 x 反方向的平均速度与 CD 线段长度 $\mathrm{d}x$ 之积，即

$$\mathrm{d}\Gamma_{CD} = -\frac{1}{2}\left[\left(V_x + \frac{\partial V_x}{\partial x}\mathrm{d}x + \frac{\partial V_x}{\partial y}\mathrm{d}y\right) + \left(V_x + \frac{\partial V_x}{\partial y}\mathrm{d}y\right)\right]\mathrm{d}x$$

$$= -V_x\mathrm{d}x - \frac{\partial V_x}{\partial y}\mathrm{d}x\mathrm{d}y - \frac{1}{2}\frac{\partial V_x}{\partial x}\mathrm{d}x\mathrm{d}x$$

沿 DA 线的速度环量为 D 点和 A 点沿 y 反方向的平均速度与 DA 线段长度 $\mathrm{d}y$ 之积，即

$$\mathrm{d}\Gamma_{DA} = -\frac{1}{2}\left[\left(V_y + \frac{\partial V_y}{\partial y}\mathrm{d}y\right) + V_y\right]\mathrm{d}y = -V_y\mathrm{d}y - \frac{1}{2}\frac{\partial V_y}{\partial y}\mathrm{d}y\mathrm{d}y$$

沿封闭周线 $ABCDA$ 的速度环量为

$$\mathrm{d}\Gamma = \mathrm{d}\Gamma_{AB} + \mathrm{d}\Gamma_{BC} + \mathrm{d}\Gamma_{CD} + \mathrm{d}\Gamma_{DA}$$

$$\mathrm{d}\Gamma = \left(V_x\mathrm{d}x + \frac{1}{2}\frac{\partial V_x}{\partial x}\mathrm{d}x\mathrm{d}x\right) + \left(V_y\mathrm{d}y + \frac{\partial V_y}{\partial x}\mathrm{d}x\mathrm{d}y + \frac{1}{2}\frac{\partial V_y}{\partial y}\mathrm{d}y\mathrm{d}y\right) +$$

$$\left(-V_x\mathrm{d}x - \frac{\partial V_x}{\partial y}\mathrm{d}x\mathrm{d}y - \frac{1}{2}\frac{\partial V_x}{\partial x}\mathrm{d}x\mathrm{d}x\right) + \left(-V_y\mathrm{d}y - \frac{1}{2}\frac{\partial V_y}{\partial y}\mathrm{d}y\mathrm{d}y\right)$$

整理后得到

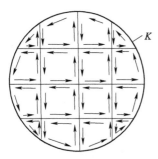

图 6-31　证明斯托克斯定理用图

$$\mathrm{d}\Gamma = \left(\frac{\partial V_y}{\partial x} - \frac{\partial V_x}{\partial y}\right)\mathrm{d}x\mathrm{d}y = \Omega_z\mathrm{d}A = \mathrm{d}J$$

$$(6-96)$$

可见，沿微元封闭周线的速度环量 $\mathrm{d}\Gamma$ 等于通过此周线所围微元面积 $\mathrm{d}x\mathrm{d}y$ 的涡通量，这就证明了微元面积上的斯托克斯定理。

对于任意封闭周线 K 所围面积 A，用互相正交的两组直线将该平面划分成无数个微元矩形和三角形，如图 6-31

所示。

将微元封闭周线的斯托克斯定理应用于每个小微元平面，有

$$\mathrm{d}\varGamma_i = \mathrm{d}J_i \quad (i = 1, 2, 3 \cdots)$$

综合所有微元面积，得

$$\sum \mathrm{d}\varGamma_i = \sum \mathrm{d}J_i \quad (i = 1, 2, 3 \cdots)$$

对于相邻的小微元面，在其公共线段上的速度线积分都要计算两次，而且速度方向相反，则在公共线段上的两次线积分之和为零，故有

$$\sum \mathrm{d}\varGamma_i = \varGamma_K = \oint_K V \cdot \mathrm{d}l$$

而

$$\sum \mathrm{d}J_i = \iint_A \varOmega \cdot \mathrm{d}A$$

最后有

$$\oint_K V \cdot \mathrm{d}l = \iint_A \varOmega \cdot \mathrm{d}A \qquad (6\text{-}97)$$

可见，沿平面封闭周线的速度环量等于通过此周线所围平面的涡通量，这就是对任意平面的斯托克斯定理。

注意：斯托克斯定理要求区域为单连通区域，即区域内任意封闭周线都能连续地收缩成一点而不越出流体的边界。

关于单连通区域的说明如下：比如在北京颐和园的昆明湖，如果湖上没有岛，则在湖面上任意画一个封闭周线，这个周线可缩成一点，并且收缩过程中不会越过湖面的边界，这样湖面就是一个单连通区域。如果湖上有一个岛，比如南湖岛，如果画一条包围南湖岛的封闭周线，则在不跨越湖面边界的条件下，此周线是不能收缩到一点的，此时湖面就不是单连通区域。如果在南湖岛边界与昆明湖边界之间建一座桥（比如十七孔桥），则由桥两侧以及南湖岛边界和昆明湖边界所围的湖面就又是单连通区域了。

【例 6-6】已知二维流场的速度分布为 $V_x = -6y$，$V_y = 8x$，试求绕圆 $x^2 + y^2 = r^2$ 的速度环量。

解：此题用极坐标求解比较方便，取坐标系如图 6-32 所示。

坐标变换公式为

$$x = r\cos\theta, \qquad y = r\sin\theta$$

速度变换公式为

$$V_r = V_x \cos\theta + V_y \sin\theta$$

$$V_\theta = V_y \cos\theta - V_x \sin\theta$$

得到

$$V_\theta = 8r\cos^2\theta + 6r\sin^2\theta$$

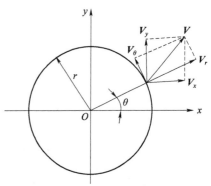

图 6-32 速度环量用图

$$\Gamma = \int\limits_0^{2\pi} (8r\cos^2\theta + 6r\sin^2\theta) r\mathrm{d}\theta = 2r^2 \int\limits_0^{2\pi}(4\cos^2\theta + 3\sin^2\theta)\mathrm{d}\theta$$

$$= 12\pi r^2 + 2r^2 \int\limits_0^{2\pi}\cos^2\theta\mathrm{d}\theta = 14\pi r^2$$

3. 汤姆孙定理

汤姆孙（W.Thomson）定理：正压性的理想流体在有势的质量力的作用下沿任何由流体质点组成的封闭周线的速度环量不随时间而变化。

在流场中任取一由流体质点组成的封闭周线 K，称为流体质点线，它随流体的运动而移动、变形，但组成该线的流体质点不变。沿该线的速度环量可表示为

$$\Gamma = \oint \boldsymbol{V} \cdot \mathrm{d}\boldsymbol{l} = \oint (V_x\mathrm{d}x + V_y\mathrm{d}y + V_z\mathrm{d}z)$$

随时间的变化率为

$$\frac{\mathrm{d}\Gamma}{\mathrm{d}t} = \frac{\mathrm{d}}{\mathrm{d}t}\oint (V_x\mathrm{d}x + V_y\mathrm{d}y + V_z\mathrm{d}z)$$

$$= \oint\left[V_x\frac{\mathrm{d}}{\mathrm{d}t}(\mathrm{d}x) + V_y\frac{\mathrm{d}}{\mathrm{d}t}(\mathrm{d}y) + V_z\frac{\mathrm{d}}{\mathrm{d}t}(\mathrm{d}z)\right] + \oint\left(\frac{\mathrm{d}V_x}{\mathrm{d}t}\mathrm{d}x + \frac{\mathrm{d}V_y}{\mathrm{d}t}\mathrm{d}y + \frac{\mathrm{d}V_z}{\mathrm{d}t}\mathrm{d}z\right)$$

由于封闭周线 K 始终由同样的流体质点组成，则有

$$\frac{\mathrm{d}}{\mathrm{d}t}(\mathrm{d}x) = \mathrm{d}V_x, \quad \frac{\mathrm{d}}{\mathrm{d}t}(\mathrm{d}y) = \mathrm{d}V_y, \quad \frac{\mathrm{d}}{\mathrm{d}t}(\mathrm{d}z) = \mathrm{d}V_z$$

将其代入上式中第一个积分式，有

$$\oint\left[V_x\frac{\mathrm{d}}{\mathrm{d}t}(\mathrm{d}x) + V_y\frac{\mathrm{d}}{\mathrm{d}t}(\mathrm{d}y) + V_z\frac{\mathrm{d}}{\mathrm{d}t}(\mathrm{d}z)\right] = \oint(V_x\mathrm{d}V_x + V_y\mathrm{d}V_y + V_z\mathrm{d}V_z)$$

$$= \oint\mathrm{d}\left(\frac{V_x^2 + V_y^2 + V_z^2}{2}\right) = \oint\mathrm{d}\left(\frac{V^2}{2}\right)$$

将理想流体的欧拉运动微分方程代入上式中第二项积分式，得到

$$\oint\left(\frac{\mathrm{d}V_x}{\mathrm{d}t}\mathrm{d}x + \frac{\mathrm{d}V_y}{\mathrm{d}t}\mathrm{d}y + \frac{\mathrm{d}V_z}{\mathrm{d}t}\mathrm{d}z\right)$$

$$= \oint\left[\left(X - \frac{1}{\rho}\frac{\partial p}{\partial x}\right)\mathrm{d}x + \left(Y - \frac{1}{\rho}\frac{\partial p}{\partial y}\right)\mathrm{d}y + \left(Z - \frac{1}{\rho}\frac{\partial p}{\partial z}\right)\mathrm{d}z\right]$$

$$= \oint\left[(X\mathrm{d}x + Y\mathrm{d}y + Z\mathrm{d}z) - \frac{1}{\rho}\left(\frac{\partial p}{\partial x}\mathrm{d}x + \frac{\partial p}{\partial y}\mathrm{d}y + \frac{\partial p}{\partial z}\mathrm{d}z\right)\right]$$

$$= \oint(-\mathrm{d}W - \mathrm{d}P)$$

注：如果质量力有势，$-W$ 为质量力势函数，则有

$$X\mathrm{d}x + Y\mathrm{d}y + Z\mathrm{d}z = -\mathrm{d}W$$

如果流体为正压性理想流体，则有压力函数 P，即

$$\frac{1}{\rho}\left(\frac{\partial p}{\partial x}\mathrm{d}x + \frac{\partial p}{\partial y}\mathrm{d}y + \frac{\partial p}{\partial z}\mathrm{d}z\right) = \frac{\mathrm{d}p}{\rho} = \mathrm{d}P$$

最后得到

$$\frac{\mathrm{d}\Gamma}{\mathrm{d}t} = \oint\left[\mathrm{d}\left(\frac{V^2}{2}\right) - \mathrm{d}W - \mathrm{d}P\right] = \oint \mathrm{d}\left(\frac{V^2}{2} - W - P\right) = 0$$

由此得出 Γ = 常数，即在由固定质点组成的封闭周线上，速度环量不随时间而变化。

根据汤姆生定理和斯托克斯定理可以说明，在理想流体中，速度环量和漩涡都是不能自行产生也不能自行消灭的。这是由于在理想流体中不存在切向应力，不能传递旋转运动，且既不能使不旋转的流体微团产生转动，也不能使已经旋转的流体微团停止转动。由此可知，流场中原来有漩涡和速度环量的，永远有漩涡并保持原有的环量；原来没有漩涡和速度环量的，就永远没有漩涡和环量。例如，理想流体从静止状态开始运动，由于静止状态时流场每一条封闭周线的速度环量等于零，没有漩涡，所以在流动中环量仍然等于零，没有漩涡。

结论： 正压性的理想流体在有势的质量力的作用下，速度环量和漩涡旋不能自行产生，也不能自行消失。也就是说，如果流体流动初始是无漩涡的，则永远无漩涡；如果初始是有漩涡的流动，则永远有漩涡。

原因： 由于理想流体没有黏性，不存在切向应力，不能传递旋转运动，且既不能使不旋转的流体微团旋转，也不能使旋转的流体微团停止旋转。

注意： 流场中也会出现速度环量为零但有漩涡的情况，此时漩涡是成对出现的，每对漩涡的强度相等而旋转方向相反。

4. 亥姆霍兹定理

亥姆霍兹（H.L.F.Von Helmholts）定理是研究理想流体有旋流动的三个基本定理，这些定理说明了漩涡的基本性质。

（1）亥姆霍兹第一定理：在同一瞬时涡管各截面上的涡通量相同。

该定理的表达式为

$$\int_A \Omega \cdot \mathrm{d}A = 常数 \tag{6-98}$$

该定理说明，涡管不可能在流体中终止。因为如果涡管的截面积缩小到零，则角速度将趋于无穷大，这是不可能的。所以涡管在流体中既不能开始，也不能终止，只能是自成封闭的管圈，或在边界上开始、终止，如图 6-33 所示。例如吸烟者吐出的圆形烟圈，水中的漩涡和龙卷风等都是该定理所表述的自然现象。

证明：

如图 3-34 所示，在涡管上任取两截面 A_1、A_2，在涡管的表面上取两条无限靠近的线段 a_1a_2 和 b_1b_2。

由于封闭周线 $a_1a_2b_2b_1a_1$ 所围成的单连通区域为涡管表面，无涡线通过，故涡通量等于零。

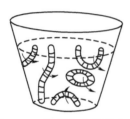

图 6-33　漩涡存在的形式

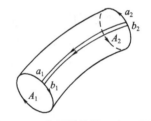

图 6-34　亥姆霍兹第一定理用图

根据斯托克斯定理，沿该封闭周线的速度环量等于零，即

$$\Gamma_{a_1a_2b_2b_1a_1} = \Gamma_{a_1a_2} + \Gamma_{a_2b_2} + \Gamma_{b_2b_1} + \Gamma_{b_1a_1} = 0$$

由于 $\Gamma_{a_1a_2} + \Gamma_{b_2b_1} = 0$ ，而 $\Gamma_{a_2b_2} = -\Gamma_{b_2a_2}$ ，故得

$$\Gamma_{b_1a_1} = \Gamma_{b_2a_2}$$

根据斯托克斯定理，上式可写成

$$\iint_{A_1} \Omega \cdot \mathrm{d}A = \iint_{A_2} \Omega \cdot \mathrm{d}A = 常数$$

（2）亥姆霍兹第二定理（涡管守恒定理）：正压性的理想流体在有势的质量力的作用下，涡管始终由相同的流体质点组成。

如图 6-35 所示，在涡管表面上任取一封闭的流体质点周线 K，由斯托克斯定理可知，沿周线 K 的速度环量等于所围面积的涡通量，由涡管的定义可知，涡线是不能穿过涡管表面的，所以这个值永远为零，即周线 K 上的流体质点始终在涡管表面上。

由于流体质点周线 K 是任意的，因此，构成涡管的流体质点永远在涡管上，尽管涡管的形状可能随时发生变化，但组成涡管的流体质点是相同的。

（3）亥姆霍兹第三定理（涡管强度守恒定理）：正压性理想流体在有势的质量力的作用下，涡管强度不随时间变化。

证明：如图 6-36 所示，围绕涡管的截面 A 取一封闭的流体质点周线 K。根据亥姆霍兹第二定理，涡管始终由相同的流体质点组成；根据汤姆孙定理，沿涡管表面的周线 K 的速度环量保持不变；再根据斯托克斯定理，通过涡管的涡通量也保持不变，即涡管强度不随时间变化。

图 6-35　亥姆霍兹第二定理用图

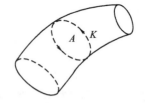

图 6-36　亥姆霍兹第三定理用图

亥姆霍兹第一定理表述的是同一瞬时涡管强度沿管长方向不变，属于运动学问题，对任何流体都适用。第二、第三定理表述的是涡管及其强度不随时间变化，论证时要用汤姆孙定理，属于动力学问题，只适用于有势质量力作用下的正压性理想流体。

黏性流体的黏性应力将消耗能量，使涡管强度逐渐减弱。

5. 二维涡流

设在重力作用下的不可压缩理想流体中，有一无限长涡通量为 J 的铅垂涡束，此涡束像刚体一样以等角速度 ω 绕自身轴旋转。涡束周围的流体受涡束的诱导将绕涡束轴做相应的等速圆周运动，根据斯托克斯定理，其环流 $\Gamma = J$。由于直线涡束无限长，与涡束轴垂直的所有平面上的流动情况都一样，故可只研究其中一个平面的流动，如图 6-37 所示。

该流动可分为两个区域：一个是涡束内的流动区域，称为涡核区，为有旋流动，其半径为 r_b；另一个为涡束外的流动区域，称为环流区。由于沿环流区内任意封闭周线的速度环量都为零，故为无旋流动。

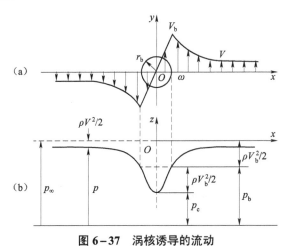

图 6-37　涡核诱导的流动

（1）环流区的速度分布为

$$V_r = 0, \quad V_\theta = V = \frac{\Gamma}{2\pi r} \quad (r \geqslant r_b)$$

环流区的压强分布可由伯努利方程导出。由于重力铅垂向下，故在水平面内对环流区中半径为 r 和无穷远处可列出

$$p + \frac{1}{2}\rho V^2 = p_\infty$$

故有

$$p = p_\infty - \frac{1}{2}\rho V^2 = p_\infty - \frac{\rho \Gamma^2}{8\pi^2 r^2}$$

可见，在环流区内随着半径的减小，流速升高而压强降低；在与涡核交界处，流速达到该区的最高值，而压强则是该区的最低值，即

$$V_b = \frac{\Gamma}{2\pi r_b}$$

$$p_b = p_\infty - \frac{1}{2}\rho V_b^2 = p_\infty - \frac{\rho \Gamma^2}{8\pi^2 r_b^2}$$

（2）涡核区的速度分布为

$$V_r = 0, \quad V_\theta = V = r\omega \quad (r \leqslant r_b)$$

涡核区为有旋流动，伯努利方程的积分常数随流线而变，故其压强分布由欧拉运动微分方程推出。平面定常流动的欧拉方程为

$$V_x \frac{\partial V_x}{\partial x} + V_y \frac{\partial V_x}{\partial y} = -\frac{1}{\rho}\frac{\partial p}{\partial x}$$

$$V_x \frac{\partial V_y}{\partial x} + V_y \frac{\partial V_y}{\partial y} = -\frac{1}{\rho}\frac{\partial p}{\partial y}$$

将涡核区内任一点的速度 $V_x = -\omega y, V_y = \omega x$ 代入上式，得到

$$\omega^2 x = -\frac{1}{\rho}\frac{\partial p}{\partial x}, \quad \omega^2 y = -\frac{1}{\rho}\frac{\partial p}{\partial y}$$

用 dx 和 dy 分别乘以上两式，相加后得到

$$\omega^2(x dx + y dy) = \frac{1}{\rho}\left(\frac{\partial p}{\partial x}dx + \frac{\partial p}{\partial y}dy\right)$$

或

$$dp = \rho\omega^2 d(x^2 + y^2)/2$$

积分得

$$p = \frac{1}{2}\rho\omega^2(x^2 + y^2) + C = \frac{1}{2}\rho\omega^2 r^2 + C = \frac{1}{2}\rho V^2 + C$$

在与环流区交界处，有

$$r = r_b, \quad p = p_b, \quad V = V_b = r_b\omega$$

代入上式，得积分常数

$$C = p_b - \frac{1}{2}\rho V_b^2 = p_\infty - \rho V_b^2$$

涡核区的压强

$$p = p_\infty + \frac{1}{2}\rho V^2 - \rho V_b^2 = p_\infty + \frac{1}{2}\rho\omega^2 r^2 - \rho\omega^2 r_b^2$$

涡核中心的流速为零，压强最低。涡核中心的压强为

$$p_0 = p_\infty - \rho V_b^2$$

涡核区边缘至涡核中心的压强降为

$$p_b - p_0 = \frac{1}{2}\rho V_b^2 = p_\infty - p_b$$

可见，涡核区和环流区的压强降相等，都等于以它们交界处的速度计算的动压头。由于涡核区的压强比环流区的低，而涡核区又很小，径向压强梯度很大，故有向涡核中心的抽吸作用，漩涡越强，这种抽吸作用越大。龙卷风就是极强的漩涡，所以有很大的破坏力。

习　题

6-1　试判断下列速度场是否能代表一个二维不可压流动。

（1）$V = ax\mathbf{i} - ay\mathbf{j}$；　　　　　　　　　　　　　（2）$V = ay\mathbf{i} + ax\mathbf{j}$；

（3）$V = (x+y)\mathbf{i} + (x-y)\mathbf{j}$；　　　　　　（4）$V = (x+2y)\mathbf{i} + (x^2-y^2)\mathbf{j}$。

6-2　在不可压缩的三元流动中，已知 $u = x^2 + y^2 + x + y + 2$ 和 $v = y^2 + 2yz$，试用连续性方程推导出 W 的表达式。

6-3　下列各流场中哪些满足连续性条件？哪些是无旋流动？

（1）$u = k,\ v = 0$；

（2）$u = \dfrac{kx}{x^2+y^2},\ v = \dfrac{ky}{x^2+y^2}$；

（3）$u = x^2 + 2xy,\ v = y^2 + 2xy$；

（4）$u = y+z,\ v = z+x,\ w = x+y$。

6-4　已知有旋流动的速度场为 $u = x+y, v = y+z, w = x^2 + y^2 + z^2$。求在点 $(2,2,2)$ 处角速度的分量。

6-5　已知速度势函数 $\varphi = xy$，求速度分量和流函数，并画出 $\varphi = 1、2、3$ 的等势线。证明等势线和流线是正交的。

6-6　不可压缩流体平面流动的速度势函数为 $\varphi = x^2 - y^2 + x$，求其流函数。

6-7　下列各流函数是否都是有势流动？

（1）$\psi = kxy$；　　　　　　　　　　　（2）$\psi = x^2 - y^2$；

（3）$\psi = k\ln xy^2$；　　　　　　　　　（4）$\psi = k\left(1 - \dfrac{1}{r^2}\right)r\sin\theta$。

6-8　位于 $(1，0)$ 和 $(-1，0)$ 两点具有相同强度 4π 的点源，试求点 $(0，0)$、$(0，1)$、$(0，-1)$ 和 $(1，1)$ 处的速度。

6-9　设在坐标原点处放置一个强度为 $q_1 = 30\ \text{m}^3/\text{s}$ 的点源，在点 $(1，0)$（单位：m）处放置另一个强度为 $q_2 = 20\ \text{m}^3/\text{s}$ 的点源。试求：

（1）点 $(-1，0)$ 处的速度分量；

（2）设无穷远处压强为 0，密度为 $\rho = 2\ \text{kg/m}^3$，计算点 $(-1，0)$ 处的压强。

6-10　直径为 1.2 m、长为 50 m 的圆柱体以 90 r/min 的角速度绕其轴顺时针旋转，空气以 80 km/h 的速度沿与圆柱体轴相垂直的方向绕流圆柱体，试求速度环量、升力和驻点的位置。假设空气为理想气体，气体密度为 $\rho = 1.205\ \text{kg/m}^3$。

补 充 习 题

B6-1　已知速度场为 $V = x^2y\mathbf{i} - xy^2\mathbf{j} + 5\mathbf{k}$，求沿圆周 $x^2 + y^2 = 1$ 的速度环量。

B6-2　已知速度场为 $V = (3x^2 + y)\mathbf{i} - (6xy + x)\mathbf{j}$，求以直线 $x = \pm 1,\ y = \pm 1$ 所围成的正方形的速度环量。

B6-3　已知速度场为 $V = 2\mathbf{i} + 3\mathbf{j}$，求速度势函数和流函数。

B6-4　已知速度势函数为 $\varphi = xy$，求速度分量和流函数，画出 $\varphi = 1,\ 2,\ 3$ 的等势线，证明等势线和流线相互正交。

B6-5　判断下列流函数的流动是否为有势流动，若有势，写出势函数。

（1）$\psi = kxy$；　　　　　　　　　　　　（2）$\psi = x^2 - y^2$；

（3）$\psi = k\ln(xy^2)$。

B6–6　已知不可压缩理想流体的流动速度分量为 $u = ay$，$v = bx$，$w = 0$，求等压面（即 $p = $ 常数）方程（不计质量力）。

B6–7　不可压缩理想流体做圆周运动。当 $r \leqslant a$ 时，速度分量为 $u = -\omega y$，$v = \omega x$，$w = 0$；当 $r \geqslant a$ 时，速度分量为 $u = -\omega a^2 \dfrac{y}{r^2}$，$v = \omega a^2 \dfrac{x}{r^2}$，$w = 0$，式中 $r^2 = x^2 + y^2$。设无穷远处的压强为 p_∞，不计质量力，试求压强分布规律。

B6–8　两个强度 $Q = 4\pi$ 的点源分别位于点（1，0）和（–1，0），求点（0，0）、（0，1）、（0，–1）和（1，1）处的速度。

B6–9　如图 6–38 所示，求重力作用下的理想不可压缩流体在开口等径曲管中振动的运动规律。设管中液柱长为 L，α、β 为曲管两端与水平线之间的夹角，振动从平衡位置开始。

B6–10　直径为 $D = 1.2\ \text{m}$、长度为 $L = 50\ \text{m}$ 的圆柱体在来流速度 $V = 80\ \text{km/h}$ 的空气流中转动，已知转速为 $n = 90\ \text{r/min}$，空气密度 $\rho = 1.205\ \text{kg/m}^3$，求速度环量、驻点位置和升力。

B6–11　一种测定速度的装置如图 6–39 所示，圆柱体上开三个相距为 30° 的压力孔 A、B、C，分别和测压管 a、b、c 相连通。将柱体放置在水中，使 A 孔正对水流，然后转动圆柱使测压管 b、c 中水面在同一水平面。当 a 管水面高于 b、c 管水面 $\Delta h = 3\ \text{cm}$ 时，求流速。

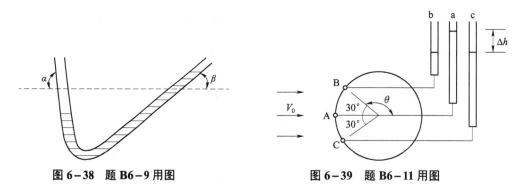

图 6–38　题 B6–9 用图　　　　　　　　图 6–39　题 B6–11 用图

B6–12　设在坐标原点处放置一个强度为 $q_1 = 30\ \text{m}^3/\text{s}$ 的点源，在点（1，0）（单位为 m）处放置一个强度为 $q_2 = 20\ \text{m}^3/\text{s}$ 的点源。试求：

（1）点（–1，0）处的速度分量；

（2）设无穷远处压强为 0 Pa，密度为 $\rho = 2\ \text{kg/m}^3$，计算点（–1，0）处的压强。

B6–13　图 6–40 所示为一矩形断面弯管中的流动纵剖面。内弯板的半径为 R，内、外弯板的距离为 h，假设流体为理想流体，求断面的流速分布和压强分布。

B6–14　半径为 R_0 的半圆柱形房屋如图 6–41 所示。迎面吹来速度为 V_0 的风，大有将房屋吹起而脱离地面的趋势。有一居住者在迎风面与地面夹角为 β_0 的地方开设一小通风口，从而使气流对房屋的作用力消失。设流动为不可压缩理想流体的无旋流动，试求此 β_0 角。

B6–15　宽为 b 的渠道中，在长 L 的一段上均匀地落入总流量为 Q 的液体，如图 6–42 所示。设液体在渠道中为一元流动，则：

（1）设 Q 可随时间而变动，试导出连续性方程。

（2）设 Q 为常数且 h 不随时间而变化，试导出在任一截面处 h 与 V 的关系式。

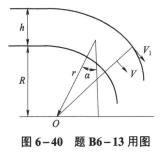

图 6-40　题 B6-13 用图

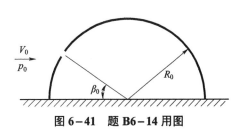

图 6-41　题 B6-14 用图

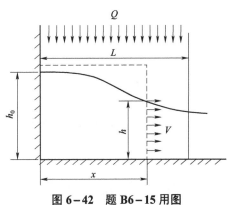

图 6-42　题 B6-15 用图

思 考 题

（1）流体质点的运动轨迹与是否为有旋流动有何关系？

（2）判断流动是否有旋的方法是什么？

（3）对于不可压缩流体的流动，是否一定有 $\dfrac{\mathrm{d}\rho}{\mathrm{d}t}=0$？为什么？

（4）对于管道流动而言，是否一定有流进的质量等于流出的质量？

（5）对于二维有旋流动，是否存在流函数？是否存在势函数？

（6）写出绘制二维流场流谱图的方法。

（7）等势线的疏密程度与流场中相关参数的变化程度有何联系？

（8）对于点源流场，其压强与半径的关系是什么？

（9）对于点涡流场，其压强与半径的关系是什么？

（10）简述镜面反射原理及其应用。

（11）乒乓球打出弧圈球时，其运动轨迹非常奇特，试用流体力学原理给出解释。

（12）达朗伯悖论对我们有哪些启示？

第7章
黏性流体动力学基础

在第6章，我们讨论的是理想流体的流动问题，认为流体是没有黏性的。对于一些黏性较小的流体，某些流动过程的理论结果与实际比较符合。但对于有些流动过程，尤其是在靠近物体表面被称为边界层的流体薄层中，理论结果与实际相差很大。这主要是由于实际流体都是有黏性的，当流层之间有相对运动时，必然产生切应力，黏性越大的流体，所产生的切应力也越大，对流动的影响也越大，由理想模型计算出的结果的误差也越大。所谓达朗伯悖论，就是因为没考虑黏性影响。

第1节 不可压缩黏性流体的运动方程

当考虑流体的黏性时，作用在流体质点上的力除了质量力、法向应力（垂直于作用面的压力）外，还有与作用面相切的切向力。

在流场中任取一个边长分别为 Δx、Δy、Δz 的平行六面体微团，如图 7-1 所示。作用在六面体上的力有质量力，而作用在表面上的力除了法向力外，还有切向力，用 p 表示法向力，用 τ 表示切向力。由于既要表示所在的平面，又要表示应力的方向，所以需要用两个角标来表示，第一个角标表示应力所在平面的法方向，第二个角标表示应力本身的方向。比如 τ_{xy}，第一个角标 x 表示在与 x 轴垂直的平面上，第二个角标 y 表示应力方向与 y 轴平行。为方便起见，设所有法向应力都沿所在平面的外法向方向，切应力在过点 A (x, y, z) 的三个平面上与坐标轴方向相反，其他三个平面上与坐标轴方向相同。

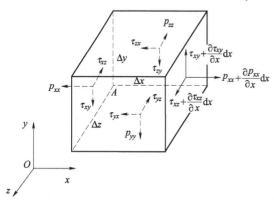

图 7-1 推导 N-S 方程用图

对于这个六面体，每个面上都有三个应力分量，共有 18 个应力分量。就 x 轴分量而言，每个面上都有一个应力分量与 x 轴平行。根据牛顿第二定律，可写出沿 x 轴的运动微分方程为

$$\rho X \Delta x \Delta y \Delta z - p_{xx} \Delta y \Delta z + \left(p_{xx} + \frac{\partial p_{xx}}{\partial x} \Delta x \right) \Delta y \Delta z$$

$$-\tau_{yx}\Delta x\Delta z+\left(\tau_{yx}+\frac{\partial\tau_{yx}}{\partial y}\Delta y\right)\Delta x\Delta z$$

$$-\tau_{zx}\Delta x\Delta y+\left(\tau_{zx}+\frac{\partial\tau_{zx}}{\partial z}\Delta z\right)\Delta x\Delta y=\rho\Delta x\Delta y\Delta z\frac{\mathrm{d}u}{\mathrm{d}t}$$

整理得到

$$\frac{\mathrm{d}u}{\mathrm{d}t}=X+\frac{\partial p_{xx}}{\rho\partial x}+\frac{1}{\rho}\left(\frac{\partial\tau_{yx}}{\partial y}+\frac{\partial\tau_{zx}}{\partial z}\right)$$

同理可得，沿 y 轴和 z 轴的运动微分方程，最后有

$$\frac{\mathrm{d}u}{\mathrm{d}t}=X+\frac{\partial p_{xx}}{\rho\partial x}+\frac{1}{\rho}\left(\frac{\partial\tau_{yx}}{\partial y}+\frac{\partial\tau_{zx}}{\partial z}\right)$$

$$\frac{\mathrm{d}v}{\mathrm{d}t}=Y+\frac{\partial p_{yy}}{\rho\partial y}+\frac{1}{\rho}\left(\frac{\partial\tau_{zy}}{\partial z}+\frac{\partial\tau_{xy}}{\partial x}\right) \qquad (7-1)$$

$$\frac{\mathrm{d}w}{\mathrm{d}t}=Z+\frac{\partial p_{zz}}{\rho\partial z}+\frac{1}{\rho}\left(\frac{\partial\tau_{xz}}{\partial x}+\frac{\partial\tau_{yz}}{\partial y}\right)$$

这就是黏性流体流动所满足的运动微分方程。假设流体为不可压缩流体，密度为常数，是已知量，方程中仍有 9 个应力和 3 个速度分量共计 12 个未知量。考虑到连续性方程，也只有 4 个方程，不足以进行求解，还必须对应力进行分析，寻找应力之间的关系式。

1. 切向应力之间的关系

过六面体中心，在 xy 平面选取一边长为 Δx、Δy，厚为 Δz 的微小单元，如图 7-2 所示，M 点位于四边形的中心处。

由达朗伯原理，质量力和表面力对 M 点的力矩之和为 0；由于质量力和惯性力对该轴的力矩是四阶小量，略去不计，得到

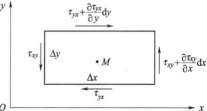

图 7-2　切应力之间的关系

$$-\tau_{yx}\Delta x\Delta z\frac{\Delta y}{2}-\left(\tau_{yx}+\frac{\partial\tau_{yx}}{\partial y}\Delta y\right)\Delta x\Delta z\frac{\Delta y}{2}$$

$$+\tau_{xy}\Delta y\Delta z\frac{\Delta x}{2}+\left(\tau_{xy}+\frac{\partial\tau_{xy}}{\partial x}\Delta x\right)\Delta y\Delta z\frac{\Delta x}{2}=0$$

再略去四阶小量，得到 $\tau_{xy}=\tau_{yx}$。同理可得

$$\tau_{yz}=\tau_{zx}$$

$$\tau_{zx}=\tau_{xz} \qquad (7-2)$$

则 9 个应力中只有 6 个是独立变量。

2. 广义牛顿内摩擦定律

对于黏性切应力与速度梯度（变形速率）的关系，根据牛顿内摩擦定律，有

$$\tau = \mu \frac{\mathrm{d}u}{\mathrm{d}y}$$

对于多元流动来说，由式（6-7）所表示的 e_{xy}、e_{xz}、e_{yz} 也是角变形速率，可将牛顿内摩擦定律推而广之，即黏性切应力与流体微团的角变形速率之间满足

$$\tau_{xy} = \mu\left(\frac{\partial v}{\partial x} + \frac{\partial u}{\partial y}\right) = 2\mu e_{xy}$$

$$\tau_{yz} = \mu\left(\frac{\partial w}{\partial y} + \frac{\partial v}{\partial z}\right) = 2\mu e_{yz} \qquad (7-3)$$

$$\tau_{xz} = \mu\left(\frac{\partial u}{\partial z} + \frac{\partial w}{\partial x}\right) = 2\mu e_{xz}$$

这就是广义牛顿内摩擦定律，其意义就是切应力等于动力黏度和角变形速率的乘积。

3. 法向应力

现在来研究一下法向应力之间的关系。对于理想流体（无黏性），在同一点上各方向的法向应力是相同的，即有

$$p_{xx} = p_{yy} = p_{zz} = -p$$

而对于黏性流体，由于黏性的作用，流体微团除角变形外，还有线变形，使法向应力的大小有变化，产生附加的法向应力。应用广义牛顿内摩擦定律式（7-3）的形式，附加法向应力应等于动力黏度与两倍的线变形速率的乘积，则有

$$p_{xx} = -p + 2\mu\frac{\partial u}{\partial x}$$

$$p_{yy} = -p + 2\mu\frac{\partial v}{\partial y} \qquad (7-4)$$

$$p_{zz} = -p + 2\mu\frac{\partial w}{\partial z}$$

此即为法向应力的表达式。将上述三个式子相加，得到三个法向应力之和为

$$p_{xx} + p_{yy} + p_{zz} = -3p + 2\mu\left(\frac{\partial u}{\partial x} + \frac{\partial v}{\partial y} + \frac{\partial w}{\partial z}\right)$$

对于不可压缩流体，则有

$$p = -\frac{1}{3}(p_{xx} + p_{yy} + p_{zz}) \qquad (7-5)$$

即三个法向应力的算术平均值恰好就是理想流体的压强。

4. N-S 方程

将上面的结果式（7-3）、式（7-4）代入运动方程（7-1），考虑到式（7-2），对于沿 x 轴的运动方程，有

$$\frac{\mathrm{d}u}{\mathrm{d}t} = X + \frac{\partial p_{xx}}{\rho \partial x} + \frac{1}{\rho}\left(\frac{\partial \tau_{xy}}{\partial y} + \frac{\partial \tau_{xz}}{\partial z}\right)$$

$$= X + \frac{1}{\rho}\frac{\partial}{\partial x}\left(-p + 2\mu\frac{\partial u}{\partial x}\right) + \frac{1}{\rho}\left[\frac{\partial}{\partial y}(2\mu e_{xy}) + \frac{\partial}{\partial z}(2\mu e_{xz})\right]$$

$$= X - \frac{\partial p}{\rho \partial x} + \frac{\mu}{\rho} \left\{ 2\frac{\partial^2 u}{\partial x^2} + \frac{\partial}{\partial y}\left(\frac{\partial u}{\partial y} + \frac{\partial v}{\partial x}\right) + \frac{\partial}{\partial z}\left(\frac{\partial u}{\partial z} + \frac{\partial w}{\partial x}\right) \right\}$$

$$= X - \frac{\partial p}{\rho \partial x} + \frac{\mu}{\rho}\left\{ \frac{\partial^2 u}{\partial x^2} + \frac{\partial^2 u}{\partial y^2} + \frac{\partial^2 u}{\partial z^2} \right\} + \frac{\mu}{\rho}\frac{\partial}{\partial x}\left(\frac{\partial u}{\partial x} + \frac{\partial v}{\partial y} + \frac{\partial w}{\partial z} \right)$$

对于不可压缩流体，有

$$\frac{\partial u}{\partial x} + \frac{\partial v}{\partial y} + \frac{\partial w}{\partial z} = 0$$

代入上式，得到

$$\frac{\mathrm{d} u}{\mathrm{d} t} = X - \frac{1}{\rho}\frac{\partial p}{\partial x} + \nu\left(\frac{\partial^2 u}{\partial x^2} + \frac{\partial^2 u}{\partial y^2} + \frac{\partial^2 u}{\partial z^2} \right)$$

同理可得到沿 y 轴和 z 轴的运动方程，最后有

$$\frac{\mathrm{d} u}{\mathrm{d} t} = X - \frac{1}{\rho}\frac{\partial p}{\partial x} + \nu\left(\frac{\partial^2 u}{\partial x^2} + \frac{\partial^2 u}{\partial y^2} + \frac{\partial^2 u}{\partial z^2} \right)$$

$$\frac{\mathrm{d} v}{\mathrm{d} t} = Y - \frac{1}{\rho}\frac{\partial p}{\partial y} + \nu\left(\frac{\partial^2 v}{\partial x^2} + \frac{\partial^2 v}{\partial y^2} + \frac{\partial^2 v}{\partial z^2} \right) \qquad (7-6)$$

$$\frac{\mathrm{d} w}{\mathrm{d} t} = Z - \frac{1}{\rho}\frac{\partial p}{\partial z} + \nu\left(\frac{\partial^2 w}{\partial x^2} + \frac{\partial^2 w}{\partial z^2} + \frac{\partial^2 w}{\partial z^2} \right)$$

这就是著名的 Navier-Stokes 方程，与连续性方程一起，构成不可压缩流体运动基本方程组，共有 4 个方程，可求解 u、v、w、p 4 个未知量。

第 2 节　N-S 方程的精确解

1. 两平板之间的层流流动

在如图 7-3 所示的两个平板之间充有黏性液体，设平板无限大，下板固定，上板以匀速 V 运动，沿流动方向有压力梯度，试求两板之间的流体流动速度分布。

分析：

（1）这是一个定常流动问题，故有 $\dfrac{\partial u}{\partial t} = 0$。

（2）对于一元流动，有 $v = w = 0$。

（3）由连续性方程，有 $\dfrac{\partial u}{\partial x} = 0$，即 $u = u(y)$。

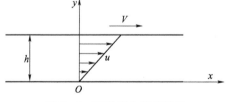

图 7-3　两平板之间的流动

（4）不计质量力作用。

将上面的分析结果代入 N-S 方程（7-6），得到

$$-\frac{1}{\rho}\frac{\partial p}{\partial x} + \nu\frac{\partial^2 u}{\partial y^2} = 0$$

$$-\frac{1}{\rho}\frac{\partial p}{\partial y} = 0$$

由于 $u = u(y)$，故速度仅仅是 y 的函数。另压强 p 仅仅是 x 的函数，则有

$$\frac{\mathrm{d}^2 u}{\mathrm{d}y^2} = \frac{1}{\mu} \frac{\mathrm{d}p}{\mathrm{d}x}$$

积分得

$$u = \frac{1}{2\mu} \frac{\mathrm{d}p}{\mathrm{d}x} y^2 + C_1 y + C_2$$

由边界条件

$$u|_{y=0} = 0, \quad u|_{y=h} = V$$

得到

$$C_2 = 0$$

$$C_1 = \frac{V}{h} - \frac{1}{2\mu} \frac{\mathrm{d}p}{\mathrm{d}x} h$$

最后得到速度分布为

$$u = \frac{V}{h} y - \frac{1}{2\mu} \frac{\mathrm{d}p}{\mathrm{d}x} (h-y)y \tag{7-7}$$

讨论 1：两板有相对运动，但两端无压差的流动。

如果沿流动的两端没有压差，则 $\dfrac{\mathrm{d}p}{\mathrm{d}x} = 0$，即由式（7-7），流速分布为

$$u = \frac{V}{h} y \tag{7-8}$$

这是一个沿 y 轴的线性分布，如图 7-3 所示。

讨论 2：两板无相对运动，但两端有压差的流动。

此时，$V = 0$，由式（7-7），有

$$u = -\frac{1}{2\mu} \frac{\mathrm{d}p}{\mathrm{d}x} (h-y)y$$

设在沿流向长度为 l 的距离上两端压差为 $\Delta p = p_1 - p_2$，则有

$$\frac{\mathrm{d}p}{\mathrm{d}x} = \frac{p_2 - p_1}{l} = -\frac{\Delta p}{l}$$

则速度分布为

$$u = \frac{1}{2\mu} \frac{\Delta p}{l} (h-y)y \tag{7-9}$$

流速不再是线性分布，而是抛物线分布，如图 7-4 所示。

讨论 3：既有压差，又有相对运动的问题。

圆形油桶 B 内充满了油，当圆柱形柱塞自上而下运动时，将会把油桶 B 内的油自上部排出，如图 7-5 所示。

图 7-4　两平板之间的流动

此时在柱塞与桶壁之间的流动速度分布如图 7-5 所示，属于既有压差，又有壁面相对运动的流动。速度分布由式（7-8）和式（7-9）叠加而成，有

$$u = -\frac{V}{h}y + \frac{1}{2\mu}\frac{\Delta p}{l}(h-y)y \qquad (7-10)$$

【例 7-1】 油缸与柱塞结构如图 7-6 所示。已知油缸内油的相对压强为 $p = 300\,\text{kPa}$，油的动力黏度为 $\mu = 0.1\,\text{Pa·s}$，柱塞直径 $d = 50\,\text{mm}$，套筒长 $l = 300\,\text{mm}$，套筒与柱塞的间隙 $\delta = 0.05\,\text{mm}$。设柱塞保持不动，求油的泄漏流量。

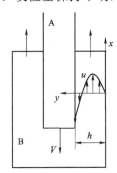

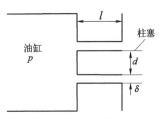

图 7-5　圆筒与柱塞之间的流动　　　**图 7-6　柱塞缝隙间的泄漏**

解： 由于柱塞不动，故这是一个有压差的流动问题。由式（7-10），得到缝隙中的流速分布为

$$u = \frac{1}{2\mu}\frac{p}{l}(\delta - y)y$$

则泄漏流量为

$$Q = \int_0^\delta u\pi d \cdot dy = \frac{\pi d}{2\mu}\frac{p}{l}\int_0^\delta (\delta - y)y\,dy = \frac{\pi d}{12\mu}\frac{p}{l}\delta^3$$

将已知数据代入，得到漏油流量为

$$Q = \frac{0.05\pi}{12\times 0.1}\frac{300\,000}{0.3}\times 0.05^3 \times 10^{-9} = 0.016\,36\,(\text{cm}^3/\text{s})$$

2. 等径圆管中充分发展层流的速度分布

对于圆管中的流动，采用柱坐标比较方便。在柱坐标系下，所有变量都是柱坐标 r、θ、z 的函数，相应的速度分量为 V_r、V_θ 和 V_z。

柱坐标系下的连续性方程为

$$\frac{\partial V_r}{\partial r} + \frac{V_r}{r} + \frac{1}{r}\frac{\partial V_\theta}{\partial \theta} + \frac{\partial V_z}{\partial z} = 0 \qquad (7-11)$$

N-S 方程为

$$\frac{\partial V_r}{\partial t} + V_r\frac{\partial V_r}{\partial r} + \frac{V_\theta}{r}\frac{\partial V_r}{\partial \theta} - \frac{V_\theta^2}{r} + V_z\frac{\partial V_r}{\partial z}$$

$$= X - \frac{\partial p}{\rho \partial r} + \nu\left(\frac{\partial^2 V_r}{\partial r^2} + \frac{1}{r}\frac{\partial V_r}{\partial r} - \frac{V_r}{r^2} + \frac{1}{r^2}\frac{\partial^2 V_r}{\partial \theta^2} - \frac{2}{r^2}\frac{\partial V_\theta}{\partial \theta} + \frac{\partial^2 V_r}{\partial z^2}\right)$$

$$\frac{\partial V_\theta}{\partial t} + V_r\frac{\partial V_\theta}{\partial r} + \frac{V_\theta}{r}\frac{\partial V_\theta}{\partial \theta} + \frac{V_r V_\theta}{r} + V_z\frac{\partial V_\theta}{\partial z}$$

$$= Y - \frac{1}{\rho}\frac{\partial p}{r\partial \theta} + \nu\left(\frac{\partial^2 V_\theta}{\partial r^2} + \frac{1}{r}\frac{\partial V_\theta}{\partial r} - \frac{V_\theta}{r^2} + \frac{1}{r^2}\frac{\partial^2 V_\theta}{\partial \theta^2} + \frac{2}{r^2}\frac{\partial V_r}{\partial \theta} + \frac{\partial^2 V_\theta}{\partial z^2}\right)$$

$$\frac{\partial V_z}{\partial t} + V_r \frac{\partial V_z}{\partial r} + \frac{V_\theta}{r} \frac{\partial V_z}{\partial \theta} + V_z \frac{\partial V_z}{\partial z}$$

$$= Z - \frac{1}{\rho} \frac{\partial p}{\partial z} + \nu \left(\frac{\partial^2 V_z}{\partial r^2} + \frac{1}{r} \frac{\partial V_z}{\partial r} + \frac{1}{r^2} \frac{\partial^2 V_z}{\partial \theta^2} + \frac{\partial^2 V_z}{\partial z^2} \right) \tag{7-12}$$

所讨论圆管流动的特点如下：

（1）定常流动；

（2）轴对称流动，$V_r = 0$，$V_\theta = 0$，$\dfrac{\partial V_z}{\partial \theta} = 0$；

（3）在充分发展段，$\dfrac{\partial V_z}{\partial z} = 0$，则 $V_z = u(r)$；

（4）不考虑重力影响。

则 N-S 方程变为

$$\frac{\partial p}{\rho \partial r} = 0$$

$$\frac{1}{\rho} \frac{\partial p}{r \partial \theta} = 0$$

$$-\frac{1}{\rho} \frac{\partial p}{\partial z} + \nu \left(\frac{\partial^2 V_z}{\partial r^2} + \frac{1}{r} \frac{\partial V_z}{\partial r} \right) = 0$$

显然，压强与 r 和 θ 无关，p 仅仅是 z 的函数。设 $V_z = u(r)$，得到

$$-\frac{1}{\rho} \frac{\mathrm{d}p}{\mathrm{d}z} + \nu \frac{1}{r} \frac{\mathrm{d}}{\mathrm{d}r} \left(r \frac{\mathrm{d}u}{\mathrm{d}r} \right) = 0 \tag{7-13}$$

对式（7-13）进行积分，得到

$$r \frac{\mathrm{d}u}{\mathrm{d}r} = \frac{1}{2\mu} \frac{\mathrm{d}p}{\mathrm{d}z} r^2 + c_1$$

$$u = \frac{1}{4\mu} \frac{\mathrm{d}p}{\mathrm{d}z} r^2 + c_1 \ln r + c_2 \tag{7-14}$$

设 $r = 0$，得到 $c_1 = 0$；当 $r = R$ 时，$u = 0$，得到

$$c_2 = -\frac{1}{4\mu} \frac{\mathrm{d}p}{\mathrm{d}z} R^2$$

代入式（7-14），最后得到

$$u = -\frac{1}{4\mu} \frac{\mathrm{d}p}{\mathrm{d}z} (R^2 - r^2) \tag{7-15}$$

显然，这是一种抛物线分布。

第3节　紊流基本方程——雷诺方程

紊流流场中的物理量可分为瞬时值、时均值和脉动值，由于瞬时值和脉动值具有不确定性，很难处理，故采用时均值。时均值所满足的方程，就是对 N-S 方程进行时均化，所得到的方程就是紊流基本方程，也称为雷诺方程。

由时均值的定义，若 $a=\overline{a}+a'$，$b=\overline{b}+b'$，其中 a、b 为瞬时值，$\overline{a}$、$\overline{b}$ 为时均值，a'、b' 为脉动值，可以证明时均运算有如下运算法则。

（1）$\overline{a\pm b}=\overline{a}\pm\overline{b}$；

（2）$\overline{ca}=c\overline{a}$；

（3）$\overline{\overline{a}\cdot b}=\overline{a}\cdot\overline{b}$；

（4）$\overline{a'}=0$；

（5）$\overline{a\cdot b}=\overline{(\overline{a}+a')(\overline{b}+b')}=\overline{a}\cdot\overline{b}+\overline{a'b'}$；

（6）$\overline{\dfrac{\partial a}{\partial\xi}}=\dfrac{\partial\overline{a}}{\partial\xi}$。

式中，c 为常数；ξ 可以是 x、y、z 或 t。

利用这些运算法则，对 N–S 方程和连续性方程进行时均化处理，得到适用于紊流流动的运动方程。根据法则（1）和（6）可知，时均化后的连续性方程为

$$\frac{\partial\overline{u}}{\partial x}+\frac{\partial\overline{v}}{\partial y}+\frac{\partial\overline{w}}{\partial z}=0 \tag{7-16}$$

下面我们对 N–S 方程进行时均化，得到适用于紊流时均值的运动方程。以沿 x 轴的运动方程

$$\frac{\mathrm{d}u}{\mathrm{d}t}=X-\frac{1}{\rho}\frac{\partial p}{\partial x}+\nu\left(\frac{\partial^2 u}{\partial x^2}+\frac{\partial^2 u}{\partial y^2}+\frac{\partial^2 u}{\partial z^2}\right)$$

为例，根据不可压缩流体流动的连续性方程，此方程可变形为

$$X-\frac{1}{\rho}\frac{\partial p}{\partial x}+\nu\left(\frac{\partial^2 u}{\partial x^2}+\frac{\partial^2 u}{\partial y^2}+\frac{\partial^2 u}{\partial z^2}\right)=\frac{\partial u}{\partial t}+u\frac{\partial u}{\partial x}+v\frac{\partial u}{\partial y}+w\frac{\partial u}{\partial z}$$

$$=\frac{\partial u}{\partial t}+\frac{\partial uu}{\partial x}+\frac{\partial uv}{\partial y}+\frac{\partial uw}{\partial z}-u\left(\frac{\partial u}{\partial x}+\frac{\partial v}{\partial y}+\frac{\partial w}{\partial z}\right)$$

$$=\frac{\partial u}{\partial t}+\frac{\partial uu}{\partial x}+\frac{\partial uv}{\partial y}+\frac{\partial uw}{\partial z}$$

对上式取时均运算，得到

$$\rho\overline{X}-\frac{\partial\overline{p}}{\partial x}+\mu\left(\frac{\partial^2\overline{u}}{\partial x^2}+\frac{\partial^2\overline{u}}{\partial y^2}+\frac{\partial^2\overline{u}}{\partial z^2}\right)=\rho\left(\frac{\partial\overline{u}}{\partial t}+\frac{\partial\overline{uu}}{\partial x}+\frac{\partial\overline{uv}}{\partial y}+\frac{\partial\overline{uw}}{\partial z}\right) \tag{7-17}$$

根据运算法则（5），有

$$\overline{uu}=\overline{u}\cdot\overline{u}+\overline{u'u'}$$

$$\overline{uv}=\overline{u}\cdot\overline{v}+\overline{u'v'}$$

$$\overline{uw}=\overline{u}\cdot\overline{w}+\overline{u'w'}$$

则有

$$\frac{\partial\overline{uu}}{\partial x}=\frac{\partial(\overline{u}\cdot\overline{u})}{\partial x}+\frac{\partial\overline{u'u'}}{\partial x}=2\overline{u}\frac{\partial\overline{u}}{\partial x}+\frac{\partial\overline{u'u'}}{\partial x}$$

$$\frac{\partial\overline{uv}}{\partial y}=\frac{\partial(\overline{u}\cdot\overline{v})}{\partial y}+\frac{\partial\overline{u'v'}}{\partial y}=\overline{v}\frac{\partial\overline{u}}{\partial y}+\overline{u}\frac{\partial\overline{v}}{\partial y}+\frac{\partial\overline{u'v'}}{\partial y}$$

$$\frac{\partial\overline{uw}}{\partial z}=\frac{\partial(\overline{u}\cdot\overline{w})}{\partial z}+\frac{\partial\overline{u'w'}}{\partial z}=\overline{w}\frac{\partial\overline{u}}{\partial z}+\overline{u}\frac{\partial\overline{w}}{\partial z}+\frac{\partial\overline{u'w'}}{\partial z}$$

代入式（7-17），考虑到连续性方程式（7-16），得到

$$\rho \overline{X} - \frac{\partial \overline{p}}{\partial x} + \mu \left(\frac{\partial^2 \overline{u}}{\partial x^2} + \frac{\partial^2 \overline{u}}{\partial y^2} + \frac{\partial^2 \overline{u}}{\partial z^2} \right) - \left(\frac{\partial \overline{\rho u' u'}}{\partial x} + \frac{\partial \overline{\rho u' v'}}{\partial y} + \frac{\partial \overline{\rho u' w'}}{\partial z} \right)$$

$$= \rho \left(\frac{\partial \overline{u}}{\partial t} + \overline{u} \frac{\partial \overline{u}}{\partial x} + \overline{v} \frac{\partial \overline{u}}{\partial y} + \overline{w} \frac{\partial \overline{u}}{\partial z} \right)$$

同理可得到沿 y 轴和 z 轴的运动方程，最后有

$$\rho \overline{X} - \frac{\partial \overline{p}}{\partial x} + \mu \Delta \overline{u} - \left(\frac{\partial \overline{\rho u' u'}}{\partial x} + \frac{\partial \overline{\rho u' v'}}{\partial y} + \frac{\partial \overline{\rho u' w'}}{\partial z} \right)$$

$$= \rho \left(\frac{\partial \overline{u}}{\partial t} + \overline{u} \frac{\partial \overline{u}}{\partial x} + \overline{v} \frac{\partial \overline{u}}{\partial y} + \overline{w} \frac{\partial \overline{u}}{\partial z} \right)$$

$$\rho \overline{Y} - \frac{\partial \overline{p}}{\partial y} + \mu \Delta \overline{v} - \left(\frac{\partial \overline{\rho u' v'}}{\partial x} + \frac{\partial \overline{\rho v' v'}}{\partial y} + \frac{\partial \overline{\rho v' w'}}{\partial z} \right) \qquad (7-18)$$

$$= \rho \left(\frac{\partial \overline{v}}{\partial t} + \overline{u} \frac{\partial \overline{v}}{\partial x} + \overline{v} \frac{\partial \overline{v}}{\partial y} + \overline{w} \frac{\partial \overline{v}}{\partial z} \right)$$

$$\rho \overline{Z} - \frac{\partial \overline{p}}{\partial z} + \mu \Delta \overline{w} - \left(\frac{\partial \overline{\rho u' w'}}{\partial x} + \frac{\partial \overline{\rho v' w'}}{\partial y} + \frac{\partial \overline{\rho w' w'}}{\partial z} \right)$$

$$= \rho \left(\frac{\partial \overline{w}}{\partial t} + \overline{u} \frac{\partial \overline{w}}{\partial x} + \overline{v} \frac{\partial \overline{w}}{\partial y} + \overline{w} \frac{\partial \overline{w}}{\partial z} \right)$$

式中，$\Delta = \frac{\partial^2}{\partial x^2} + \frac{\partial^2}{\partial y^2} + \frac{\partial^2}{\partial z^2}$，称为拉普拉斯算子。式（7-18）就是紊流的基本方程，是由雷诺在 1894 年首先提出来的，故又称为雷诺方程。

将雷诺方程与适用于层流或紊流瞬时运动的 N-S 方程相比，可以看出雷诺方程多出了

$$\overline{\rho u' u'}, \quad \overline{\rho v' v'}, \quad \overline{\rho w' w'}, \quad \overline{\rho u' v'}, \quad \overline{\rho u' w'}, \quad \overline{\rho v' w'} \qquad (7-19)$$

6 个未知量，其中前 3 项表示紊流脉动所产生的附加法向应力，后 3 项表示紊流脉动所产生的附加切应力，这些统称为雷诺应力。

由于方程组多出了 6 个未知量，故方程组不封闭，仅用这 4 个基本方程是无法求解的，紊流问题还需补充新的方程式。比如在普朗特混合长度理论的基础上，把紊流附加应力与时均速度的梯度建立一种较合理的联系，因而使方程组封闭，并求出紊流时均速度的分布规律。

从事紊流研究的人们一直在寻求在物理上合理地附加方程以使方程组封闭，并建立了许多紊流模式，限于篇幅，这方面的内容本书就不再叙述了。

第4节　边界层概论

边界层（Boundary Layer）又叫附面层，是指贴近固壁附近的一部分流动区域，在这部分区域中，流动速度由固壁处的 0，迅速发展到接近来流的速度。在这部分区域中，由于厚度很小，故速度急剧变化，沿壁面法线方向的速度梯度很大，流体的黏性效应也主要体现在这

一区域中。在离壁面较远的地方，速度梯度很小，黏性力比惯性力小得多，黏性力可以略去不计，可看作是理想流体的无旋流动。而在边界层和尾涡区内，必须考虑流体的黏性力，这一区域应看作是黏性流体的有旋流动。值得说明的是，边界层的内、外区域并没有明显的分界面，一般在实际应用中，把边界层的厚度规定为在边界层的外边界上流速达到层外势流速度的 99%。

边界层理论最先是由普朗特在 1904 年提出的，借助于理论研究和几个简单的实验，他证明了绕固体的流动可以分成两个区域：一个是物体附近很薄的一层（边界层），其中黏性力起着主要的作用；另一个是该层以外的其余区域，其中黏性力可以忽略不计。解决大雷诺数绕流物体流动的近似方法就是以边界层理论为基础的。

例如，黏性流体平滑地绕流静止机翼，如图 7-7 所示。在紧靠机翼表面的薄层内，流速将由表面处的 0 迅速增加到与来流速度相同数量级的大小。这种在大雷诺数下紧靠物体表面流速从 0 迅速增加到与来流速度相同数量级的薄层称为边界层。在边界层内，流体在物体表面法线方向的速度梯度很大，使得所表现出来的黏性力也较大。在边界层外，速度梯度很小，使得流体的黏性力也很小，可以忽略不计，故可认为在边界层外的流动是无旋的有势流动。另外，边界层内有很强的漩涡，并在物体后部形成尾涡区。

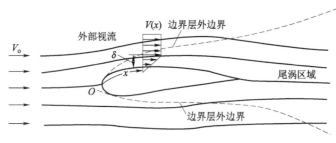

图 7-7　机翼翼型上的边界层

实际上边界层很薄，一般边界层的厚度仅为机翼弦长的几百分之一。由图 7-7 可以看出，流体在前驻点 O 处速度为 0，故边界层的厚度在驻点处等于 0，然后沿着流动方向厚度逐渐增加。另外，边界层的外边界（虚线所示）和流线（实线所示）并不重合，流线伸入到边界层内，这是由于层外的流体质点不断地穿入到边界层内。

边界层有以下基本特征：

（1）与物体的长度相比，边界层的厚度很小；

（2）边界层内沿壁面法线方向速度梯度很大；

（3）边界层的厚度沿流体流动方向逐渐增大；

（4）由于边界层很薄，故可近似认为层中各截面处的压强与相同截面上边界层边界处的压强相等；

（5）边界层内黏性力与惯性力具有相同的数量级。

边界层内流体的流动也有层流和紊流两种流动状态。边界层内全都是层流的，称为层流边界层；边界层内全都是紊流的，称为紊流边界层。仅在边界层起始部分是层流，而在其他部分为紊流的，称为混合边界层。在层流与紊流之间还有一个过渡区；在紊流边界层内，紧靠壁面处总是存在着一层极薄的层流，称为层流底层，如图 7-8 所示。

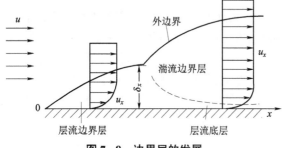

图7-8 边界层的发展

判断边界层内的层流与紊流的准则仍然是雷诺数，雷诺数表达式中表征几何长度的是距物体前缘点的距离 x，特征速度可取作边界层外边界上的速度 V，即

$$Re_x = \frac{Vx}{\nu} \qquad (7-20)$$

对于平板而言，层流与紊流的临界雷诺数 $Re_x = 5 \times 10^5 \sim 3 \times 10^6$。边界层内从层流转变为紊流的临界雷诺数取决于层外势流的紊流度、物体表面的粗糙度等。实验证明，增大来流紊流度或增大物体表面粗糙度都会使临界雷诺数的数值降低，使层流提早转变为紊流。

第5节　边界层微分方程

本节根据边界层的基本特征，对不可压缩流体流动的 N–S 方程进行简化，并进一步对边界层内的流体运动规律进行研究。本节只讨论流体沿平板做定常的平面二维流动，并假设 x 轴与壁面重合，如图 7-9 所示。

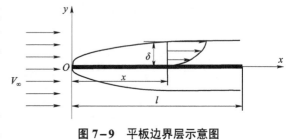

图7-9 平板边界层示意图

假定边界层内的流动为层流流动，不计质量力，则不可压缩黏性流体平面定常流动的 N–S 方程和连续性方程为

$$\begin{cases} u\dfrac{\partial u}{\partial x} + v\dfrac{\partial u}{\partial y} = -\dfrac{1}{\rho}\dfrac{\partial p}{\partial x} + \nu\left(\dfrac{\partial^2 u}{\partial x^2} + \dfrac{\partial^2 u}{\partial y^2}\right) \\[2mm] u\dfrac{\partial v}{\partial x} + v\dfrac{\partial v}{\partial y} = -\dfrac{1}{\rho}\dfrac{\partial p}{\partial y} + \nu\left(\dfrac{\partial^2 v}{\partial x^2} + \dfrac{\partial^2 v}{\partial y^2}\right) \\[2mm] \dfrac{\partial u}{\partial x} + \dfrac{\partial v}{\partial y} = 0 \end{cases} \qquad (7-21)$$

下面利用边界层厚度很小这一特征来比较方程组（7-21）中各项的数量级，并忽略次要项，进而达到简化方程组的目的。

由于边界层厚度很小，则有：

（1）边界层的厚度 δ 与平板的长度相比是很小的，即 $\delta \ll l$，或 $\delta / l \ll 1$。

（2）y 的数值限制在边界层内，并满足 $0 \leqslant y \leqslant \delta$。

为便于进行量级的对比，需要将方程组（7-21）中的各项变换为量纲为 1 的量，为此引入量纲为 1 的量：

（1）坐标与平板长度之比：

$$x' = \frac{x}{l}, \quad y' = \frac{y}{l}$$

（2）分速度与边界层外边界上的之比：

$$u' = \frac{u}{V} , \quad v' = \frac{v}{V}$$

（3）压强与 ρV^2 之比：

$$p' = \frac{p}{\rho V^2}$$

将式（7-21）前两个方程式的两边通乘 l / V^2，对第一个方程式，有

$$\frac{l}{V^2} \times \left(u \frac{\partial u}{\partial x} + v \frac{\partial u}{\partial y} \right) = \left[-\frac{1}{\rho} \frac{\partial p}{\partial x} + v \left(\frac{\partial^2 u}{\partial x^2} + \frac{\partial^2 u}{\partial y^2} \right) \right] \times \frac{l}{V^2}$$

$$\Rightarrow \frac{u}{V} \frac{\partial (u / V)}{\partial (x / l)} + \frac{v}{V} \frac{\partial (u / V)}{\partial (y / l)} = -\frac{\partial [p / (\rho V^2)]}{\partial (x / l)} + \frac{v}{Vl} \left[\frac{\partial^2 (u / V)}{\partial (x / l)^2} + \frac{\partial^2 (u / V)}{\partial (y / l)^2} \right]$$

$$\Rightarrow u' \frac{\partial u'}{\partial x'} + v' \frac{\partial u'}{\partial y'} = -\frac{\partial p'}{\partial x'} + \frac{1}{Re_l} \left(\frac{\partial^2 u'}{\partial x'^2} + \frac{\partial^2 u'}{\partial y'^2} \right)$$

式中，$Re_l = Vl / v$。

类似地处理第二个方程，对第三个方程两边乘以 l / V，最后整理得到方程组（7-21）的量纲为 1 的形式如下：

$$\begin{cases} u' \dfrac{\partial u'}{\partial x'} + v' \dfrac{\partial u'}{\partial y'} = -\dfrac{\partial p'}{\partial x'} + \dfrac{1}{Re_l} \left(\dfrac{\partial^2 u'}{\partial x'^2} + \dfrac{\partial^2 u'}{\partial y'^2} \right) \\[3mm] u' \dfrac{\partial v'}{\partial x'} + v' \dfrac{\partial v'}{\partial y'} = -\dfrac{\partial p'}{\partial y'} + \dfrac{1}{Re_l} \left(\dfrac{\partial^2 v'}{\partial x'^2} + \dfrac{\partial^2 v'}{\partial y'^2} \right) \\[3mm] \dfrac{\partial u'}{\partial x'} + \dfrac{\partial v'}{\partial y'} = 0 \end{cases} \qquad (7\text{-}22)$$

下面对各项进行量级比较，首先取数量级如下：

（1）边界层厚度 δ 的数量级

$$\delta' = \delta / l \ll 1$$

（2）x' 和 u' 的数量级为 1

$$x' = x / l \sim 1, \quad u' = u / V \sim 1$$

则在边界层内有 $y' = y / l \sim \delta'$（符号 ~ 表示数量级相同），并得到如下的数量级

$$\frac{\partial u'}{\partial x'} \sim 1, \quad \frac{\partial^2 u'}{\partial x'^2} \sim 1, \quad \frac{\partial u'}{\partial y'} \sim \frac{1}{\delta'}, \quad \frac{\partial^2 u'}{\partial y'^2} \sim \frac{1}{\delta'^2}$$

再由连续性方程，有

$$\frac{\partial v'}{\partial y'} = -\frac{\partial u'}{\partial x'} \sim 1$$

则 v' 与 y' 是同数量级的量，$v' \sim y' \sim \delta'$，于是得到

$$\frac{\partial v'}{\partial x'} \sim \delta', \quad \frac{\partial^2 v'}{\partial x'^2} \sim \delta', \quad \frac{\partial v'}{\partial y'} \sim 1, \quad \frac{\partial^2 v'}{\partial y'^2} \sim \frac{1}{\delta'}$$

将方程组（7-22）各项相应的数量级标记在各项下面，得到（其中括号内的量级需要进一步讨论）

$$u'\frac{\partial u'}{\partial x'} + v'\frac{\partial u'}{\partial y'} = -\frac{\partial p'}{\partial x'} + \frac{1}{Re_l}\left(\frac{\partial^2 u'}{\partial x'^2} + \frac{\partial^2 u'}{\partial y'^2}\right)$$

$$1\cdot 1 \qquad \delta'\cdot\frac{1}{\delta'} \qquad (1) \qquad (\delta'^2) \quad 1 \qquad \frac{1}{\delta'^2}$$

$$u'\frac{\partial v'}{\partial x'} + v'\frac{\partial v'}{\partial y'} = -\frac{\partial p'}{\partial y'} + \frac{1}{Re_l}\left(\frac{\partial^2 v'}{\partial x'^2} + \frac{\partial^2 v'}{\partial y'^2}\right)$$

$$1\cdot\delta' \qquad \delta'\cdot 1 \qquad \left(\frac{1}{\delta'}\right) \qquad (\delta'^2) \quad \delta' \qquad \frac{1}{\delta'}$$

$$\frac{\partial u'}{\partial x'} + \frac{\partial v'}{\partial y'} = 0$$

$$1 \qquad 1$$

量级分析：

（1）惯性项 $u'\dfrac{\partial u'}{\partial x'}$ 和 $v'\dfrac{\partial u'}{\partial y'}$ 具有相同的数量级 1。

（2）惯性项 $u'\dfrac{\partial v'}{\partial x'}$ 和 $v'\dfrac{\partial v'}{\partial y'}$ 具有相同的数量级 δ'。

比较（1）和（2）中这两个惯性项的数量级，则第二个方程中的各个惯性项可以忽略掉。

（3）黏性项比较，$\dfrac{\partial^2 u'}{\partial x'^2}$ 与 $\dfrac{\partial^2 u'}{\partial y'^2}$ 比较，$\dfrac{\partial^2 u'}{\partial x'^2}$ 可以忽略。

（4）黏性项比较，$\dfrac{\partial^2 v'}{\partial x'^2}$ 与 $\dfrac{\partial^2 v'}{\partial y'^2}$ 比较，$\dfrac{\partial^2 v'}{\partial x'^2}$ 可以忽略。

（5）黏性项比较，$\dfrac{\partial^2 u'}{\partial y'^2}$ 与 $\dfrac{\partial^2 v'}{\partial y'^2}$ 比较，$\dfrac{\partial^2 v'}{\partial y'^2}$ 可以忽略。

则最后黏性项中只剩下一项 $\dfrac{\partial^2 u'}{\partial y'^2}$。

根据边界层的特征，在边界层内惯性项与黏性项具有相同的数量级，这就要求

$$\frac{1}{Re_l} \sim \delta'^2$$

则有

$$\frac{\delta}{l} \sim \frac{1}{\sqrt{Re_l}}$$

即 δ 反比于 $\sqrt{Re_l}$。这表明，雷诺数越大，边界层厚度越小。

这样，得到层流边界层微分方程（称为普朗特边界层微分方程）

$$\begin{cases} u\dfrac{\partial u}{\partial x} + v\dfrac{\partial u}{\partial y} = -\dfrac{1}{\rho}\dfrac{\partial p}{\partial x} + \nu\dfrac{\partial^2 u}{\partial y^2} \\[2mm] \dfrac{\partial p}{\partial y} = 0 \\[2mm] \dfrac{\partial u}{\partial x} + \dfrac{\partial v}{\partial y} = 0 \end{cases} \qquad (7-23)$$

其边界条件为：在 $y=0$ 处，$u=v=0$；在 $y=\delta$ 处，$u=V(x)$。

由方程组（7-23）中第二式 $\partial p/\partial y=0$ 可知，在边界层内压强与 y 无关，即边界层横截面上各点的压强相等，$p=p(x)$，相应的 $\partial p/\partial x$ 就可写成 $\mathrm{d}p/\mathrm{d}x$。

下面分析方程（7-23）第一个式子中 $\dfrac{1}{\rho}\dfrac{\partial p}{\partial x}$ 的数量级。在边界层外边界上，边界层内的流动与外部有势流动相合，所以压强分布 $p(x)$ 可以根据势流的速度由伯努利方程来决定，即

$$p+\frac{1}{2}\rho V^2=C$$

$$\frac{\mathrm{d}p}{\mathrm{d}x}=-\rho V\frac{\mathrm{d}V}{\mathrm{d}x}$$

由于 $u'\sim1$，即 $u\sim V$，所以压力项 $-\dfrac{1}{\rho}\dfrac{\partial p}{\partial x}=V\dfrac{\mathrm{d}V}{\mathrm{d}x}$ 和惯性项 $u\dfrac{\partial u}{\partial x}$ 具有同一个数量级。

对于壁面上的各点，有 $y=0$，$u=v=0$，则由边界层微分关系式（7-23）的第一式可得

$$\left(\frac{\partial^2 u}{\partial y^2}\right)_{y=0}=\frac{1}{\mu}\frac{\mathrm{d}p}{\mathrm{d}x}=-\frac{1}{\nu}V\frac{\mathrm{d}V}{\mathrm{d}x} \tag{7-24}$$

边界层微分方程是在物体壁面为平面的假设下得到的，对于曲面物体，如果壁面上任何点的曲率半径与该处边界层厚度相比很大（机翼翼型等），则也是适用的。此时应用曲线坐标，x 轴沿着物体的曲面方向，y 轴垂直于曲面，沿曲面的法线方向。

第6节　边界层动量积分关系式

尽管边界层微分方程比一般性的黏性流体运动微分方程简单了许多，但即使对最简单的物体外形，利用此方程进行求解仍然是十分复杂的。为此，解决边界层问题的近似解法具有重要的实际意义。所谓边界层动量积分关系式就是为边界层流动求解的近似解法提供了基础。

沿边界层取出一个单位厚度的微小控制体，其投影面 $ABCD$ 如图 7-10 所示。其中

BD——作为 x 轴的物体壁面上的一微元距离 $\mathrm{d}x$；

AC——边界层外边界的一段；

AB，CD——两段直线。

假定流体流动是定常的，现在应用动量定理来研究该控制体内的流体在单位时间内沿 x 方向的动量变化和外力冲量之间的关系。

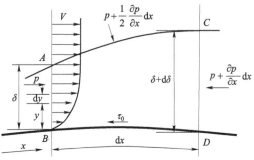

图 7-10　推导边界层动量积分关系式用图

1. 动量分析

单位时间内经过 AB 面流入的质量和带入的动量分别为

$$m_{AB}=\int_0^\delta \rho u\mathrm{d}y$$

$$E_{AB}=\int_0^\delta \rho u^2\mathrm{d}y$$

单位时间内经过 CD 面流出的质量和带出的动量分别为

$$m_{CD} = \int_0^\delta \left[\rho u + \frac{\partial(\rho u)}{\partial x} dx \right] dy$$

$$E_{CD} = \int_0^\delta \rho u^2 dy + dx \frac{\partial}{\partial x} \int_0^\delta \rho u^2 dy$$

根据连续性方程，对于不可压缩流体，必然有

$$m_{CD} - m_{AB} = dx \frac{\partial}{\partial x} \int_0^\delta \rho u dy$$

的质量从边界层外边界 AC 面流入，并代入动量

$$E_{AC} = V dx \frac{\partial}{\partial x} \int_0^\delta \rho u dy$$

式中，V 为边界层外边界上的速度。由此可得到单位时间内该控制体内沿 x 轴方向的动量变化为

$$E_{CD} - E_{AB} - E_{AC} = dx \left[\frac{\partial}{\partial x} \int_0^\delta \rho u^2 dy - V \frac{\partial}{\partial x} \int_0^\delta \rho u dy \right] \tag{7-25}$$

2. 受力分析

下面求单位时间内作用在该控制体上沿 x 方向的所有外力的冲量。作用在 AB、CD 和 AC 面上的总压力沿 x 方向的分量分别为

$$P_{AB} = p\delta$$

$$P_{CD} = \left(p + \frac{\partial p}{\partial x} dx \right)(\delta + d\delta)$$

$$P_{AC} = \left(p + \frac{1}{2} \frac{\partial p}{\partial x} \right) d\delta$$

式中，$p + \frac{1}{2} \frac{\partial p}{\partial x} dx$ 是 A 与 C 之间的平均压强。壁面 BD 作用在流体上的切向应力的合力为

$$F_{BD} = -\tau_0 dx$$

最后得到单位时间内作用在该控制体上沿 x 方向所有外力的冲量之和为

$$p\delta - \left(p + \frac{\partial p}{\partial x} dx \right)(\delta + d\delta) + \left(p + \frac{1}{2} \frac{\partial p}{\partial x} \right) d\delta - \tau_0 dx$$
$$\approx -\delta \frac{\partial p}{\partial x} dx - \tau_0 dx \tag{7-26}$$

其中略去了二阶小量。

3. 列出动量方程

根据动量定理，单位时间内控制体内流体动量的变化等于外力冲量之和。由式（7-25）和式（7-26），即得

$$\frac{\partial}{\partial x} \int_0^\delta \rho u^2 dy - V \frac{\partial}{\partial x} \int_0^\delta \rho u dy = -\delta \frac{\partial p}{\partial x} - \tau_0 \tag{7-27}$$

此即定常流动条件下的边界层动量积分关系式，也称卡门动量积分关系式。

由边界层微分关系式可知，在边界层内 $p = p(x)$ ；由后面的计算还可知， $u = u(y)$，$\delta = \delta(x)$ 。则上面的两个积分都只是 x 的函数，因此式（7-27）可写成

$$\frac{\mathrm{d}}{\mathrm{d}x}\int_0^\delta \rho u^2 \mathrm{d}y - V\frac{\mathrm{d}}{\mathrm{d}x}\int_0^\delta \rho u \mathrm{d}y = -\delta\frac{\mathrm{d}p}{\mathrm{d}x} - \tau_0 \tag{7-28}$$

此即定常流动条件下的边界层动量积分关系式，也称卡门动量积分关系式。由于在推导过程中对壁面上的切应力未作任何本质的假定，故方程对层流和紊流边界层都适用。

分析：

（1）边界层外边界上的速度 V 可以用实验或解势流问题的方法求得；

（2） $\mathrm{d}p / \mathrm{d}x$ 的值可根据伯努利方程求得；

（3）可把 V、$\mathrm{d}p / \mathrm{d}x$、$\rho$ 看作已知数，未知数只有 u、τ_0、δ 三个。

结论：要求解动量积分关系式还需要两个补充关系式。

一般把沿边界层厚度的速度分布 $u = u(y)$ 和切向应力与边界层厚度的关系式 $\tau = \tau(\delta)$ 作为两个补充关系式。边界层内的速度分布是按已有的经验或实验来假定的，假定的 $u = u(y)$ 越接近实际，则所得到的结果越正确。所以，选择边界层内的速度分布函数 $u = u(y)$ 是求解边界层问题的关键。

第 7 节　边界层的位移厚度和动量损失厚度

关于边界层，除了前面定义的边界层厚度 δ 外，在解决和计算边界层问题时，还经常用到所谓的位移厚度 δ_1 和动量损失厚度 δ_2。

为便于讨论，先把动量积分关系式改写一下。在下面的推导过程中，要注意：

（1）对于不可压缩流体，密度 ρ 为常数。

（2）对于边界层外边界的速度 V，仅仅是 x 的函数，与 y 无关。

由伯努利方程，有

$$\frac{\mathrm{d}p}{\mathrm{d}x} = -\rho V \frac{\mathrm{d}V}{\mathrm{d}x}$$

两边同乘 δ，则动量积分关系式（7-28）右边第一项可写成

$$\delta\frac{\mathrm{d}p}{\mathrm{d}x} = -\rho V\frac{\mathrm{d}V}{\mathrm{d}x}\int_0^\delta \mathrm{d}y = -\rho\frac{\mathrm{d}V}{\mathrm{d}x}\int_0^\delta V\mathrm{d}y$$

动量积分关系式（7-28）左边第二项可写成

$$V\frac{\mathrm{d}}{\mathrm{d}x}\int_0^\delta \rho u\mathrm{d}y = \frac{\mathrm{d}}{\mathrm{d}x}\int_0^\delta \rho V u\mathrm{d}y - \frac{\mathrm{d}V}{\mathrm{d}x}\int_0^\delta \rho u\mathrm{d}y$$

将上面两式代入动量积分关系式（7-28），得到

$$\frac{\mathrm{d}}{\mathrm{d}x}\int_0^\delta \rho u^2\mathrm{d}y - \frac{\mathrm{d}}{\mathrm{d}x}\int_0^\delta \rho V u\mathrm{d}y + \frac{\mathrm{d}V}{\mathrm{d}x}\int_0^\delta \rho u\mathrm{d}y = \rho\frac{\mathrm{d}V}{\mathrm{d}x}\int_0^\delta V\mathrm{d}y - \tau_0$$

整理得

$$\rho\frac{\mathrm{d}V}{\mathrm{d}x}\int_0^\delta (V - u)\mathrm{d}y + \rho\frac{\mathrm{d}}{\mathrm{d}x}\int_0^\delta u(V - u)\mathrm{d}y = \tau_0 \tag{7-29}$$

下面对这个式子中的两个积分式进行讨论。

（1）位移厚度。

对第一个积分式的分析如下：

以等速 V 的流动（理想流体的流动）经过厚度为 δ 的截面，流量为 $\int_0^\delta V\mathrm{d}y$，而实际流速为 u 的流动（边界层内黏性流体的流动）经过同一厚度为 δ 的截面，其流量为 $\int_0^\delta u\mathrm{d}y$，两者之差为

$$\int_0^\delta (V-u)\mathrm{d}y$$

由此可见，第一个积分式表示以等速 V 的流动与实际流速为 u 的流动经过同一厚度为 δ 的截面的流量差，这个差值就是图 7-11（a）中的阴影面积。

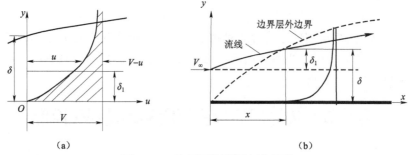

图 7-11　边界层位移厚度说明图
（a）位移厚度；（b）说明位移厚度定义

又当以 δ 为上限的积分值与以 ∞ 为上限的积分值相差很小时，上式的积分限可取 0 到 ∞，所以用矩阵面积 $\delta_1 V$ 代替图中的阴影面积，得到

$$\delta_1 = \frac{1}{V}\int_0^\infty (V-u)\mathrm{d}y = \int_0^\infty \left(1-\frac{u}{V}\right)\mathrm{d}y \tag{7-30}$$

δ_1 称为边界层的位移厚度或排挤厚度。

对位移厚度的解释如下：当理想流体流过壁面时，它的流线应与壁面平行。而实际流体流过壁面时，由于黏性的作用，使边界层内的流速降低，要达到边界层外边界上势流的来流速度，必然要使势流的流线向外移动 δ_1 的距离，所以称为位移厚度，如图 7-11（b）所示。

（2）动量损失厚度。

对于方程中第二个积分式的分析如下：

质量流量为 $\int_0^\delta \rho u\mathrm{d}y$ 的流体，以理想流体的流动速度 V 流动，其动量为 $\int_0^\delta \rho Vu\mathrm{d}y$。

质量流量为 $\int_0^\delta \rho u\mathrm{d}y$ 的流体，以实际流体的流动速度 u 流动，其动量为 $\int_0^\delta \rho u^2\mathrm{d}y$。

两者之差为

$$\int_0^\delta \rho u(V-u)\mathrm{d}y$$

所以，第二项积分表示在边界层内因流体黏性的影响而减少的流体动量。这部分减少的动量，也可以用以理想流体的速度 V 流过某层厚度为 δ_2 的截面的流体动量来代替，即

$$\rho\delta_2 V^2 = \int_0^\infty \rho u(V-u)\mathrm{d}y$$

或

$$\delta_2 = \frac{1}{\rho V^2}\int_0^\infty \rho u(V-u)\mathrm{d}y = \int_0^\infty \frac{u}{V}\left(1-\frac{u}{V}\right)\mathrm{d}y \qquad (7-31)$$

式中，δ_2 称为动量损失厚度。

将 δ_1 和 δ_2 代入，得到动量关系式为

$$\rho\frac{\mathrm{d}}{\mathrm{d}x}(V^2\delta_2) + \rho\delta_1 V\frac{\mathrm{d}V}{\mathrm{d}x} = \tau_0 \qquad (7-32)$$

这是另外一种形式的平面不可压缩黏性流体边界层动量积分关系式，式中势流速度 V 为已知，δ_1、δ_2 和 τ_0 为未知。由于未对 τ_0 作任何假设，故该方程对层流和紊流边界层都适用。

还可将上式化为量纲为 1 的形式，将上式通除以 ρV^2，由于

$$\frac{\mathrm{d}}{\mathrm{d}x}(V^2\delta_2) = V^2\frac{\mathrm{d}\delta_2}{\mathrm{d}x} + \frac{\mathrm{d}V^2}{\mathrm{d}x}\delta_2 = V^2\frac{\mathrm{d}\delta_2}{\mathrm{d}x} + 2V\frac{\mathrm{d}V}{\mathrm{d}x}\delta_2$$

得到

$$\frac{\mathrm{d}\delta_2}{\mathrm{d}x} + (2\delta_2 + \delta_1)\frac{1}{V}\frac{\mathrm{d}V}{\mathrm{d}x} = \frac{\tau_0}{\rho V^2}$$

或

$$\frac{\mathrm{d}\delta_2}{\mathrm{d}x} + (2 + H_{12})\frac{\delta_2}{V}\frac{\mathrm{d}V}{\mathrm{d}x} = \frac{\tau_0}{\rho V^2} \qquad (7-33)$$

式中，$H_{12} = \delta_1/\delta_2$。

第 8 节　平板层流边界层的近似计算

在实际应用中大多采用边界层动量积分关系式对边界层进行近似计算。这种方法比较简单，所得出的结论也有足够的精度。下面我们利用这一方法，针对纵向流动中的平板层流边界层进行计算。

假设不可压缩黏性流体以速度 V_∞ 纵向流过一块极薄的平板，并在平板上下形成边界层。取平板前缘点 O 为坐标原点，x 轴沿着平板方向（与 V_∞ 方向平行），y 轴垂直于平板，如图 7-12 所示。

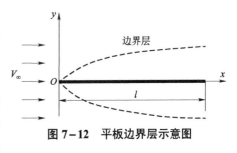

图 7-12　平板边界层示意图

分析：由于顺来流方向放置的平板极薄，可以认为不会引起流动的改变，所以在边界层外边界上 $V(x)\approx V_\infty$。根据伯努利方程

$$p + \frac{1}{2}\rho V_\infty^2 = C$$

可知，在边界层外边界上的压强也保持为常数。所以，在整个边界层内每一点的压强都相同，即 $p = C$，$\mathrm{d}p/\mathrm{d}x = 0$。

由以上的分析，边界层动量积分关系式变成

$$\frac{\mathrm{d}}{\mathrm{d}x}\int_0^\delta u^2\mathrm{d}y - V_\infty\frac{\mathrm{d}}{\mathrm{d}x}\int_0^\delta u\mathrm{d}y = -\frac{\tau_0}{\rho} \tag{7-34}$$

式中有三个未知量 u，τ_0，δ，所以需要再补充两个关系式。

（1）第一个补充关系式——速度分布近似关系式。

极薄平板附近层流边界层的特点如下：

① 根据无滑移、无渗漏边界条件可知，在平板壁面上的速度为零，即

$$u\big|_{y=0} = 0$$

② 在边界层外边界上的速度等于来流速度，即

$$u\big|_{y=\delta} = V_\infty$$

③ 在边界层外边界上的切向应力变为零，即

$$\tau\big|_{y=\delta} = \mu\left(\frac{\partial u}{\partial y}\right)_{y=\delta} = 0 \quad \Rightarrow \quad \left(\frac{\partial u}{\partial y}\right)_{y=\delta} = 0$$

④ 由于在边界层外边界上 $u = V_\infty$，$\dfrac{\partial u}{\partial x} = 0$，$\dfrac{\partial u}{\partial y} = 0$，则由边界层微分方程

$$u\frac{\partial u}{\partial x} + v\frac{\partial u}{\partial y} = -\frac{1}{\rho}\frac{\partial p}{\partial x} + \nu\frac{\partial^2 u}{\partial y^2}$$

得到

$$\left(\frac{\partial^2 u}{\partial y^2}\right)_{y=\delta} = \frac{1}{\mu}\frac{\mathrm{d}p}{\mathrm{d}x} = 0$$

⑤ 由于在平板壁面上的速度为零，即 $u = v = 0$，得到

$$\left(\frac{\partial^2 u}{\partial y^2}\right)_{y=0} = \frac{1}{\mu}\frac{\mathrm{d}p}{\mathrm{d}x} = 0$$

根据这五个条件，我们假设边界层内的速度分布为

$$u = a_0 + a_1 y + a_2 y^2 + a_3 y^3 + a_4 y^4 \tag{7-35}$$

并由上面的五个条件来确定这五个待定常数。

由条件 1，$u\big|_{y=0} = 0$，得到 $a_0 = 0$；

由条件 2，得到 $V_\infty = a_1\delta + a_2\delta^2 + a_3\delta^3 + a_4\delta^4$；

由条件 3，得到 $0 = a_1 + 2a_2\delta + 3a_3\delta^2 + 4a_4\delta^3$；

由条件 4，得到 $0 = 2a_2 + 6a_3\delta + 12a_4\delta^2$；

由条件 5，得到 $0 = 2a_2$，即 $a_2 = 0$。

将 $a_0 = 0$ 和 $a_2 = 0$ 代入其他关系式，得到

$$\left.\begin{array}{l} a_1 + a_3\delta^2 + a_4\delta^3 = \dfrac{V_\infty}{\delta} \\[2mm] a_1 + 3a_3\delta^2 + 4a_4\delta^3 = 0 \\[2mm] a_3 + 2a_4\delta = 0 \end{array}\right\} \rightarrow \left.\begin{array}{l} a_1 - a_4\delta^3 = \dfrac{V_\infty}{\delta} \\[2mm] a_1 - 2a_4\delta^3 = 0 \end{array}\right\} \rightarrow a_4 = \frac{V_\infty}{\delta^4}$$

最后得到五个系数为

$$a_0 = 0, \quad a_1 = 2\frac{V_\infty}{\delta}, \quad a_2 = 0, \quad a_3 = -2\frac{V_\infty}{\delta^3}, \quad a_4 = \frac{V_\infty}{\delta^4}$$

将这五个常数代入速度分布近似式（7-35）中，得到层流边界层中的速度分布规律为

$$u = 2\frac{V_\infty}{\delta}y - 2\frac{V_\infty}{\delta^3}y^3 + \frac{V_\infty}{\delta^4}y^4 = V_\infty\left[2\left(\frac{y}{\delta}\right) - 2\left(\frac{y}{\delta}\right)^3 + \left(\frac{y}{\delta}\right)^4\right] \tag{7-36}$$

（2）第二个补充关系式——壁面上的剪切应力分布。

利用牛顿内摩擦定律，有

$$\tau_0 = \mu\left(\frac{\mathrm{d}u}{\mathrm{d}y}\right)_{y=0}$$

由第一个补充关系式（7-36）有

$$\left(\frac{\mathrm{d}u}{\mathrm{d}y}\right)_{y=0} = V_\infty\left[2\frac{1}{\delta} - 6\frac{y^2}{\delta^3} + 4\frac{y^3}{\delta^4}\right]_{y=0} = \frac{2V_\infty}{\delta}$$

最后得到壁面切应力分布为

$$\tau_0 = \mu\left(\frac{\mathrm{d}u}{\mathrm{d}y}\right)_{y=0} = 2\mu\frac{V_\infty}{\delta} \tag{7-37}$$

有了式（7-35）和式（7-37）这两个补充关系式，就可以利用动量积分关系式进行计算了。下面我们利用

$$\frac{\mathrm{d}}{\mathrm{d}x}\int_0^\delta u^2\mathrm{d}y - V_\infty\frac{\mathrm{d}}{\mathrm{d}x}\int_0^\delta u\mathrm{d}y = -\frac{\tau_0}{\rho}$$

进行计算。为计算边界层厚度，先看下面这两个积分式，令 $t = y/\delta$，有

$$\int_0^\delta u\mathrm{d}y = \int_0^\delta V_\infty\left[2\left(\frac{y}{\delta}\right) - 2\left(\frac{y}{\delta}\right)^3 + \left(\frac{y}{\delta}\right)^4\right]\mathrm{d}y$$

$$= \int_0^l V_\infty\delta(2t - 2t^3 + t^4)\mathrm{d}t = \left(1 - \frac{1}{2} + \frac{1}{5}\right)V_\infty\delta = \frac{7}{10}V_\infty\delta$$

$$\int_0^\delta u^2\mathrm{d}y = \int_0^\delta V_\infty^2\left[2\left(\frac{y}{\delta}\right) - 2\left(\frac{y}{\delta}\right)^3 + \left(\frac{y}{\delta}\right)^4\right]^2\mathrm{d}y$$

$$= \int_0^l V_\infty^2\delta(2t - 2t^3 + t^4)^2\mathrm{d}t = V_\infty^2\delta\int_0^l(4t^2 - 8t^4 + 4t^5 + 4t^6 - 4t^7 + t^8)\mathrm{d}t$$

$$= \left(\frac{4}{3} - \frac{8}{5} + \frac{2}{3} + \frac{4}{7} - \frac{1}{2} + \frac{1}{9}\right)V_\infty^2\delta = \frac{367}{630}V_\infty^2\delta$$

将这两个积分式代入动量积分关系式，得到

$$\frac{367}{630}V_\infty^2\frac{\mathrm{d}\delta}{\mathrm{d}x} - \frac{7}{10}V_\infty^2\frac{\mathrm{d}\delta}{\mathrm{d}x} = -\frac{\tau_0}{\rho} = -2\frac{\mu}{\rho}\frac{V_\infty}{\delta}$$

整理得

$$\frac{37}{630}V_{\infty}\delta\mathrm{d}\delta = \nu\mathrm{d}x$$

积分，得到

$$\frac{37}{1\,260}V_{\infty}\delta^2 = \nu x + C$$

因为在平板前缘点处边界层厚度为零，即 $x = 0, \delta = 0$，所以 $C = 0$，最后得到平板层流流动边界层厚度为

$$\delta = 5.84\sqrt{\frac{\nu x}{V_{\infty}}} = 5.84 x Re_x^{-\frac{1}{2}} \qquad (7-38)$$

相应的有位移厚度和动量损失厚度分别为

$$\delta_1 = \int_0^{\delta}\left(1 - \frac{u}{V_{\infty}}\right)\mathrm{d}y = 0.3\delta = 1.752\sqrt{\frac{\nu x}{V_{\infty}}} = 1.752 x Re_x^{-\frac{1}{2}}$$

$$\delta_2 = \int_0^{\delta}\frac{u}{V_{\infty}}\left(1 - \frac{u}{V_{\infty}}\right)\mathrm{d}y = 0.117\,5\delta = 0.686\sqrt{\frac{\nu x}{V_{\infty}}} = 0.686 x Re_x^{-\frac{1}{2}} \qquad (7-39)$$

由第二个补充关系式

$$\tau_0 = \mu\left(\frac{\mathrm{d}u}{\mathrm{d}y}\right)_{y=0} = 2\mu\frac{V_{\infty}}{\delta}$$

得到壁面切应力为

$$\tau_0 = 2\mu\frac{V_{\infty}}{5.84\sqrt{\dfrac{\nu x}{V_{\infty}}}} = 0.343\rho V_{\infty}\sqrt{\frac{\nu V_{\infty}}{x}} = 0.343\rho V_{\infty}^2\sqrt{\frac{\nu}{V_{\infty}x}}$$

$$= 0.343\rho V_{\infty}^2 Re_x^{-\frac{1}{2}} \qquad (7-40)$$

沿平板长度方向积分，得到在平板一个壁面上由黏性而引起的总摩擦阻力为（设平板宽为 b）

$$F_D = b\int_0^l\tau_0\mathrm{d}x = 0.343b\rho V_{\infty}^2\sqrt{\frac{\nu}{V_{\infty}}}\int_0^l\frac{\mathrm{d}x}{\sqrt{x}} = 0.343b\rho V_{\infty}^2\sqrt{\frac{\nu}{V_{\infty}}}2\sqrt{l}$$

$$= 0.686bl\rho V_{\infty}^2\sqrt{\frac{\nu}{V_{\infty}l}} = 0.686bl\rho V_{\infty}^2 Re_l^{-\frac{1}{2}} \qquad (7-41)$$

平板的摩擦阻力系数为

$$C_D = \frac{F_D}{\frac{1}{2}\rho V_{\infty}^2 bl} = 1.372 Re_l^{-\frac{1}{2}} \qquad (7-42)$$

注意： 由于在平板前缘附近不满足 $|\partial^2 u/\partial x^2|\ll|\partial^2 u/\partial y^2|$ 的假设，所以边界层理论不再适用。因此，边界层理论只适用于雷诺数 $Re = V_{\infty}x/\nu$ 大于某个数值以后的区域。平板前缘点是个奇点，此点附近的关系只能由完整的 N-S 方程来求解。

实验证实，前缘形状以及外部流动中可能存在的微小压力梯度，对边界层的形成影响很大。但

在离开前缘点的所有位置 x 上，速度剖面都是相似的，速度剖面的形状与理论计算结果极为一致。

【例 7−2】密度 $\rho = 1\,000\,\text{kg/m}^3$，运动黏度 $\nu = 10^{-6}\,\text{m}^2/\text{s}$ 的流体以 $V = 0.25\,\text{m/s}$ 的速度纵向流过宽 $b = 0.5\,\text{m}$、长 $l = 2\,\text{m}$ 的极薄的平板。

首先看一下边界层内的流态，由于

$$Re_x = \frac{Vx}{\nu} = \frac{0.25}{10^{-6}}x = 2.5 \times 10^5 x \leqslant 10^6$$

故平板边界层内为层流流动。

（1）平板上的边界层厚度分布。

由式（7−37），有

$$\delta = 5.84\sqrt{\frac{\nu x}{V_\infty}} = 5.84x Re_x^{-\frac{1}{2}}$$

可得边界层厚度

$$\delta = 5.84\sqrt{\frac{\nu x}{V_\infty}} = 5.84\sqrt{\frac{10^{-6}x}{0.25}} = 0.011\,68\sqrt{x}$$

边界层最厚的地方在 $x = l$ 处，$\delta|_{x=l} = 0.016\,52\,\text{m}$。

（2）位移厚度与动量损失厚度。

由位移厚度式（7−39），有

$$\delta_1 = \int_0^\delta \left(1 - \frac{u}{V_\infty}\right)\mathrm{d}y = 0.3\delta = 0.003\,5\sqrt{x}$$

由动量损失厚度式（7−39），有

$$\delta_2 = \int_0^\delta \frac{u}{V_\infty}\left(1 - \frac{u}{V_\infty}\right)\mathrm{d}y = 0.117\,5\delta = 0.001\,37\sqrt{x}$$

（3）壁面切应力分布

由式（7−39）

$$\tau_0 = 2\mu\frac{V_\infty}{5.84\sqrt{\dfrac{\nu x}{V_\infty}}} = 0.343\rho V_\infty\sqrt{\frac{\nu V_\infty}{x}} = 0.343\rho V_\infty^2\sqrt{\frac{\nu}{V_\infty x}} = 0.343\rho V_\infty^2 Re_x^{-\frac{1}{2}}$$

可得壁面切应力分布为

$$\tau_0 = 0.343\rho V_\infty^2\sqrt{\frac{\nu}{V_\infty x}} = 0.343 \times 1\,000 \times 0.25^2\sqrt{\frac{10^{-6}}{0.25x}} = 0.042\,875\frac{1}{\sqrt{x}}$$

（4）壁面摩擦阻力

由壁面摩擦阻力式（7−41），有

$$F_D = 0.686bl\rho V_\infty^2\sqrt{\frac{\nu}{V_\infty l}} = 0.686bl\rho V_\infty^2 Re_l^{-\frac{1}{2}}$$

可得平板单面摩擦阻力为

$$F_D = 0.686bl\rho V_\infty^2 \sqrt{\frac{\nu}{V_\infty l}}$$

$$= 0.686 \times 0.5 \times 2 \times 1\,000 \times 0.25^2 \sqrt{\frac{10^{-6}}{0.25 \times 2}} = 0.060\,6 \text{ (N)}$$

平板单面的摩擦阻力系数为

$$C_D = \frac{F_D}{\frac{1}{2}\rho V_\infty^2 bl} = 1.372 Re_l^{-\frac{1}{2}}$$

$$= \frac{1.372}{\sqrt{\dfrac{Vl}{\nu}}} = 1.372\sqrt{\frac{10^{-6}}{0.25 \times 2}} = 0.002$$

平板的总阻力为

$$R_D = 2F_D = 0.121\,2 \text{ N}$$

第9节　平板紊流边界层的近似计算

上节所取的两个补充关系式是建立在层流的牛顿内摩擦定律和层流边界层微分方程的基础上的，对于不可压缩黏性流体纵向流过平板紊流边界层的近似计算就不适用了。对于紊流边界层，必须用其他方法寻找两个补充关系式。

对于紊流边界层，目前还不能从理论上解决，对此普朗特曾作过假设，认为沿平板边界层内的紊流流动与管内紊流流动相同，于是就借助管内紊流流动的理论结果寻找积分关系式的另外两个补充关系式，此时圆管中心线上的最大速度 $u_{\max}$ 相当于平板的来流速度 V_∞，圆管的半径相当于边界层的厚度 δ，并假定平板边界层从前缘点开始就是紊流。

（1）第一个补充关系式——速度分布近似关系式。

与圆管内一样，假定紊流边界层内流速分布规律符合七分之一指数律（如图7-13所示，与实验结果很符合），则有

$$u = V_\infty \left(\frac{y}{\delta}\right)^{\frac{1}{7}} \tag{7-43}$$

（2）第二个补充关系式——壁面切应力近似公式。

对于管内流动，在直径为 d、长为 l 的圆管内（见图7-14），由沿程损失的达西公式

$$h_f = \lambda \frac{l}{d} \frac{V^2}{2g}$$

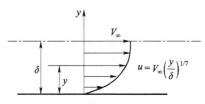

图7-13　平板紊流边界速度分布图

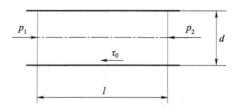

图7-14　圆管内流动示意图

可得两端压差为

$$\Delta p = p_1 - p_2 = \rho g h_{\mathrm{f}} = \rho g \lambda \frac{l}{d} \frac{V^2}{2g}$$

对这段圆管中的流体取力的平衡关系式，有

$$\tau_0 \pi d l = \Delta p \frac{\pi d^2}{4}$$

$$\tau_0 = \frac{d}{4l} \Delta p = \frac{d}{4l} \rho g \lambda \frac{l}{d} \frac{V^2}{2g} = \frac{\lambda}{8} \rho V^2$$

即得到相应的切向应力公式为

$$\tau_0 = \frac{\lambda}{8} \rho V^2 \qquad\qquad (7-44)$$

其中阻力系数 λ 在 $4\,000 \leqslant Re_d \leqslant 10^6$ 的范围内可用勃拉休斯公式计算：

$$\lambda = \frac{0.316\,4}{Re^{0.25}} = \frac{0.316\,4}{\left(\dfrac{Vd}{\nu}\right)^{\frac{1}{4}}} = 0.266 \left(\frac{VR}{\nu}\right)^{-\frac{1}{4}}$$

将 λ 的表达式代入，得到

$$\tau_0 = \frac{\lambda}{8} \rho V^2 = \frac{0.266}{8} \rho V^2 \frac{1}{\left(\dfrac{VR}{\nu}\right)^{\frac{1}{4}}} = 0.033\,25 \rho V^{\frac{7}{4}} \left(\frac{\nu}{R}\right)^{\frac{1}{4}}$$

在上述雷诺数范围内，平均流速 V 为

$$V = \frac{1}{\pi R^2} \int_0^R 2\pi r u \,\mathrm{d}r = \frac{2}{R^2} \int_R^0 (R-y)\,u\,\mathrm{d}(R-y)$$

$$= \frac{2}{R^2} \int_0^R (R-y) u_{\max} \left(\frac{y}{R}\right)^{\frac{1}{7}} \mathrm{d}y = \frac{2u_{\max}}{R^2} \left(\int_0^R R^{\frac{6}{7}} y^{\frac{1}{7}} \mathrm{d}y - \int_0^R R^{-\frac{1}{7}} y^{\frac{8}{7}} \mathrm{d}y\right)$$

$$= \frac{2u_{\max}}{R^2} \left(\frac{7}{8} R^{\frac{14}{7}} - \frac{7}{15} R^{\frac{14}{7}}\right) = 14 \times \left(\frac{1}{8} - \frac{1}{15}\right) u_{\max} = 0.816\,7 u_{\max} \approx 0.8 u_{\max}$$

将 $V \approx 0.8 u_{\max}$ 代入，得到

$$\tau_0 = 0.033\,25 \rho V^{\frac{7}{4}} \left(\frac{\nu}{R}\right)^{\frac{1}{4}} = 0.033\,25 \times \rho (0.8 u_{\max})^{\frac{7}{4}} \left(\frac{\nu}{R}\right)^{\frac{1}{4}} = 0.022\,5 \rho u_{\max}^{\frac{7}{4}} \left(\frac{\nu}{R}\right)^{\frac{1}{4}}$$

用边界层外边界上的速度 V_∞ 与 δ 分别代替管中心线上的速度 $u_{\max}$ 和 R，得到紊流边界层的第二个补充关系式

$$\tau_0 = 0.022\,5 \rho V_\infty^2 \left(\frac{\nu}{V_\infty \delta}\right)^{\frac{1}{4}} \qquad\qquad (7-45)$$

下面就根据这两个补充关系式，利用动量积分关系式进行紊流边界层的近似计算。

（1）边界层厚度分布。

由上一节知道，在边界层内沿平板壁面的压强是不变的，即 $\mathrm{d}p/\mathrm{d}x=0$。据此，将两个补充关系式（7-43）和式（7-45）代入动量积分关系式

$$\frac{\mathrm{d}}{\mathrm{d}x}\int_0^\delta u^2\mathrm{d}y - V_\infty\frac{\mathrm{d}}{\mathrm{d}x}\int_0^\delta u\mathrm{d}y = -\frac{\tau_0}{\rho}$$

得到

$$\frac{\mathrm{d}}{\mathrm{d}x}\int_0^\delta\left[V_\infty\left(\frac{y}{\delta}\right)^{\frac{1}{7}}\right]^2\mathrm{d}y - V_\infty\frac{\mathrm{d}}{\mathrm{d}x}\int_0^\delta V_\infty\left(\frac{y}{\delta}\right)^{\frac{1}{7}}\mathrm{d}y = -\frac{\rho}{\rho}\times 0.022\,5V_\infty^2\left(\frac{\nu}{V_\infty\delta}\right)^{\frac{1}{4}}$$

由于

$$\int_0^\delta\left(\frac{y}{\delta}\right)^{\frac{2}{7}}\mathrm{d}y = \frac{7}{9}\delta, \qquad \int_0^\delta\left(\frac{y}{\delta}\right)^{\frac{1}{7}}\mathrm{d}y = \frac{7}{8}\delta$$

代入，得到

$$\left(\frac{7}{9}V_\infty^2 - \frac{7}{8}V_\infty^2\right)\frac{\mathrm{d}\delta}{\mathrm{d}x} = -0.022\,5V_\infty^2\left(\frac{\nu}{V_\infty\delta}\right)^{\frac{1}{4}} \Rightarrow \delta^{\frac{1}{4}}\mathrm{d}\delta = 0.022\,5\times\frac{72}{7}\left(\frac{\nu}{V_\infty}\right)^{\frac{1}{4}}\mathrm{d}x$$

积分后，得到

$$\frac{4}{5}\delta^{\frac{5}{4}} = 0.231\,43\left(\frac{\nu}{V_\infty}\right)^{\frac{1}{4}}x + c$$

由于当 $x=0$ 时，$\delta=0$，则 $c=0$，故有平板紊流边界层厚度

$$\delta = 0.37\left(\frac{\nu}{V_\infty}\right)^{\frac{1}{5}}x^{\frac{4}{5}} = 0.37x\left(\frac{\nu}{V_\infty x}\right)^{\frac{1}{5}} = 0.37xRe_x^{-\frac{1}{5}} \tag{7-46}$$

相应的排挤厚度和损失厚度为

$$\delta_1 = \int_0^\delta\left(1-\frac{u}{V_\infty}\right)\mathrm{d}y = \int_0^\delta\left[1-\left(\frac{y}{\delta}\right)^{\frac{1}{7}}\right]\mathrm{d}y = \left(1-\frac{7}{8}\right)\delta = 0.046\,2xRe_x^{-\frac{1}{5}}$$

$$\delta_2 = \int_0^\delta\frac{u}{V_\infty}\left(1-\frac{u}{V_\infty}\right)\mathrm{d}y = \int_0^\delta\left(\frac{y}{\delta}\right)^{\frac{1}{7}}\left[1-\left(\frac{y}{\delta}\right)^{\frac{1}{7}}\right]\mathrm{d}y = \frac{7}{72}\delta = 0.036xRe_x^{-\frac{1}{5}}$$

$$\tag{7-47}$$

（2）壁面切应力分布：

$$\tau_0 = 0.022\,5\rho V_\infty^2\left(\frac{\nu}{V_\infty\delta}\right)^{\frac{1}{4}} = 0.022\,5\rho V_\infty^2\left(\frac{\nu}{0.37xV_\infty}Re_x^{\frac{1}{5}}\right)^{\frac{1}{4}} \tag{7-48}$$

$$= 0.028\,9\rho V_\infty^2 Re_x^{-\frac{1}{5}}$$

（3）平板一侧壁面上由于黏性力而引起的总摩擦阻力为

$$F_D = b\int_0^l\tau_0\mathrm{d}x = b\int_0^l 0.028\,9\rho V_\infty^2\left(\frac{V_\infty x}{\nu}\right)^{-\frac{1}{5}}\mathrm{d}x = 0.028\,9b\rho V_\infty^2\left(\frac{V_\infty}{\nu}\right)^{-\frac{1}{5}}\frac{5}{4}l^{\frac{4}{5}} \tag{7-49}$$

$$= 0.036bl\rho V_\infty^2 Re_l^{-\frac{1}{5}}$$

（4）平板的摩擦阻力系数为

$$C_D = \frac{F_D}{\frac{1}{2}\rho V_\infty^2 bl} = 0.072 Re_l^{-\frac{1}{5}} \qquad (7-50)$$

根据实验测量，其结果为

$$C_D = \frac{F_D}{\frac{1}{2}\rho V_\infty^2 bl} = 0.074 Re_l^{-\frac{1}{5}} \qquad (7-51)$$

讨论 1：在平板紊流边界层计算公式的推导中，由于借用了圆管中紊流速度分布的七分之一指数规律，所以这些结果有一定的适用范围。实验证明，阻力系数公式（7-51）适用于 $5\times10^5 \leqslant Re_l \leqslant 10^7$，而当 $Re_l > 10^7$ 时，此公式计算就不精确了。

讨论 2：当 $Re_l > 10^7$ 时，紊流边界层内的速度分布规律不符合七分之一指数律，普朗特和施利希廷（H.Schlichting）给出以下经验公式：

$$C_D = \frac{0.455}{(\lg Re_l)^{2.58}} \qquad (7-52)$$

这个公式的适用范围可达到 $Re_l = 10^9$。

讨论 3：舒尔兹——格鲁诺（F.Schultz—Gnunow）对平板紊流边界层进行了极为细致的测量，根据大量实测结果，提出平板紊流边界层摩擦阻力系数的内插公式为

$$C_D = \frac{0.427}{(\lg Re_l - 0.407)^{2.54}} \qquad (7-53)$$

为便于对比和讨论，现将平板层流边界层和紊流边界层的各近似计算公式汇总，见表 7-1。

表 7-1　平板层流边界层和紊流边界层的各近似计算公式

边界层基本特征	边界层内流态	
	层　流	紊　流
速度分布规律	$\dfrac{u}{V_\infty} = 2\dfrac{y}{\delta} - 2\left(\dfrac{y}{\delta}\right)^3 + \left(\dfrac{y}{\delta}\right)^4$	$\dfrac{u}{V_\infty} = \left(\dfrac{y}{\delta}\right)^{\frac{1}{7}}$
边界层厚度	$\delta = 5.84x\sqrt{\dfrac{v}{V_\infty x}} = 5.84x Re_x^{-\frac{1}{2}}$	$\delta = 0.37x\left(\dfrac{v}{V_\infty x}\right)^{\frac{1}{5}} = 0.37x Re_x^{-\frac{1}{5}}$
位移厚度	$\delta_1 = 0.3\delta = 1.752x Re_x^{-\frac{1}{2}}$	$\delta_1 = 0.125\delta = 0.046\,2x Re_x^{-\frac{1}{5}}$
动量损失厚度	$\delta_2 = 0.117\,5\delta = 0.686x Re_x^{-\frac{1}{2}}$	$\delta_2 = 0.1\delta = 0.036x Re_x^{-\frac{1}{5}}$
切向应力	$\tau_0 = 0.343\rho V_\infty^2 Re_x^{-\frac{1}{2}}$	$\tau_0 = 0.028\,9\rho V_\infty^2 Re_x^{-\frac{1}{5}}$
总摩擦阻力	$F_D = 0.686bl\rho V_\infty^2 Re_l^{-\frac{1}{2}}$	$F_D = 0.036bl\rho V_\infty^2 Re_l^{-\frac{1}{5}}$
摩擦阻力系数	$C_D = 1.372 Re_l^{-\frac{1}{2}}$	$C_D = 0.074 Re_l^{-\frac{1}{5}}$

从表 7-1 中可以看出，平板层流边界层和紊流边界层比较大的差别如下：

（1）沿平板壁面法向截面上，流速随着 y 值的增加而逐渐变大，并接近边界层外边界上的速度，紊流边界层的速度比层流边界层的速度增加得快。

对于紊流边界层

$$\frac{u}{V_\infty} = \left(\frac{y}{\delta}\right)^{\frac{1}{7}}, \quad \left(\frac{u}{V_\infty}\right)_{y=\delta/2} = 0.906$$

对于层流边界层

$$\frac{u}{V_\infty} = 2\frac{y}{\delta} - 2\left(\frac{y}{\delta}\right)^3 + \left(\frac{y}{\delta}\right)^4, \quad \left(\frac{u}{V_\infty}\right)_{y=\delta/2} = 0.812\,5$$

（2）沿平板壁面，边界层厚度随 x 值的增加而变大，紊流边界层的厚度比层流边界层的厚度增长得快。

例如，当 $Re = 10^5$ 时：

紊流边界层

$$\delta = 0.37xRe_x^{-\frac{1}{5}}, \quad \delta_t = 0.037x$$

层流边界层

$$\delta = 5.84xRe_x^{-\frac{1}{2}}, \quad \delta_l = 0.018x$$

即紊流边界层厚度约为层流边界层厚度的 2 倍。

原因：在紊流边界层内流体微团发生横向运动，容易促使厚度迅速增加。

（3）平板壁面上的切向应力沿壁面长度方向逐渐减小，在条件相同的情况下，紊流边界层的切向应力要比层流边界层减小得慢。

例如，当 $Re = 10^5$ 时：

紊流边界层

$$\tau_0 = 0.028\,9\rho V_\infty^2 Re_x^{-\frac{1}{5}}, \quad \tau_{0t} = 0.002\,89\rho V_\infty^2$$

层流边界层

$$\tau_0 = 0.343\rho V_\infty^2 Re_x^{-\frac{1}{2}}, \quad \tau_{0l} = 0.001\,085\rho V_\infty^2$$

$$\tau_{0t}/\tau_{0l} = 2.66$$

（4）在同一雷诺数下，紊流边界层的摩擦阻力系数比层流边界层的大得多。

例如，当 $Re = 10^5$ 时：

紊流边界层

$$C_D = 0.074Re_l^{-\frac{1}{5}}, \quad C_D = 0.007\,4$$

层流边界层

$$C_D = 1.372Re_l^{-\frac{1}{2}}, \quad C_D = 0.004\,3$$

显然，相比紊流边界层，层流边界层的阻力系数小很多。这是因为在层流中，摩擦阻力只是由于不同流层之间发生相对运动而引起的。在紊流中，除由于不同流层之间发生相对运动而引起的摩擦阻力外，还有由于流体微团之间有很剧烈的横向掺混，从而产生更大的摩擦阻力。

第 10 节　平板混合边界层的近似计算

边界层内的流动状态主要由雷诺数决定，当雷诺数增大到某一数值时（对平板而言，临界雷诺数满足 $5 \times 10^5 < Re_x < 3 \times 10^6$），边界层由层流转变为紊流，从而成为混合边界层，即平板前端是层流边界层，后部是紊流边界层，在层流边界层和紊流边界层之间有一个过渡区。在大雷诺数下，这一过渡区可以看成是某一截面，即在此截面上突然发生转变。

由于混合边界层内的流动情况复杂，为简单起见，在计算混合边界层的摩擦阻力时，作以下两个假设：

（1）在 A 点由层流边界层突然转变为紊流边界层；

（2）在计算紊流边界层的厚度变化、层内速度和切向应力的分布时，都认为是从前缘点 O 开始的，如图 7-15 所示。

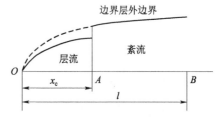

图 7-15　平板混合边界层示意图

令 F_{DL} 表示层流边界层的摩擦阻力，F_{DT} 表示紊流边界层的摩擦阻力，x_c 为层流和紊流的转折点 A 到前缘点 O 的距离。根据这两个假设，可以用下列方法计算平板混合边界层的总摩擦阻力。

（1）整个平板边界层均为紊流边界层的摩擦阻力

$$F_{DTOB} = 0.036 b l \rho V_\infty^2 Re_l^{-\frac{1}{5}} = C_{DTl} \frac{\rho V_\infty^2}{2} bl$$

（2）平板前端 OA 部分为紊流边界层的摩擦阻力

$$F_{DTOA} = 0.036 b x_c \rho V_\infty^2 Re_{x_c}^{-\frac{1}{5}} = C_{DTx_c} \frac{\rho V_\infty^2}{2} b x_c$$

（3）平板前端 OA 部分为层流边界层的摩擦阻力

$$F_{DLOB} = 0.686 b x_c \rho V_\infty^2 Re_{x_c}^{-\frac{1}{2}} = C_{DLx_c} \frac{\rho V_\infty^2}{2} b x_c$$

则平板混合边界层的摩擦阻力为

$$
\begin{aligned}
F_D &= F_{DTOB} - F_{DTOA} + F_{DLOA} \\
&= C_{DTl} \frac{\rho V_\infty^2}{2} bl - C_{DTx_c} \frac{\rho V_\infty^2}{2} b x_c + C_{DLx_c} \frac{\rho V_\infty^2}{2} b x_c \\
&= \left[C_{DTl} - (C_{DTx_c} - C_{DLx_c}) \frac{x_c}{l} \right] bl \frac{\rho V_\infty^2}{2} \\
&= C_D bl \frac{\rho V_\infty^2}{2}
\end{aligned}
\tag{7-54}
$$

平板混合边界层摩擦阻力系数为

$$
\begin{aligned}
C_D &= C_{DTl} - (C_{DTx_c} - C_{DLx_c}) \frac{x_c}{l} = C_{DTl} - \frac{(C_{DTx_c} - C_{DLx_c}) \frac{V_\infty x_c}{\nu}}{\frac{V_\infty l}{\nu}} \\
&= C_{DTl} - \frac{(C_{DTx_c} - C_{DLx_c}) Re_{x_c}}{Re_l} = C_{DTl} - \frac{A}{Re_l}
\end{aligned}
\tag{7-55}
$$

式中， $A = (C_{DTx_c} - C_{DLx_c})Re_{x_c}$ ，取决于层流边界层转变为紊流边界层的临界雷诺数 Re_{x_c} 。

若设临界雷诺数为 10^6 ，有

$$A = (C_{DTx_c} - C_{DLx_c})Re_{x_c} = \left(\frac{0.074}{Re_{x_c}^{1/5}} - \frac{1.372}{Re_{x_c}^{1/2}} \right) \times 10^6$$

$$= \left(\frac{0.074}{10^{6/5}} - \frac{1.372}{10^{6/2}} \right) \times 10^6 = (0.004\,669 - 0.001\,372) \times 10^6 = 3\,300$$

则混合平板的摩擦阻力系数为

$$C_D = \frac{0.074}{Re_l^{0.2}} - \frac{A}{Re_l} \qquad\qquad (7-56)$$

相应的平板混合边界层的摩擦阻力为

$$F_D = C_D \frac{1}{2} \rho V_\infty^2 bl \qquad\qquad (7-57)$$

【例 7-3】矩形平板宽度为 $b = 0.6\,\text{m}$ ，长度为 $50\,\text{m}$ ，以速度 $V_\infty = 10\,\text{m/s}$ 在石油中滑动。设临界雷诺数为 $Re_r = 10^6$ ，已知石油的动力黏度 $\mu = 0.012\,8\,\text{N} \cdot \text{s/m}^2$ 、密度 $\rho = 850\,\text{kg/m}^3$ ，试求：

（1）层流边界层长度 x_c ；

（2）平板阻力 F_D 。

解：

石油的运动黏度为

$$\nu = \frac{\mu}{\rho} = \frac{0.012\,8}{850} = 1.505\,9 \times 10^{-5} \ (\text{m}^2/\text{s})$$

（1）确定层流与紊流转折点的位置：

$$Re_c = 10^6 = \frac{V_\infty x_c}{\nu} = \frac{V_\infty x_c}{\mu / \rho}$$

$$x_c = \frac{10^6 \mu}{\rho V_\infty} = \frac{0.012\,8 \times 10^6}{850 \times 10} = 1.5 \ (\text{m})$$

（2）若平板边界层内全为紊流边界层，则平板阻力为

$$F_{DT1} = 0.036 bl \rho V_\infty^2 Re_l^{-\frac{1}{5}} = 0.036 bl \rho V_\infty^2 \frac{1}{\left(\dfrac{V_\infty l}{\nu} \right)^{1/5}}$$

$$= 0.036 \times 0.6 \times 5 \times 850 \times 10^2 \times \left(\frac{1.505\,9 \times 10^{-5}}{10 \times 5} \right)^{\frac{1}{5}} = 455.624 \ (\text{N})$$

（3）若平板边界层内前面层流部分为紊流边界层，则这一部分的阻力为

$$F_{DT2} = 0.036 bx_c \rho V_\infty^2 Re_{x_c}^{-\frac{1}{5}} = 0.036 bx_c \rho V_\infty^2 \frac{1}{\left(\dfrac{V_\infty x_c}{\nu} \right)^{1/5}}$$

$$= 0.036 \times 0.6 \times 1.5 \times 850 \times 10^2 \times \left(\frac{1.505\,9 \times 10^{-5}}{10 \times 1.5} \right)^{\frac{1}{5}} = 173.902 \ (\text{N})$$

（4）平板前面层流部分的摩擦阻力为

$$F_{DL} = 0.686bx_c \rho V_\infty^2 Re_{x_c}^{-\frac{1}{2}} = 0.686bx_c \rho V_\infty^2 \frac{1}{\left(\dfrac{V_\infty x_c}{\nu}\right)^{\frac{1}{2}}}$$

$$= 0.686 \times 0.6 \times 1.5 \times 850 \times 10^2 \times \sqrt{\frac{1.505\,9 \times 10^{-5}}{10 \times 1.5}} = 52.582 \text{（N）}$$

（5）考虑双面的阻力，则平板混合边界层的总摩擦阻力为

$$F_D = 2(F_{DT1} - F_{DT2} + F_{DL})$$
$$= 2 \times (455.624 - 173.902 + 52.582) = 668.6 \text{（N）}$$

第 11 节 边界层的分离现象

当黏性流体绕流曲面物体时，边界层外边界上沿曲面方向的速度 V 是随物体厚度的变化而变化的，故曲面边界层内的压强也将发生相应的变化，这种速度和压强的改变对边界层内的流动也会产生影响，本节着重说明曲面边界层的分离现象。

边界层的分离是指边界层从某个位置开始脱离壁面，此时物体壁面附近出现回流现象，这样的现象又称为边界层脱体现象。

下面以流体流经圆柱体的流动（见图 7-16）为例来分析形成边界层分离的原因。图 7-16 中 V_0 与 p_0 表示来流所具有的速度和压强。

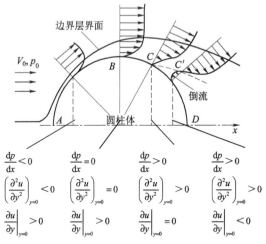

图 7-16 边界层的分离

首先观察沿流动方向的压力梯度对边界层内流体流动的影响。由于流体绕过圆柱面前驻点 A 后，沿上表面的流速增加，直到柱面上 B 点后，流速逐渐降低，沿曲面各点法向的速度分布如图 7-16 所示。由伯努利方程可知，沿流动方向的压强先降低 $\left(\dfrac{\mathrm{d}p}{\mathrm{d}x} < 0\right)$，称为顺压梯度区，也称减压增速区；然后再升高 $\left(\dfrac{\mathrm{d}p}{\mathrm{d}x} > 0\right)$，称为逆压梯度区，也称增压减速区。在 B 点，

边界层外边界上的速度达到最大，而压强达到最低。

（1）在顺压梯度区，有 $\dfrac{\mathrm{d}p}{\mathrm{d}x}<0$，沿边界层流动方向的作用力（压力差）有助于克服壁面切应力，对边界层内流动有增速作用，从而削弱了边界层厚度的增长率。

（2）在逆压梯度区，有 $\dfrac{\mathrm{d}p}{\mathrm{d}x}>0$，沿边界层流动反方向的作用力对边界层流动有减速作用，从而增强了边界层厚度的增长率。

若逆压梯度足够大，则可能首先在物体壁面上的 C 点处发生流动方向的改变，在此点处 $\left(\dfrac{\partial u}{\partial y}\right)_{y=0}=0$，称此点为边界层分离点。

在 C 点之后，压强的继续升高将产生反向的逆流，并迅速向外扩展。这样，主流被这股逆流排挤得离开了物体壁面，造成边界层的分离。

在 CC′线上，流体微团的速度等于零，称为主流和逆流之间的间断面。由于间断面的不稳定性，故很小的扰动就会引起间断面的波动，并破裂成漩涡。

C 点称为边界层的分离点，分离时形成的漩涡被主流带走，在物体后部形成尾涡区。值得指出的是，在缩放喷管的渐扩段内，也可能出现边界层的分离现象。

由以上分析可以看出，边界层的分离只能发生在有逆流存在的区域，且边界层分离发生在 $\dfrac{\mathrm{d}u}{\mathrm{d}y}=0$ 点处。

下面用边界层理论来分析边界层内速度分布的规律，从而更明确地说明曲面边界层形成分离的原因。

前提： 因为曲面边界层的基本特征与平板边界层相同，另外再假定边界层厚度比曲面的曲率半径小得多，并且曲面边界层内全部是层流。这样就可以将层流边界层微分方程应用到曲面边界层。

分析： 由于在物体壁面上各点的速度等于零，即当 $y=0$ 时，$u=0$，$v=0$，于是由边界层微分方程组的第一式

$$u\frac{\partial u}{\partial x}+v\frac{\partial u}{\partial y}=-\frac{1}{\rho}\frac{\partial p}{\partial x}+v\frac{\partial^2 u}{\partial y^2}$$

得到
$$\left(\frac{\partial^2 u}{\partial y^2}\right)_{y=0}=\frac{1}{\mu}\frac{\mathrm{d}p}{\mathrm{d}x} \tag{7-58}$$

这样，就可根据边界层外边界上势流的流动情况，将边界层内的流动划分为三种情况：

（1）在减压增速区，由于 $\dfrac{\mathrm{d}p}{\mathrm{d}x}<0$，故 $\dfrac{\partial^2 u}{\partial y^2}\bigg|_{y=0}<0$，此时有 $\dfrac{\partial u}{\partial y}>0$，并且 $\dfrac{\partial^2 u}{\partial y^2}<0$（$0\leqslant y\leqslant\delta$），即边界层内的流体微团不但全部沿流动方向流动，而且边界层内的速度分布曲线沿流动方向向外凸出。减压增速区速度分布曲线如图 7-17 所示。

（2）在零压梯度下，由于 $\dfrac{\mathrm{d}p}{\mathrm{d}x}=0$，故 $\left(\dfrac{\partial^2 u}{\partial y^2}\right)_{y=0}=0$，而在边界层外边界处总是存在 $\left(\dfrac{\partial^2 u}{\partial y^2}\right)_{y=\delta}<0$，因此边界层内速度分布曲线在物体壁面上有一个转折点。

（3）在增压减速区，由于 $\dfrac{\mathrm{d}p}{\mathrm{d}x} > 0$，故 $\left(\dfrac{\partial^2 u}{\partial y^2}\right)_{y=0} > 0$，即边界层内的速度曲线沿流动方向向内凹。但是，由于在边界层外边界上 $\dfrac{\partial u}{\partial y}$ 趋于零，故要求在外边界附近 $\dfrac{\partial^2 u}{\partial y^2} < 0$，显然在 $y = 0$ 和 $y = \delta$ 之间速度曲线有一个转折点 $\dfrac{\partial^2 u}{\partial y^2} = 0$，在转折点以上的曲率中心在曲线左侧，在转折点以下的曲率中心在曲线右侧，见 C 点的速度分布曲线，如图 7-18 所示。

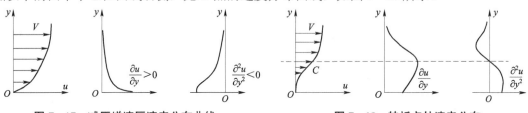

图 7-17　减压增速区速度分布曲线　　　图 7-18　转折点处速度分布

在 $\dfrac{\mathrm{d}p}{\mathrm{d}x} > 0$ 的流动中，在边界层速度逐渐下降的过程中，开始时在边界层内的流体微团还可以保持沿流动方向的运动，即 $\dfrac{\partial u}{\partial y} > 0$，随着 x 的增加，有可能在某一点 C 处达到 $\left(\dfrac{\partial u}{\partial y}\right)_{y=0} = 0$，则从 C 点开始，边界层就产生了分离，这个点称作边界层分离点。假设 x 再增加，就有 $\left(\dfrac{\partial u}{\partial y}\right)_{y=0} < 0$，即壁面附近发生逆流，在此点以后的流动将失去边界层流动的特点。

结论 1：黏性流体在压强降低区域内流动（降压增速区），绝不会出现边界层的分离。

结论 2：只有在压强升高区域内流动（增压减速区），才有可能出现边界层分离现象，形成漩涡。

结论 3：在主流减速足够大的情况下，边界层一定会发生分离现象。

结论 4：边界层一经分离，则在物体后面形成尾涡区，这个尾涡区又将影响主流区的边界，此时已不能认为黏性起作用的区域仅仅限制在边界层附近的一薄层中了。

例如，在圆柱体或球体这样的钝头体的后半部壁面上，当流速足够大时，便会发生边界层的分离，并形成尾涡区。这是由于在钝头体的后半部分有急剧的压强升高区，从而引起主流减速加剧。若将钝头体的后半部分改为充分细长形的形状，成为圆头尖尾的所谓流线型物体，即可使主流的减速大为降低，防止边界层内逆流的产生，避免边界层的分离。

边界层分离后的流动很复杂，尾涡中含有大量紊乱的漩涡，会消耗大量的动能，这对流动来说是一种阻力作用。具体表现为作用在物体后部表面上的压力不能如同势流那样与前部压力相平衡，而是形成一相当大的压差作用在物体上，一般称其为压差阻力或形状阻力。

第 12 节　物体阻力与阻力系数

黏性流体绕流物体时，物体会受到压力和切向应力的作用，其合力可分解为两个力，一个是与来流方向一致的作用力 F_D，由于 F_D 与物体的运动方向相反，起着阻碍物体运动的作用，故称为阻力；另一个是与来流方向垂直的力 F_L，称为升力。阻力是由绕流物体所引起的切向应力和压力差造成的，故阻力可分为摩擦阻力 F_{Df} 和差压阻力 F_{Dp} 两种。

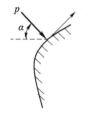

摩擦阻力是黏性直接作用的结果，是由流体绕流物体的切向应力所产生的，所以摩擦阻力是作用在物体表面的切向应力在来流方向上的投影的总和。

压差阻力是黏性间接作用的结果。当流体绕物体流动时，边界层在逆压梯度区发生分离，形成漩涡，破坏了作用在物体上前后压力的对称性，从而产生物体前后的压力差，形成压差阻力如图 7-19 所示。故压差阻力是指作用在物体表面的压力在来流方

图 7-19　压差阻力积分用图

向上的投影总和，即

$$F_{Dp} = \iint_A p \cos\alpha dA$$

式中，p 为物面上的压强分布。

引起压差阻力的主要原因是边界层的分离，下面就此问题进行说明。

在流动未分离的情况下，沿壁面法线方向的边界层位移厚度可形成一个虚拟的物面，主流区将以这个虚拟的物面作为边界，由于边界层位移厚度很薄，故在近似计算中可以认为主流区的物面条件仍在壁面上满足。

在流动发生严重分离的情况下，由于物体壁面存在分离区，此时主流区的边界处在分离区的外缘，壁面上的压力分布已不同于未分离时的压力分布，从而引起物体的压差阻力。圆柱绕流的压力分布如图 7-20 所示。

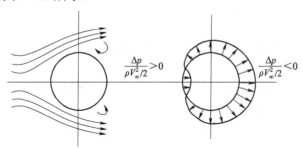

图 7-20　压差阻力说明用图

思考： 理想流体流动是否有分离现象？是否有压差阻力？

压差阻力的大小与物体的形状有很大的关系，故又称为形状阻力；摩擦阻力与压差阻力之和称为物体阻力。

关于摩擦阻力，由于层流边界层所产生的物体表面上的切向应力比紊流小得多，为减少摩擦阻力，应该使物体上的层流边界层尽可能长，使层流到紊流的转捩点尽量后移。在航空上常采用一种"层流型"的翼型，就是这个原因。

要减少压差阻力，必须采用使物体后部尾涡区尽可能小的外形，也就是使分离点尽量后移，比如圆头尖尾的细长外形所引起的压差阻力比尾部较粗的小。由于边界层分离点的位置与层内压力梯度的大小有直接的关系，故应使流经物体压力升高区内的压力梯度尽可能小些，圆头尖尾形物体就具有这个特点。对具有流线型物体的绕流，实际上可以认为不发生边界层的分离，其阻力主要是摩擦阻力。

为了便于应用与分析，工程上习惯用量纲为 1 的阻力系数 C_D 来替代物体阻力 F_D，阻力系数的表达式如下

$$C_D = \frac{F_D}{\frac{1}{2}\rho V_0^2 A} \tag{7-59}$$

式中，A 为物体的特征面积，一般取垂直于运动方向或来流方向的截面积。

物体阻力的大小与雷诺数密切相关。按相似定律，对于不同的不可压缩流体中的几何相似的物体，如果雷诺数相同，则它们的阻力系数也相同。在不可压缩黏性流体中，对于与来流方向具有相同方位的几何相似物体，其阻力系数为

$$C_D = f(Re) \tag{7-60}$$

一般来说，在流动发生严重分离的情况下，要精确计算物体的阻力是非常困难的，目前主要是通过实验的方法来确定。图 7-21 给出的是由实验得到的圆柱的阻力系数对雷诺数 $Re = \dfrac{Vd}{\nu}$ 的变化曲线。

由图 7-21 可以看出，对于直径不同的圆柱体，在不同雷诺数下测得的阻力系数都排在各自的一条曲线上。在小雷诺数的情况下，边界层是层流，边界层的分离点在物体最大截面附近，并在物体后面形成较宽的尾涡区，从而产生很大的压差阻力。当雷诺数增加到在边界层分离前已由层流转变为紊流时，在紊流中流体微团相互掺混，发生强烈的动量交换，使分离点向后移动，尾涡区变窄，从而使阻力系数显著降低。

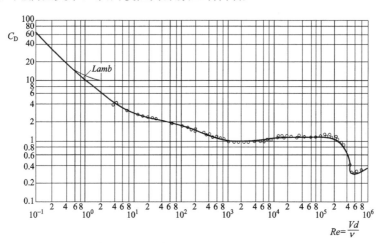

图 7-21　圆柱体的绕流阻力系数曲线

对于圆柱体，从 $Re \approx 2 \times 10^5$ 开始，到 $Re \approx 5 \times 10^5$，阻力系数从大约 1.2 急剧下降到 0.3，这种阻力的突然降低确实是由于边界层内层流转变为紊流的结果。普朗特曾用下面的实验证实了这一现象：在紧靠圆球边界层分离点稍前一点套一圈金属丝，人工地把层流边界层转变为紊流边界层，则在 Re 数小于 3×10^5 时，阻力系数就明显下降。

【例 7-4】 宽度为 10m，高度为 2.5m 的栅栏，由直径为 25mm 的杆组成。杆与杆的中心距为 0.1m。若来流水速为 2m/s，试计算此栅栏所承受的阻力。已知水的 $\nu = 1.2 \times 10^{-6}$ m²/s，$\rho = 1\,000$ kg/m³。

解：圆杆的雷诺数为

$$Re = \frac{Vd}{\nu} = \frac{2 \times 0.025}{1.2 \times 10^{-6}} = 4.1 \times 10^4$$

由图 7-21 可查得 $C_D = 1.3$。

又由于 10 m 长的栅栏，杆间距为 0.1m，则需要 100 根杆，于是栅栏的总阻力为

$$F_D = \frac{1}{2}\rho V^2 C_D A n$$

$$= \frac{1}{2} \times 1\,000 \times 2^2 \times 1.3 \times 2.5 \times 0.025 \times 100 = 16.25\,（kN）$$

第 13 节　绕圆柱体流动——卡门涡街

为进一步说明边界层分离这一重要的现象，我们考虑黏性流体绕圆柱体的流动。

（1）把一个圆柱体放在静止的流体中，然后使流体以很低的速度 V（雷诺数不大于 10）绕流此圆柱体。在开始时，流动与理想流体绕流一样，流体在前驻点速度为 0，然后沿圆柱体左右两侧流动。流动在圆柱体的前半部分是降压增速，速度逐渐增大到最大值，在后半部分是升压降速，到后驻点重新等于 0，如图 7-22（a）所示。

（2）逐渐增大来流速度，使圆柱体后部分的压力梯度增大，以致引起边界层的分离，如图 7-22（b）所示。

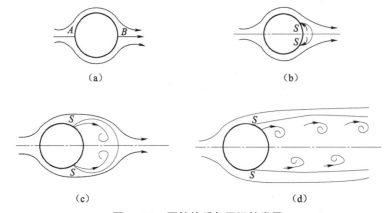

（a）　　　　　　　　　　　　　（b）

（c）　　　　　　　　　　　　　（d）

图 7-22　圆柱体后部尾涡的发展

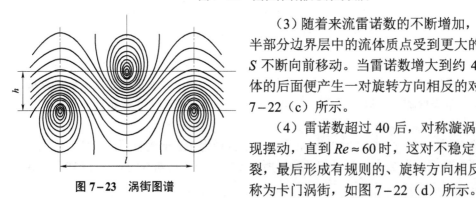

图 7-23　涡街图谱

（3）随着来流雷诺数的不断增加，由于圆柱体后半部分边界层中的流体质点受到更大的阻滞，分离点 S 不断向前移动。当雷诺数增大到约 40 时，在圆柱体的后面便产生一对旋转方向相反的对称漩涡，如图 7-22（c）所示。

（4）雷诺数超过 40 后，对称漩涡不断增长并出现摆动，直到 $Re \approx 60$ 时，这对不稳定的对称漩涡分裂，最后形成有规则的、旋转方向相反的交替漩涡，称为卡门涡街，如图 7-22（d）所示。

对有规则的卡门涡街，只能在 $Re = 60 \sim 5\,000$ 的范围内观察到，而且在大多数情况下涡街是不稳定的，受到外界扰动就被破坏了。卡门的研究发现，对于圆柱体绕流，当 $Re \approx 150$ 时，只有当两侧漩涡之间距离 h 与同列中相邻两个漩涡间距离 l 之比 $h/l = 0.281$ 时，卡门涡街才是稳定的，涡街图谱如图 7-23 所示。

如果来流的流速为 V，涡街的运动速度为 u，根据动量定理对稳定时的卡门涡街进行理论计算，得到作用在单位长度圆柱体上的阻力为

$$F_D = \rho V^2 h \left[2.83 \frac{u}{V} - 1.12 \left(\frac{u}{V} \right)^2 \right]$$

式中，速度比 u/V 可通过实验测得。

圆柱体后部的尾涡，其流动状态在小雷诺数下是层流，在较大雷诺数时形成卡门涡街。随着雷诺数的增加（$150 < Re < 300$），在尾涡中出现流体微团的横向运动，流动状态由层流过渡为紊流；到 $Re \approx 300$ 时，整个尾涡区成为紊流，漩涡不断地消失在紊流中。

在圆柱体后尾涡的卡门涡街中，两列旋转方向相反的漩涡周期性地均匀交替脱落，使圆柱体发生振动。在自然界中常常可以见到卡门涡街现象，例如，水流过桥墩。由于在物体两侧不断产生新的漩涡，故必然会消耗流动的机械能，使物体受到阻力。当漩涡脱落频率接近于物体的固有频率时，共振还会引起结构的破坏。风吹过电线时发出的声音就是由于电线受涡街作用产生振动而引起的。

习　题

7-1　半径分别为 r_1 和 r_2 的两个同心圆管，各以角速度 ω_1 和 ω_2 同向旋转，试证明两圆管间的速度分布为

$$V_\theta = \frac{1}{r_1^2 - r_2^2} \left[r(r_1^2 \omega_1 - r_2^2 \omega_2) - \frac{r_1^2 r_2^2}{r} (\omega_1 - \omega_2) \right]$$

7-2　如图 7-24 所示，厚度为 h 的液膜因重力作用沿倾角为 θ 的斜面下滑。设流动是定常的，且可忽略液面上大气压强的作用，试证明液膜中的速度分布与液膜流量分别为

$$u = \frac{\rho g \sin\theta}{2\mu} y(2h - y), \quad q = \frac{\rho g h^3 \sin\theta}{3\mu}$$

7-3　在一直径为 0.3 m 的圆形直管中输送煤油，流量为 4.7 L/s。试问管中心处煤油的流速多大？已知煤油的运动黏度为 2.4×10^{-6} m²/s。（注：对于紊流流动，速度分布满足七分之一指数律。）

补 充 习 题

B7-1　水平放置相距 1.5 mm 的两平行平板之间充满动力黏度为 0.49 Pa·s 的油液。上板以 2 m/s 的速度向右运动，下板以 1 m/s 的速度向左运动。试求作用在每块平板上的切向应力。

B7-2　液压部件如图 7-25 所示。控制阀直径 $d = 25$ mm，长度 $b = 15$ mm，阀与缸体之间的径向缝隙 $\delta = 0.005$ mm，缸内充满动力黏度为 0.018 Pa·s 的油液，油液压强在阀的左侧为 $p_1 = 20$ MPa，右侧为 $p_2 = 1$ MPa。试确定间隙中的漏油量。

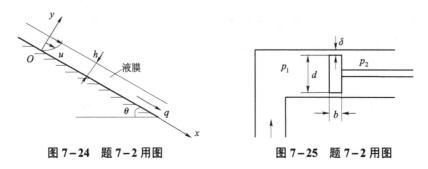

图 7-24　题 7-2 用图　　　　图 7-25　题 7-2 用图

B7-3　试计算光滑平板层流边界层的位移厚度、动量损失厚度以及边界层厚度，已知层流边界层内的速度分布为

（1）$u = V_\infty \dfrac{y}{\delta}$

（2）$u = V_\infty \sin\left(\dfrac{\pi}{2}\dfrac{y}{\delta}\right)$

（3）$u = V_\infty\left[\dfrac{3}{2}\dfrac{y}{\delta} - \dfrac{1}{2}\left(\dfrac{y}{\delta}\right)^3\right]$

B7-4　利用动量积分关系式求题 B7-3 所对应的阻力及阻力系数。

B7-5　空气在温度为 20 ℃、压强为 1 atm 的条件下以速度 12 m/s 流经光滑平板。已知平板长度为 1 m，试求：

（1）由平板前缘到 2.5 cm 及 60 cm 处的边界层厚度。

（2）平板一面的阻力系数。

B7-6　温度为 25 ℃的空气以 30 m/s 的速度纵向流过极薄的平板，压强为标准大气压强 101 325 Pa。试求离平板前缘 200 mm 处边界层的厚度。

B7-7　温度为 20 ℃的水和温度为 30 ℃的空气各自平行流过水平放置的平板，试求雷诺数相等时它们作用在平板上的摩擦阻力之比。

思　考　题

（1）N-S 方程中各项的物理意义是什么？

（2）理想流体的流动分有旋与无旋流动，那么黏性流体的流动呢？

（3）边界层的外边界线是一条流线吗？为什么？

（4）简述边界层的特点。

（5）边界层动量积分关系式对层流边界层和紊流边界层都适用吗？

（6）边界层与固壁分离的条件是什么？

（7）固体在流体中运动所受流体阻力产生的原因是什么？

（8）有哪些减阻方法？

（9）什么是流线型？

（10）为什么高尔夫球表面是凹凸不平的？

第8章
一元气体动力学基础

本章重点讨论可压缩气体的一元流动。气体是很容易压缩的，比如打气筒等，用不大的力就可将空气压缩。气体的流动以及流动过程中的压缩和膨胀与气体的压强、温度、密度以及流速都有密切的关系，这些都与不可压缩流体有着巨大的区别。可视为不可压缩流体的流动过程与温度无关，且密度基本不变；而可压缩流体在流动过程中则必须考虑压强、温度的变化对密度和流动的影响。例如增加 20 MPa 的压强只能使水的密度改变不超过 1%，而会使空气（初始一个大气压下）的密度改变 4 370%，显然这种明显的密度变化是不能忽视的。

第1节　声速与马赫数

1. 声速

在雷雨天气，看到闪电过后才能听到雷声，这是因为空气的可压缩性使得雷的声音有一定的传播速度。若空气为不可压缩的，那么当打雷的同时，声音也会传到你的耳中。当气体受到一个外力扰动时，这个扰动可以是闪电引起的雷，可以是活塞的突然加速，也可以是声带引起的振动，由于气体的可压缩性，这些扰动会产生一个压力波向四周传播，其传播速度就称为声速，波速的大小与气体的压缩性密切相关。

假设在气缸中的活塞自静止状态有一个突然的加速 $\mathrm{d}u$，并产生一个压力波以速度 c 向右传播，如图 8-1 所示。波前为寂静区，没有受到扰动，气体的压强、密度、温度分别为 p、ρ、T，经过压力波扰动后气体的流速为 $\mathrm{d}u$，其压强、密度、温度分别为 $p+\mathrm{d}p$、$\rho+\mathrm{d}\rho$、$T+\mathrm{d}T$。下面利用连续性方程与动量定理推导这个压力波的传播速度 c。

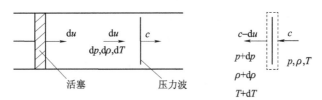

图 8-1　活塞突然加速引起的压力波

首先，压力波处于运动状态，对绝对坐标系来说这是一个不定常问题。为了将其转换为定常问题，我们把坐标固定在匀速运动的压力波上。根据运动的相对性，波前的气流将以不变的速度 c 流向压力波，而波后的气体将以 $c-\mathrm{d}u$ 的速度流向左边，流速和流动参数不变，成为定常流动问题。

取如图 8-1 中虚线所围部分为控制体，则由连续性方程，有

$$\rho c A = (\rho + \mathrm{d}\rho)(c - \mathrm{d}u)A$$

略去二阶小量 $\mathrm{d}\rho \mathrm{d}u$，整理后得到

$$\mathrm{d}u = \frac{\mathrm{d}\rho}{\rho}c \qquad\qquad (8-1)$$

由动量方程，有

$$[p - (p + \mathrm{d}p)]A = \rho Q[(c - \mathrm{d}u) - c]$$

由于 $Q = cA$，得到

$$\mathrm{d}u = \frac{\mathrm{d}p}{\rho c} \qquad\qquad (8-2)$$

结合式（8-1）和式（8-2），得到压力波的传播速度表达式为

$$c = \sqrt{\frac{\mathrm{d}p}{\mathrm{d}\rho}} \qquad\qquad (8-3)$$

这就是声速的基本公式。从式中可明显看出，密度改变 $\mathrm{d}\rho$ 所需的压强增量 $\mathrm{d}p$ 越大，流体越不容易压缩，声速也越大，也就是说，越不容易压缩的物体，声音的传播速度也越快。声音在水中传播的速度比在空气中快，就是这个道理。

利用式（8-3）计算声速还有一个问题，即压强与密度的关系是什么？按照理想气体状态方程，有

$$p = \rho R T \qquad\qquad (8-4)$$

式中，R 为因气体种类而异的气体常数。

$$R = \frac{摩尔气体常数}{气体的摩尔质量M} = \frac{8\,314}{M}\,\mathrm{J/(kg \cdot K)}$$

对空气而言，$R = 287\,\mathrm{J/(kg \cdot K)}$。

牛顿曾假设声音的传播过程是等温过程，由式（8-4），得到

$$c = \sqrt{\frac{\mathrm{d}p}{\mathrm{d}\rho}} = \sqrt{RT} \qquad\qquad (8-5)$$

在温度为 14 ℃ 的条件下，声速为 $c = 287\,\mathrm{m/s}$，这显然是不对的，实验也证实这是错误的。

后来拉普拉斯认为声音的传播过程是等熵过程，满足

$$p = C\rho^k \qquad\qquad (8-6)$$

式中，$k = C_p / C_v$，称为绝热指数，C_p 和 C_v 分别是气体的定压比热和定容比热。对空气而言，$k = 1.4$，则由式（8-6），有

$$\frac{\mathrm{d}p}{\mathrm{d}\rho} = Ck\rho^{k-1} = Ck\frac{\rho^k}{\rho} = k\frac{p}{\rho}$$

代入式（8-3），得到声速为

$$c = \sqrt{k\frac{p}{\rho}} = \sqrt{kRT} \qquad\qquad (8-7)$$

在温度为 14 ℃的条件下，声速为 $c = 339.6 \text{ m/s}$，这个结果得到了实验的证实。

结论：声音的传播过程为等熵过程。

注 1：不要把流体的流动与声波的运动混为一谈。流体质点的运动与声音的传播是两回事，比如麦穗起伏与麦浪滚滚，麦穗好比流体质点，做上下起伏运动，而麦浪是波，滚滚向前，麦穗是不会跟着麦浪走的。

注 2：声音的传播过程和气体的流动过程是两回事，流动过程可以是等温过程、绝热过程或等熵过程，而声音的传播过程是等熵过程。

2. 马赫数

马赫数的定义是流速与声速之比

$$Ma = \frac{u}{c} \tag{8-8}$$

这是一个量纲为 1 的数。

这里应注意，马赫数是一个局部参数，是当地流速与当地声速之比。

按照马赫数是否大于 1，可把气体流动分为亚声速流、跨声速流和超声速流。

$$Ma \begin{cases} <1 & \text{亚声速流} \\ \approx 1 & \text{跨声速流} \\ >1 & \text{超声速流} \end{cases} \tag{8-9}$$

对于亚声速流、跨声速流和超声速流的理解，可以这样设想，假设一个人边走路边说话，迎面向你走来，如果他走动的速度是亚声速，则你能听到他的声音。如果他是以声速运动，你在他前面，能否听到他的声音呢？如果他是超声速运动，又会怎么样呢？

（1）如果是亚声速运动，如图 8-2（a）所示，在 t 时间内，物体由 1 点运动到 2 点，运动距离 ut 小于声音的传播距离 ct，故在 1 点发出的声音在发声物体的前面，声音传播的范围把 2 点包含在内，即声音可以传播到物体的前后左右整个空间。

（2）如果是以声速运动，如图 8-2（b）所示，在 t 时间内，物体由 1 点运动到 2 点，运动距离 ut 等于声音的传播距离 ct，故在 1 点发出的声音与物体同步，只能传播到物体的后半部分空间。

（3）如果是超声速运动，如图 8-2（c）所示，在 t 时间内，物体由 1 点运动到 2 点，运动距离 ut 大于声音的传播距离 ct，故在 1 点发出的声音在物体的后面，只能在一个圆锥内传播，这个圆锥称为马赫锥，锥角称为马赫角，锥角的正弦为

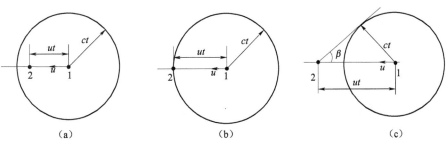

图 8-2　亚声速、声速和超声速运动

（a）亚声速运动；（b）声速运动；（c）超声速运动

$$\sin\beta = \frac{ct}{ut} = \frac{1}{Ma} \tag{8-10}$$

注：只有超声速运动才有马赫锥和马赫角。

第2节　一元气流基本特性

1. 一元气流基本方程式

流体力学的基本方程式，如连续性方程、动量方程、能量方程都是最基本的控制方程，对可压缩和不可压缩流体都是适用的。对于可压缩气体的一元流动来说，有如下的基本方程。

（1）连续性方程。

$$\rho u A = C \tag{8-11}$$

式中，A 为过流截面面积。两端微分，可得连续性方程的微分形式为

$$\frac{d\rho}{\rho} + \frac{du}{u} + \frac{dA}{A} = 0 \tag{8-12}$$

（2）运动方程。

对于理想气体的等熵流动，没有摩擦阻力，则由伯努利方程有

$$\int \frac{dp}{\rho} + \frac{u^2}{2} = C \tag{8-13}$$

微分后，得到

$$\frac{dp}{\rho} + u\,du = 0 \tag{8-14}$$

（3）理想气体状态方程。

$$p = \rho RT \tag{8-15}$$

（4）等熵过程关系式。

对于气体的等熵流动，还应满足等熵过程关系式

$$p = C\rho^k \tag{8-16}$$

式中，k 为绝热指数，对空气而言，$k=1.4$。

注 1：由于气体的密度很小，重力的影响甚微，故若不加说明的话，一般在气体力学里面都忽略重力的影响。

注 2：在气体力学中，由于状态方程的缘故，若不加说明的话，压强均用绝对压强，温度均用绝对温标。

2. 气流速度与气流密度的关系

由式（8-14）可得

$$u\,du = -\frac{dp}{\rho} = -\frac{dp}{d\rho}\frac{d\rho}{\rho} = -c^2\frac{d\rho}{\rho}$$

或

$$\frac{\mathrm{d}\rho}{\rho} = -\frac{u^2}{c^2}\frac{\mathrm{d}u}{u} = -Ma^2\frac{\mathrm{d}u}{u} \tag{8-17}$$

由式（8-14）和式（8-17）可有如下结论。

（1）无论马赫数大于 1 还是小于 1，流速的增加（$\mathrm{d}u > 0$）必然引起压强的降低（$\mathrm{d}p < 0$）和密度的减小（$\mathrm{d}\rho < 0$）；反之降低流速，必然使压强升高和密度加大。所以，气体的流动伴随着密度和压强的变化，气流的加速或减速运动实质上是气体的膨胀或压缩过程。

（2）由式（8-17），从相对变化率来看，对于亚声速流动，由于 $Ma < 1$，故

$$\left|\frac{\mathrm{d}\rho}{\rho}\right| < \left|\frac{\mathrm{d}u}{u}\right|$$

即密度的相对变化率小于速度的相对变化率。而对于超声速流动，则有

$$\left|\frac{\mathrm{d}\rho}{\rho}\right| > \left|\frac{\mathrm{d}u}{u}\right|$$

这种数量上的差别，导致了亚声速和超声速流在流速与通道截面积变化关系上的差别。

3. 截面变化对气流参数的影响

当气流通道的过流断面发生变化时，必然引起流速的变化，相应的压强与密度也会发生改变。对于不可压缩流体，当过流断面面积变小时，必然引起流速的增加和压强的降低，那么对于可压缩气体会怎么样呢？

由连续性方程（8-12），有

$$\frac{\mathrm{d}A}{A} = -\left(\frac{\mathrm{d}\rho}{\rho} + \frac{\mathrm{d}u}{u}\right) \tag{8-18}$$

再将式（8-17）代入，得到

$$\frac{\mathrm{d}A}{A} = (Ma^2 - 1)\frac{\mathrm{d}u}{u} \tag{8-19}$$

由式（8-19）可明显看出，当截面积变化时，流速的变化与 Ma 有密切关系。

对于亚声速流动，由于 $Ma^2 - 1 < 0$，故当 $\mathrm{d}A < 0$（渐缩通道）时，将会使 $\mathrm{d}u > 0$，流速升高，压强降低；

对于超声速流动，由于 $Ma^2 - 1 > 0$，故当 $\mathrm{d}A < 0$（渐缩通道）时，将会使 $\mathrm{d}u < 0$，流速降低，压强增大。

渐缩管道（$\mathrm{d}A < 0$，如图 8-3 所示），对于亚声速来说是加速降压管，对于超声速来说是减速扩压管。

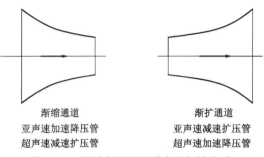

渐缩通道　　　　　　　渐扩通道
亚声速加速降压管　　　亚声速减速扩压管
超声速减速扩压管　　　超声速加速降压管

图 8-3　渐缩与渐扩通道内的气体流动

对于渐扩管道也可进行类似的分析，如图 8-3 所示。

4. 拉伐尔（Laval）喷管

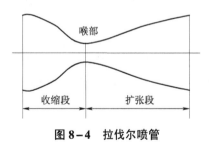

图 8-4　拉伐尔喷管

由以上分析得知，若要气流从亚声速转变为超声速，或从超声速转变为亚声速，采用单纯收缩或扩张的管道都是无法实现的。渐缩管道最多在出口处达到声速，要想继续加速，必须在达到声速的断面处转变为渐扩管，使之能够连续地由亚声速转变为超声速，这种管道称为拉伐尔喷管。拉伐尔喷管由收缩段、喉部和扩张段组成，如图 8-4 所示。

第3节　一元气体可压缩流动基本方程式

1. 基本方程式

不可压缩流体的流动有著名的伯努利方程，对于可压缩气体的流动，也有类似的方程。由等熵流动过程关系式，有

$$p = C\rho^k$$
$$dp = Ck\rho^{k-1}d\rho$$

代入运动方程（8-14），得到

$$-udu = \frac{dp}{\rho} = Ck\rho^{k-2}d\rho$$

积分，得到

$$-\frac{u^2}{2} = Ck\frac{\rho^{k-1}}{k-1} - C_0 = \frac{k}{k-1}\frac{C\rho^k}{\rho} - C_0 = \frac{k}{k-1}\frac{p}{\rho} - C_0$$

$$\frac{k}{k-1}\frac{p}{\rho} + \frac{u^2}{2} = C_0 \qquad (8-20)$$

这就是可压缩流体流动的伯努利方程。在不相混淆的情况下，后面把 C_0 写成 C。由状态方程 $p = \rho RT$ 和声速公式 $c = \sqrt{kRT}$，式（8-20）还可写成

$$\frac{kRT}{k-1} + \frac{u^2}{2} = C$$

$$\frac{c^2}{k-1} + \frac{u^2}{2} = C \qquad (8-21)$$

等多种形式。这些关系式统称为一元气体流动基本方程式，使用时不必区分实际流体和理想流体，但要注意是否绝热，绝热是这些基本方程式的唯一限制条件。

注：在式（8-20）推导过程中，用到了等熵方程，但式（8-20）只要绝热就成立，并不需要等熵条件。这可说明如下：

对于绝热流动过程，由热力学第一定律，有

$$h + \frac{u^2}{2} = h_0 \qquad (8-22)$$

式中，h 是单位质量气体所具有的焓，h_0 称为总焓。由热力学知，$h = C_p T$。再由

$$\begin{cases} R = C_p - C_v \\ k = \dfrac{C_p}{C_v} \end{cases}$$

解得

$$C_p = \frac{kR}{k-1}$$

得到

$$h = C_p T = \frac{k}{k-1} RT = \frac{k}{k-1} \frac{p}{\rho}$$

代入式（8-22），得到

$$\frac{k}{k-1} \frac{p}{\rho} + \frac{u^2}{2} = h_0 = C$$

这就是可压缩流动的伯努利方程式，所以式（8-20）适用于绝热流动，而不必是等熵流动。

2. 滞止参数与滞止关系式

速度为 0 的点称为滞止点；滞止点的状态称为滞止状态；滞止点的参数称为滞止参数，用带下标"0"的字母表示，例如滞止温度 T_0、滞止密度 ρ_0、滞止压强 p_0、滞止声速 c_0 等。比如在如图 8-5 所示的大容器下部接一个出流管，容器内的流速接近 0，可以认为容器内就处于滞止状态，相应的参数为滞止参数。而在管道中任一截面处的流速为 u，温度为 T，压强为 p，密度为 ρ。

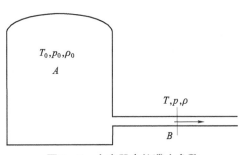

图 8-5　大容器中的滞止参数

管道任意截面处的流动参数与滞止参数之间的关系可由伯努利方程得到。自容器内滞止点 A 到管道某截面 B 处列伯努利方程，有

$$\frac{kRT_0}{k-1} = \frac{kRT}{k-1} + \frac{u^2}{2}$$

等式两端同除 $\dfrac{kRT}{k-1}$，得到

$$\frac{T_0}{T} = 1 + \frac{k-1}{2} \frac{u^2}{kRT} = 1 + \frac{k-1}{2} \frac{u^2}{c^2} = 1 + \frac{k-1}{2} Ma^2$$

这就是滞止温度与任一点处的温度比关系式。

由于只用到了能量方程，故这个关系式只要求绝热流动条件即可。对于压强比和密度比，还要用到等熵关系式，推导如下。

由状态方程，有

$$\frac{p_0}{p} = \frac{\rho_0}{\rho} \frac{T_0}{T}$$

由等熵关系式，有

$$\frac{p_0}{p} = \left(\frac{\rho_0}{\rho}\right)^k$$

比较上面两个式子，得到

$$\frac{\rho_0}{\rho} = \left(\frac{T_0}{T}\right)^{\frac{1}{k-1}} \quad 和 \quad \frac{p_0}{p} = \left(\frac{T_0}{T}\right)^{\frac{k}{k-1}}$$

综合上述讨论，最后得到

$$\frac{T_0}{T} = 1 + \frac{k-1}{2}Ma^2 \tag{8-23}$$

$$\frac{p_0}{p} = \left(1 + \frac{k-1}{2}Ma^2\right)^{\frac{k}{k-1}} \tag{8-24}$$

$$\frac{\rho_0}{\rho} = \left(1 + \frac{k-1}{2}Ma^2\right)^{\frac{1}{k-1}} \tag{8-25}$$

这三个式子统称为一元气体等熵流动滞止关系式，其中，式（8-23）仅要求绝热条件，而式（8-24）和式（8-25）还要求等熵条件。

3. 临界参数与临界关系式

在图8-6中，左边大气罐中的速度可以认为是0，气罐中的参数为滞止参数。气体经收缩段降压加速后，若喉部的气体流速与喉部处的声速相等，则称喉部断面为临界断面，称喉部断面处的参数为临界参数。

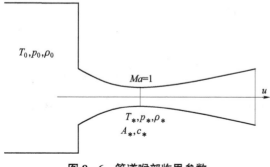

T_0, p_0, ρ_0

$Ma=1$

u

T_*, p_*, ρ_*
A_*, c_*

图8-6 管道喉部临界参数

若气流流速达到当地声速，则 $Ma=1$ 的断面称为临界断面，临界断面上的参数称为临界参数，用带下标"*"的字母表示。例如临界温度 T_*、临界压强 p_*、临界密度 ρ_*、临界断面面积 A_* 等。

下面推导临界参数与滞止参数之间的关系式。在式（8-23）～式（8-25）中，令 $Ma=1$，即得到

$$\frac{T_0}{T_*} = \frac{k+1}{2} \tag{8-26}$$

$$\frac{p_0}{p_*} = \left(\frac{k+1}{2}\right)^{\frac{k}{k-1}} \tag{8-27}$$

$$\frac{\rho_0}{\rho_*} = \left(\frac{k+1}{2}\right)^{\frac{1}{k-1}} \tag{8-28}$$

临界参数与滞止参数之比，称为临界参数比，其只与气体的绝热指数有关。对于空气而言，$k=1.4$，故有

$$\frac{T_*}{T_0} = \frac{2}{k+1} = 0.833\,3$$

$$\frac{p_*}{p_0} = \left(\frac{2}{k+1}\right)^{\frac{k}{k-1}} = 0.528\,3 \qquad (8-29)$$

$$\frac{\rho_*}{\rho_0} = \left(\frac{2}{k+1}\right)^{\frac{1}{k-1}} = 0.633\,9$$

这组临界参数比的数值告诉我们，对于加速管段，当压强达到 $0.528\,3p_0$ 时，相当于达到了临界状态。

4. 极限参数——最大速度

由式（8-20），自滞止点到绝对压强等于 0 的点列方程，有

$$\frac{kRT_0}{k-1} = \frac{u_{\mathrm{m}}^2}{2}$$

得到气流所能达到的最大极限速度为

$$u_{\mathrm{m}} = \sqrt{\frac{2kRT_0}{k-1}} \qquad (8-30)$$

极限参数只有极限速度这一个参数。从理论上说，使 p、ρ、T、c 等降为 0 时，把滞止点处所有的能量全部转化为流速，才能达到极限的气流速度。这纯粹是理论上的设想，实际上绝对真空状态是永远达不到的。因此，这种理论上的极限速度也是永远实现不了的，其只是告诉我们，在设计喷管时不要超过实际条件所允许的速度界限。

5. 气体流动作为不可压缩流体的限度

对于不可压缩流动，有伯努利方程

$$p + \frac{1}{2}\rho u^2 = p_0$$

可变形为

$$\frac{p_0 - p}{\frac{1}{2}\rho u^2} = 1 \qquad (a)$$

对于可压缩气体的流动，由式（8-24）及二项式定理，有

$$\frac{p_0}{p} = \left(1 + \frac{k-1}{2}Ma^2\right)^{\frac{k}{k-1}}$$

$$= 1 + \frac{k}{k-1}\left(\frac{k-1}{2}Ma^2\right) + \frac{\frac{k}{k-1}\left(\frac{k}{k-1}-1\right)}{2!}\left(\frac{k-1}{2}Ma^2\right)^2 + \cdots$$

$$= 1 + \frac{k}{2}Ma^2 + \frac{k}{8}Ma^4 + \frac{k(2-k)}{48}Ma^6 + \cdots$$

变形为

$$\frac{p_0}{p} - 1 = \frac{k}{2}Ma^2 + \frac{k}{8}Ma^4 + \frac{k(2-k)}{48}Ma^6 + \cdots$$

$$p_0 - p = p\left[\frac{k}{2}Ma^2 + \frac{k}{8}Ma^4 + \frac{k(2-k)}{48}Ma^6 + \cdots\right]$$

由于

$$\frac{1}{2}\rho u^2 = \frac{1}{2}\frac{\rho u^2}{kp}kp = \frac{1}{2}\frac{u^2}{c^2}kp = \frac{kp}{2}Ma^2$$

得到

$$\frac{p_0 - p}{\frac{1}{2}\rho u^2} = 1 + \frac{Ma^2}{4} + \frac{(2-k)}{24}Ma^4 + \cdots \tag{b}$$

与式（a）相比，将气体视为不可压缩流动的计算误差为

$$\delta = \frac{Ma^2}{4} + \frac{(2-k)}{24}Ma^4 + \cdots$$

当取不同的 Ma 时，其计算误差见表 8–1。

表 8–1　不同 Ma 时的计算误差

Ma	0	0.1	0.2	0.3	0.4	0.5
$\delta/\%$	0	0.25	1	2.25	4	5.4

若认为压强计算允许的误差为 1%，则当 $Ma \le 0.2$ 时可视气体为不可压缩流体。一般来说，当 $Ma < 0.3$ 时，气流可视为不可压缩流动。

【**例 8–1**】飞机在静止的空气中飞行，测得飞机头部的相对压强为 10 kPa。已知静止空气的温度 $T = 10\,℃$，环境压强为 100 000 Pa（绝对），设气流为等熵流动，试求飞机的飞行速度以及飞机头部的温度。

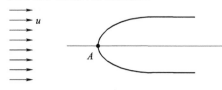

图 8–7　例 8–1 用图

解：

将坐标固定在飞机上，使其成为定常流动，如图 8–7 所示。相对飞机而言，气流以飞机飞行的速度向飞机流动，飞机头部为滞止点，飞机头部的压强为滞止压强，即有

$$p_0 = 10\,000\text{ Pa（相对）} = 110\,000\text{ Pa（绝对）}$$

由式（8–24），有

$$\frac{p_0}{p} = \left(1 + \frac{k-1}{2}Ma^2\right)^{\frac{k}{k-1}} = \frac{110\,000}{100\,000} = 1.1$$

解得气流马赫数为

$$Ma = 0.371\,5$$

由声速公式，有

$$c = \sqrt{kRT}$$

再由马赫数的定义，得到飞机的飞行速度为

$$u = Ma \cdot \sqrt{kRT}$$
$$= 0.3715 \times \sqrt{1.4 \times 287 \times 283} = 125.3\,(\mathrm{m/s})$$

由式（8–23），得到飞机头部的温度为

$$T_0 = \left(1 + \frac{k-1}{2} Ma^2\right) T = 290.8\ \mathrm{K}$$

【例 8–2】空气自温度为 $T_0 = 30\,℃$、绝对压强 $p_0 = 400\ \mathrm{kPa}$ 的大容器经出口直径 $d = 10\ \mathrm{cm}$ 的收缩喷管流出。设流动过程为等熵流动过程，试计算：

（1）若使出口马赫数 $Ma = 1$，则出口处的压强为多少？

（2）此时的质量流量为多少？

解：

（1）设出口处的压强为 p_e，出口马赫数 $Ma = 1$，则由基本关系式（8–24）有

$$\frac{p_0}{p_e} = \left(1 + \frac{k-1}{2} Ma^2\right)^{\frac{k}{k-1}} = \left(\frac{k+1}{2}\right)^{\frac{k}{k-1}} = 1.893$$

即得到出口处的压强为

$$p_e = \frac{p_0}{1.893} = \frac{400}{1.893} = 0.5283 \times 400 = 211.3\,(\mathrm{kPa})\,（绝对）$$

（2）求出流的质量流量。

由于 $Ma = 1$，由滞止温度比关系式有

$$\frac{T_0}{T_e} = 1 + \frac{k-1}{2} Ma^2 = \frac{k+1}{2} = 1.2$$

得到出口温度为

$$T_e = \frac{T_0}{1.2} = \frac{273+30}{1.2} = 252.5\,(\mathrm{K})$$

由声速公式及马赫数的定义，得到出流速度

$$V = c = \sqrt{kRT_e} = 318.52\ \mathrm{m/s}$$

由理想气体状态方程，得到出口处的流体密度为

$$\rho = \frac{p_e}{RT_e} = 2.9158\ \mathrm{kg/m^3}$$

由连续性方程，得到出流质量流量为

$$\dot{m} = \rho V A = \frac{\pi}{4} d^2 \rho V = 7.294\ \mathrm{kg/s}$$

【例 8–3】一个密封的大容器，内部装满绝对压强为 3 个大气压、温度为 50℃ 的空气，下部接出一根等径的直管，如图 8–8 所示，空气通过直管流入大气。试求直管出口处的气流速度、温度和压强。

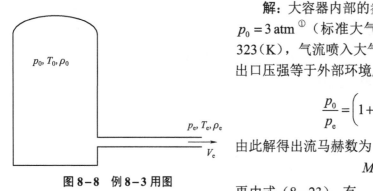

图 8-8　例 8-3 用图

解：大容器内部的参数为滞止参数，即有滞止压强 $p_0 = 3\,atm$ [①]（标准大气压），滞止温度 $T_0 = 273 + 50 = 323\,(K)$，气流喷入大气，外部压强为一个大气压，若出口压强等于外部环境压强，则由式（8-24），有

$$\frac{p_0}{p_e} = \left(1 + \frac{k-1}{2}Ma^2\right)^{\frac{k}{k-1}} = 3$$

由此解得出流马赫数为

$$Ma = 1.357\,8$$

再由式（8-23），有

$$\frac{T_0}{T_e} = 1 + \frac{k-1}{2}Ma^2 = 1.368\,7$$

$$T_e = T_0 / 1.368\,7 = 236\,K$$

上面的解法对不对呢？由前面截面面积变化对流动的影响可知，在直管道中是不可能出现超声速流动的，因此上面的解法有问题。那么问题出在哪里？该怎么处理呢？

根据截面变化对流动的影响，在直管道中，流速最高达到声速，因此出口速度最大为声速，此时有 $Ma = 1$。再由式（8-26），发现当

$$\frac{p}{p_0} < \frac{p_*}{p_0} = 0.528$$

时，对于直管或渐缩管道，流速已经达到声速，而且不可能继续增大流速了，这个现象称为阻塞现象。这里可以把式（8-26）作为判据，对于空气而言，当 $p/p_0 < 0.528$ 时，就出现了阻塞现象，此时只能设出口处的流速为当地声速，即出口马赫数等于 1。这就给了我们一个提示，对于可压缩气体的流动，应该先判断是否出现阻塞现象，再继续计算。

对本题而言，由于 $p/p_0 = 1/3 < 0.528$，故出现阻塞现象，设出口处 $Ma = 1$，则出口压强为

$$p_e = 0.528 p_0 = 1.584\,atm$$

出口温度为

$$T_e = 0.833\,3 T_0 = 269\,K$$

出口处的气流速度为

$$V_e = c_e = \sqrt{kRT_e} = \sqrt{1.4 \times 287 \times 269} = 328.8\,(m/s)$$

【例 8-4】自喷管流出的空气质量流量为 6 kg/s。若滞止温度和滞止压强分别为 $T_0 = 27\,°C, p_0 = 800\,kPa$（绝对），出口压强 $p_e = 100\,kPa$（绝对），假设整个流动过程均为等熵流动，试计算喉部直径和出口处的直径，并求出口速度。

解：

（1）首先确定出口处是否为超声速流动，由于

$$\frac{p_e}{p_0} = \frac{100}{800} = 0.125 < 0.528$$

---

① 1 atm=101.325 kPa。

又由于是缩放管道的等熵流动，故出口处应为超声速流动，此时，在管道喉部马赫数 $Ma_* = 1$。

（2）根据式（8-26），计算管道喉部临界断面处的参数。

由

$$\frac{T_0}{T_*} = \frac{k+1}{2} = 1.2$$

得到喉部气流温度和流速分别为

$$T_* = \frac{T_0}{1.2} = 250\ \text{K}$$

$$V_* = \sqrt{kRT_*} = 316.94\ \text{m/s}$$

由

$$\frac{p_0}{p_*} = \left(\frac{k+1}{2}\right)^{\frac{k}{k-1}} = 1.893$$

得到喉部压强和喉部气流密度分别为

$$p_* = 0.528 p_0 = 422.63\ \text{kPa}$$

$$\rho_* = \frac{p_*}{RT_*} = 5.89\ \text{kg/m}^3$$

（3）计算喉部直径 d。

由连续性方程 $\dot{m} = \rho_* V_* A_*$，得到喉部断面面积应满足

$$A_* = \frac{\dot{m}}{\rho_* V_*} = \frac{\pi}{4} d^2$$

解得喉部直径

$$d = \sqrt{\frac{4\dot{m}}{\pi \rho_* V_*}} = \sqrt{\frac{4 \times 6}{3.14 \times 5.89 \times 317}} = 0.064\,(\text{m}) = 64\ \text{mm}$$

（4）计算出口处的流动参数和出流速度 V_e。

由

$$\frac{p_0}{p_e} = \left(1 + \frac{k-1}{2} Ma^2\right)^{\frac{k}{k-1}}$$

解得出口气流马赫数为 $Ma_e = 2.014$，再由

$$\frac{T_0}{T_e} = 1 + \frac{k-1}{2} Ma^2$$

得到出流温度为

$$T_e = 165.6\ \text{K}$$

出口处的声速为

$$c_e = \sqrt{kRT_e} = 258\ \text{m/s}$$

出口处的流速为

$$V_e = Ma_e \cdot c = 519.51 \, \text{m/s}$$

出口处的气流密度为

$$\rho_e = \frac{p_e}{RT_e} = 2.104 \, \text{kg/m}^3$$

（5）计算出口直径。

由连续性方程

$$A_e = \frac{\dot{m}}{\rho_e V_e} = \frac{\pi}{4} D^2$$

解得管道出口直径为

$$D = \sqrt{\frac{4\dot{m}}{\pi \rho_e V_e}} = \sqrt{\frac{4 \times 6}{3.14 \times 2.104 \times 519.5}} = 0.083 \, 6 \, (\text{m}) = 83.6 \, \text{mm}$$

第4节　喷管中的可压缩气体流动

1. 流量公式

对于管道流动，流量是一个重要的参数。通过风洞流量的大小和储气罐容量密切相关，对于火箭和涡轮喷气式发动机，则推力是直接和流量成比例的。因此，在工程实际问题中，流量的计算具有普遍意义。

在管流中，通过任一断面的质量流量为

$$\dot{m} = \rho u A$$

由此可得几种不同形式的流量计算公式。

（1）已知断面面积 A、断面处的压强 p、马赫数 Ma 和这个断面的等熵滞止温度 T_0，则质量流量计算公式为

$$
\begin{aligned}
\dot{m} = \rho u A &= \frac{p}{RT} u A = A \frac{pu}{\sqrt{kRT}} \sqrt{\frac{k}{R}} \cdot \sqrt{\frac{T_0}{T}} \frac{1}{\sqrt{T_0}} \\
&= A \frac{p}{\sqrt{T_0}} \sqrt{\frac{k}{R}} \cdot Ma \cdot \sqrt{1 + \frac{k-1}{2} Ma^2}
\end{aligned}
\tag{8-31}
$$

（2）利用

$$\frac{p_0}{p} = \left(1 + \frac{k-1}{2} Ma^2\right)^{\frac{k}{k-1}}$$

消去 Ma，可得到只包含滞止压强和滞止温度的流量计算公式

$$
\begin{aligned}
\dot{m} &= \frac{Ap}{\sqrt{T_0}} \sqrt{\frac{k}{R}} \cdot Ma \cdot \left(\frac{p_0}{p}\right)^{\frac{k-1}{2k}} \\
&= \frac{Ap}{\sqrt{RT_0}} \cdot \sqrt{k} \cdot \left[\left(\frac{p_0}{p}\right)^{\frac{k-1}{k}} - 1\right]^{\frac{1}{2}} \left(\frac{2}{k-1}\right)^{\frac{1}{2}} \left(\frac{p_0}{p}\right)^{\frac{k-1}{2k}}
\end{aligned}
$$

$$= \frac{Ap}{\sqrt{RT_0}} \left\{ \frac{2k}{k-1} \left(\frac{p_0}{p} \right)^{\frac{k-1}{k}} \left[\left(\frac{p_0}{p} \right)^{\frac{k-1}{k}} - 1 \right] \right\}^{\frac{1}{2}} \tag{8-32}$$

（3）若利用

$$\frac{p_0}{p} = \left(1 + \frac{k-1}{2} Ma^2 \right)^{\frac{k}{k-1}}$$

消去 p，可变形为

$$\dot{m} = A \frac{p}{\sqrt{T_0}} \sqrt{\frac{k}{R}} \cdot Ma \cdot \sqrt{1 + \frac{k-1}{2} Ma^2}$$

$$= A \sqrt{\frac{k}{RT_0}} \cdot p_0 \cdot \left(1 + \frac{k-1}{2} Ma^2 \right)^{-\frac{k}{k-1}} \cdot Ma \cdot \left(1 + \frac{k-1}{2} Ma^2 \right)^{\frac{1}{2}} \tag{8-33}$$

$$= A \sqrt{k p_0 \rho_0} \cdot Ma \cdot \left(1 + \frac{k-1}{2} Ma^2 \right)^{-\frac{k+1}{2(k-1)}}$$

由此式可知，当管道截面积给定后，若滞止参数不变，则质量流量就仅仅是 Ma 的函数。对于管道来说，当马赫数 $Ma = 1$ 时，A 断面流速达到声速，该断面为临界断面 A_*，在此断面上质量流量达到最大值

$$\dot{m}_{max} = A_* \sqrt{k p_0 \rho_0} \cdot \left(1 + \frac{k-1}{2} \right)^{-\frac{k+1}{2(k-1)}} = A_* \sqrt{k p_0 \rho_0} \cdot \left(\frac{2}{k+1} \right)^{\frac{k+1}{2(k-1)}}$$

$$= \sqrt{\frac{k}{R} \left(\frac{2}{k+1} \right)^{\frac{k+1}{k-1}}} \frac{p_0}{\sqrt{T_0}} A_* = C \frac{p_0}{\sqrt{T_0}} A_* \tag{8-34}$$

式中

$$C = \sqrt{\frac{k}{R} \left(\frac{2}{k+1} \right)^{\frac{k+1}{k-1}}}$$

对于空气，$C = 0.040\,42$。

2. 喷管断面面积与临界断面面积之比

根据连续性方程，有

$$\rho u A = \rho_* u_* A_*$$

式中，A_* 是临界断面面积，由此可得

$$\frac{A}{A_*} = \frac{\rho_*}{\rho} \frac{u_*}{u} = \frac{\rho_*}{\rho_0} \frac{\rho_0}{\rho} \frac{c_*}{Ma \sqrt{kRT}} = \frac{\rho_*}{\rho_0} \frac{\rho_0}{\rho} \frac{1}{Ma} \sqrt{\frac{T_*}{T_0} \frac{T_0}{T}}$$

将相关的关系式代入，得到临界面积比为

$$\frac{A}{A_*} = \frac{1}{Ma} \left(\frac{2}{k+1} \right)^{\frac{1}{k-1}} \left(1 + \frac{k-1}{2} Ma^2 \right)^{\frac{1}{k-1}} \left[\frac{2}{k+1} \left(1 + \frac{k-1}{2} Ma^2 \right) \right]^{\frac{1}{2}}$$

$$= \frac{1}{Ma} \left[\frac{2}{k+1} \left(1 + \frac{k-1}{2} Ma^2 \right) \right]^{\frac{k+1}{2(k-1)}} \tag{8-35}$$

在上式中，消去马赫数 Ma，还可得到另外一个关系式

$$\frac{A}{A_*} = \frac{\left(\frac{k-1}{2}\right)^{\frac{1}{2}}\left(\frac{2}{k+1}\right)^{\frac{k+1}{2(k-1)}}}{\left[1-\left(\frac{p}{p_0}\right)^{\frac{k-1}{k}}\right]^{\frac{1}{2}}\left(\frac{p}{p_0}\right)^{\frac{1}{k}}}$$

(8-36)

3. 收缩喷管中的气体流动

对于如图 8-9 所示的收缩形喷管，假设其上游接一个储气罐，储气罐中为滞止状态。喷管出口的下游压强为 p_b，称为反压或背压。背压可以是环境大气压，也可以是另一个储气罐中的压强。用 p_e 表示喷管出口断面上的压强，p_e 与 p_b 在数值上可能相等，也可能不相等。下面假设整个流动为等熵流动，对气体在收缩形喷管中的流动进行分析。

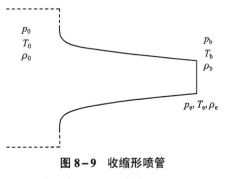

图 8-9　收缩形喷管

假定流动过程是绝热的，则根据可压缩流动的伯努利方程，有

$$\frac{u^2}{2} + \frac{k}{k-1}\frac{p_b}{\rho_b} = \frac{k}{k-1}\frac{p_0}{\rho_0}$$

可解得喷管出口处的气流速度为

$$u = \sqrt{\frac{2k}{k-1}\frac{p_0}{\rho_0}\left(1-\frac{p_b}{p_0}\frac{\rho_0}{\rho_b}\right)}$$

将 $\frac{\rho_0}{\rho_b} = \left(\frac{p_b}{p_0}\right)^{-\frac{1}{k}}$ 代入，得到

$$u = \sqrt{\frac{2k}{k-1}\frac{p_0}{\rho_0}\left[1-\left(\frac{p_b}{p_0}\right)^{\frac{k-1}{k}}\right]}$$

(8-37)

这就是喷管出流的速度公式，也称圣·维南（Saint Venant）定理，对亚声速和超声速流动均适用。

经喷管的质量流量为

$$\dot{m} = \rho_b u_b A = \rho_0\left(\frac{p_b}{p_0}\right)^{\frac{1}{k}} A\sqrt{\frac{2k}{k-1}\frac{p_0}{\rho_0}\left[1-\left(\frac{p_b}{p_0}\right)^{\frac{k-1}{k}}\right]}$$

$$= A\sqrt{\frac{2k}{k-1}p_0\rho_0\left[\left(\frac{p_b}{p_0}\right)^{\frac{2}{k}}-\left(\frac{p_b}{p_0}\right)^{\frac{k+1}{k}}\right]}$$

(8-38)

可见，质量流量主要取决于喷管前后的压强比 p_b / p_0。以 p_b / p_0 为横坐标，以 $\dot{m}$ 为纵坐标，可制成如图 8-10 所示曲线。

若 $p_b / p_0 = 1$，即出口背压与上游储气罐中的压强相等，则整个喷管内无压差，管内无流动（$Ma = 0$）。

若降低背压，则 $p_b / p_0 < 1$，管内在压差的作用下产生流动。只要出口截面上的流速没有达到声速，出口截面上的压强就等于背压，即 $p_e = p_b$。此时，利用滞止参数关系式（8-24）

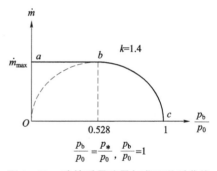

图 8-10　喷管质量流量与背压关系曲线

$$\frac{p_0}{p_b} = \left(1 + \frac{k-1}{2} Ma^2\right)^{\frac{k}{k-1}}$$

可求得出口断面上的马赫数

$$Ma_e = \sqrt{\frac{2}{k-1}\left[\left(\frac{p_0}{p_b}\right)^{\frac{k-1}{k}} - 1\right]} \qquad (8-39)$$

不难看出，p_b 越低，喷管内同一断面上的 Ma 越大，管内压力 p 越低，管中通过的流量也越大。当出口背压 p_b 降低到使出口断面上的流速达到声速时，喷管的流量达到最大值。此时出口断面处于临界状态，出口断面上的压强 $p_e = p_* = p_b$，对于空气而言，此时 $p_* / p_0 = 0.528$。

进一步降低出口背压 p_b，使背压低于临界压强，即 $p_b < p_*$，则喷管出口断面上的压强保持不变，即 $p_e / p_0 = p_* / p_0$，此时质量流量达到最大值。质量流量保持为常数，与出口下游的状态没有关系，这种现象称为阻塞现象。由式（8-34）知，此时的质量流量为

$$\dot{m} = \dot{m}_{max} = C \frac{p_0}{\sqrt{T_0}} A_* \qquad (8-40)$$

这表明，在储气罐中参数确定的条件下，通过一个收缩喷管的流量是有限度的。此时降低 p_b 对质量流量没有影响，而增大 p_0 虽不能增加出口断面上的流速，但可以增大质量流量。

【例 8-5】如图 8-11 所示的管道中，在某断面面积为 A 处，测得空气流速 $V = 100 \text{ m/s}$，压强 $p = 200 \text{ kPa}$，温度 $T = 300 \text{ K}$。假设流动是等熵流动，$R = 287 \text{ J/(kg·K)}$，求当刚刚出现阻塞现象时，管道出口断面面积减小的百分比，以及此时出口断面处的总压 p_0、总温 T_0 以及出口断面处的温度 T_e 和速度 V_e。

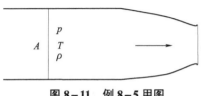

图 8-11　例 8-5 用图

解：刚刚出现阻塞现象时，出口断面处于临界状态，此时 $Ma_e = 1$。

管内断面面积为 A 的地方的流动马赫数为

$$Ma = \frac{V}{c} = \frac{V}{\sqrt{kRT}} = \frac{100}{\sqrt{1.4 \times 287 \times 300}} = 0.288$$

由式（8-35），有

$$\frac{A}{A_*} = \frac{1}{Ma}\left[\frac{2}{k+1}\left(1+\frac{k-1}{2}Ma^2\right)\right]^{\frac{k+1}{2(k-1)}}$$

$$= \frac{1}{0.288}\left[\frac{2}{2.4}(1+0.2\times0.288^2)\right]^3 = 2.111$$

则面积的缩小率为

$$\frac{A-A_e}{A}\times100\% = \left(1-\frac{1}{2.111}\right)\times100\% = 52.6\%$$

断面 A 处的总压（等熵滞止压强）为

$$p_0 = p\left(1+\frac{k-1}{2}Ma^2\right)^{\frac{k}{k-1}} = 211.9\ \text{kPa}$$

总温（等熵滞止温度）为

$$T_0 = T\left(1+\frac{k-1}{2}Ma^2\right) = 305\ \text{K}$$

由于出口处为临界状态，$Ma=1$，故出口断面处的压强为

$$p_e = p_* = \frac{p_0}{\left(\frac{k+1}{2}\right)^{\frac{k}{k-1}}} = 111.9\ \text{kPa}$$

出口断面处的气流温度为

$$T_e = \frac{T_0}{1+\frac{k-1}{2}} = \frac{305}{1.2} = 254.2\ (\text{K})$$

最后得到出流流速为

$$u_e = u_* = c_* = \sqrt{kRT_e} = 319.6\ \text{m/s}$$

4. 拉伐尔喷管中的气体流动

气流只有在一种缩放形的喷管中流动，并且在管道喉部达到声速，才有可能产生超声速流动，这种能产生超声速流动的管称为拉伐尔喷管。

为了获得一定马赫数的超声速气流，除了管道断面面积比 A/A_* 要符合要求外，还要求上、下游有一定的压力比。改变压力比的方式有两种，一种是上游（储气罐）的总压不变，改变喷管出口的背压；另一种是出口处的背压不变，改变上游总压。

当上游总压 p_0 不变，改变出口背压 p_b 时，喷管有四种工作情况：

（1）若 $p_b = p_0$，则管内无流动，管内压强为常数。

（2）降低背压 p_b，管内产生了流动。

（3）逐渐降低背压 p_b，流速增加，流量也逐渐增加。

（4）流速增加并在喉部达到声速时，再降低背压，此时流量不会继续增加，管道产生阻塞现象，此时 $\dot{m} = \dot{m}_{\max}$。

计算拉伐尔喷管的出口速度仍然可用式（8-37），计算喷管的质量流量可用式（8-34）。

借助于式（8-35）还可以根据喉部断面面积求出出口断面面积等，这些公式都是在喷管计算中经常需要用到的。

第5节　等截面绝热摩擦管中的气体流动

实际气体是有黏性的，气体与气体之间、气体与管壁之间总是存在黏性摩擦。对于管道较短且为加速减压的喷管流动，一般初步计算时可略去摩擦因素，按等熵流动处理。而在减速增压的管道流动中，摩擦对流动的影响是必须考虑的。另外，实际管流中还可能有燃烧加热等，这也是应该进行讨论的。由于实际问题很复杂，故必须做一些简化和假设，大致分三种情况：

（1）绝热有摩擦的等径管中的流动。

（2）无摩擦有加热的等径管中的流动。

（3）变质量等径管中的流动。

这一节讨论等截面绝热摩擦管中的气体流动，也称为范诺（Fanno）流动。假设管道截面保持不变，管壁是绝热的，气流与外界无任何热交换。

1. 基本方程

（1）连续性方程。

对于等截面管中的定常绝热流动，连续性方程为

$$\rho u = C \tag{8-41}$$

其微分形式为

$$\frac{\mathrm{d}\rho}{\rho} + \frac{\mathrm{d}u}{u} = 0 \tag{8-42}$$

（2）能量方程。

由于是绝热流动，故伯努利方程依然适用，即

$$\frac{kRT}{k-1} + \frac{u^2}{2} = C \tag{8-43}$$

其微分形式为

$$\frac{kR}{k-1}\mathrm{d}T + u\mathrm{d}u = 0 \tag{8-44}$$

也可变形为

$$\frac{\mathrm{d}T}{T} + \frac{k-1}{2}Ma^2\frac{\mathrm{d}u^2}{u^2} = 0 \tag{8-45}$$

（3）状态方程。

理想气体状态方程为

$$p = \rho RT \tag{8-46}$$

其微分形式为

$$\frac{\mathrm{d}p}{p} = \frac{\mathrm{d}\rho}{\rho} + \frac{\mathrm{d}T}{T} \tag{8-47}$$

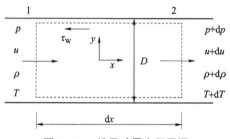

图 8-12　推导动量方程用图

（4）动量方程。

对于有摩擦的流动，流动是绝热而非可逆过程，等熵方程不再适用。考虑到壁面摩擦力，其运动方程需要重新推导。

在等断面管道中取长为 $\mathrm{d}x$ 的微元体，如图 8-12 所示，并取控制体（如图 8-12 中虚线所围区域）。

微元体受力分析如下：在 1 截面和 2 截面，受到压强为 p 和 $p+\mathrm{d}p$ 的作用；在与壁面接触的侧面，受到与流动方向相反的摩擦力，则微元体沿流动方向的合力为

$$[p-(p+\mathrm{d}p)]A - \tau_{\mathrm{w}}\pi D\mathrm{d}x$$

沿轴向列动量方程，得到

$$[p-(p+\mathrm{d}p)]A - \tau_{\mathrm{w}}\pi D\mathrm{d}x = \rho Q[(u+\mathrm{d}u)-u] = \rho u A\mathrm{d}u$$

整理得

$$\mathrm{d}p + \rho u\mathrm{d}u + \tau_{\mathrm{w}}\frac{\mathrm{d}x}{D}\cdot\frac{\pi D^2}{A} = 0 \qquad (8-48)$$

由达西公式，在 $\mathrm{d}x$ 管段上的摩擦阻力损失为

$$h_{\mathrm{f}} = \lambda\frac{\mathrm{d}x}{D}\frac{u^2}{2g}$$

由于是定常流动，故壁面摩擦力与 1 截面和 2 截面之间的压力差相平衡，得到

$$\tau_{\mathrm{w}}\pi D\mathrm{d}x = \rho g h_{\mathrm{f}}A$$

$$= \lambda\frac{\mathrm{d}x}{D}\frac{u^2}{2g}\rho g A = \lambda\frac{\mathrm{d}x}{D}\frac{\rho u^2}{2}A \qquad (8-49)$$

将式（8-49）代入式（8-48），最后得到

$$\mathrm{d}p + \rho u\mathrm{d}u + \lambda\frac{\mathrm{d}x}{D}\frac{\rho u^2}{2} = 0 \qquad (8-50)$$

这就是适用于有壁面摩擦流动的动量方程。

2. 壁面摩擦对流动属性的影响

壁面摩擦对气流的温度、压强、密度和流速都有影响，就流速而言，不妨先问个问题，壁面摩擦使气流沿流道越来越快还是越来越慢？

下面来分析壁面摩擦对 $\dfrac{\mathrm{d}p}{p}$、$\dfrac{\mathrm{d}\rho}{\rho}$、$\dfrac{\mathrm{d}T}{T}$、$\dfrac{\mathrm{d}M^2}{M^2}$、$\dfrac{\mathrm{d}V}{V}$ 等各参量的微分的变化趋势有什么影响或作用。

将动量方程（8-50）各项通除压强 p，考虑到

$$\rho u^2 = \rho\frac{u^2}{c^2}k\frac{p}{\rho} = kpMa^2$$

有

$$\frac{\mathrm{d}p}{p} + \frac{\rho}{p}u\mathrm{d}u + \lambda\frac{\mathrm{d}x}{D}\frac{\rho u^2}{2p} = \frac{\mathrm{d}p}{p} + \frac{k\mathrm{d}(u^2)}{2kRT} + \lambda\frac{\mathrm{d}x}{D}\frac{kMa^2}{2} = 0$$

由于 $c^2 = kRT$，得到

$$\frac{\mathrm{d}p}{p} + \frac{kMa^2}{2}\frac{\mathrm{d}u^2}{u^2} + \frac{kMa^2}{2}\lambda\frac{\mathrm{d}x}{D} = 0 \tag{8-51}$$

将连续方程（8-42）和能量方程（8-45）代入状态方程式（8-47），消去 ρ 和 T，得到

$$\frac{\mathrm{d}p}{p} = -\frac{1+(k-1)Ma^2}{2}\frac{\mathrm{d}u^2}{u^2} \tag{8-52}$$

再与式（8-51）联解，得到

$$\frac{\mathrm{d}p}{p} = -\frac{kMa^2[1+(k-1)Ma^2]}{2(1-Ma^2)}\lambda\frac{\mathrm{d}x}{D} \tag{8-53}$$

类似的还可以得到以下微分关系式

$$\frac{\mathrm{d}Ma^2}{Ma^2} = \frac{kMa^2\left(1+\frac{k-1}{2}Ma^2\right)}{1-Ma^2}\lambda\frac{\mathrm{d}x}{D} \tag{8-54}$$

$$\frac{\mathrm{d}u}{u} = \frac{kMa^2}{2(1-Ma^2)}\lambda\frac{\mathrm{d}x}{D} \tag{8-55}$$

$$\frac{\mathrm{d}T}{T} = -\frac{k(k-1)Ma^4}{2(1-Ma^2)}\lambda\frac{\mathrm{d}x}{D} \tag{8-56}$$

$$\frac{\mathrm{d}\rho}{\rho} = -\frac{kMa^2}{2(1-Ma^2)}\lambda\frac{\mathrm{d}x}{D} \tag{8-57}$$

$$\frac{\mathrm{d}p_0}{p_0} = -\frac{kMa^2}{2}\lambda\frac{\mathrm{d}x}{D} \tag{8-58}$$

根据式（8-53）～式（8-58），可以看出壁面摩擦对流动参数变化趋势的作用。

（1）由式（8-55）可以看出，壁面摩擦使亚声速流加速（$\mathrm{d}u>0$），使超声速流减速。

（2）由式（8-53）可以看出，壁面摩擦使亚声速流减压，使超声速流加压。

（3）气流属性的变化趋势取决于 Ma 是否大于 1，壁面摩擦的结果使 Ma 总是趋向于 1。

（4）各式分母中均有 $1-Ma^2$，表明连续地由亚声速转变为超声速或由超声速转变为亚声速都是不可能的。

（5）由式（8-58）可以看出，壁面摩擦使等熵滞止压强必定减小，也就是说壁面摩擦降低了所有各类流体机械的效能。

3. 有摩擦管流的阻塞现象

在管道中若出现了临界断面，即在某断面上流速达到声速，则在这个断面上流量达到最大值，管道流动的流量也就受到这个断面的流量所限制。

对于等截面有摩擦的管中流动，摩擦的作用使亚声速气流加速，而使超声速气流减速。如果恰好在出口断面上达到声速，则相应这种管内的流动状态称为摩擦阻塞。因此，对给定的壁面摩擦损失和一定的入口状态，相应有一个最大管长，使管道出口处恰好满足 $Ma = 1$。

如果实际管长大于最大管长，在出口前已达到声速，则必须经过调整才可能继续流动。这里的调整，对于亚声速入口状态，必须降低入口速度，减小通过管道的流量（产生溢流），使声速断面发生在出口处。当入口为超声速状态时，若发生阻塞，此时不一定立即调整入口流量，可能在管内某断面处产生一道正激波，使气流变为亚声速，然后再从亚声速加速到出口断面达到声速。

最大管长公式：在管道起始截面处的给定条件下，能够采用的最大可能管长就是使出口马赫数正好等于1的那个长度 L_m，计算公式为

$$\lambda \frac{L_m}{D} = \frac{1-Ma^2}{kMa^2} + \frac{k+1}{2k} \ln \frac{(k+1)Ma^2}{2\left(1 + \frac{k-1}{2} Ma^2\right)} \qquad (8-59)$$

式（8-59）可通过对式（8-54）的积分得到。

最大管长公式以如下应用：

（1）求对应于任何 Ma 的 $\lambda \dfrac{L}{D}$ 的最大值。

如果前马赫数 Ma 已知，且阻力系数 λ 和管径 D 也为已知，则自此截面到马赫数等于1截面的管长可由式（8-59）得到。

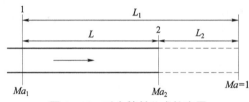

图 8-13　对大管长公式的应用

（2）计算使流动从 Ma_1 变至 Ma_2 所需的长度 L。

对于如图 8-13 所示的管道，若 1 截面处的马赫数为 Ma_1，2 截面处的马赫数为 Ma_2，则由式（8-59），1 截面和 2 截面之间的长度 L 为

$$L = L_1 - L_2$$

即有

$$\lambda \frac{L}{D} = \left(\lambda \frac{L_m}{D}\right)_{Ma_1} - \left(\lambda \frac{L_m}{D}\right)_{Ma_2}$$

例：当 $\lambda = 0.01$ 时，L_m/D 的值见表 8-2。

表 8-2　当 $\lambda = 0.01$ 时，L_m/D 的值

Ma	0	0.25	0.5	0.75	1	1.5	2	3	∞
L_m/D	∞	850	110	12	0	14	31	52	82

4. 流动参数关系式

下面探讨管道中任意两个截面 1 和 2 之间的参数关系。由于是绝热流动，故伯努利方程依然成立，管道中各截面的总能量不变，也就是总焓不变，则各截面的滞止温度是不变的，故也称为 T_0 不变的流动。

（1）温度比关系式。

伯努利方程适用于绝热流动，自 1 截面到 2 截面列方程，有

$$\frac{k}{k-1} RT_1 + \frac{u_1^2}{2} = \frac{k}{k-1} RT_2 + \frac{u_2^2}{2} = \frac{k}{k-1} RT_0$$

即有

$$\frac{T_0}{T_1} = 1 + \frac{k-1}{2} Ma_1^2$$

$$\frac{T_0}{T_2} = 1 + \frac{k-1}{2} Ma_2^2$$

得到两截面的温度比关系式为

$$\frac{T_2}{T_1} = \frac{1 + \dfrac{k-1}{2} Ma_1^2}{1 + \dfrac{k-1}{2} Ma_2^2} \tag{8-60}$$

（2）压强比关系式。

由连续性方程，有

$$m = \rho V = \frac{p}{RT} Ma \cdot a = \frac{p}{RT} Ma \sqrt{kRT} = C$$

即有

$$\frac{pMa}{\sqrt{T}} = C$$

$$\frac{p_1 Ma_1}{\sqrt{T_1}} = \frac{p_2 Ma_2}{\sqrt{T_2}}$$

$$\frac{p_2}{p_1} = \frac{Ma_1}{Ma_2} \sqrt{\frac{T_2}{T_1}} = \frac{Ma_1}{Ma_2} \sqrt{\frac{1 + \dfrac{k-1}{2} Ma_1^2}{1 + \dfrac{k-1}{2} Ma_2^2}} \tag{8-61}$$

（3）密度比关系式。

由状态方程，有

$$\frac{\rho_2}{\rho_1} = \frac{p_2}{p_1} \frac{T_1}{T_2}$$

得到

$$\frac{\rho_2}{\rho_1} = \frac{Ma_1}{Ma_2} \sqrt{\frac{1 + \dfrac{k-1}{2} Ma_2^2}{1 + \dfrac{k-1}{2} Ma_1^2}} \tag{8-62}$$

（4）等熵滞止压强 p_{01} 与 p_{02} 之比。

定义：气流由给定状态等熵减速到速度为零时所达到的压强称为此状态的等熵滞止压强。若某截面处的压强为 p，马赫数为 Ma，则此截面的等熵滞止压强为

$$p_0 = p\left(1 + \frac{k-1}{2} Ma^2\right)^{k/(k-1)}$$

同样可以有等熵滞止温度等。对于等截面的绝热流动，各个截面的等熵滞止温度相等，故有

$$\frac{T_{01}}{T_{02}} = 1$$

但对于等熵滞止压强，有如下关系式

$$\frac{p_{02}}{p_{01}} = \frac{Ma_1}{Ma_2} \left(\frac{1 + \frac{k-1}{2} Ma_2^2}{1 + \frac{k-1}{2} Ma_1^2} \right)^{\frac{k+1}{2(k-1)}} \tag{8-63}$$

【例 8-6】 设完全气体在绝热的管道内流动，证明阻塞状态下的压强为

$$p_* = \frac{m}{A} \sqrt{\frac{R}{k}} \sqrt{\frac{2T_0}{k+1}}$$

式中，m 为质量流量；A 为断面面积。

证：由式（8-61），有

$$\frac{p_2}{p_1} = \frac{Ma_1}{Ma_2} \sqrt{\frac{T_2}{T_1}} = \frac{Ma_1}{Ma_2} \sqrt{\frac{1 + \frac{k-1}{2} Ma_1^2}{1 + \frac{k-1}{2} Ma_2^2}}$$

设 1 截面为 $Ma_1 = Ma$，$p_1 = p$；2 截面出现阻塞现象，则有 $Ma_2 = 1$，$p_2 = p_*$，代入上式，得到

$$\frac{p}{p_*} = \frac{1}{Ma} \sqrt{\frac{k+1}{2\left(1 + \frac{k-1}{2} Ma^2\right)}}$$

由于

$$\frac{T_0}{T} = 1 + \frac{k-1}{2} Ma^2$$

代入上式，得到

$$\frac{p}{p_*} = \frac{1}{Ma} \sqrt{\frac{(k+1)T}{2T_0}} = \frac{1}{Ma} \sqrt{T} \sqrt{\frac{k+1}{2T_0}}$$

又由于

$$Ma = \frac{V}{c} = \frac{m}{\rho A} \frac{1}{\sqrt{kRT}}$$

解得

$$p_* = \frac{Ma}{\sqrt{T}} p \sqrt{\frac{2T_0}{k+1}} = \frac{p}{\sqrt{T}} \frac{m}{\rho A} \frac{1}{\sqrt{kRT}} \sqrt{\frac{2T_0}{k+1}}$$

$$= \frac{m}{A} \sqrt{\frac{2T_0}{k+1}} \frac{\rho RT}{\rho \sqrt{T} \sqrt{kRT}} = \frac{m}{A} \sqrt{\frac{R}{k}} \sqrt{\frac{2T_0}{k+1}}$$

注：当管道背压低于 p_* 时，将会发生阻塞现象。

【例 8-7】 空气流过直径为 $D = 12$ mm 的绝热管，如图 8-14 所示。已知出口上游 $L = 5.5$ m

处的流体压强为 $p_1 = 20\,\text{kPa}$，温度为 $T_1 = 300\,\text{K}$，马赫数为 $Ma_1 = 0.25$。若摩擦系数为 $\lambda = 0.015$，则出口的压力 p_2、温度 T_2、流速 V_2 各为多少？并求出该区间管道内的总压损失 Δp_0。

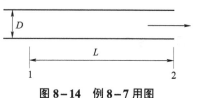

图 8-14　例 8-7 用图

解：

（1）先求出口马赫数 Ma_2。

将 $Ma_1 = 0.25$，$k = 1.4$ 代入最大管长公式（8-59），有

$$\lambda \frac{L_\text{m}}{D} = \frac{1 - Ma^2}{kMa^2} + \frac{k+1}{2k} \ln \frac{(k+1)Ma^2}{2\left(1 + \dfrac{k-1}{2}Ma^2\right)}$$

得到 1 截面到临界截面的关系为

$$\lambda \frac{L_{\text{m}_1}}{D} = 8.483\,4$$

设由 2 截面到临界截面的距离为 $L_{\text{m}2}$，由于 $L = L_{\text{m}1} - L_{\text{m}2}$，得到

$$\lambda \frac{L_{\text{m}1} - L_{\text{m}2}}{D} = \lambda \frac{L}{D} = 0.015 \times \frac{5.5}{0.012} = 6.875$$

则有

$$\lambda \frac{L_{\text{m}2}}{D} = \lambda \frac{L_{\text{m}1}}{D} - \lambda \frac{L}{D} = 1.608\,4$$

即得出口马赫数所满足的方程

$$\lambda \frac{L_{\text{m}2}}{D} = \frac{1 - Ma_2^2}{kMa_2^2} + \frac{k+1}{2k} \ln \frac{(k+1)Ma_2^2}{2\left(1 + \dfrac{k-1}{2}Ma_2^2\right)} = 1.608\,4$$

解得出口马赫数为

$$Ma_2 = 0.446\,6$$

（2）利用 Ma_1、Ma_2 求出口处的流动参数。

由式（8-61）

$$\frac{p_2}{p_1} = \frac{Ma_1}{Ma_2} \sqrt{\frac{T_2}{T_1}} = \frac{Ma_1}{Ma_2} \sqrt{\frac{1 + \dfrac{k-1}{2}Ma_1^2}{1 + \dfrac{k-1}{2}Ma_2^2}}$$

将 $Ma_1 = 0.25$，$Ma_2 = 0.446\,6$，$p_1 = 20\,\text{kPa}$ 代入，得到出口压强为

$$p_2 = 11.05\,\text{kPa}$$

由式（8-60）

$$\frac{T_2}{T_1} = \frac{1 + \dfrac{k-1}{2}Ma_1^2}{1 + \dfrac{k-1}{2}Ma_2^2}$$

将 $Ma_1 = 0.25$，$Ma_2 = 0.446\,6$，$T_1 = 300\,\text{K}$ 代入，得到出口温度

$$T_2 = 292 \text{ K}$$

即出口速度

$$V_2 = Ma_2\sqrt{kRT_2} = 153 \text{ m/s}$$

（3）求总压损失。

$$\Delta p_0 = p_{01} - p_{02}$$

$$\frac{p_0}{p} = \left(1 + \frac{k-1}{2}Ma^2\right)^{\frac{k}{k-1}}$$

得到

$$p_{01} = 1.044\,4\,p_1 = 20.888 \text{ kPa}$$
$$p_{02} = 1.146\,7\,p_2 = 12.67 \text{ kPa}$$
$$\Delta p_0 = p_{01} - p_{02} = 8.218 \text{ kPa}$$

第6节　等截面加热管中的气体流动

对于管壁与外界有热交换而管道长度较短的流动（如有燃烧的流动），可视作无摩擦的加热管流动。为简化起见，假设是在等截面管中无壁面摩擦的流动，如图8-15所示，这种无摩擦有热交换的管内流动也称为瑞利（Rayleigh）流动。

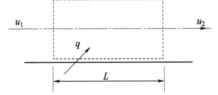

图 8-15　有外部加热的管道

1. 基本方程

在与外部有热交换的管道中，气体的流动满足如下的基本关系式：

（1）连续性方程

$$m = \rho u = C \tag{8-64}$$

（2）状态方程

$$p = \rho R T \tag{8-65}$$

（3）运动方程

$$\mathrm{d}p + \rho u \mathrm{d}u = 0 \tag{8-66}$$

将式（8-64）代入式（8-66），得到

$$\mathrm{d}p + m\mathrm{d}u = 0 \tag{8-67}$$

对式（8-67）积分，得到运动方程为

$$p + mu = C \tag{8-68}$$

（4）能量方程。

对于与外部有热交换的管内流动，能量守恒方程为

$$q = h + \frac{u^2}{2} = h_0 = C_p T_0 \tag{8-69}$$

微分后，得到

$$dq = dh + d\left(\frac{u^2}{2}\right) = dh_0 = C_p dT_0 \qquad (8-70)$$

2. 有加热管流的参数变化关系

与外部有热交换的情况如图 8–16 所示，管道沿流程任意两截面 1 和 2 处的流动参数之间的关系是进行管路设计计算的基础。本节讨论的条件为定常流动、完全气体、等截面、不绝热；出发点就是流体流动所必须满足的连续方程、动量方程、状态方程和能量方程。

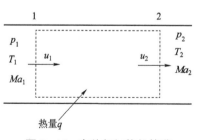

图 8–16　有外部加热的管道

（1）1 截面与 2 截面之间的压强关系式。

由动量方程式（8–68），由于 $m = \rho u$ 及 $c^2 = kp/\rho$，有

$$p + mu = p + \rho u^2 = p\left(1 + \frac{\rho}{p} u^2\right) = p(1 + kMa^2) = C$$

得到

$$\frac{p_2}{p_1} = \frac{1 + kMa_1^2}{1 + kMa_2^2} \qquad (8-71)$$

（2）截面 1 与截面 2 之间温度的关系式。

由于

$$m = \rho u = \frac{p}{RT} Ma\sqrt{kRT} = C$$

得到

$$\frac{T_2}{T_1} = \left(\frac{p_2}{p_1}\frac{Ma_2}{Ma_1}\right)^2 = \frac{Ma_2^2}{Ma_1^2}\left(\frac{1 + kMa_1^2}{1 + kMa_2^2}\right)^2 \qquad (8-72)$$

（3）截面 1 与截面 2 之间密度的关系式。

由理想气体状态方程，得到

$$\frac{\rho_2}{\rho_1} = \left(\frac{p_2}{p_1}\frac{T_1}{T_2}\right) = \frac{Ma_1^2}{Ma_2^2}\left(\frac{1 + kMa_2^2}{1 + kMa_1^2}\right) \qquad (8-73)$$

（4）截面 1 与截面 2 之间当地滞止温度的关系式。

由当地等熵滞止温度的定义，有

$$\frac{T_{02}}{T_{01}} = \frac{T_2}{T_1}\frac{1 + \dfrac{k-1}{2}Ma_2^2}{1 + \dfrac{k-1}{2}Ma_1^2} \qquad (8-74)$$

注：对于绝热流动，有 $T_{02} = T_{01}$。

（5）截面 1 与截面 2 之间当地滞止压强的关系式。

由当地等熵滞止压强的定义，有

$$\frac{p_{02}}{p_{01}} = \frac{p_2}{p_1}\left(\frac{1+\dfrac{k-1}{2}Ma_2^2}{1+\dfrac{k-1}{2}Ma_1^2}\right)^{\frac{k}{k-1}} \tag{8-75}$$

（6）输入的热量

$$Q = C_p(T_2 - T_1) + \frac{u_2^2 - u_1^2}{2} = C_p(T_{02} - T_{01}) \tag{8-76}$$

注：总焓 $h_0 = C_p T_0 = C_p T + \dfrac{u^2}{2}$ 。

（7）临界关系式。

若在截面 2 达到临界状态，则有 $Ma_2 = 1, T_2 = T_*, \rho_2 = \rho_*, p_2 = p_*$ 。设截面 1 处的气流参数为 $Ma_1 = Ma, T_2 = T, \rho_1 = \rho, p_1 = p$ ，代入式（8-71）～式（8-73），得到临界关系式为

$$\frac{p}{p_*} = \frac{1+k}{1+kMa^2}$$

$$\frac{T}{T_*} = Ma^2\left(\frac{1+k}{1+kMa^2}\right)^2 \tag{8-77}$$

$$\frac{V_*}{V} = \frac{\rho}{\rho_*} = \frac{1}{Ma^2}\left(\frac{1+kMa^2}{1+k}\right)$$

滞止温度与临界滞止温度的关系式为

$$\frac{T_0}{T_{0*}} = \frac{2(k+1)Ma^2\left(1+\dfrac{k-1}{2}Ma^2\right)}{(1+kMa^2)^2} \tag{8-78}$$

滞止压强与临界滞止压强的关系式为

$$\frac{p_0}{p_{0*}} = \frac{k+1}{1+kMa^2}\left[\frac{2\left(1+\dfrac{k-1}{2}Ma^2\right)}{k+1}\right]^{\frac{k}{k-1}} \tag{8-79}$$

3. 外部加热对流动属性的影响

1）基本微分关系式

（1）能量方程。

对能量方程 $h + \dfrac{u^2}{2} = h_0$ 微分，得到

$$dq = dh_0 = dh + u\,du = C_p\,dT + u\,du$$

两端分别除以 h 和 $C_p T$ ，由于 $h = C_p T$ ， $C_p T = \dfrac{kR}{k-1}T = \dfrac{c^2}{k-1}$ ，得到

$$\frac{dq}{h} = \frac{dT}{T} + (k-1)Ma^2\frac{du}{u} \tag{8-80}$$

（2）运动方程。

由运动方程

$$dp + \rho u \, du = 0$$

两项同除 p，由于 $c^2 = kp/\rho$，得到

$$\frac{dp}{p} = -kMa^2 \frac{du}{u} \qquad (8-81)$$

（3）状态方程。

由理想气体状态方程 $p = \rho RT$，两边微分，得到

$$\frac{dp}{p} = \frac{d\rho}{\rho} + \frac{dT}{T} \qquad (8-82)$$

（4）连续性方程。

由于等截面的连续性方程为 $m = \rho u$，微分后得到

$$\frac{d\rho}{\rho} + \frac{du}{u} = 0 \qquad (8-83)$$

（5）马赫数的微分关系式。

由马赫数的定义，有

$$Ma^2 = \frac{u^2}{c^2} = \frac{u^2}{kRT}$$

微分后得到

$$\frac{dMa^2}{Ma^2} = 2\frac{du}{u} - \frac{dT}{T} \qquad (8-84)$$

（6）温度变化关系式。

将式（8-81）和式（8-83）代入式（8-82）中，得到

$$\frac{dT}{T} = (1 - kMa^2)\frac{du}{u} \qquad (8-85)$$

2）将 $\dfrac{dV}{V}$、$\dfrac{d\rho}{\rho}$、$\dfrac{dp}{p}$、$\dfrac{dT}{T}$、$\dfrac{dM^2}{M^2}$ 表示为 $\dfrac{dq}{h}$ 及 Ma 的形式

（1）将式（8-85）代入式（8-80），得到

$$\frac{dq}{h} = (1 - Ma^2)\frac{du}{u}$$

即有

$$\frac{du}{u} = \frac{1}{1 - Ma^2}\frac{dq}{h} \qquad (8-86)$$

（2）将式（8-86）代入式（8-83），得到

$$\frac{d\rho}{\rho} = \frac{-1}{1 - Ma^2}\frac{dq}{h} \qquad (8-87)$$

（3）将式（8-86）代入式（8-81），得到

$$\frac{dp}{p} = -\frac{kMa^2}{1 - Ma^2}\frac{dq}{h} \qquad (8-88)$$

（4）将式（8-86）代入式（8-85），得到

$$\frac{\mathrm{d}T}{T}=\frac{1-kMa^2}{1-Ma^2}\frac{\mathrm{d}q}{h}\qquad(8-89)$$

（5）将式（8-86）和式（8-89）代入式（8-84），得到

$$\frac{\mathrm{d}Ma^2}{Ma^2}=\frac{1+kMa^2}{1-Ma^2}\frac{\mathrm{d}q}{h}\qquad(8-90)$$

（6）滞止压强。

由滞止压强公式

$$p_0=p\left(1+\frac{k-1}{2}Ma^2\right)^{\frac{k}{k-1}}$$

两边微分，得到

$$\frac{\mathrm{d}p_0}{p_0}=-\frac{kMa^2}{2+(k-1)Ma^2}\frac{\mathrm{d}q}{h}\qquad(8-91)$$

3）加热对流动的影响（T_0 变化的影响）

由式（8-86）可看出，外部加热（$\mathrm{d}q>0$）使亚声速流沿流程加速（$\mathrm{d}u>0$），使超声速流沿流程减速（$\mathrm{d}u<0$）。

由式（8-87）可看出，外部加热（$\mathrm{d}q>0$）使亚声速流的气流密度沿流程变小（膨胀），使超声速流气流密度沿流程变大（压缩）。

由式（8-88）可看出，外部加热（$\mathrm{d}q>0$）使亚声速流的压强沿流程变大（增压），使超声速流压强沿流程变小（减压）。

由式（8-89）可看出：

当 $Ma<1/\sqrt{k}$ 时，外部加热（$\mathrm{d}q>0$）使气流的温度沿流程上升；

当 $1/\sqrt{k}<Ma<1$ 时，尽管是亚声速，但外部加热（$\mathrm{d}q>0$）使气流的温度沿流程下降；

当 $Ma>1$ 时，外部加热（$\mathrm{d}q>0$）使超声速气流的温度沿流程上升。

外部加热对气流的影响汇总见表8-3。

表8-3 外部加热对气流的影响

项目	$\mathrm{d}q>0$		$\mathrm{d}q<0$	
	$Ma<1$	$Ma>1$	$Ma<1$	$Ma>1$
T_0	↗	↗	↘	↘
Ma	↗	↘	↘	↗
T	α	↗	β	↘
p	↘	↗	↗	↘
p_0	↘	↘	↗	↗
u	↗	↘	↘	↗

注1：α——$Ma<1/\sqrt{k}$ 时增大，$Ma>1/\sqrt{k}$ 时减小（$T\downarrow$）；

β——$Ma<1/\sqrt{k}$ 时减小，$Ma>1/\sqrt{k}$ 时增大（$T\uparrow$）。

注 2：对于空气，当 $0.85 < Ma < 1$ 时，$\begin{cases} \mathrm{d}q > 0, & T\downarrow \\ \mathrm{d}q < 0, & T\uparrow \end{cases}$。

外部加热的作用使亚声速流逐渐加速到声速，但不能超过声速；加热使超声速流逐渐减速至声速，但不能低于声速。同样也可能产生类似于摩擦管中的阻塞现象，即在一定流量下存在着一个最大加热量（使流动在出口处达到声速的加热量）。当加热量超过此值时，管中的流量会自动调整。

【例 8-8】 空气（$k = 1.4$, $C_p = 1\,004\ \mathrm{J/kg}$）从压力为 600 kPa（绝对）、温度为 293.2 K 的大容器中，通过内径为 0.055 m 的管道流入大气，途中外界给管中空气加热量为 315 kJ/kg，如图 8-17 所示。试计算管道入口和出口处的马赫数、温度、压强、出流速度和质量流量。

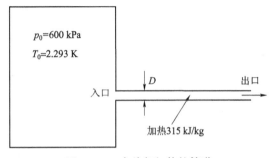

$p_0 = 600\ \mathrm{kPa}$
$T_0 = 2.293\ \mathrm{K}$
入口　　D　　出口
加热 315 kJ/kg

图 8-17　有外部加热的管道

解： 这是一个有外部加热的管流问题。

已知：$p_{01} = 600\ \mathrm{kPa}$，$T_{01} = 293.2\ \mathrm{K}$，$D = 0.055\ \mathrm{m}$，$\Delta Q = 315\ \mathrm{kJ/kg}$。

求：（1）入口处 p_1、T_1、ρ_1、Ma_1、V_1；
（2）出口处 p_2、T_2、ρ_2、Ma_2、V_2。

第一步　确定出口为临界状态：

由于 $p_{01} = 600\ \mathrm{kPa}$，出口处为大气压，压强为 $p_a = 101.3\ \mathrm{kPa}$，有

$$\frac{p_a}{p_{01}} = 0.17 < 0.528$$

可假定出口为临界状态。

设出口为临界状态，计算出口处的压强 p_2。由能量方程，有

$$\Delta Q = C_p(T_{02} - T_{01})$$

$$T_{02} = \frac{\Delta Q}{C_p} = T_{01} = \frac{315\,000}{1\,004} + 293.2 = 606.9\,(\mathrm{K})$$

由式（8-74），有

$$\frac{T_{01}}{T_{02}} = \frac{(k+1)Ma_1^2[2 + (k-1)Ma_1^2]}{(1 + kMa_1^2)^2}$$

即

$$0.483\,1 = \frac{2.4Ma_1^2(2 + 0.4Ma_1^2)}{(1 + 1.4Ma_1^2)^2}$$

解得入口处的马赫数为

$$Ma_1 = 0.374\,3$$

由于

$$\frac{p_{01}}{p_{02}} = \frac{k+1}{1+kMa_1^2}\left[\frac{2\left(1+\frac{k-1}{2}Ma_1^2\right)}{k+1}\right]^{\frac{k}{k-1}} = 1.167\ 6$$

解得出口处等熵滞止压强

$$p_{02} = 513.9\ \text{kPa}$$

由于出口为临界状态，$M_2 = 1$，最后得到

$$\frac{p_{02}}{p_2} = \left(\frac{k+1}{2}\right)^{\frac{k}{k-1}} = 1.893$$

解得出口处的压强为

$$p_2 = 271.5\ \text{kPa}$$

第二步　计算入口状态：
由

$$\frac{p_{01}}{p_1} = \left(1+\frac{k-1}{2}Ma_1^2\right)^{\frac{k}{k-1}} = 1.102$$

解得入口处的压强为

$$p_1 = 544.7\ \text{kPa}$$

由

$$\frac{T_{01}}{T_1} = \left(1+\frac{k-1}{2}Ma_1^2\right)$$

解得入口处的温度为

$$T_1 = 285.2\ \text{K}$$

入口处的气流速度为

$$V_1 = a_1 Ma_1 = Ma_1\sqrt{kRT_1} = 126.68\ \text{m}/\text{s}$$

第三步　计算出口状态：
由于出口处 $Ma_2 = 1$，有

$$\frac{T_{02}}{T_2} = \frac{k+1}{2}$$

解得出口处的气流温度为

$$T_2 = 505.8\ \text{K}$$

则出口处的气流速度、气流密度和质量流量分分别为

$$V_2 = \sqrt{kRT_2} = 450.7\ \text{m}/\text{s}$$

$$\rho_2 = \frac{p_2}{RT_2} = 1.871\ 2\ \text{kg}/\text{m}^3$$

$$\dot{m} = \rho_2 A V_2 = 2.004\ \text{kg}/\text{s}$$

第 7 节　等截面等温管中的气体流动

前面讨论了变截面等熵流动、等截面有摩擦的绝热流动和等截面无摩擦有热交换的流动，本节将在前面的基础上讨论在等截面管流中，气体做有摩擦但与外界有充分的热交换，致使管道温度不再改变的等温流动。

1. 气体管路运动微分方程

气体沿等截面管路流动时，由于摩擦阻力的存在，使其压强、密度有所改变，因而气流速度沿程也将发生变化。沿长度选取一微段 dl，如图 8-18 所示，由达西公式，此微段 dl 上的单位质量气体摩擦损失为

$$dh_f = \lambda \frac{dl}{D} \frac{u^2}{2} \qquad (8-92)$$

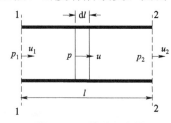

图 8-18　管流示意图

由理想气体一元流动的欧拉方程，考虑到摩擦损失，得到实际气体的一元运动微分方程，即气体管路的运动微分方程式

$$\frac{dp}{\rho} + u\,du + \frac{\lambda}{2D} u^2 dl = 0$$

此式也可写成

$$\frac{2dp}{\rho u^2} + 2\frac{du}{u} + \frac{\lambda}{D} dl = 0 \qquad (8-93)$$

分析：

（1）λ 是气流中的摩擦阻力系数，与 Re 及相对粗糙度 Δ/D 有关；

（2）D 是常数，若管材一定，则 Δ/D 也一定；

（3）μ 是温度的函数，对于等温流动，μ 是不变的，而在绝热流动中，μ 随温度变化；

（4）等截面管道，因为 A 是常数，ρuA 为常数，所以 ρu 为常数。

因此，在等温流动中，Re 是一个常数，管道上任何截面上的 Re 都相等。由此可知，在等温管道中的等温流动，摩擦阻力系数 λ 是恒定不变的。

2. 管中等温流动

如果管道很长，气体与外界进行充分的热交换，使气流基本上保持着与周围环境相同的温度，此时按等温流动处理有足够的准确度。

根据连续性方程，质量流量为

$$G = \rho_1 u_1 A_1 = \rho_2 u_2 A_2 = \rho u A$$

由于　$A_1 = A_2 = A$，则有

$$\frac{u}{u_1} = \frac{\rho_1}{\rho}$$

由气体状态方程，对于等温流动，有

$$\frac{p}{\rho} = \frac{p_1}{\rho_1} = RT = c$$

则有

$$\frac{\rho_1}{\rho} = \frac{p_1}{p}$$

得到

$$\frac{\rho_1}{\rho} = \frac{p_1}{p} = \frac{u}{u_1} \qquad (8-94)$$

即

$$\frac{1}{\rho u^2} = \frac{p_1}{p\rho_1} \cdot \frac{p^2}{p_1^2 u_1^2} = \frac{p}{\rho_1 u_1^2 p_1}$$

将上面的关系式代入运动方程（8-93），得到

$$\frac{2p\mathrm{d}p}{\rho_1 u_1^2 p_1} + 2\frac{\mathrm{d}u}{u} + \frac{\lambda}{D}\mathrm{d}l = 0$$

对长度为 l 的 1、2 两截面进行积分，有

$$\frac{2}{\rho_1 u_1^2 p_1}\int_1^2 p\mathrm{d}p + 2\int_1^2 \frac{\mathrm{d}u}{u} + \frac{\lambda}{D}\int_1^2 \mathrm{d}l = 0$$

得出

$$p_1^2 - p_2^2 = \rho_1 u_1^2 p_1 \left(2\ln\frac{u_2}{u_1} + \frac{\lambda l}{D} \right) \qquad (8-95)$$

由于管道较长，$2\ln\dfrac{u_2}{u_1} \ll \dfrac{\lambda l}{D}$，故式（8-95）可写成

$$p_1^2 - p_2^2 = \rho_1 u_1^2 p_1 \cdot \frac{\lambda l}{D} \qquad (8-96)$$

$$p_2 = \sqrt{p_1^2 - \rho_1 u_1^2 p_1 \cdot \frac{\lambda l}{D}} = p_1\sqrt{1 - \frac{\rho_1 u_1^2}{p_1} \cdot \frac{\lambda l}{D}} \qquad (8-97)$$

对于等温流动，$p_1/\rho_1 = RT$，代入式（8-97），得到

$$p_2 = p_1\sqrt{1 - \frac{u_1^2}{RT} \cdot \frac{\lambda l}{D}} \qquad (8-98)$$

式（8-96）～式（8-98）就是等温管流的基本公式。

将 $\rho_1 = \dfrac{p_1}{RT}$，$u_1 = \dfrac{4G}{\pi D^2 \rho_1}$ 代入式（8-96），得到

$$u_1^2 = \frac{16G^2}{\pi^2 D^4 \rho_1^2} = \frac{p_1^2 - p_2^2}{\rho_1 p_1 \lambda l}D \quad \Rightarrow \quad \frac{16G^2}{\pi^2 D^5} = \frac{p_1^2 - p_2^2}{RT\lambda l}$$

$$G = \sqrt{\frac{\pi^2 D^5}{16\lambda l RT}(p_1^2 - p_2^2)} \qquad (8-99)$$

以上各式都是在等温管流中静压差较大，且考虑了压缩性的情况下得到的，故又称为大压差公式，式（8-99）是管路设计计算中常使用的公式。

3. 等温管流的特征

气体管路运动微分方程

$$\frac{\mathrm{d}p}{\rho} + u\mathrm{d}u + \frac{\lambda}{2D}u^2\mathrm{d}l = 0$$

将此式各项除以 p/ρ，得

$$\frac{\mathrm{d}p}{p} + \frac{u\mathrm{d}u}{p/\rho} + \frac{u^2}{p/\rho} \cdot \frac{\lambda\mathrm{d}l}{2D} = 0 \tag{8-100}$$

对于理想气体，状态方程的微分形式为

$$\frac{\mathrm{d}p}{p} = \frac{\mathrm{d}\rho}{\rho} + \frac{\mathrm{d}T}{T}$$

等温条件下，有

$$\mathrm{d}T = 0, \quad \frac{\mathrm{d}p}{p} = \frac{\mathrm{d}\rho}{\rho}$$

由连续性方程，由于 $\mathrm{d}A = 0$，故有

$$\frac{\mathrm{d}\rho}{\rho} = -\frac{\mathrm{d}u}{u}$$

即有

$$\frac{\mathrm{d}\rho}{\rho} = \frac{\mathrm{d}p}{p} = -\frac{\mathrm{d}u}{u}$$

将以上关系式代入式（8-100），并由声速公式 $c = \sqrt{kp/\rho}$ 得到

$$-\frac{\mathrm{d}u}{u} + kMa^2\frac{\mathrm{d}u}{u} + kMa^2\frac{\lambda\mathrm{d}l}{2D} = 0$$

$$\frac{\mathrm{d}u}{u} = \frac{kMa^2}{1-kMa^2} \cdot \frac{\lambda\mathrm{d}l}{2D} \tag{8-101}$$

$$-\frac{\mathrm{d}p}{p} = \frac{\mathrm{d}u}{u} = \frac{kMa^2}{1-kMa^2} \cdot \frac{\lambda\mathrm{d}l}{2D} \tag{8-102}$$

讨论：

（1）当管长 l 增加时，摩阻增加，并将引起以下结果。

当 $kMa^2 < 1$，$1-kMa^2 > 0$ 时，使 u 增加、p 减小。

当 $kMa^2 > 1$，$1-kMa^2 < 0$ 时，使 u 减小、p 增加。

变化率随摩阻的增加而增加。

（2）虽然在 $kMa^2 < 1$ 时，摩阻沿流程增加，使速度不断增加，但由于 $1-kMa^2$ 不能等于零，使流速无限增大，所以决不能在管路中出现临界断面，管路出口断面处马赫数也不可能超过 $\sqrt{1/k}$，只能是 $Ma_2 \leqslant \dfrac{1}{\sqrt{k}}$。

由式（8-101）可以看出，若摩阻使其流速不断增加，则要求式中 $\mathrm{d}u > 0$，所以必然有 $1-kMa^2 > 0$，$kMa^2 > 0$，由此必然有 $Ma \leqslant \sqrt{1/k}$。

因此，在使用流量公式（8-99）时，一定要用 Ma 是否小于 $\sqrt{1/k}$ 检验计算正确与否，

如果出口断面处 Ma 大于 $\sqrt{1/k}$，则实际流量只能按 $Ma=\sqrt{1/k}$ 计算，只有当出口断面处 Ma 小于 $\sqrt{1/k}$ 时，计算才是有效的。

（3）在 $Ma=\sqrt{1/k}$ 的 L 处求得的管长就是等温管流的最大管长，如实长超过最大管长，将使进口断面的流速受到阻滞。

【例 8-9】 有一直径 $D=100$ mm 的输气管道，在某一断面处测得压强 $p_1=980$ kPa，温度 $T_1=20\ ℃$，速度 $u_1=30$ m/s。已知空气在 20 ℃时，运动黏度为 $\nu=15.7\times10^{-6}$ m²/s，管道沿程阻力损失系数 $\lambda=0.015\ 5$，试问气流流过距离为 $L=100$ m 后，压强降为多少？

解：

（1）求压强降。

由于

$$p_2=p_1\sqrt{1-\frac{u_1^2}{RT_1}\cdot\frac{\lambda l}{D}}=980\sqrt{1-\frac{0.015\ 5\times100\times30^2}{0.1\times287\times293}}=890（kPa）$$

故

$$\Delta p=p_1-p_2=980-890=90（kPa）$$

（2）校验是否满足 $Ma\leqslant\sqrt{1/k}$。

由于 $\dfrac{u_2}{u_1}=\dfrac{p_1}{p_2}$，所以 $u_2=\dfrac{p_1}{p_2}u_1=33$ m/s。

声速

$$c=\sqrt{kRT}=\sqrt{1.4\times287\times293}=343（m/s）$$

马赫数

$$Ma=\frac{u}{c}=\frac{33}{343}=0.096$$

由于

$$\sqrt{\frac{1}{k}}=\sqrt{\frac{1}{1.4}}=0.845$$

所以 $Ma<\sqrt{1/k}$，说明计算有效，并说明此时管路实长 $L=100$ m 小于最大管长。

第8节 正 激 波

激波是一种集中的有一定强度的压缩波。当飞机以超声速飞行时会出现激波，管道内部的超声速流动也常会出现激波现象。设想许多人在一条线上同向运动，如果第一个人以 1 m/s 的速度行走，后面第二个人的速度是 1.1 m/s，第三个人的速度是 1.2 m/s，依此类推：当第二个人撞到第一个人时，会和第一个人一起以比 1 m/s 稍快的速度运动，并使第一个人前后的压差增大；第三个人撞到第一个人时，会和第一个人一起运动，并继续增大第一个人前后的压力差。如此下去，第一个人前后的压差会越来越大，如果把人换成压缩波，则第一道波前后压差变大，强度越来越强，就形成了激波，故激波是指有一定强度的压缩波。一系列的压缩波叠加在一起，使压缩波的强度逐渐增大，就会形成激波。在激波的前后，气流参数会有很大的变化。

激波分正激波和斜激波，正激波是指激波面与流动方向垂直的压缩波，而斜激波的激波面与流动方向有一定的角度。本节仅讨论正激波问题。

1. 正激波的形成

我们以活塞在长管中压缩气体的过程来说明正激波的形成过程。图8-19所示为一根长管，管内的气体初始时处于静止状态，气体速度为 0，压强、密度和温度分别为 p_1、ρ_1、T_1，现使活塞向右做加速运动。活塞开始以某一速度向右加速，产生了第一个小压缩波，并以当地声速 $c_1 = \sqrt{kRT_1}$ 向右传播，如图 8-19 所示。这个小压缩波使波后的气流压强、密度和温度产生一个增量 Δp、$\Delta \rho$ 和 ΔT，波后的气流速度也相应有一个增量，从 0 增大到 ΔV 并向右运动。

继续使活塞产生一个小的加速，又产生了第二个压缩波，由于经过第一个压缩波的压缩，故使当地声速变为 $c_2 = \sqrt{kR(T_1 + \Delta T)}$，显然有 $c_2 > c_1$。相对于管壁来说，第二个压缩波以 $c_2 + \Delta V$ 的速度向右推进，波后的压强又有一个增量 Δp。使活塞继续加速，压缩波的速度越来越快，最终，这一系列的压缩波重叠在一起，形成一个有一定强度的突跃压缩波（波前后的压差有突跃性的增大）并向右运动，这种使物理量产生突跃变化的压缩波称为激波。激波经过后，使气流参数由 p_1、ρ_1、T_1 立即提升到 p_2、ρ_2、T_2，如图 8-20 所示。

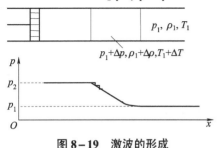

图 8-19 激波的形成

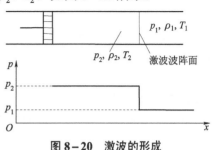

图 8-20 激波的形成

气流经过激波后，流动参数是在激波内部瞬间完成的，激波的厚度约为 10^{-4}mm，一般不对激波内部的情况进行研究，认为激波是没有厚度的间断面，气流通过激波的过程也认为是绝热过程。

2. 正激波的基本方程

气体通过正激波的流动情况如图 8-21 所示，这里采用了与激波固连的相对坐标系。激波上游的参数用下标 1 标识，下游的参数用下标 2 标识。选图 8-21 中虚线所围部分为控制体，控制体内外无热量交换。

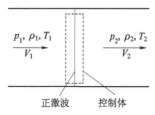

图 8-21 气流通过正激波

（1）连续性方程。

根据质量守恒定律

$$\rho_1 V_1 A_1 = \rho_2 V_2 A_2$$

由于激波很薄，故截面积 $A_1 \approx A_2$，则有

$$\rho_1 V_1 = \rho_2 V_2 = m \qquad (8-103)$$

即

$$\rho V = m \qquad (8-103a)$$

（2）动量方程。

对控制体列动量方程，有

$$p_1 A_1 - p_2 A_2 = \rho Q(V_2 - V_1)$$

由于 $Q = V_1 A_1 = V_2 A_2$，故可简化为

$$p_1 + \rho_1 V_1^2 = p_2 + \rho_2 V_2^2 \qquad (8-104)$$

即

$$p + \rho V^2 = C \qquad (8-104a)$$

（3）能量方程。

由于气流通过激波的过程为绝热过程，故有能量方程

$$\frac{kRT}{k-1} + \frac{V^2}{2} = C \qquad (8-105)$$

或

$$\frac{c_1^2}{k-1} + \frac{V_1^2}{2} = \frac{c_2^2}{k-1} + \frac{V_2^2}{2} = \frac{kRT_0}{k-1} = \frac{(k+1)c_*^2}{2(k-1)} \qquad (8-105a)$$

或

$$T_{01} = T_{02} \qquad (8-105b)$$

说明激波前后的总温是不变的。

（4）状态方程。

$$p = \rho RT \qquad (8-106)$$

3. 普朗特激波关系式

用动量方程（8-104）除以连续性方程（8-103）并移项后得到

$$V_1 - V_2 = \frac{p_2}{\rho_2 V_2} - \frac{p_1}{\rho_1 V_1} = \frac{c_2^2}{kV_2} - \frac{c_1^2}{kV_1} \qquad (8-107)$$

由式（8-105a），有

$$c_1^2 = \frac{k+1}{2}c_*^2 - \frac{k-1}{2}V_1^2$$

$$c_2^2 = \frac{k+1}{2}c_*^2 - \frac{k-1}{2}V_2^2$$

将这两式代入式（8-107），得到

$$V_1 - V_2 = \frac{k+1}{2k}\frac{c_*^2}{V_2} - \frac{k-1}{2k}V_2 - \frac{k+1}{2k}\frac{c_*^2}{V_1} + \frac{k-1}{2k}V_1$$

$$= \frac{k+1}{2k}c_*^2\left(\frac{1}{V_2} - \frac{1}{V_1}\right) + \frac{k-1}{2k}(V_1 - V_2)$$

$$= \frac{k+1}{2k}\frac{c_*^2}{V_1 V_2}(V_1 - V_2) + \frac{k-1}{2k}(V_1 - V_2)$$

由于 $V_1 \neq V_2$，故有

$$1 - \frac{k-1}{2k} = \frac{k+1}{2k}\frac{c_*^2}{V_1 V_2}$$

解得

$$\frac{c_*^2}{V_1 V_2} = 1$$

即有

$$V_1 V_2 = c_*^2 \tag{8-108}$$

定义速度系数为

$$\wedge = \frac{V}{c_*}$$

则式（8-108）变为

$$\wedge_1 \wedge_2 = 1 \tag{8-109}$$

这就是著名的普朗特激波关系式。式（8-109）说明，激波前为超声速，则激波后一定为亚声速流动。

关于速度系数与马赫数之间的关系讨论如下。

由马赫数及速度系数的定义，有

$$Ma^2 = \frac{V^2}{c^2} = \frac{V^2}{c_*^2}\frac{c_*^2}{c_0^2}\frac{c_0^2}{c^2} = \wedge^2 \frac{T_*}{T_0}\frac{T_0}{T} = \wedge^2 \left(\frac{2}{k+1}\right)\left(1 + \frac{k-1}{2}Ma^2\right)$$

解得

$$\wedge^2 = \frac{\dfrac{k+1}{2}Ma^2}{1 + \dfrac{k-1}{2}Ma^2} \tag{8-110}$$

或

$$Ma^2 = \frac{\dfrac{2}{k+1}\wedge^2}{1 - \dfrac{k-1}{k+1}\wedge^2} \tag{8-111}$$

由式（8-110）明显看出，当 $Ma \to \infty$ 时，速度系数 $\wedge$ 有极大值。

$$\wedge_{\max} = \sqrt{\frac{k+1}{k-1}} \tag{8-112}$$

对空气而言，$\wedge_{\max} = \sqrt{6}$。

当 $Ma = 1$ 时，$\wedge = 1$。

当 $Ma < 1$ 时，$\wedge < 1$。

当 $Ma > 1$ 时，$\wedge > 1$。

4. 正激波前后气流参数关系式

（1）正激波前后马赫数之间的关系。

将式（8-110）代入式（8-109），可解出正激波前后气流马赫数之间的关系

$$Ma_2^2 = \frac{1 + \dfrac{k-1}{2}Ma_1^2}{kMa_1^2 - \dfrac{k-1}{2}} \tag{8-113}$$

（2）正激波前后流速之间的关系。

$$\frac{V_2}{V_1} = \frac{V_2 V_1}{V_1^2} = \frac{c_*^2}{V_1^2} = \frac{1}{\wedge_1^2} = \frac{1 + \dfrac{k-1}{2} Ma_1^2}{\dfrac{k+1}{2} Ma_1^2} \tag{8-114}$$

（3）正激波前后密度之间的关系。

由连续性方程，有

$$\frac{\rho_2}{\rho_1} = \frac{V_1}{V_2} = \frac{\dfrac{k+1}{2} Ma_1^2}{1 + \dfrac{k-1}{2} Ma_1^2} \tag{8-115}$$

（4）正激波前后压强之间的关系。

由动量方程（8-104）和连续性方程，有

$$p_2 - p_1 = \rho_1 V_1^2 - \rho_2 V_2^2 = \rho_1 V_1^2 - \rho_1 V_1 V_2$$
$$= \rho_1 V_1^2 \left(1 - \frac{V_2}{V_1} \right)$$

两端除以压强 p_1，有

$$\frac{p_2 - p_1}{p_1} = \frac{\rho_1 V_1^2}{p_1} \left(1 - \frac{V_2}{V_1} \right) = \frac{k V_1^2}{c_1^2} \left(1 - \frac{V_2}{V_1} \right)$$
$$= k Ma_1^2 \left(1 - \frac{V_2}{V_1} \right)$$

将式（8-114）代入，得到

$$\frac{\Delta p}{p_1} = \frac{p_2 - p_1}{p_1} = k Ma_1^2 \left(1 - \frac{1 + \dfrac{k-1}{2} Ma_1^2}{\dfrac{k+1}{2} Ma_1^2} \right) = \frac{2k}{k+1}(Ma_1^2 - 1) \tag{8-116}$$

由于 $Ma_1 > 1$，故 $\Delta p > 0$，式（8-116）表征了激波的强度。激波前后的压强比为

$$\frac{p_2}{p_1} = 1 + \frac{2k}{k+1}(Ma_1^2 - 1) \tag{8-117}$$

（5）正激波前后温度之间的关系。

由状态方程，有

$$\frac{T_2}{T_1} = \frac{p_2}{p_1} \frac{\rho_1}{\rho_2}$$

将式（8-113）、式（8-117）代入，得到

$$\frac{T_2}{T_1} = 1 + \frac{2(k-1)}{(k+1)^2} \cdot \frac{k Ma_1^2 + 1}{Ma_1^2}(Ma_1^2 - 1) \tag{8-118}$$

（6）兰金—雨贡纽方程。

由式（8-117），有

$$Ma_1^2 = \frac{k+1}{2k}\frac{p_2}{p_1} + \frac{k-1}{2k}$$

将此式代入式（8-115），得到

$$\frac{\rho_2}{\rho_1} = \frac{V_1}{V_2} = \frac{\dfrac{k+1}{2}Ma_1^2}{1 + \dfrac{k-1}{2}Ma_1^2} = \frac{\dfrac{p_2}{p_1} + \dfrac{k-1}{k+1}}{\dfrac{k-1}{k+1}\dfrac{p_2}{p_1} + 1} \qquad (8-119)$$

这是一个表示激波前后压强比与密度比的重要关系式，称为兰金—雨贡纽方程。

讨论： 等熵压缩与激波压缩的区别。

等熵压缩：由等熵方程，有

$$\frac{\rho_2}{\rho_1} = \left(\frac{p_2}{p_1}\right)^{\frac{1}{k}}$$

当 $p_2/p_1 \to \infty$ 时，有 $\rho_2/\rho_1 \to \infty$。

激波压缩：由式（8-119），当 $p_2/p_1 \to \infty$ 时，有

$$\rho_2/\rho_1 \to \frac{k+1}{k-1} \qquad (8-120)$$

即激波压缩前后的气流密度比是有界的。对于空气来说，不管激波强度有多大，密度比不会超过 6。

等熵压缩与激波压缩曲线如图 8-22 所示。

5. 正激波在静止空气中的传播

前面在激波位置固定不动（将坐标固定在激波上）的条件下导出了正激波前后气流参数之间的关系式。现在假设激波运动，而激波前流体静止，则激波的运动速度为 $V_s = V_1$，激波后的气流速度 V_2 变为伴随速度 $V_f = V_s - V_2$，如图 8-23 所示。下面讨论激波在静止空气中的运动速度 V_s 和伴随速度 V_f。

由式（8-117）可得

$$V_s = V_1 = Ma_1 c_1 = c_1 \sqrt{1 + \frac{k+1}{2k}\left(\frac{p_2}{p_1} - 1\right)}$$

$$= c_1 \sqrt{\frac{k-1}{2k} + \frac{k+1}{2k}\frac{p_2}{p_1}} \qquad (8-121)$$

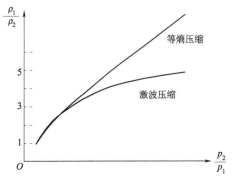

图 8-22　等熵压缩与激波压缩

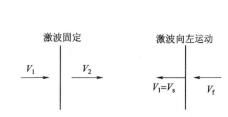

图 8-23　运动激波

由式（8-121）可看出，激波强度越弱，即 p_2/p_1 越小，激波传播速度越低，当 p_2/p_1 接近 1 时，激波传播速度接近于声速。

对于正激波后的伴随速度，有

$$V_f = V_s - V_2 = V_1 - V_2 = V_1\left(1 - \frac{V_2}{V_1}\right) = V_1\left(1 - \frac{\rho_1}{\rho_2}\right)$$

将式（8-119）和式（8-121）代入，得到

$$\begin{aligned}
V_f &= c_1\sqrt{\frac{k-1}{2k} + \frac{k+1}{2k}\frac{p_2}{p_1}}\left[1 - \frac{(k+1)p_1 + (k-1)p_2}{(k-1)p_1 + (k+1)p_2}\right] \\
&= c_1\sqrt{\frac{2}{k}}\frac{p_2 - p_1}{\sqrt{(k-1)p_1 + (k+1)p_2}} \\
&= c_1\sqrt{\frac{2}{k}}\frac{p_2/p_1 - 1}{\sqrt{(k-1) + (k+1)p_2/p_1}}
\end{aligned} \tag{8-122}$$

式（8-122）说明，激波强度越弱，伴随速度越低。例如，对于 $k=1.4$ 的完全气体，当温度 $T_1 = 288\,\text{K}$，激波强度 $(p_2 - p_1)/p_1 = 0.22$ 时，激波速度 $V_s = 367\,\text{m/s}$，伴随速度 $V_f = 59\,\text{m/s}$；而当 $p_2/p_1 \approx 1$ 时，$V_s \approx 340\,\text{m/s}$，$V_f = 0$。

【例8-10】正激波以 $V_s = 600\,\text{m/s}$ 的速度在静止的空气中运动，如图8-24（a）所示。静止空气的压强为 $p_1' = 103\,\text{kPa}$，温度为 $T_1' = 293\,\text{K}$。求激波通过后空气流动的马赫数、压强、温度和速度。

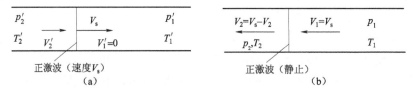

图8-24 例8-9参考用图
（a）绝对坐标系；（b）相对坐标系

解： 首先需要把运动激波转换为固定状态，以便应用激波关系式。为此，把坐标固定在激波上，如图8-24（b）所示。

在绝对坐标系中，激波向右运动，其运动速度为 V_s，激波前的压强、温度分别为 p_1' 和 T_1'，激波后空气的速度、马赫数、压强和温度分别是 V_2'、Ma_2'、p_2' 和 T_2'。

在相对坐标系中，各物理量用不带撇的 1 和 2 下标表示，则有

$$V_1 = V_s, \quad V_2 = V_s - V_2'$$

而温度和压强与坐标无关，故有

$$p_1 = p_1', \quad T_1 = T_1', \quad p_2 = p_2', \quad T_2 = T_2'$$

（1）来流马赫数。

由马赫数的定义和声速公式，有

$$Ma_1 = \frac{V_1}{c_1} = \frac{600}{\sqrt{1.4 \times 287 \times 293}} = 1.748$$

（2）计算波后的伴随速度。

由式（8−114），有

$$V_2 = V_1 \frac{1 + \frac{k-1}{2}Ma_1^2}{\frac{k+1}{2}Ma_1^2} = 263.6 \text{ m/s}$$

故激波后的伴随速度为

$$V_2' = V_s - V_2 = 336.4 \text{ m/s}$$

（3）激波后的压强。

由式（8−117），有

$$p_2 = p_1 \left[1 + \frac{2k}{k+1}(Ma_1^2 - 1) \right] = 350 \text{ kPa}$$

（4）激波后的温度。

由状态方程和连续性方程，有

$$\frac{T_2}{T_1} = \frac{p_2}{p_1} \cdot \frac{\rho_1}{\rho_2} = \frac{p_2}{p_1} \cdot \frac{V_2}{V_1}$$

故有

$$T_2 = T_1 \frac{p_2}{p_1} \cdot \frac{V_2}{V_1} = 437.4 \text{ K}$$

（5）激波后的马赫数。

$$Ma_2' = \frac{V_2'}{c_2} = \frac{336.4}{\sqrt{1.4 \times 287 \times 437.4}} = 0.802$$

【**例 8−11**】在马赫数为 1.5 的超声速气流中放置一皮托管，如图 8−25 所示。在皮托管前产生一道正激波，由皮托管测出的压强为 150 kPa，求正激波前超声速来流的压强。

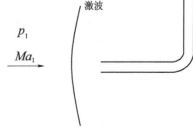
图 8−25　例 8−10 参考用图

解：已知 $Ma_1 = 1.5$，$p_{02} = 150 \text{ kPa}$。

由式（8−102），得到激波后的气流马赫数为

$$Ma_2^2 = \frac{1 + \frac{k-1}{2}Ma_1^2}{kMa_1^2 - \frac{k-1}{2}} = \frac{1.45}{2.95} = 0.4915$$

$$Ma_2 = 0.7011$$

由关系式

$$\frac{p_{02}}{p_2} = \left(1 + \frac{k-1}{2}Ma_2^2 \right)^{\frac{k}{k-1}} = 1.3885$$

解得波后压强

$$p_2 = 108 \text{ kPa}$$

由式（8−117），解得激波前后压强比为

$$\frac{p_2}{p_1} = 1 + \frac{2k}{k+1}(Ma_1^2 - 1) = 1 + \frac{2 \times 1.4}{1.4 + 1}(1.5^2 - 1) = 2.4583$$

最后得到波前压强为

$$p_1 = 43.95 \text{ kPa}$$

第 9 节 斜 激 波

上一节我们讨论的是正激波问题，下面我们来讨论一下斜激波。

1. 斜激波的形成

首先看一下斜激波是怎样产生的，对于定常流动的超声速气流，设气流以速度 V_1 平行地

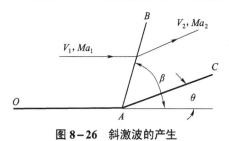

流过壁面 OA，如图 8-26 所示。在 A 点有一个内凹的折转角 θ，壁面在 A 点将对气流产生一扰动波 AB，气流经 AB 并向上折转 θ 角后，沿平行于壁面 AC 的方向继续流动，这时气流的截面积减小，气流会受到压缩，并使气流流速降低，而压强、密度和温度增加。因此称 AB 波为压缩波，按照前面的知识可知，此时 AB 波的马赫角为

图 8-26 斜激波的产生

$$\beta = \arcsin \frac{1}{Ma_1}$$

当超声速气流流过凹曲面时，曲面相当于无穷多微小凹钝角的折面，通道截面积逐渐减小，速度逐渐降低，压强逐渐增大，温度逐渐上升。

设超声速气流流过凹折面 $ABCDE$，如图 8-27 所示。从 A 点起，在每个折点处都向上折转一个微小角度 $\mathrm{d}\theta$。折点 A 对气流产生一个扰动压缩波 AA_1，气流穿过 AA_1 波后，速度略有降低，流动方向向上折转 $\mathrm{d}\theta$ 角，气流方向平行于 AB 壁面。同理，在 B 点处也产生一压缩波 BA_1。由于 $Ma_1 > Ma_2$，所以 BA_1 波的马赫角大于 AA_1 波的马赫角，这样两波相交于 A_1，相交后 AA_1 波和 BA_1 波合并成 A_1B_1 波，其强度大于 AA_1 波和 BA_1 波。

随后，在壁面的折转点处依次产生许多条压缩波，依次相交，并形成一条折线形的波 $A_1B_1C_1D_1E_1$。当在一段壁面上转折点无限增多时，就变成一个凹曲面，气流沿整个凹曲面流动，产生无穷多的马赫线，这些马赫线相交并叠加，形成一个强间断曲面（强压缩波），这个强间断面就是激波。

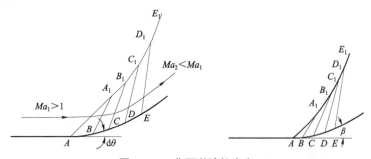

图 8-27 曲面激波的产生

气流通过这个激波时，流动参数将会发生突跃的变化，流速变小，方向改变，压强、密度和温度则会发生突跃的增大。

如果折转面中各微小折转角集中在 A 点，集中一次折转一个角度 θ，如图 8−28 所示，则同样可以认为在 A 点产生无穷多条马赫线，这些马赫线重叠在一起，形成一个强间断面 AB。这个间断面与来流方向成 β 角，故称为斜激波。气流通过斜激波时，流速变小，方向平行于折转后的壁面 AC，压强、密度和温度则会发生突跃的增大。

2. 斜激波前后气流参数间的基本关系

超声速气流流过凹钝角时会引起斜激波，如图 8−29 所示。图中壁面折转角为 θ，角标 1 和 2 分别表示波前和波后，n 与 t 分别表示速度对激波面的法向分量和切向分量，β 是激波角。激波前气流参数为 V_1、p_1、ρ_1 和 T_1，激波后气流参数为 V_2、p_2、ρ_2 和 T_2。这里将激波前后的气流速度分别分解为与激波面垂直的分速度 V_{1n} 和 V_{2n}，以及与激波面平行的分速度 V_{1t} 和 V_{2t}。

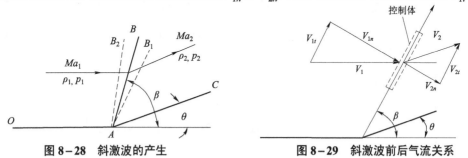

图 8−28　斜激波的产生　　　　图 8−29　斜激波前后气流关系

在激波面两侧取控制体，如图 8−29 中虚线所示。对此控制体可写出以下气流通过激波时所满足的基本方程。

（1）连续性方程。

通过激波面的流量只与垂直于波面的分速度有关，因此有

$$\rho_1 V_{1n} = \rho_2 V_{2n}$$

（2）动量方程。

垂直于波面方向的动量方程为

$$p_1 - p_2 = \rho_2 V_{2n} - \rho_1 V_{1n}$$

或

$$p_1 + \rho_1 V_{1n} = p_2 + \rho_2 V_{2n}$$

由此可知，由于 $p_2 > p_1$，故 $V_{2n} < V_{1n}$，即经过激波后气流法向速度必然减小。

由于沿波面方向压强没有变化，所以沿平行于波面方向上的动量方程为

$$\rho_2 V_{2n} V_{2t} - \rho_1 V_{1n} V_{1t} = 0$$

即有

$$V_{2t} = V_{1t} = V_t$$

由以上分析可知，气流通过斜激波时只有法向分速度发生变化，而切向分速度没有变化。因此，斜激波可以看作法向分速度的正激波与切向分速度的叠加。于是，前面所得出的正激波的有关方程可应用于斜激波，并由此得出斜激波前后气流参数间的关系式。

3. 斜激波前后气流参数关系式

由于

$$V_{1n} = V_1 \sin \beta$$

故

$$Ma_{1n} = \frac{V_{1n}}{c_1} = \frac{V_1 \sin \beta}{c_1} = Ma_1 \sin \beta$$

将 Ma_{1n} 代入正激波前后气流参数的关系式（8-114），得到

$$\frac{V_{2n}}{V_{1n}} = \frac{2+(k-1)Ma_1^2\sin^2\beta}{(k+1)Ma_1^2\sin^2\beta} = \frac{2}{(k+1)Ma_1^2\sin^2\beta} + \frac{k-1}{k+1} \tag{8-123}$$

将 Ma_{1n} 代入正激波前后气流参数的关系式（8-115）和式（8-117），得到

$$\frac{\rho_2}{\rho_1} = \frac{(k+1)Ma_1^2\sin^2\beta}{2+(k-1)Ma_1^2\sin^2\beta} = \frac{\dfrac{k+1}{k-1}Ma_1^2\sin^2\beta}{\dfrac{2}{k-1}+Ma_1^2\sin^2\beta} \tag{8-124}$$

$$\frac{p_2}{p_1} = 1 + \frac{2k}{k+1}(Ma_1^2\sin^2\beta-1) = \frac{2k}{k+1}Ma_1^2\sin^2\beta - \frac{k-1}{k+1} \tag{8-125}$$

由此可见，当斜激波前的参数给定时，斜激波后的压强随激波角的增大而增大。再由式（8-118）得到斜激波前后的温度比关系式为

$$\begin{aligned}
\frac{T_2}{T_1} &= 1 + \frac{2(k-1)}{(k+1)^2} \cdot \frac{kMa_1^2\sin^2\beta+1}{Ma_1^2\sin^2\beta}(Ma_1^2\sin^2\beta-1) \\
&= \left[\frac{2+(k-1)Ma_1^2\sin^2\beta}{(k+1)Ma_1^2\sin^2\beta}\right]\left[\frac{2kMa_1^2\sin^2\beta-(k-1)}{k+1}\right] \\
&= \frac{\left(\dfrac{2k}{k+1}Ma_1^2\sin^2\beta-\dfrac{k-1}{k+1}\right)\left(1+\dfrac{k-1}{2}Ma_1^2\sin^2\beta\right)}{\dfrac{k+1}{2}Ma_1^2\sin^2\beta}
\end{aligned} \tag{8-126}$$

由于

$$\frac{V_{2n}}{c_2} = \frac{V_2\sin(\beta-\theta)}{c_2} = Ma_2\sin(\beta-\theta)$$

则由式（8-123），有

$$Ma_2^2\sin^2(\beta-\theta) = \frac{1+\dfrac{k-1}{2}Ma_1^2\sin^2\beta}{kMa_1^2\sin^2\beta-\dfrac{k-1}{2}} = \frac{2+(k-1)Ma_1^2\sin^2\beta}{2kMa_1^2\sin^2\beta-(k-1)} \tag{8-127}$$

由式（8-127）可知，当激波前气流马赫数 Ma_1 给定后，激波后马赫数 Ma_2 随激波角 β 的增大而降低。但当 β 角较小时，激波后马赫数 Ma_2 仍然可以大于1，即斜激波后的气流仍然可以以超声速流动。

4. 激波角 β 与气流折转角 θ 之间的关系

前面所述斜激波前后气流参数之间的关系式，需要在已知激波角 β 和来流马赫数 Ma_1 的情况下才能进行计算。但对于由壁面折转所引起的斜激波，通常只知道气流折转角 θ，而激波角 β 是未知的。故此需要导出气流折转角 θ 与激波角 β 和 Ma_1 之间的关系。

由图 8-30 中的几何关系，有

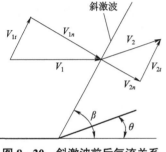

图 8-30　斜激波前后气流关系

$$\frac{V_{2n}}{V_{1n}} = \frac{V_{2t}}{V_{1t}} \frac{\tan(\beta - \theta)}{\tan\beta} = \frac{\tan(\beta - \theta)}{\tan\beta}$$

再由连续性方程，有

$$\frac{V_{2n}}{V_{1n}} = \frac{\rho_1}{\rho_2} = \frac{2 + (k-1)Ma_1^2 \sin^2\beta}{(k+1)Ma_1^2 \sin^2\beta} = \frac{\tan(\beta - \theta)}{\tan\beta}$$

整理得到

$$\tan\theta = \cot\beta \frac{Ma_1^2 \sin^2\beta - 1}{1 + Ma_1^2 \left(\frac{k+1}{2} - \sin^2\beta\right)} \tag{8-128}$$

此式表明，气流经过斜激波时的激波角 β 与气流折转角 θ 及波前马赫数 Ma_1 有关。首先分析一下在一定的马赫数下，β 的变化范围。

由正激波的性质可知，激波前的法向速度必然是超声速，即

$$Ma_1 \sin\beta \geqslant 1$$

对于给定的波前来流 Ma_1 来说，必定有一个最小的激波倾角

$$\beta_{\min} = \arcsin\frac{1}{Ma_1}$$

此时斜激波线就是马赫线。激波的最大倾角为

$$\beta_{\max} = \frac{\pi}{2}$$

此时激波就是正激波。所以在一定的来流 Ma_1 的条件下，斜激波倾角的范围为

$$\arcsin\frac{1}{Ma_1} \leqslant \beta \leqslant \frac{\pi}{2} \tag{8-129}$$

根据以上分析，由（8-128）绘制的对应不同的 Ma_1（$k=1.4$）下，θ 与 β 的变化关系曲线如图 8-31 所示。当 $\beta = \arcsin\frac{1}{Ma_1}$，$\beta = \frac{\pi}{2}$ 时，$\tan\theta = 0$，在这两个极限值范围内，θ 为正值，并且对应每一个给定的 Ma_1 值，有一个最大的 θ 值。

一般来说，$\beta(\theta)$ 是一个双值函数，在给定来流条件下，对应每一个 θ 值有两个可能的激波角 β，其中较大的 β 值对应的是强激波，较小的 β 值对应的是强度较弱的激波。

对式（8-128）和图中曲线进行分析，可以看出斜激波有以下特征：

（1）在下面两种情况下，气流折转角 θ 等于零。

① 当 $Ma_1^2 \sin^2\beta - 1 = 0$ 时，$\sin\beta = \frac{1}{Ma_1}$，斜激波角等于马赫角，激波退化为弱扰动波。

② 当 $\cot\beta = 0$，即 $\beta = \frac{\pi}{2}$ 时，为正激波。

（2）对应于每一个给定的来流马赫数，折转角都有一个极大值 $\theta_{\max}$，这是超声速气流通过斜激波时所能折转的最大角度。

（3）对于任一给定的来流马赫数，当 $\theta < \theta_{\max}$ 时，每一个折转角 θ 都对应着两个激波角 β，大 β 值对应的是强激波，而小 β 值对应的是弱激波。

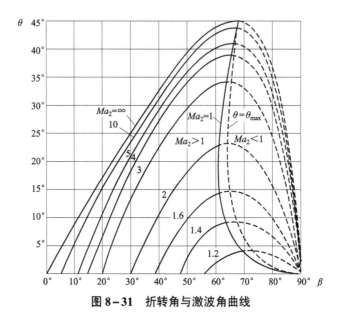

图 8-31　折转角与激波角曲线

（4）超声速气流流过楔形物体，当半楔角 θ 较小时，会在其尖端产生两条斜激波，激波后的气流速度还是超声速，但随着 θ 角增大到某一值时，气流速度变为亚声速。

在 $\beta-\theta$ 图中，有一条 $Ma_2=1$ 的曲线，曲线右面激波后流速为亚声速，曲线左面激波后流速为超声速，而 $Ma_2=1$ 的曲线和 $\theta=\theta_{max}$ 的曲线非常接近。因此，对于任意超声速气流，当激波后 $Ma_2=1$ 时，气流折转角达到最大值 θ_{max}。

（5）对于每一个 Ma_1，当 $\theta>\theta_{max}$ 时，相当于式（8-128）无解。实际上此时激波离开了楔形物体，斜激波变成了曲线形的脱体激波，如图 8-32 所示。

此时，波面的中间部分垂直于气流方向，形成正激波，因此在脱体激波于楔形物体之间出现一亚声速区。

形成脱体激波的原因如下：气流通过激波时压强突跃地增大，随着 θ 角增大到 θ_{max} 时，激波后面的压强增大将导致激波向前推移，从而形成脱体激波。

另外，对于超声速进气的叶片，其头部应做成尖角形，而不能做成亚声速气流下的圆钝形头部，否则将会产生脱体激波，引起很大的不可逆激波损失。

在超声速气流中，对于钝头物体，由于折转角的增大，不论来流马赫数为多少，其前方必定出现脱体激波，如图 8-33 所示。因此，我们把一定来流马赫数条件下，半楔角大于 θ_{max} 的尖楔也看作是钝头体。

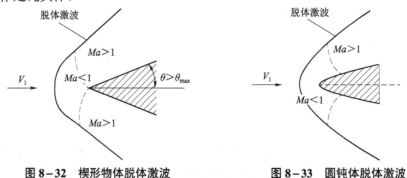

图 8-32　楔形物体脱体激波　　　　图 8-33　圆钝体脱体激波

由图 8-31 可见，最大折转角 θ 是随着来流马赫数 Ma_1 而改变的。对于确定的折转角 θ，当来流马赫数降到使 $\theta > \theta_{max}$ 时，激波脱体，这个马赫数称作脱体马赫数。当继续减小来流马赫数时，脱体激波向上游移动。

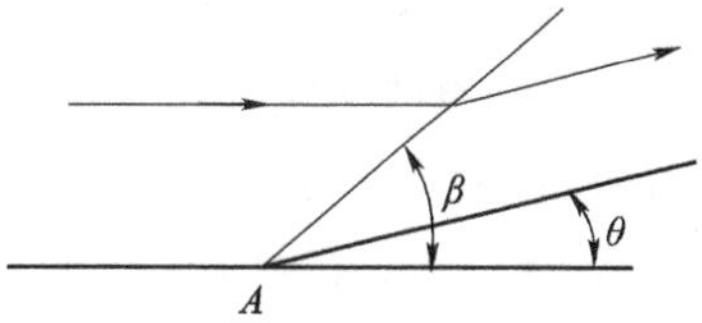

图 8-34 例题 8-12 用图

【例 8-12】马赫数和压强分别为 $Ma_1 = 3$，$p_1 = 2\,atm$ 的均匀来流沿平板流动，平壁在 A 点处突然偏转 $\theta = 15°$，如图 8-34 所示。

试求

（1）斜激波的倾角 β；

（2）波后气流 Ma_2 和 p_2。

解：

（1）由图 8-31 查得，对应 $Ma_1 = 3, \theta = 15°$，激波角 $\beta \approx 32°$。

将 $k = 1.4$ 和 $\beta = 32°$ 代入关系式

$$\tan\theta = \cot\beta \frac{Ma_1^2 \sin^2\beta - 1}{1 + Ma_1^2\left(\dfrac{k+1}{2} - \sin^2\beta\right)}$$

得到 $\theta = 14.767°$，与题设 $\theta = 15°$ 略有误差。

再设 $\beta = 32.25°$，代入，得到 $\theta = 15.01°$，最后得到 $\beta = 32.25°$。

（2）由式（8-127）

$$Ma_2^2 \sin^2(\beta - \theta) = \frac{2 + (k-1)Ma_1^2 \sin^2\beta}{2kMa_1^2 \sin^2\beta - (k-1)}$$

将 $k = 1.4$，$Ma_1 = 3$，$\theta = 15°$ 和 $\beta = 32.25°$ 代入，得到

$$Ma_2^2 \sin^2(32.25 - 15) = \frac{3.025}{6.775\,56} = 0.446\,46 \Rightarrow Ma_2 = 2.25$$

将 $p_1 = 2\,atm$，$k = 1.4$，$Ma_1 = 3$ 和 $\beta = 32.25°$ 代入式（8-125）

$$\frac{p_2}{p_1} = 1 + \frac{2k}{k+1}(Ma_1^2 \sin^2\beta - 1) = \frac{2k}{k+1}Ma_1^2 \sin^2\beta - \frac{k-1}{k+1}$$

得到

$$\frac{p_2}{p_1} = 2.823 \quad \Rightarrow \quad p_2 = 2.823p_1 = 5.646\,3\,atm$$

习　题

8-1　求下列条件下的声速。

（1）在温度为 500 K 的空气中。

（2）压强为 750 kPa，密度为 8.3 kg/m³。

8-2　速度为 200 m/s、温度为 300 K（绝对）的空气流过一个圆柱，在滞止点温度会上升多少？

8-3　空气流经无摩擦的绝热管道，在 1 截面处的温度为 400 K，压强为 200 kPa，流速

为 190 m/s；在下游 2 截面处的流速等于声速。试计算 2 截面处的温度、速度、压强和密度。

8-4　绝热指数 $k=1.333$ 的气体在管中做等熵流动，若截面 1 处的马赫数为 0.5，压强为 200 kPa；截面 2 处的马赫数为 0.67。试求截面 1 和截面 2 之间的压降。

8-5　已知容器中空气的温度为 25 ℃，压强为 50 kPa（绝对），容器中的空气自出口截面直径为 10 cm 的渐缩喷管中排出。设流动为等熵流动，试确定出口截面处的速度和温度。

（1）环境压强 30 kPa（绝对）。

（2）环境压强 20 kPa（绝对）。

（3）环境压强 10 kPa（绝对）。

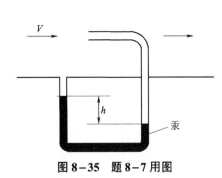

图 8-35　题 8-7 用图

8-6　设计一个超声速风洞，试验段马赫数 $Ma=2.0$，截面积为 0.6 m×0.6 m。实验中规定试验段的压强为 0.5 个大气压。试计算

（1）喉部截面积。

（2）所需要的总压。

（3）风洞的流量。（设总温为室温 20 ℃）

8-7　测得管道中的气流流速为 $V=100$ m/s，气体温度 $T=300$ K。用水银测压计测量时，测得 $h=100$ mm，试确定管道中的压强 p（图 8-35）。

8-8　流场中一条流管的 1 截面上，$V_1=150$ m/s，$p_1=68.8$ kN/m²，$T_1=5$ ℃。在下游的 2 截面处，其截面积较 1 截面小 15%，设流体为理想气体做等熵流动，试求下游 2 截面处的 p_0、T_0、p_2、T_2、Ma_2。

8-9　空气在直径为 0.1 m 的圆管中做绝热流动。设入口马赫数为 0.2，试计算入口至马赫数为 1.0 和 0.6 截面的管长。（设管道的摩擦阻力系数 $\lambda=0.003$）

8-10　在马赫数为 Ma_1 的超声速气流中，用皮托管测得滞止压强为 p_{02}，试证明来流压强可由下式求得。

$$p_1 = p_{02} \frac{\left(\dfrac{2k}{k+1} Ma_1^2 - \dfrac{k-1}{k+1} \right)^{\frac{1}{k+1}}}{\left(\dfrac{k+1}{2} Ma_1^2 \right)^{\frac{k}{k-1}}}$$

8-11　马赫数为 1.5，压强为 101 kPa，温度为 293 K 的空气流过静止的正激波，试求激波后气流的速度和滞止压强。

补 充 习 题

B8-1　在理想气体中，声速正比于气体的（　　）。

（A）密度　　　　（B）压强　　　　（C）热力学温度　　　（D）以上都不是

B8-2　马赫数 Ma 等于（　　）。

（A）V/c　　　（B）c/V　　　　（C）$\sqrt{kp/\rho}$　　　（D）$1\sqrt{k}$

B8-3　在变截面喷管内，亚声速等熵气流随截面面积沿程减小而（　　）。

（A）V 减小　　　　（B）p 增大　　　　（C）ρ 增大　　　（D）T 下降

B8-4　有摩擦的超声速绝热管流，沿程（　　）。

（A）V 增大　　　　（B）p 减小　　　　（C）ρ 增大　　　（D）T 下降

B8-5　收缩喷管中临界参数如果存在，它将出现在喷管的（　　）。

（A）进口处　　　　　　　　　　（B）出口处

（C）出口处前某处　　　　　　　（D）出口处某假想面

B8-6　超声速气体在收缩管中流动时，速度（　　）

（A）逐渐增大　　　　　　　　　（B）保持不变

（C）逐渐减小　　　　　　　　　（D）无固定变化规律

B8-7　试证明：

（1）若假定声速传播过程为等温过程，则理想气体的声速为 $c=\sqrt{RT}$。

（2）若液体的体积弹性模量为 E，密度为 ρ，则液体中的声速为 $c=\sqrt{E/\rho}$。

B8-8　在离开海平面 $0\sim11\text{ km}$ 的范围内，大气温度随高度的变化规律为 $T=T_0-\alpha h$，式中 $T_0=288\text{ K}$，$\alpha=0.0065\text{ K/m}$。现一飞机在 $h=10\,000\text{ m}$ 的高空飞行，飞行当地马赫数 $Ma=0.8$，求飞机相对于地面的速度 V_0，取气体常数 $R=287\text{ J/(kg·K)}$。

B8-9　某一等熵气流的马赫数 $Ma=0.8$，并已知其滞止压强 $p_0=5\times98100\text{ N/m}^2$，温度 $T_0=20\text{℃}$，试求滞止声速 c_0、当地声速 c、气流速度 V 和气流绝对压强 p。

B8-10　对于静止的理想气体，试证明经过微弱压强扰动后，压强的相对变化值为

$$\frac{\mathrm{d}p}{p}=k\frac{\mathrm{d}V}{c}$$

而热力学温度的相对变化值为

$$\frac{\mathrm{d}T}{T}=(k-1)\frac{\mathrm{d}V}{c}$$

B8-11　有一充满压缩气体的储气罐，其内绝对压强 $p_0=0.8\text{ MPa}$，温度 $T_0=70\text{℃}$，打开阀门后，空气经渐缩喷管流入大气中。在出口处直径 $d=5\text{ cm}$，试确定在出口处的空气流速 V 和质量流量 Q_m（取 $R=287\text{ J/(kg·K)}$）。

B8-12　试证明对于等熵流动，在 $\dfrac{\mathrm{d}A}{\mathrm{d}x}=0$ 的断面上，若 $Ma\neq1$，则必有 $\dfrac{\mathrm{d}u}{\mathrm{d}x}=0$ 和 $\dfrac{\mathrm{d}p}{\mathrm{d}x}=0$。

B8-13　试计算流过进口直径 $d_1=100\text{ mm}$，绝对压强 $p_1=420\text{ MPa}$，温度 $T_1=20\text{℃}$，喉部直径 $d_2=50\text{ mm}$，绝对压强 $p_2=350\text{ kPa}$ 的文丘里管的空气质量流量 Q_m。（设为等熵流动）

B8-14　气流等熵地流过一缩放管道，如图 8-36 所示。设管道进口直径 $d_1=75\text{ mm}$，压强 $p_1=138\text{ kPa}$，温度 $T_1=15\text{℃}$。当流量 $Q_m=335\text{ kg/h}$ 时，喉部压强 p_2 不得低于 127.5 kPa，问喉部直径 d_2 应为多少？

B8-15　如图 8-37 所示，用皮托管测得静压为 $35\,850\text{ Pa}$（表压），总压强与静压强之差 $h=49.4\text{ cm}$ 汞柱，由气压计读得大气压为 75.5 cm 汞柱，而空气流的滞止温度为 $T_0=27\text{℃}$。假设两种情况：

（1）空气是不可压缩的；

（2）空气可压缩且为等熵过程。

取 $R=287\text{ J/(kg·K)}$，试分别计算空气的速度 V。

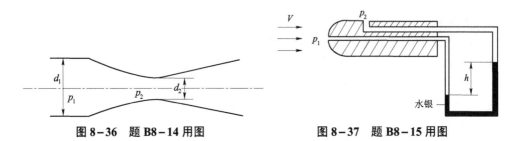

图 8-36 题 B8-14 用图　　　　　图 8-37 题 B8-15 用图

B8-16 气体流过一扩压器，如图 8-38 所示，已知入口速度、压强、温度分别是 V_1、ρ_1、T_1；出口温度是 T_2，扩压器的进、出口面积分别是 A_1 和 A_2；气体流过扩压器时与外界是绝热的。求在理想情况下，扩压器出口截面上的压强 p_2。

B8-17 空气在直径为 10.16 cm 的管道中等熵流动，质量流量为 1 kg/s，滞止温度为 38 ℃。在管道某截面处的静压为 41 360 Pa，试求该截面处的马赫数 Ma、速度 V 及滞止压强。

B8-18 用 U 形管测量风速的装置如图 8-39 所示。设气体以速度 V 做匀速流动，已知环境压强为 $p=1$ atm（绝对），环境温度为 $T=20$ ℃。测得 U 形管中的水的液面差 $h=5$ cm，分别设：

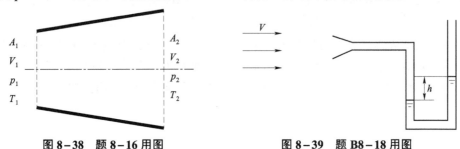

图 8-38 题 8-16 用图　　　　　图 8-39 题 B8-18 用图

（1）空气为不可压缩流体；

（2）空气为可压缩流体的等熵流动。

试求气体的来流速度 V。

B8-19 有直径 75 mm、长 900 m 的水平管道输送等温 18 ℃的压缩空气。入口和出口压强分别为 1 240 kPa 和 380 kPa，沿程损失系数为 0.018，试确定流过此管道的质量流量。

B8-20 空气在内径为 20 cm、损失系数 $\lambda=0.025$ 的等截面管中做绝热流动。在管道进口处 $p_1=300$ kPa（绝对），$T_1=40$ ℃，$V_1=55$ m/s。求管道的最大长度以及最大管长出口处的压强、温度和速度。

B8-21 空气以 $Ma_1=0.4$ 流入并以 $Ma=0.8$ 流出绝热等截面管道。试求 $Ma=0.6$ 的截面位置。

B8-22 空气在管道内做绝热流动，并流出到大气。已知空气温度为 16 ℃，运动黏度 $\nu=15.3\times10^{-6}$ m²/s，钢管内径为 $D=10$ cm，沿程阻力损失系数 $\lambda=0.017\,5$。上游一截面处马赫数 $Ma_1=0.3$，压强比 $p_1/p_2=0.3$。求此截面到出口的管长，并判断是否为最大管长。

B8-23 空气在光滑水平管中流动，管长 $L=200$ m，管径 $D=5$ cm，摩阻系数 $\lambda=0.016$，进口处绝对压强 $p_1=10^6$ Pa，温度 $T_1=20$ ℃，流速 $V_1=30$ m/s，求沿此管的压降。若

（1）气体为不可压缩流体。

（2）气体可压缩、等温流动。

（3）气体可压缩、绝热流动。

B8-24　一正激波以 600 m/s 的速度在静止的空气中前进，静止空气的压强为 111 kPa，温度为 303 K。试求激波通过后，空气的马赫数、温度、速度和压强分别有多大？

B8-25　来流马赫数为 $Ma_1 = 3$，气流通过 $\beta = 60°$ 的斜激波，若波前温度为 $T_1 = 293K$，试求波后马赫数。

B8-26　超声速气流流过一个顶角 $2\alpha = 20°$ 的楔形物体，在楔形物体的顶点产生斜激波，激波角 50°，现测得激波前的滞止温度为 288 K。问此激波前的空气流的马赫数和速度多大？

B8-27　超声速空气流的马赫数为 2，压强为 101.3 kPa，温度为 290 K，流过一斜面使气流折转了 5°。问此空气流通过斜激波后的压强、温度和速度是多少？

思　考　题

（1）声音的传播速度与介质的可压缩性之间有什么关系？

（2）声音的传播速度与介质的流动速度之间有什么关系？

（3）气体在管道中的流动速度与管道截面的变化之间有什么关系？

（4）分析理想气体绝热流动伯努利方程中各项的物理意义，并与不可压缩流体伯努利方程相比较。

（5）试分析理想气体一元恒定流动的连续性方程的意义，并与不可压缩流体的连续性方程进行比较。

（6）简述当地速度、当地声速、滞止声速、临界声速各自的意义，以及它们之间的关系。

（7）为什么说亚声速气流在收缩形管道或等截面管道中，无论管路多长，也得不到超声速气流？

（8）在什么条件下才可能把管流视为绝热流动或等温流动？

（9）气体在等截面绝热管道中流动，气流马赫数一定会越来越大吗？为什么？

（10）气体在等截面等温管道中流动，气体的流速一定会越来越高吗？为什么？

（11）气体在沿途有加热的等截面管道中流动，气体的温度一定会越来越高吗？为什么？

（12）试分析等断面实际气体等温流动时，沿流程速度、密度、温度、压强是怎样变化的。

（13）叙述激波的形成条件。

（14）为什么说通过激波的流动不能作为等熵流动来处理？

（15）什么情况下会产生脱体激波？

第9章
流体机械概述

在前面我们分别讨论了管道内的阻力和能量损失、相似理论与量纲分析以及黏性流动等流体力学的基本理论和方法。在这一章我们首先介绍流体机械的概念、分类和基本参数，然后应用前面学习的基本理论和方法，讨论最常用的流体机械——水泵的相似参数、泵的性能特性和泵在管路内的运行特性。

第1节　流体机械及其分类

流体机械是一种以流体（包括气体或液体）为工作介质与能量载体的机械，在流体机械的工作过程中实现流体具有的机械能与机械的机械能相互转化。一般而言，流体机械不包括进行热能转换的汽轮机和燃气轮机以及喷气式发动机，而限定在进行机械能转换的机械。虽然在流体机械中也会有某种热力学过程的发生，但一般情况下是伴随过程，而非流体机械的基本功能。

由于流体机械是一类应用非常广泛的机械设备，为了适应不同的场合，其结构形式和工作原理也有很大的差别。由于流体机械是一种能量转换机械，其基本的分类方式可以按能量传递方式的不同，将流体机械分为原动机和工作机。所谓原动机就是利用输入流体的机械能，通过流体机械的转换而输出机械的功量，如水轮机、燃气轮机等。在图9-1（a）中，如果水流由上游向下游流动，水轮机将利用 1 和 2 断面间水的机械能，以旋转的形式（包括转速和扭矩）输出机械能。工作机则是将机械的机械能转换为流体的机械能，如泵、风机等。如图9-1（b）所示，在 1 和 2 断面间安装水泵，水泵对水流做功，水流由下游水池向上游流动。

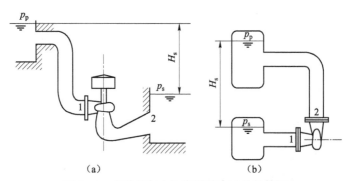

图9-1　水轮机与水泵在系统中工作的简图

根据流动介质与机械相互作用的方式不同，可以将流体机械分为容积式和叶片式。在容积式流体机械中，流动介质被封闭在腔体内，通过腔体容积的变化实现能量的转换。根据腔体容积变化方式的不同，可以将容积式流体机械分为往复式和回转式：在汽车发动机中，活塞的往复运动导致了燃烧室容积的周期性变化，这是一种典型的往复式结构；在齿轮泵中，转动的齿轮相互啮合导致齿轮与壳体之间空腔容积的周期性变化，这是一种典型的回转式结构。在叶片式流体机械中，流动介质在由叶片形成的连续流道中流动，通过与叶片的作用实现能量的转换。根据流动介质压力和速度变化规律的不同，可以将叶片式流体机械泵分为冲击式和反击式：在冲击式水轮机中，高速水流冲击涡轮叶片后动能迅速降低，这是一种典型的冲击式结构；在轴流式水泵中，叶片对水流做功，导致其压力迅速增加，这是一种典型的反击式结构。

此外，根据流动介质的性质，可以将流体机械分为两类：以液体为工作介质的流体机械称为水力机械，以气体为工作介质（不考虑内能变化）的则称为叶片机械。两种流动介质的主要区别在于可压缩性的不同：在热力机械中，能量转换形式除了流动功之外，还包含由于气体体积变化导致的内能变化；而在绝大多数的应用场合，液体的可压缩性是被忽略的，即流动功是水力机械中能量转换的主要形式。

图 9-2 所示为流体机械的分类。应该指出，流体机械在国民经济各部门和社会生活各领域都得到了极为广泛的应用，种类繁多，用途广泛，因此还有许多其他的分类方法，限于篇幅，本书不一一介绍。

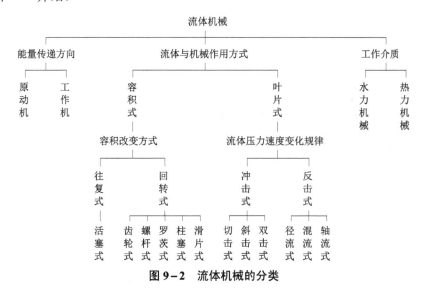

图 9-2　流体机械的分类

随着技术的发展，流体机械的应用逐渐深入到经济生活领域的各个方面。在现代电力行业中，叶片式流体机械承担了几乎所有的发电量，约 1/3 的电量用于驱动风机、压缩机和水泵。在水利工程领域，无论是灌溉、排涝、供水，还是南水北调等大型水利工程都离不开流体机械；在化学工业中，输送各种参与反应的原材料、溶液需要的泵和压缩机一直被称为"化工厂的心脏"；在钢铁工业中，钢铁冶炼过程中需要的通风供水等过程需要相当数量的泵；在航空航天领域，高速涡轮泵不仅是液体火箭发动机的核心部件，也是飞机燃料输送的核心部件。此外，流体机械在石油行业、低温与制冷工程、生物医学工程、海洋工程等领域均发挥着不可替代的作用。

由于流体机械的应用场合、做功原理和适用介质千变万化，故很难在现有的篇幅中针对所有的流体机械进行介绍，下面我们仅以水泵为例进行说明和介绍。

第2节　泵的基本性能参数

表征泵性能的参数主要包括流量、扬程、功率、效率、转速和汽蚀余量，下面分别介绍。

一、流量

流量是泵在单位时间内所输送的液体量（体积或重量），以 Q 表示。常用的体积流量的单位为 m^3/s、L/s 和 m^3/h，常用的重量流量的单位是 t/h 和 kg/s。

每台水泵都可以在一定的流量范围内工作，我们称为工作区。若超出这个范围，泵的效率将明显下降。我们称泵的效率最高时所对应的流量为最优流量。泵的额定流量是指生产厂家希望用户经常运行的流量，一般与设计流量相符。

二、扬程

扬程是指泵所抽送的单位重量的液体从泵进口（泵进口法兰）到出口（泵出口法兰）能量的增值，也就是泵对单位重量的液体所做的功，用字母 H 表示，其单位为 m，即所抽送液体的液柱高度。

根据定义，泵的扬程可以写为

$$H = E_2 - E_1 \tag{9-1}$$

式中，E_2 为在泵出口处单位重量液体的能量，m；E_1 为在泵出口处单位重量液体的能量，m。

单位重量液体的能量在水力学中称为水头，通常由压力水头 $\dfrac{p}{\rho g}$（m）、速度水头 $\dfrac{v^2}{2g}$（m）和位置水头 z（m）三部分组成，即：

$$E_1 = \frac{p_1}{\rho g} + \frac{v_1^2}{2g} + z_1$$

$$E_2 = \frac{p_2}{\rho g} + \frac{v_2^2}{2g} + z_2$$

式中，p_1、p_2 为泵进口、出口处液体的静压力，N/m^2；v_1、v_2 为泵进口、出口处液体的速度，m/s；z_1、z_2 为泵进口、出口处至测量基准面的距离，m；ρ 为液体密度，kg/m^3；g 为重力加速度，m/s^2。

因此，泵的扬程可写为

$$H = E_2 - E_1 = \frac{p_2 - p_1}{\rho g} + \frac{v_2^2 - v_1^2}{2g} + (z_2 - z_1) \tag{9-2}$$

需要强调的是：

（1）泵的扬程表征的是泵本身的性能，只和泵进口、出口法兰处的液体能量有关，而与泵装置无直接关系。但是，我们可通过装置中液体的能量表示泵的扬程。

（2）泵的扬程并不等于扬水高度，扬程是一个能量概念，既包括了吸水高度的因素，也包括了出口压水高度，还包括了管道中的水力损失。

三、功率

泵的功率通常指输入功率，即原动机传到泵轴上的功率，故又称轴功率，以 P 表示。此外，还有泵有效功率的概念。有效功率是指单位时间内输送出去的液体在泵中获得的有效能量，又称输出功率，以 P_u 表示，功率的单位一般为 kW。

因为扬程是泵输出的单位重量的液体从泵中获得的有效能量，所以扬程和质量流量及重力加速度的乘积，就是单位时间内从泵中输出液体所获得的有效能量——泵的有效功率，即

$$P_u = \rho g Q H \tag{9-3}$$

或

$$P_u = \rho g Q H / 1\,000$$

四、效率

轴功率不可能全部用于对液体做有效功，其中一部分功率要在泵内损耗。轴功率 P 和有效功率 P_u 之差为泵内的损失功率，其大小用泵的效率来计量。效率被定义为有效功率和轴功率之比，用 η 表示：

$$\eta = \frac{P_u}{P} \times 100\% = \frac{g_\rho Q H}{P} \times 100\% \tag{9-4}$$

五、转速

转速是泵单位时间内的旋转次数，用符号 n 表示，单位是 r/min。

六、空化余量

空化余量是指水泵进口处，单位重量液体所具有超过饱和蒸汽压力的富余能量，它主要反映泵的吸水性能（或抗空化性能），单位为 m，用符号 NPSH 表示。该符号取自英文 Net Positive Suction Head，因此，又称净正吸入水头。在水泵样本中，也用 Δh 表示空化余量。

此外，还有另外一个指标，同样反映水泵的吸水性能，这就是允许吸上真空高度，以 H_s 表示，单位也为 m。它是指水泵在标准状况下运转时，所允许的最大的吸上真空高度。

【例 9-1】如图 9-3 所示，泵从下容器向上容器供水，试用下面两组参数分别表示泵的扬程。

（1）泵出口法兰处压力计读数 M_d（m）、泵进口法兰处真空表读数 V_s（m）、表距 ΔZ（m）、泵进出口法兰处速度 V_1 和 V_2（m/s）；

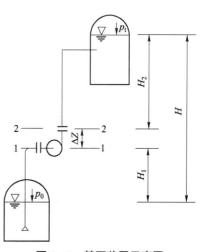

图 9-3　某泵装置示意图

（2）压力 p_0、p_t（N/m²），几何高度 H_1、H_2、ΔZ（m），进水管路和出水管路的水头损失 h_1、h_2（m）。

解：（1）根据压力计、真空表的读数规则，有

$$M_d = \frac{p_2}{\rho g} - \frac{p_a}{\rho g}, \quad V_s = \frac{p_a}{\rho g} - \frac{p_1}{\rho g}$$

$$\frac{p_2}{\rho g} = M_d + \frac{p_a}{\rho g}, \quad \frac{p_1}{\rho g} = \frac{p_a}{\rho g} - V_s$$

故

$$H = M_d + V_s + \frac{V_2^2 - V_1^2}{2g} + \Delta Z$$

（2）假定上下容器的容积足够大，列吸入液面和泵进口、排出液面和泵出口间的伯努利方程。

由

$$\frac{p_0}{\rho g} = \frac{p_1}{\rho g} + \frac{V_1^2}{2g} + H_1 + h_1$$

得

$$E_1 = \frac{p_1}{\rho g} + \frac{V_1^2}{2g} + H_1 = \frac{p_0}{\rho g} - h_1$$

由

$$\frac{p_2}{\rho g} + \frac{V_2^2}{2g} = \frac{p_t}{\rho g} + H_2 + h_2$$

得

$$E_2 = \frac{p_2}{\rho g} + \frac{V_2^2}{2g} + H_1 + \Delta Z = \frac{p_t}{\rho g} + H_2 + h_2 + H_1 + \Delta Z$$

则

$$H = E_2 - E_1 = \frac{p_t - p_0}{\rho g} + H_1 + H_2 + \Delta Z + h_1 + h_2$$

第3节　水泵的相似理论和特性分析

量纲分析和相似理论对于推动流体机械在实际工程中的应用起到了其他应用流体力学所不能替代的作用。该理论使得流体机械的研制可以通过制造和实验较小数量及尺度的流体机械模型，进行研究并改善其性能，然后生成系列的原型机组。相似率能够通过小尺度的模型实验预测真机的性能，同时也可以在已知特性曲线的条件下预测给定流体机械（水泵）在不同转速或不同叶轮直径下的性能。下面我们利用第5章的量纲分析理论和方法推导泵的相似准则。

影响泵性能的最重要的参数包括扬程 H、流量 Q、转速 n、叶轮直径 D、重力加速度 g，

相互关系可以表示为

$$f(H,Q,n,D,g)=0 \tag{9-5}$$

选择两个基本量分别为转速 n 和叶轮直径 D，根据 π 定理上述关系可以表示为

$$f\left(\frac{H}{D},\frac{Q}{nD^3},\frac{g}{n^2D}\right)=0 \tag{9-6}$$

大量实验数据证明，$\dfrac{g}{n^2D}$ 和 $\dfrac{H}{D}$ 成反比例关系，因此可以排除一个量纲为 1 的参数，上述关系进一步表示为

$$f\left(\frac{Q}{nD^3},\frac{gH}{n^2D^2}\right)=0 \tag{9-7}$$

因此，可以获得流量以及扬程与转速、叶轮半径的相互关系：

$$Q\propto nD^3 \tag{9-8}$$

$$H\propto n^2D^2 \tag{9-9}$$

此外，泵的功率 $P\propto QH$，所以有

$$P\propto n^3D^5 \tag{9-10}$$

上述三个方程描述了泵的流量、扬程和功率与转速以及叶轮直径的关系，基于此，可以定义泵的三个相似参数如下：

（1）流量系数

$$K_Q=\frac{Q}{nD^3} \tag{9-11}$$

（2）扬程系数

$$K_H=\frac{H}{n^2D^2} \tag{9-12}$$

（3）功率系数

$$K_P=\frac{P}{n^3D^5} \tag{9-13}$$

在实际应用中，可以通过实验室的模型泵计算三个相似参数 K_Q、K_H 和 K_P，然后通过相似计算预测实际泵的性能。

【例 9-2】推导扭矩对应的相似参数。

功率的表达式为

$$P=\rho gQH=T\omega$$

因此有

$$T=\frac{\rho gQH}{\omega}$$

将 $Q=K_Q nD^3$、$H=K_H n^2D^2$ 以及 $\omega=2\pi n/60$ 代入，可得

$$T=K_Q K_H\left(\frac{60}{2\pi n}\right)n^3D^5\equiv K_T n^2D^5$$

所以扭矩对应的相似参数为

$$K_T = \frac{T}{n^2 D^5}$$

水泵叶轮结构不同，其特性也就不同。上述三个基本相似参数都含有叶轮直径这个参数，为了更方便地对不同叶轮直径水泵进行比较和分类，希望能有一个综合参数，它既能反映泵的几何形状，又能用性能参数来表达，并且对所有几何相似、工况相似的一系列泵，该参数都相等。这个参数就是水泵的比转速，用符号 n_s 表示，它是水泵叶轮形状及性能的相似判据。下面推导比转速的表达式。

比转速可以根据流量系数和扬程系数推导获得，由式（9－11）得

$$D = \left(\frac{Q}{n K_Q} \right)^{\frac{1}{3}}$$

代入式（9－12）扬程系数表达式可以得到

$$K_H = \frac{H}{n^2} \left(\frac{n K_Q}{Q} \right)^{\frac{2}{3}}$$

化简可得

$$\frac{K_H}{K_Q^{\frac{2}{3}}} = \frac{H}{n^2} \left(\frac{Q}{n} \right)^{\frac{2}{3}} = \frac{Q^{\frac{2}{3}}}{n^{\frac{4}{3}}} H$$

该式还可改写为

$$\frac{n \sqrt{Q}}{H^{\frac{3}{4}}} = \frac{K_Q^{\frac{9}{8}}}{K_H^{\frac{3}{4}}} = 常数 \tag{9－14}$$

式（9－14）表明，对于几何相似、工况相似的泵，其 n、Q、H 三个参数按某种方式组合后的计算结果相同，这正是我们寻找的判别指标，用符号 n_q 表示如下

$$n_q \equiv \frac{n \sqrt{Q}}{H^{3/4}} \tag{9－15}$$

式中，n_q 称为比转速（Specific Speed），是工况的函数，是无因次量。

比转速的概念首先是从水轮机的参数引出的。在水轮机中，工况参数是出力 P、转速 n 和水头 H，而出力 P 的单位是马力[①]，则它的比转速 n_s 为

$$n_s = \frac{n \sqrt{P}}{H^{5/4}}$$

如果将 $P = \rho g Q H / 735.5 = 1\,000 \times 9.81 Q H / 735 = H Q / 0.075$ 代入上式，得

$$n_s = \frac{3.65 n \sqrt{Q}}{H^{3/4}} \tag{9－16}$$

---

① 1 马力=0.735 kW。

n_s 与 n_q 没有本质上的区别，只是数值不同。我国长久以来习惯使用 n_s，而欧美、日本等国习惯用 n_q，由于各国使用的单位制不一致，所以用式（9-15）和式（9-16）算出的结果不同。各国比转速换算关系如表 9-1 所示。

表 9-1 不同国家比转速计算公式对照

国别	中国、俄罗斯	美国	英国	日本
公式	$\dfrac{3.65n\sqrt{Q}}{H^{3/4}}$	$\dfrac{n\sqrt{Q}}{H^{3/4}}$	$\dfrac{n\sqrt{Q}}{H^{3/4}}$	$\dfrac{n\sqrt{Q}}{H^{3/4}}$
单位	Q (m³/s) H (m) n (r/min)	Q (u.s.gpm) H (ft) n (r/min)	Q (gpm) H (ft) n (r/min)	Q (m³/min) H (m) n (r/min)
换算关系	1 0.070 6 0.077 6 0.471	14.16 1 1.096 6.68	12.89 0.912 1 6.079	2.12 0.15 0.165 1

比转速实际是比例（或相似）常数，它可以看作是将水泵叶轮按比例缩小（或放大）到这样的程度，使其扬程 $H_m = 1\,\text{m}$，流量 $Q_m = 0.075\,\text{m}^3/\text{s}$，这个改变后的标准叶轮称为比叶轮（模型叶轮），这时比叶轮的转速即为原型泵的比转速 n_s。

由于在"叶轮"和"转速"前加上了"比"字，这就表明它们是用来比较的。而叶轮的规格种类非常多，如果没有一个共同标准，就无法比较。把叶轮都化为流量 Q 和扬程 H 相等的比叶轮，就可以根据不同的比转速 n_s 进行比较了。

在应用比转速 n_s 时，应注意以下问题：

（1）水泵在不同的工况下可有不同的比转速，为了统一起见，规定均按水泵最优工况（效率最高）时的流量、扬程和转速代入式（9-16）计算比转速。对于待设计的泵，以设计工况的参数代入式（9-16）计算比转速。对于同一台水泵在不同的转速下运行，其参数按比例律变化，只要按最优工况下的参数进行计算，所求得的比转速应保持不变。

（2）比转速 n_s 是由相似律推导出来的，因此，比转速相等是水泵几何相似、工况相似的必要条件。但比转速相等的水泵并不一定几何相似，这是因为构成泵几何尺寸的因素很多，特别是从一种泵型向另一种泵型转变时，会出现比转速相等而不属于同一系列泵的情况。例如，当 $n_s = 300$ 时，既可以设计成离心泵，也可以设计成混流泵。因此，n_s 相等不是水泵相似的充分条件。

（3）比转速应理解为叶轮的比转速，而不是整个水泵的，所以比转速公式中的 Q 和 H 对应于单级、单吸泵的流量和扬程。

对于双吸泵，n_s 应为

$$n_s = \frac{3.65n\sqrt{Q/2}}{H^{3/4}} \tag{9-17}$$

式中，Q 为泵的总流量。

对于多级泵，n_s 应为

$$n_s = \frac{3.65n\sqrt{Q}}{(H/i)^{3/4}} \qquad\qquad (9-18)$$

式中，H 为泵的总扬程；i 为叶轮的级数。当各级叶轮具有不同扬程时，应单独计算各级的比转速。

（4）不同形状的叶轮，其比转速 n_s 不同，性质也就不同，适用范围也有所差异。由比转速公式（9-16）可以看出，流量大、扬程低的泵，比转速就大，反之比转速就小。离心泵流量小、扬程高，其比转速就小；而轴流泵流量大、扬程低，其比转速 n_s 就大。离心泵的比转速一般小于 300；轴流泵的比转速为 500～1 200；混流泵介于离心泵和轴流泵之间，n_s 值为 300～500。随着比转速的由小变大，叶轮外径 D_2 与内径 D_1 的比值由大到小；叶片形状由狭长变为宽短；液流方向由径向变为斜向，最后变为轴向；泵型也就从离心泵逐步过渡到轴流泵。因此，可以根据比转速 n_s 的大小对水泵进行分类，如表 9-2 所示。

表 9-2　叶片泵按比转速 n_s 分类

水泵类型	离心泵			混流泵	轴流泵
	低比转速	中比转速	高比转速		
比较速	50～80	80～150	150～300	300～500	500～1 000
叶轮简图					
尺寸比	$D_2/D_1 = 2.5$	$D_2/D_1 = 2.0$	$D_2/D_1 = 1.8\sim1.4$	$D_2/D_1 = 1.2\sim1.1$	$D_2/D_1 = 1.0$
叶片形状	圆柱形叶片	进口处扭曲形出口处圆柱形	扭曲形叶片	扭曲形叶片	扭曲形叶片

（5）从水泵使用观点考虑，利用比转速 n_s 可进行初选水泵。例如，当拟选水泵所需流量 Q、扬程 H 和转速 n 已知时，即可求出所要选水泵的 n_s 值，从而确定出水泵的类型，然后进一步利用水泵特性曲线确定出具体泵的型号。

（6）从比转速 n_s 的物理概念来讲，n_s 的单位应该是 r/min，而由式（9-16）分析，比转速 n_s 的单位是 $(m/s^2)^{3/4}$，这说明式中的数据"3.65"是有单位的。但在实际应用时，可将比转速 n_s 当作量纲为 1 的量使用。

第 4 节　水泵的特性曲线

由速度三角形可知，泵内运动参数之间存在着一定的联系，由此推断，在运动参数的外部表现——性能参数之间，也必然存在着相应的联系。用实验的方法测出有关工作参数，再绘出其关系曲线，用曲线反映它们之间的内在联系和变化规律，这种关系曲线称为水泵的特性曲线（或性能曲线）。

水泵一般是在一定的转速下运行，在转速 n 确定的情况下，用实验方法分别测出每一流量 Q 下的扬程 H、轴功率 P、效率 η 和空化余量 $NPSH$（或 Δh，或允许吸上真空高度 H_s）

值，绘出 $H-Q$、$P-Q$、$\eta-Q$ 和 $NPSH-Q$（或 $\Delta h-Q$，H_s-Q）四条曲线，总称为水泵的基本特性曲线。图 9-4 所示为离心泵的基本性能曲线的实例。

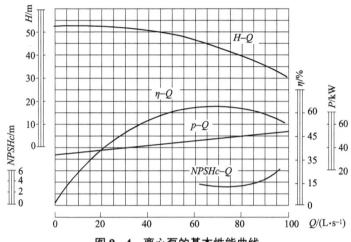

图 9-4 离心泵的基本性能曲线

为了对水泵基本特性曲线的变化规律有比较深入的了解，有必要对水泵基本特性曲线从理论上进行定性分析。下面按照（$H_{t\infty}-Q_t$）→（H_t-Q_t）→（$H-Q_t$）→（$H-Q$）的顺序，分析如何从 $H_{t\infty}-Q_t$ 关系得到实际的 $H-Q$ 关系。

（1）假定叶片无限多，作 $H_{t\infty}-Q_t$ 曲线。

由式（3-38），并考虑到图 3-31 的速度三角形的关系，可知无限多叶片数条件下的扬程为

$$H_{t\infty}=\frac{u_2^2}{g}-\frac{u_2\cot\beta_2}{g\pi D_2 b\psi_2}Q_t \qquad (9-19)$$

注意到，对于给定的泵，在给定转速的情况下，$H_{t\infty}-Q_t$ 为一下降的直线，直线的斜率取决于 β_2 的大小，β_2 越小直线就越陡。直线与纵坐标的交点为 $H_{t\infty}=\dfrac{u_2^2}{g}$，与横座标的交点为 $Q_t=\dfrac{u_2\pi D_2 b_2\psi_2}{\cot\beta_2}$，如图 9-5 中的直线 $H_{t\infty}-Q_t$ 所示。

（2）考虑有限叶片数影响，作 H_t-Q_t 曲线。

一般认为，叶片有限和无限多叶轮扬程由下式给出：

$$H_t=\frac{H_{t\infty}}{1+P} \qquad (9-20)$$

通常认为 P 与流量无关，是一常数。这样，H_t-Q_t 的关系也是一条直线，如图 9-5 中的直线 H_t-Q_t 所示。

（3）考虑泵内的水力损失，作 $H-Q_t$ 曲线。

泵的理论扬程 H_t 与实际扬程 H 之间的差异在于水力损失。泵内的水力损失包括沿程损失、局部损失和冲击损失，由第 4 章可知前两种损失与流量的平方成正比，即

$$h_f=K_{1+2}Q_t^2 \qquad (9-21)$$

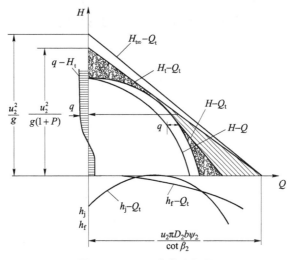

图 9-5 $H-Q$ 曲线分析图

该关系是一条通过原点的抛物线 h_f-Q_t。从曲线 H_t-Q_t 中扣除这部分损失，可得到一新的曲线。曲线已由原来的直线变为抛物线。

泵内的冲击损失是由于水泵偏离最优流量 Q_0 所形成的，偏离越远，冲击损失就越大，其关系可表示为

$$h_j = K_3(Q-Q_0)^2 \qquad (9-22)$$

这是一条与横坐标相切（$Q=Q_0$ 处）的抛物线 h_j-Q_t。从刚才得到的曲线中减去曲线 h_j-Q_t 所对应的损失值，便得到实际扬程 H 与理论流量 Q_t 的关系曲线 $H-Q_t$。

（4）考虑容积损失，作 $H-Q$ 曲线。

水泵流量 Q 是理论流量 Q_t 与漏损流量 q 之差。漏损流量 q 一般很小，它与密封环两侧压差 ΔH 的 1/2 次方成正比，也可表示为与理论扬程 H_t 的 1/2 次方成正比，其关系曲线是条很陡的抛物线，如图 9-5 所示。从曲线 $H-Q_t$ 的横坐标中减去相应的 q 值后，最终得到水泵的 $H-Q$ 曲线，这就是泵的实际流量扬程曲线。

水泵的轴功率 P 是理论功率（叶轮功率）P_t 与机械损失功率 ΔP_m 之和，即

$$P = P_t + \Delta P_m \qquad (9-23)$$

由前边分析可得理论功率 P_t 为

$$P_t = \rho g Q_t H_t = K\rho u_2^2 Q_t - \frac{K\rho u_2 \cot\beta_2}{\pi D_2 b_2 \psi_2} Q_t^2 \qquad (9-24)$$

根据上式，将 P_t-Q_t 关系用曲线表示在图 9-6 中，发现 P_t-Q_t 曲线是一条开口向下的抛物线，它与横坐标的交点有两个，分别为 $Q_t=0$ 和 $Q_t=u_2\pi D_2 b_2 \psi_2 \tan\beta_2$（即 $H_t=0$）。

由于机械损失是轴承、填料和盖板摩擦损失所消耗的功率，而这些损失几乎与流过叶轮的流量 Q_t 无关，故在 P_t-Q_t 曲线的纵坐标上加上一个常数 ΔP_m，即得到轴功率 P 与理论流量 Q_t 间的关系曲线 $P-Q_t$。考虑到漏损流量 q 与理论扬程有关，在 $P-Q_t$ 曲线上减去对应的 q

值，即得到轴功率与流量的关系曲线 $P-Q$，如图 9-6 所示。

在 $H-Q$ 和 $P-Q$ 曲线已知的情况下，便可求得水泵效率与流量关系曲线 $\eta-Q$，即

$$\eta = \frac{\gamma QH}{P} \times 100\% \qquad (9-25)$$

由于水泵的轴功率始终都大于零，所以当 $Q=0$ 时，$\eta=0$；当 $H=0$ 时，$\eta=0$，如图 9-4 所示。$\eta-Q$ 曲线是一条先上升后下降，且具有最高顶点的抛物线，该最高效率点所对应的参数

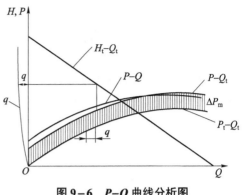

图 9-6　$P-Q$ 曲线分析图

就是水泵的最优流量 Q_0 和最优扬程 H_0，通常称为水泵的最优工况。

水泵的设计工况是在水泵设计前所给定的要求工况，而水泵的最优工况是水泵加工出来后得到的结果，一般应使设计工况与最优工况相吻合，但实际上很难做到这一点。水泵铭牌上所标注的工况一般是额定工况，额定工况一般与设计工况相差不大。

水泵的基本特性曲线是在该泵额定转速下的特性曲线，转速改变，其特性曲线也会发生改变，对应于不同转速就获得其相应的特性曲线，它可通过相似理论（比例律公式）求得，也可由试验方法获得。如果把这些曲线都分别表示出来的话，既费事又不便于使用，也不容易得到一个总的概念。因此，将这些曲线绘制在同一幅图上，就是所谓的通用特性曲线，如图 9-7 所示。

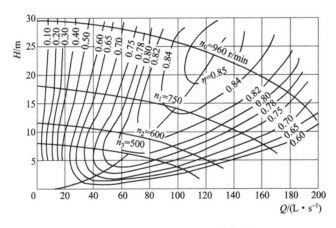

图 9-7　离心泵的通用特性曲线

在通用特性曲线中，有不同转速的 $H-Q$ 曲线和 $\eta-Q$ 曲线，将不同转速下的 $\eta-Q$ 曲线用等效率线来代替。等效率线的绘制方法类似于地形图中地面等高线的绘法，即把 $H-Q$ 曲线上各效率相同的点连接起来。有了通用特性曲线就可以确定出任何一组 Q、H 值下所对应的转速和效率，从而也可求得其相应功率。因此，通用特性曲线对于可变速的动力机或传动设备的水泵装置，在应用中提供了极大的方便。

第5节　水泵在管路系统中的运用

在第 4 章我们针对管路系统进行了分析和计算。管路系统中的流动在大多数情况下是由水泵来驱动的。在本节中我们讨论泵在管路系统的运行，解决给定管路系统如何选择匹配的水泵，这不仅要满足管路系统的压力和流量的要求，同时也需要水泵能在最高效率点运行。

每台水泵都有其不变的性能特性，此特性反映了在确定转速下泵的性能，在管路系统中，就表现为流量与扬程等参数的关系，用曲线表示即为性能曲线。我们把这些值在性能曲线上的具体点位，称为管路系统中泵的稳定工况点。通常，将稳定工况点称为运行工作点。

考虑如图 9-8 所示包含以水泵连接上下两个储水池的简单管路系统，系统随流量变化所需要的压力由下式给出：

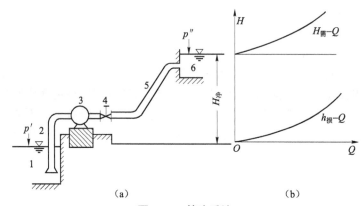

图 9-8　管路系统

1—下水池；2—进水管；3—水泵；4—闸阀；5—出水管；6—上水池

$$H_{需} = \frac{p'' - p'}{\rho g} + H_{净} + h_{损} \qquad (9-26)$$

$$h_{损} = h_{沿} + h_{局} = f\frac{L}{D}\frac{v^2}{2g} + \sum \xi \frac{v^2}{2g} = \left(f\frac{L}{D} + \sum \xi\right)\frac{Q^2}{2gA^2} = (S_{沿} + S_{局})Q^2 = SQ^2 \qquad (9-27)$$

式中，$H_{需}$ 为抽水系统需要的扬程，m；p'、p'' 为进、出水池水面的压力，Pa；$H_{净}$ 为抽水系统的净扬程，即进、出水池水位差，m；$h_{损}$ 为管路水头损失，m；L 为管路长度，m；D 为管径，m；A 为管路截面面积，m^2；f、$\sum \xi$ 为管路摩阻系数和各种局部阻力系数之和；$S_{沿}$ 管路沿程阻力参数，$S_{沿} = f\dfrac{L}{2gA^2D}$；$S_{局}$ 为管路局部阻力参数，$S_{局} = \dfrac{\sum \xi}{2gA^2}$；$S$ 为管路阻力参数。

当管路系统确定后，式（9-27）中除了流量 Q 外，各参数都有确定值，因此，$h_{损} - Q$ 的关系是一条二次抛物线，如图 9-8 所示。该曲线的曲率取决于管路的直径、长度、管壁表面粗糙度以及局部阻力附件的布置情况，水头损失数值随着流量的增大而增大。我们称该曲线为管路水头损失曲线。

将式（9-27）代入式（9-26）有

$$H_{需} = H_{净} + SQ^2 \qquad (9-28)$$

当上下游水位不变时，净扬程 $H_{净}$ 为常数。显然，需要扬程 $H_{需}$ 随流量 Q 的增大而增大。$H_{需}-Q$ 曲线是一条抛物线，反映了水位和管路本身的特性，与水泵无关，称该曲线为管路特性曲线，或需要的扬程曲线。

如果假定进、出水池的水位均不变，则可通过以下两种方法快速地确定抽水系统中水泵的工作点。

由前所述，泵的性能曲线 $H-Q$ 为一下降曲线，正常运行时，其形状不变；管路特性曲线 $H_{需}-Q$ 为一上升曲线，说明当 $H_{净}$ 不变时，管路中通过的流量越大，扬水需要的能量也越大，它和水泵无关。但在抽水系统中，扬水所需的扬程要靠水泵提供。如果把这两条曲线以同一比例画在同一坐标系中，可得一交点，如图 9-9 中的 A 点，则这一交点就称为该抽水系统中泵的工作点。这说明，当出水量为 Q_A 时，水泵所提供的扬程（能量）和扬水所需要的扬程（能量）恰好相等，故 A 点为供需平衡点，抽水装置处于稳定的运行工作状态。可见，泵的工作点实质上就是抽水系统供需能量的平衡点。

对于 A 点为何是供需平衡点，下面作简要分析。

若工作点不在 A 点而在左侧某一位置，由图 9-9 可以看出，此时流量小，水泵供给的能量大于管路系统所需要的能量，供需失去平衡，多余的能量会使管中水流加速、流量增大，直到工作点移至 A 点，达到能量供需平衡为止；反之亦然。

如果改变水泵出水管路上闸阀的开度，等于改变管路的特性曲线。新的 $H_{需}-Q$ 曲线会与水泵 $H-Q$ 曲线有一个新的交点，从而达到改变工作点（流量）的目的。

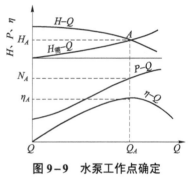

图 9-9　水泵工作点确定

这种图解方法可直观定量地得出该抽水系统中水泵流量大小。工作点确定后，还可从泵的 $P-Q$、$\eta-Q$ 曲线查出此流量对应的轴功率和水泵效率，如图 9-9 中虚线所示。

多台水泵向同一条出水管供水的运行方式，叫作水泵的并联运行。这种运行方式多用于灌排泵站，为了适应流量的变化，往往多台水泵合用一条出水管。另外我国北方常以群井开采地下水，供农田灌溉或城镇工业和生活用水，往往是一井一泵从井中吸水后，几台或十几台水泵汇入一根（或数根）主干管，再送入管网或沟渠中，或扬至出水池和水塔。

水泵并联工作的特点如下：

（1）输水干管中的流量等于各台并联水泵出水量之和。

（2）各台水泵在并联点处提供的扬程相等。

（3）可以通过开、停水泵的台数来调节泵站的流量和扬程，以达到节能和供水的目的。

（4）当并联工作的水泵中有一台损坏时，其他几台水泵仍可继续供水。因此，水泵并联运行提高了泵站运行调度的灵活性和供水的可靠性，是泵站中最常见的一种运行方式。

在水泵的选择和实际运用过程中，为满足用户对水量、水压的要求或者使水泵运行工况在高效率区以实现节能运行等目的，往往需要改变水泵的流量、扬程而使其工作点发生变化。这种采用改变水泵的性能或者改变管路的特性或者两者都改变的方法来改变水泵工作点的措施，称为水泵的工作点调节，或简称水泵的工况调节。其调节方法较多，现将常用的几种方法分述如下。

通过改变出水管路中闸阀开度的大小来达到改变水泵工作点的目的，这种调节方法称为变阀调节，亦称为节流调节。例如，闸阀关小，管路中的局部水头损失增加，管路阻力参数 S 值变大，由管路水头损失计算公式（9−27）知，在通过相同流量时，管路中水头损失增大。所以，随着闸阀开度的减小，管路系统性能曲线向左上方移动，工况点也沿 $H-Q$ 曲线向左上方移动，如图 9−10 所示。闸阀关得越小，局部水头损失越大，流量也就越小。

采用变阀调节时，人为地增加了管路内水头损失，造成了能量浪费，是很不经济的。但由于变阀调节简单易行，故在部分离心泵机组中仍有使用。特别是对水泵工作点偏离额定点以右较远时，运行中可能使动力机超载，这时可用变阀调节使工作点左移，作为临时调节水泵流量之用。

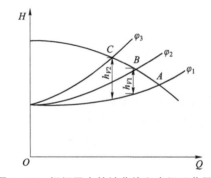

图 9−10　闸阀阻力特性曲线和变阀调节原理

补 充 习 题

B9−1　某大型游乐场要建造一个小型的瀑布景观，并利用环形流道以实现水的重复利用。为此需将低处水池 A 中的水运输至高处水池 B 中。图 9−11 所示为该环形流道的示意图，利用离心泵将水温为 25 ℃的水由水池 A 运输至水池 B。已知该离心泵的体积流量 q_v 为 110 m^2/h，水池 A 和 B 的液面高度差 z 为 15 m，水泵前管路直径 d_1 为 100 mm，管路长度 L_1 为 15 m，水泵后管路直径 d_2 为 80 mm，管路长度 L_2 为 30 m。不计局部损失和泵内流量损失，试求：

（1）水泵前、后管路的管阻损失 h_{f1}，h_{f2}？

（2）介质从水池 A 运输至水池 B，离心泵需提供的扬程 H_p？

（3）水泵的轴功率 P？

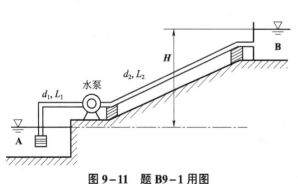

图 9−11　题 B9−1 用图

第10章
流体流动数值模拟

数值模拟练习1　缩放管道内的流动

问题：水流在如图 10－1 所示的缩放管道内做定常流动，已知管道入口处的流速 V=0.5 m/s，管道直径 D=20 mm，喉部直径 d=10 mm，试求管道入口截面处与喉部截面处的压强差，并对此流动进行数值模拟分析。

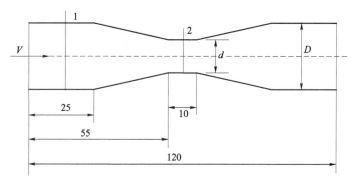

图 10－1　缩放管道

要求：通过数值模拟方法，分别计算距入口断面 20 mm 和 60 mm 处（喉部中间位置）两截面上的平均压强 p_1 和 p_2，以及两截面的压强差 $\Delta p = p_1 - p_2$。

目的：将伯努利方程计算结果与数值模拟的结果进行对比。

分析：这是一个伯努利方程应用的典型问题。按照理想不可压缩流体做定常流动的伯努利方程，有

$$Q = \frac{\pi D^2}{4} V = \frac{\pi D^2}{4} \sqrt{\frac{2gh}{\left(\dfrac{D}{d}\right)^4 - 1}} = \frac{\pi D^2 \sqrt{2g}}{4\sqrt{\left(\dfrac{D}{d}\right)^4 - 1}} \sqrt{h} = k_1 \sqrt{h} \qquad (10-1)$$

式中

$$k_1 = \frac{\pi D^2 \sqrt{2g}}{4\sqrt{\left(\dfrac{D}{d}\right)^4 - 1}} = 0.000\,359\,3$$

当流量为

$$Q = \frac{\pi D^2}{4} V = 0.000\,157\,1 \text{ m}^3/\text{s}$$

时，由式（10-1）知，理论上需要压差为

$$h = \left(\frac{Q}{k_1}\right)^2 = \frac{p_1 - p_2}{\rho g} = 0.191 \text{ m} \tag{10-2}$$

$$\Delta p = p_1 - p_2 = 1875 \text{ Pa}$$

由于流动阻力损失的存在，实际所需的液柱差应为 h_0，故有

$$Q = k_2 k_1 \sqrt{h_0} \tag{10-3}$$

式中，k_2 为流量修正系数。

注：当液柱差为 h_0 时，理论流量为 $Q_0 = k_1 \sqrt{h_0}$，由于流动阻力的存在，实际流量为 Q，则修正系数 k_2 就是实际流量与理论流量之比。

下面利用 Fluent 软件进行仿真计算，并求相应的流量修正系数 k_2。

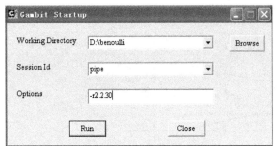

图 10-2 Gambit 启动对话框

③ 单击［Run］按钮，启动 Gambit。

第一步 启动 Gambit

（1）在 D 盘根目录下建立名为"benoulli"的文件夹。

（2）双击桌面上的"Gambit"图标，弹出如图 10-2 所示对话框。

① 在"Working Directory"右侧输入"D:\benoulli"(或用 Browse 查询)；

② 在"Session Id"右侧输入文件名"pipe"；

第二步 建立流动区域

分析：这是一个轴对称流动，可以建立一个对称面作为流域进行模拟计算。流动区域设置如图 10-3 所示，其中 af 为对称轴，$ABCDEF$ 为管道壁面，Aa 为速度入口边界，Ff 为压力出流边界。

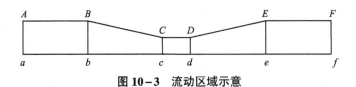

图 10-3 流动区域示意

1. 创建关键点

操作：GEOMETRY □ →VERTEX □ →CREATE VERTEX ⚒。

打开点创建对话框，如图 10-4 所示。

（1）用鼠标单击"Global"下的"x"：在右侧区域输入 A 点的 x 坐标值"-50"；

（2）鼠标单击"Global"下的"y"：在右侧区域输入 A 点的 y 坐标值"15"；

（3）保留其他默认设置，单击下面的［Apply］按钮。

这样就创建了点 A，在 Gambit 绘图窗口中的（-50，15，0）点处显示有一个白色的

十字。

按照表 10-1 中的坐标数据，分别创建 B、C、D、E、F 和 a、b、c、d、e、f 各点。创建完毕后的效果如图 10-5 所示，改善显示效果的方法如下。

（1）单击右下方工具栏中的［FIT TO WINDOW］按钮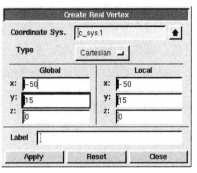，显示全部；

（2）按住鼠标右键上下移动，用于缩放图形；

（3）按住鼠标中键拖动鼠标，用于移动图形；

（4）按住鼠标右键左右移动，用于转动图形；

（5）单击右下方工具栏中的［ORIENT MODEL］按钮 ，可显示 xy 平面效果。

图 10-4　创建点对话框

经过上述操作，所创建的点如图 10-5 中"十"字所示。

表 10-1　坐标数据

	A	B	C	D	E	F	a	b	c	d	e	f
x	-60	-35	-5	5	35	60	-60	-35	-5	5	35	60
y	10	10	5	5	10	10	0	0	0	0	0	0

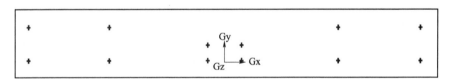

图 10-5　区域中的关键点

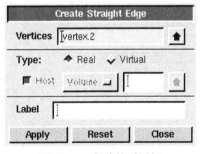

图 10-6　创建线对话框

2. 用这些点连成直线

操作：GEOMETRY →EDGE →CREATE EDGE 。

打开线段创建对话框，如图 10-6 所示。

（1）单击"Vertices"右侧黄色区域；

（2）按住［Shift］键顺序单击 a、A、B、C、D、E、F、f、e、d、c、b 点；

（3）保留其他默认设置，单击［Apply］按钮；

（4）按照上述方法，顺序单击 a、b、B 点，将相邻的两点连成线；

（5）顺序单击 c、C（d、D 和 e、E），分别创建 cC、dD 和 eE 线段，最后图形如图 10-7 所示。

注意：线段是有方向的，即由先选的点指向后选的点，这在后面划分网格时有用。

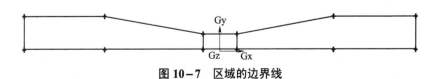

图 10-7　区域的边界线

3. 由线段创建面

一组封闭的线段包围一片区域，对于二维问题，就是一个面。现在创建的区域由 5 个面组成，即由 *ABbaA*、*BCcbB*、*CDdcC*、*DEedD*、*EFfeE* 分别围成的 5 个面组成。

操作：GEOMETRY → FACE → FORM FACE。

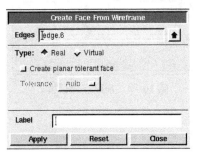

图 10-8　创建面对话框

打开创建面对话框，如图 10-8 所示。

（1）单击"Edges"右侧黄色区域；

（2）按住［Shift］键依次单击 *AB*、*Bb*、*ab* 和 *aA* 线段；

（3）单击［Apply］按钮。

这样就创建了由 *ABbaA* 所围成的面，组成面的线段由黄色变成了天蓝色。采用相同的操作方法，分别创建其他 4 个面。

注意：如果要为这个面命名，可在"Label"右侧空白区域输入名字。本例命令，系统默认为"face.1"，后边的面依次取名"face.2"和"face.3"等。

第三步　创建流域的网格

1. 创建线段网格

操作：MESH → EDGE → MESH EDGES 。

打开线段网格划分对话框，如图 10-9 所示。

（1）单击"Edges"右侧黄色区域；

（2）按住［Shift］键单击 *Aa* 线段；

（3）在"Spacing"下面空白区右侧选择"Interval size"（网格单元长度），并输入"0.5"；

（4）保留其他默认设置，单击［Apply］按钮，然后单击［Close］按钮。

此时将 *Aa* 线段划分为网格数为 20 的等距离网格。

2. 对 *ABbaA* 面划分结构化网格

操作：MESH → FACE → MESH FACES 。

打开面网格划分设置对话框，如图 10-10 所示。

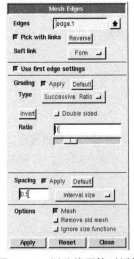

图 10-9　划分线网格对话框

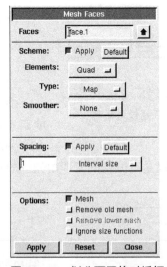

图 10-10　划分面网格对话框

（1）单击"Faces"右侧黄色区域；

（2）按住［Shift］键单击组成面的任一条线段，此时线段变为红色；

（3）在"Elements"（单元）项选择"Quad"（四边形）；

（4）在"Type"（网格类型）项选择"Map"（结构化网格）；

（5）在"Spacing"项选择"Interval size"（网格间距），并保留默认的 1；

（6）保留其他默认设置，单击［Apply］按钮。

照此方法，依次对 *BCcbB*、*CDdcC*、*DEedD*、*EFfeE* 四个面划分网格。此时网格如图 10-11 所示。

图 10-11　面网格划分结果

第四步　设置边界类型

下面对流域的边界进行边界类型的设置。

操作：ZONES 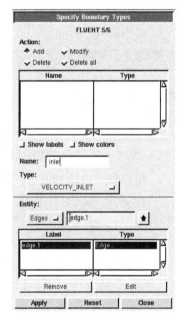 →SPECIFY BOUNDARY TYPES 。

打开边界类型设置对话框，如图 10-12 所示。

1. 设置 *Aa* 为速度入口边界

（1）单击"Name"右侧空白区域，并输入边界名称"inlet"；

（2）右键单击"Type"（类型）下面的按钮，选择"VELOCITY_INLET"（速度入口边界类型）；

（3）在"Entity"下选择"Edges"（线），单击"Edges"右侧黄色区域；

（4）按住［Shift］键并单击 *Aa* 线段；

（5）单击［Apply］按钮。

这样就将 *Aa* 线段所代表的边界设置成速度入口边界。

2. 设置中心轴边界

线段 *abcdef* 构成流域的中心轴，需进行设置。

（1）在"Name"项输入"axis"；

（2）在"Type"项选择"AXIS"（轴边界）；

（3）单击"Edges"右侧黄色区域；

（4）按住［Shift］键单击 *ab*、*bc*、*cd*、*de*、*ef* 五条线段；

（5）单击［Apply］按钮。

图 10-12　边界类型设置对话框

3. 设置压力出流边界

线段 *Ff* 是出流边界。

（1）在"Name"项输入"outlet"；

（2）在"Type"项选择"PRESSURE_OUTLET"（压力出流边界）；

（3）单击"Edges"右侧黄色区域；

（4）按住［Shift］键单击 *Ff* 线段；

（5）单击［Apply］按钮。

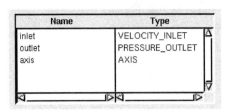

图 10-13　边界类型设置结果

打开网格输出文件对话框，如图 10-14 所示。

（1）在"File Name"右侧为输出的网格文件名；

（2）由于是二维网格，故选择"Export 2-D（X-Y）Mesh"；

（3）单击［Accept］按钮。

2. 退出 Gambit 并保存文件

操作：File→Exit...

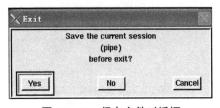

图 10-15　保存文件对话框

第六步　启动 Fluent，进行网格操作

1. 启动 Fluent

双击 Fluent 图标，弹出启动对话框，如图 10-16 所示。在"Versions"下方选择"2d"，单击［Run］按钮，启动二维单精度求解器。

（1）2d——二维单精度求解器；

（2）2ddp——二维双精度求解器；

（3）3d——三维单精度求解器；

（4）3ddp——三维双精度求解器。

2. 读入网格文件

操作：File→Read→Case...

最后边界设置如图 10-13 所示。

注意：对于二维问题，其他未进行设置的内部线段，系统默认为内部线；对于未设置的外边界线，系统默认名为 WALL 的壁面。

第五步　输出网格文件

1. 为 Fluent 输出网格文件

操作：File→Export→Mesh...

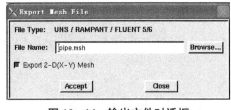

图 10-14　输出文件对话框

打开保存对话框，如图 10-15 所示，单击［Yes］按钮，保存文件并退出 Gambit。

注意：此时查看名为"benoulli"的文件夹中的文件，应该有以下 4 个文件："pipe.dbs""pipe.msh""pipe.jou""pipe.trn"，其中"pipe.msh"就是 fluent 软件所需要的网格文件。

图 10-16　启动对话框

选择所创建的网格文件"pipe.msh"，单击［OK］按钮。此时 fluent 给出的提示信息如图 10-17 所示，意为由于设置了轴（AXIS）边界，故需要在 fluent 中进行相应的设置，如轴对称等。

```
Warning: Use of axis boundary condition is not appropriate for
         a 2D/3D flow problem. Please consider changing the zone
         type to symmetry or wall, or the problem to axi-symmetric.
```

图 10-17　边界设置提示

3. 网格检查

操作：Grid→Check。

系统对网格进行全方位的检查，并给出检查报告，如图 10−18 所示。其中有流域的最小、最大边界值，最大、最小体积和总体积（Volume），最大、最小面积等。注意体积和面积不能出现负值，否则无法进行计算。检查报告的最后一定是"Done"，表示检查获得通过，否则会给出警告信息或错误信息。

4. 网格信息

操作：Grid→Info→Size...

系统反馈网格信息如图 10−19 所示，表示有一个流域、2 400 个网格单元等。

```
Grid Check

 Domain Extents:
   x-coordinate: min (m) = -6.000000e+001, max (m) = 6.000000e+001
   y-coordinate: min (m) = 0.000000e+000, max (m) = 1.000000e+001
 Volume statistics:
   minimum volume (m3): 2.500000e-001
   maximum volume (m3): 5.000000e-001
     total volume (m3): 1.000000e+003
 Face area statistics:
   minimum face area (m2): 2.500000e-001
   maximum face area (m2): 1.013794e+000
 Checking number of nodes per cell.
 Checking number of faces per cell.
 Checking thread pointers.
 Checking number of cells per face.
 Checking face cells.
 Checking bridge faces.
 Checking right-handed cells.
 Checking face handedness.
 Checking element type consistency.
 Checking boundary types:
 Checking face pairs.
 Checking periodic boundaries.
 Checking node count.
 Checking nosolve cell count.
 Checking nosolve face count.
 Checking face children.
 Checking cell children.
 Checking storage.
Done.
```

图 10−18　网格检查结果

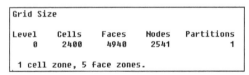

图 10−19　网格信息

5. 确定长度单位

由于在 Gambit 创建流域时的默认单位为 1，也就是说是没有单位的，而 Fluent 默认单位为 m，若长度单位不是 m，还需要进行设置。

操作：Grid→Scale...

打开长度单位设置对话框，如图 10−20 所示。

（1）在"Grid Was Created In"右侧选择单位"mm"；

（2）单击［Change Length Units］按钮；

（3）单击下面的［Scale］按钮，单击［Close］按钮。

第七步　若干模型的设定

1. 确定求解器

操作：Define→Models→Solver...

打开求解器设置对话框，如图 10−21 所示。

（1）在"Solver"项选择"Segregated"（非耦合求解器）；

（2）在"Formulation"项选择"Implicit"（隐式算法）；

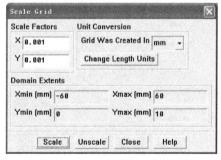

图 10−20　长度单位设置对话框

（3）在"Space"项选择"Axisymmetric"（轴对称）；

（4）保留其他默认设置，单击［OK］按钮。

2. 确定紊流模型

实际流体的流动分层流和紊流，用雷诺数作为判据。对于圆管内流而言，雷诺数

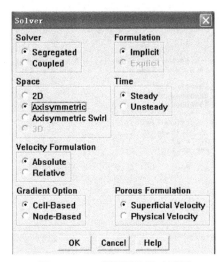

图10-21 求解器设置对话框

小于 2 000 为层流，否则为紊流。入口处雷诺数为

$$Re = \frac{VD}{\nu} = \frac{0.5 \times 0.02}{10^{-6}} = 10\,000 > 2\,000 \,,$$ 故为紊流流动，

必须为模拟计算选择合适的紊流模型。

操作：Define→Models→Viscous…

打开紊流模型设置对话框，如图10-22所示。

（1）在"Model"项选择"k-epsilon [2 eqn]"（$k-\varepsilon$紊流模型）；

（2）在"k-epsilon Model"项选择"Standard"（标准的紊流模型）；

（3）在"Near-Wall Treatment"项选择"Standard Wall Functions"（标准壁面函数）；

（4）选择默认的模型常数（Model Constants）；

（5）保留其他默认设置，单击［OK］按钮。

3．确定材料属性

系统默认工作流体为空气(air)，本问题的工作介质是水，还需进行设置。这可从 Fluent 材料库中进行选择，也可进行以下操作。

操作：Define→Materials…

打开材料设置对话框，如图10-23所示。

（1）将左上方"Name"项的"air"改为"water"；

（2）在"Properties"下的"Density [kg/m³]"项，将密度改为"1 000"；

（3）在"Viscosity [kg/m-s]"项，将动力黏度改为"0.001"；

（4）单击下面的［Change/Create］按钮，单击［Yes］按钮；

（5）单击［Close］按钮关闭对话框。

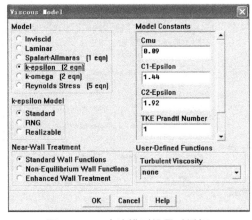

图10-22 紊流模型设置对话框　　**图10-23 流体材料设置对话框**

设置结果如图10-24所示。

4．确定操作条件

操作条件就是确定流域的环境压强，一般设置为一个大气压。操作条件还可以确定重力

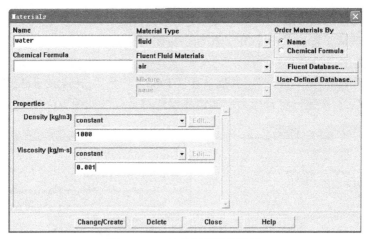

图 10-24　流体材料设置结果

的影响，对于本题不考虑重力影响，故采用默认设置即可。

操作：Define→Operating Conditions…

打开设置对话框，如图 10-25 所示，保留默认设置，单击［OK］按钮。

5. 确定边界条件

操作：Define→Boundary Conditions…

打开边界条件设置对话框，如图 10-26 所示。

图 10-25　操作条件设置对话框

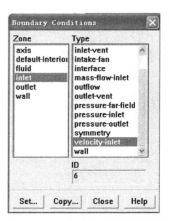

图 10-26　边界条件设置对话框

（1）设置水管的入口边界。

① 在"Zone"项选取"Inlet"，并确认在"Type"项为"velocity-inlet"；

② 单击［Set…］按钮，打开速度边界设置对话框，如图 10-27 所示；

③ 在"Velocity Specification Method"（速度确定方式）右侧选择"Magnitude，Normal Boundary"（给定速度大小，方向与边界垂直）；

④ 在"Velocity Magnitude"右侧输入"0.5"（单位为 m/s）；

⑤ 在"Turbulence Specification Method"（湍流定义方式）右侧选择"Intensity and Hydraulic Diameter"（湍流强度与水力直径）；

⑥ 在"Turbulence Intensity"右侧输入来流湍流强度"5"（单位为%）；

⑦ 在"Hydraulic Diameter"右侧输入管道的水力直径"20"（单位为 mm）；

⑧ 保留其他默认设置，单击［OK］按钮，关闭对话框。

（2）设置压力出口边界。

① 在"Zone"项选取"outlet"，并确认在"Type"项为"pressure-outlet"；

② 单击［Set...］按钮，打开压力出流边界设置对话框，如图 10-28 所示；

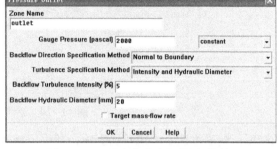

图 10-27　速度边界设置对话框　　　　图 10-28　压力出流边界设置对话框

③ 在"Gauge Pressure"项设置系统背压"2 000"（单位为 Pa）；

④ 在"Turbulence Specification Method"右侧选择"Intensity and Hydraulic Diameter"；

⑤ 在"Turbulence Intensity"右侧输入湍流强度"5"（单位为%）；

⑥ 在"Hydraulic Diameter"右侧输入水力直径"20"（单位为 mm）；

⑦ 单击［OK］按钮，关闭对话框。

（3）其他边界的设置。

① 轴边界不用进行任何设置；

② 管壁为 wall 类型，且没有移动或转动，采用默认设置。

注：水力直径的定义为

$$d_H = \frac{4A}{L}$$

式中，A 为过流截面的面积；L 为过流截面的湿周（流体与固壁的接触线长度）。对于直径为 d 的圆形管道，其水力直径为

$$d_H = \frac{4A}{L} = \frac{4\frac{\pi d^2}{4}}{\pi d} = d$$

第八步　设置求解参数

1. 设置求解控制参数

操作：Solve→Controls→Solution…

打开求解控制参数设置对话框，如图 10-29 所示。

（1）在"Pressure-Velocity Coupling"（压力-速度耦合算法）项选择"SIMPLE"算法；

（2）在"Discretization 下的 Pressure"项选择"Standard"算法；

（3）保留其他默认设置，单击［OK］按钮。

2. 流场初始化

操作：Solve→Initialize→Initialize…

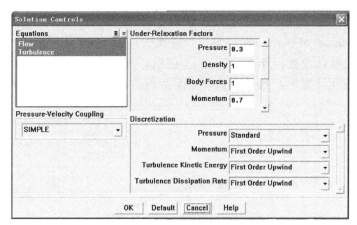

图 10-29　求解控制设置对话框

打开流场初始化对话框，如图 10-30 所示。

（1）在"Computer From"项选择"inlet"；

（2）保留其他默认设置，单击下面的［Init］按钮，单击［Close］按钮关闭对话框。

3. 设置残差监测器

操作：Solve→Monitors→Residual…

打开残差监测器设置对话框，如图 10-31 所示。

（1）在"Options"项选择"Print"和"Plot"；

（2）在"Convergence Criterion"下将"continuity"项改为"0.000 01"，以提高计算精度；

（3）保留其他默认设置，单击［OK］按钮。

第九步　求解计算及后处理

1. 进行迭代计算

操作：Solve→Iterate…

打开迭代计算设置对话框，如图 10-32 所示。

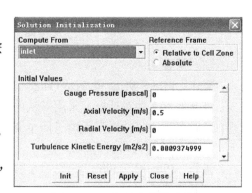

图 10-30　初始化设置对话框

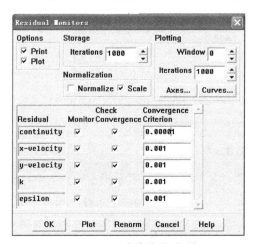

图 10-31　残差设置对话框

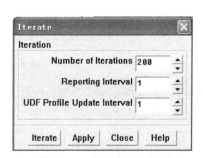

图 10-32　求解设置对话框

（1）设置"Number of Iterations"（迭代计算次数）为"200"；

（2）保留其他默认设置，单击［Iterate］按钮，开始迭代计算。

经过116次迭代计算后，残差收敛，残差监测曲线如图10-33所示。

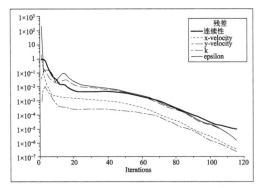

图10-33　残差监测曲线

（3）保存文件。

操作：File→Write→Case&Data...

打开保存文件对话框，采用默认的路径和文件名，单击［OK］按钮。

此时在当前文件夹下新增了两个文件，一个是"pipe.cas"，另一个是"pipe.dat"。

2. 沿轴线方向的静压强分布

操作：Plot→XY Plot...

打开曲线绘制对话框，如图10-34所示。

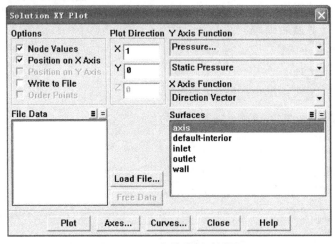

图10-34　曲线绘制对话框

（1）在"Plot Direction"项，"X"取"1"，"Y"取"0"，表示沿 x 轴正方向绘制；

（2）在"Y Axis Function"项选"Pressure..."、"Static Pressure"（静压强）；

（3）在"Surfaces"项选择"axis"；

（4）单击［Plot］按钮，得到静压强沿轴线的分布，如图10-35所示。

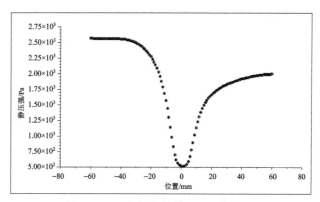

图 10 − 35　沿轴线的静压强分布曲线

注 1：在做文丘里试验时，沿轴线的测压管内的液柱高与此曲线相似。

注 2：入口截面的压强比出口截面的压强高，说明流体有能量损失。

注 3：在"Y Axis Function"项选"Pressure..."　"Dynamic Pressure"（动压强），则分布如图 10 − 36 所示。请与图 10 − 35 进行比较并分析，解释原因。

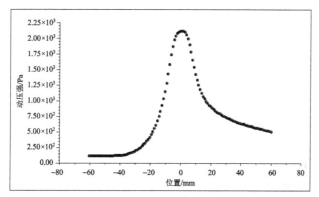

图 10 − 36　沿轴线的动压强分布曲线

3. 绘制流域内的压强分布云图

操作：Display→Contours...

打开绘制分布图设置对话框，如图 10 − 37 所示。

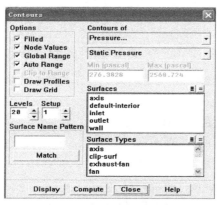

图 10 − 37　绘制云图设置对话框

（1）在"Options"项选择"Filled"（填充的，不选则是分布曲线）；

（2）在"Contours of"项选择"Pressure"和"Static Pressure"；

（3）保留其他默认设置，单击下面的［Display］按钮；

得到静压强分布云图如图10-38所示。

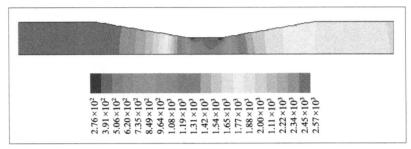

图10-38　静压强分布云图

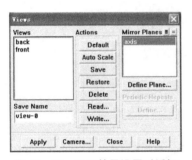

图10-39　显示效果设置对话框

若要完整截面的显示效果，可进行如下操作。

（4）完整截面的显示效果。

操作：Display→Views...

打开显示效果设置对话框，如图10-39所示。

在"Mirror Planes"项选择"axis"，保留其他默认设置，单击下面的［Apply］按钮，得到如图10-40所示的压强分布云图。

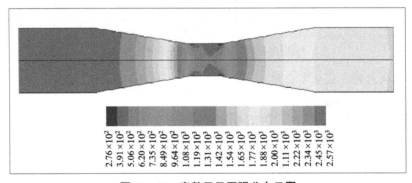

图10-40　完整显示压强分布云图

4. 设置1截面（距入口20 mm处的截面）和2截面（喉部中间的截面）

操作：Surface→Iso-surface...

打开面设置对话框，如图10-41所示。

（1）在"Surface of Constant"项选择"Grid..."和"X-Coordinate"；

（2）在"Iso-Values"项设置值为"0"；

（3）在"New Surface Name"项取名为"x=0"；

（4）保留其他默认设置，单击下面的［Create］按钮。

这样就创建了名为"x=0"的平面，并在 From Surface 项显示出来。

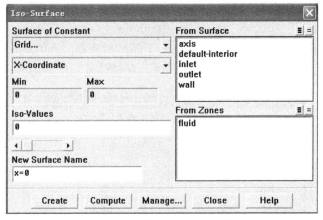

图 10-41　等值面设置对话框

用同样的方法，设"Iso-Value"值为"−40"，取名为"x=−40"，创建距入口为 20 mm 的截面。

5. 计算 1 截面和 2 截面的压强及两截面的压强差

操作：Report→Surface Integrals...

打开计算对话框，如图 10-42 所示。

（1）在"Report Type"项选择"Area-Weighted Average"（面积加权平均）；

（2）在"Field Variable"项选择"Pressure..."和"Static Pressure"；

（3）在"Surfaces"项选择"x=−40"和"x=0"两个面；

图 10-42　面上流动参数计算对话框

（4）单击［Compute］按钮，得到计算结果如图 10-43 所示。

```
Area-Weighted Average
     Static Pressure              (pascal)
------------------------    --------------------
                 x=-40           2555.6773
                   x=0            509.11815
```

图 10-43　计算结果

计算结果显示，在渐缩管道入口附近的压强约为 2 555 Pa，在喉部的压强约为 509 Pa，即得到满足流量所需的压差为

$$p_1 = 2\,555\,\text{Pa}, \quad p_2 = 509\,\text{Pa}, \quad \Delta p = 2\,046\,\text{Pa}$$

$$h_0 = \frac{\Delta p}{\rho g} = 0.209\ \text{m}$$

6. 流量计算结果

操作：Report→Flux...

打开对话框，如图 10 – 44 所示。

（1）在"Options"项选择"Mass Flow Rate"（质量流量）；

（2）在"Boundaries"项选择"inlet"和"outlet"；

（3）单击［Compute］按钮，在"Results"下显示相应截面上的质量流量。

计算结果显示，流入的质量等于流出的质量，连续性方程是满足的。

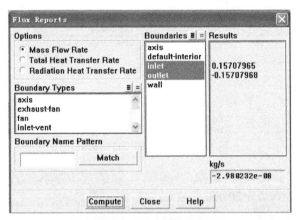

图 10 – 44　截面流量计算结果

【结论与分析】

按实际流体流动计算，液柱差应为 $h_0 = 0.209\,\text{m}$；按照理论公式计算，此液柱差所形成的流量应为

$$Q_0 = k_1\sqrt{h_0} = 0.000\,359\,3\sqrt{0.209} = 0.000\,164\,3\;(\text{m}^3/\text{s})$$

实际流量为 $Q = 0.000\,157\,1\,\text{m}^3/\text{s}$，则流量修正系数为

$$k_2 = \frac{Q}{Q_0} = \frac{0.000\,157\,1}{0.000\,164\,3} = 0.956\,2$$

【课后练习】

（1）根据数值模拟计算结果，计算两端的压差，并计算缩放管的局部损失系数。

（2）改变入口速度，比如设入口速度为 $V = 1\,\text{m/s}$，重新计算 k_2。

（3）改变入口边界类型，比如设入口为压力入口（Pressure Inlet），重新计算。压力入口边界设置对话框如图 10 – 45 所示。

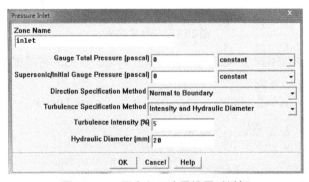

图 10 – 45　压力入口边界设置对话框

注：此时应注意，在入口边界需设置两个压强，一个是相对总压（Gauge Total Pressure）p_0，另一个是相对表压（Initial Gauge Pressure）p，这里"相对"的意思是指相对于工作压强而言。总压与表压之间满足

$$p_0 = p + \frac{1}{2}\rho V^2$$

式中，V 指入口速度；p 指入口处的静压强。

数值模拟练习 2　水流冲击平板的流动

问题：水流冲击竖直放置的平板，如图 10-46 所示。已知水流的流量和水管的直径，求平板所受到的冲击力。

已知：$d = 20\ mm$，$V = 1\ m/s$，$b = 50\ mm$，$L = 100\ mm$，$D = 100\ mm$。

试求：水流作用在平板上的作用力 R。

目的：将动量定理计算结果与数值模拟的结果进行对比。

分析：这是一个动量定理应用的典型问题。按照理想不可压缩流体做定常流动的动量定理，有

$$\sum F = \rho Q(V_2 - V_1)$$

在不考虑重力的前提下，水流冲击平板的冲击力为

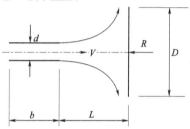

图 10-46　水流冲击平板示意图

$$R = \rho QV = 1\,000 \times \pi r^2 V^2 = 0.314\ \text{N}$$

下面利用 Fluent 软件进行仿真计算。

第一步　启动 Gambit

在 D 盘根目录下建立名为"momn"的文件夹。

双击桌面上的"gambit"图标，弹出如图 10-47 所示对话框。

（1）在"Working Directory"右侧输入"D:\momn"；

（2）在"Session Id"右侧输入文件名"mom"；

（3）单击［Run］按钮，启动 Gambit。

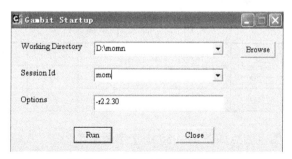

图 10-47　Gambit 启动对话框

第二步　建立流动区域

分析：这是一个轴对称流动，可以建立一个对称面作为流动区域进行模拟计算。流动区域设置如图 10-48 所示，其中 AH 为对称轴，BC 为管壁，EF 为圆形平板。经 AB

边界流入的水流冲击 *EF* 圆形平板。初始时除管道 *ABCD* 内部充满水外，其他区域均为静止的空气。由于计算收敛，常将外部边界 *IJ* 设置为固壁，但要求 *IJ* 边界距离主流区域较远。

1. 创建关键点

操作：GEOMETRY ▢ →VERTEX ▢ →CREATE VERTEX ✏ …

打开点创建对话框，如图 10-49 所示。

（1）单击"Global"下的"x"：右侧区域输入 *A* 点的 *x* 坐标值 0；

（2）单击"Global"下的"y"：右侧区域输入 *A* 点的 *y* 坐标值 0；

（3）保留其他默认设置，单击［Apply］按钮。

这样就创建了点 *A*，在 Gambit 绘图窗口中的（0，0，0）点处显示有一个白色的十字。

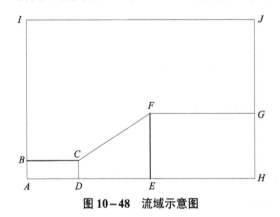

图 10-48　流域示意图

图 10-49　创建点对话框

按照表 10-2 中的坐标数据，分别创建 *B*、*C*、*D*、*E*、*F*、*G*、*H*、*I*、*J* 各点。创建完毕后，改善显示效果的方法如下：

（1）单击右下方工具栏中的［FIT TO WINDOW］按钮 ▣，显示全部；

（2）按住鼠标右键上下移动，用于缩放图形；

（3）按住鼠标中键拖动鼠标，用于移动图形；

（4）按住鼠标右键左右移动，用于转动图形，单击右下方工具栏中的［ORIENT MODEL］按钮 ▣，可复原到转动前的显示效果。

表 10-2　点的坐标数据

	A	*B*	*C*	*D*	*E*	*F*	*G*	*H*	*I*	*J*
x	0	0	50	50	150	150	300	300	0	300
y	0	10	10	0	0	50	50	0	300	300

经过上述操作，所创建的点如图 10-50 中十字所示。

2. 用这些点连成直线

操作：GEOMETRY ▢ →EDGE ▢ →CREATE EDGE ▱ …

打开线段创建对话框，如图 10-51 所示。

（1）单击 Vertices 右侧黄色区域；

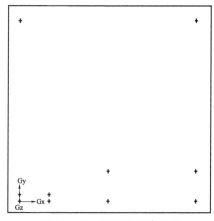

图 10-50 显示所创建的点

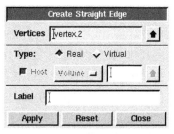

图 10-51 创建线对话框

（2）按住［Shift］键单击 *A*、*B* 两点；

（3）保留其他默认设置，单击［Apply］按钮。

这样就创建了线段 *AB*。用同样的方法分别创建其他各线段，最后图形如图 10-52 所示。

注意：线段是有方向的，由先选的点指向后选的点，这在后面划分网格时有用。

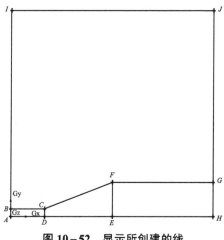

图 10-52 显示所创建的线

3. 由线段创建面

一组封闭的线段包围一片区域，对于二维问题就是一个面。现在创建的区域由 4 个面组成，即由 *ABCDA*、*CDEFC*、*EFGHE* 和 *BCFGJIB* 分别围成的 4 个面。

操作：GEOMETRY ▱→FACE ▱→FORM FACE ▱。

打开面创建对话框，如图 10-53 所示。

（1）单击 "Edges" 右侧黄色区域；

（2）按住［Shift］键依次单击 *AB*、*BC*、*CD* 和 *DA* 线段；

（3）单击［Apply］按钮。

这样就创建了由 *ABCDA* 所围成的面，组成面的线段由

图 10-53 创建面对话框

黄色变成了天蓝色。采用相同的操作方法，分别创建其他3个面。

注意：如果要为这个面命名，可在"Label"右侧空白区域输入名字。本例命名，系统默认为"face.1"，后边的面依次取名"face.2"和"face.3"等。

第三步　创建流域的网格

1. 创建线段网格

操作：MESH⊞→EDGE◻→MESH EDGES⬚...

打开线段网格划分对话框，如图10-54所示。

（1）单击"Edges"右侧黄色区域；

（2）按住［Shift］键单击 *AB* 线段；

（3）在"Spacing"下面空白区右侧选择"Interval count"（网格内部数量），并输入"4"；

（4）保留其他默认设置，单击［Apply］按钮，单击［Close］按钮。

此时将 *AB* 线段划分为网格数为4的等距离网格。

2. 对 *ABCDA* 和 *EFGHE* 面划分结构化网格

操作：MESH⊞→FACE◻→MESH FACES⬚...

打开面网格划分设置对话框，如图10-55所示。

（1）单击"Faces"右侧黄色区域；

（2）按住［Shift］键单击组成面的任一线段，此时线段变为红色；

（3）在"Elements"（单元）项选择"Quad"（四边形）；

（4）在"Type"（网格类型）项选择"Map"（结构化网格）；

（5）在"Spacing"项选择"Interval size"（网格间距），并输入"5"；

（6）保留其他默认设置，单击［Apply］按钮。

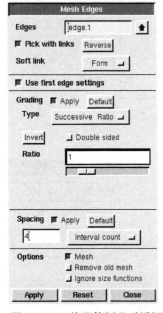

图10-54　线网格划分对话框

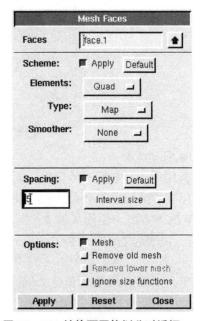

图10-55　结构面网格划分对话框

照此方法，设置"Interval size"为"10"，其他不变，对 *EFGHE* 面划分网格。此时网格如图 10 - 56 所示。

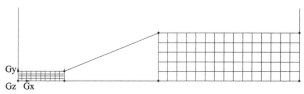

图 10 - 56　面网格划分部分结果

3. 对其他面划分非结构化网格

操作：MESH▦ →FACE☐ →MESH FACES▧ ...

打开面网格划分设置对话框，如图 10 - 57 所示。

（1）单击"Faces"右侧黄色区域；

（2）按住［Shift］键单击组成 *CDEFC* 面的任一线段；

（3）在"Elements"项选择"Quad"；

（4）在"Type"项选择"Pave"（非结构化网格）；

（5）在"Spacing"项选择"Interval size"（网格间距），并输入"5"；

（6）保留其他默认设置，单击［Apply］按钮。

照此方法，设置"Interval size"为"10"，其他不变，对最后一个面划分网格。此时网格如图 10 - 58 所示。

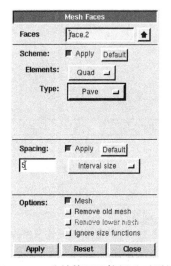

图 10 - 57　非结构面网格划分对话框

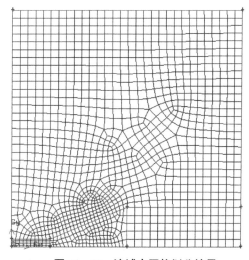

图 10 - 58　流域内网格划分结果

第四步　设置边界类型

下面对流域的边界进行边界类型的设置。

操作：ZONES▧ →SPECIFY BOUNDARY TYPES▧ ...

打开边界类型设置对话框，如图 10 - 59 所示。

1. 设置 *AB* 为速度入口边界

（1）单击"Name"右侧空白区域，并输入边界名称"inlet"；

（2）单击"Type"（类型）下面的按钮，选择"VELOCITY_INLET"（速度入口边界类型）；

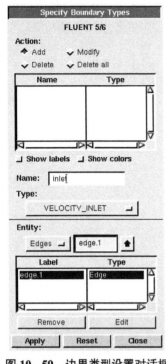

图 10-59　边界类型设置对话框

（3）在"Entity"下选择"Edges"（线），单击"Edges"右侧黄色区域；

（4）按住［Shift］键并单击 *AB* 线段；

（5）单击［Apply］按钮。

这样就将 *AB* 线段所代表的边界设置成速度入口边界。

2. 设置中心轴边界

线段 *ADEH* 构成流域的中心轴，需进行设置。

（1）在"Name"项输入"axis"；

（2）在"Type"项选择"AXIS"（轴边界）；

（3）单击"Edges"右侧黄色区域；

（4）按住［Shift］键单击 *AD*、*DE*、*EH* 三条线段；

（5）单击［Apply］按钮。

3. 设置压力出流边界

线段 *BI*、*GH* 和 *GJ* 是出流边界。

（1）在"Name"项输入"outlet"；

（2）在"Type"项选择"PRESSURE_OUTLET"（压力出流边界）；

（3）单击"Edges"右侧黄色区域；

（4）按住［Shift］键并单击 *BI*、*GH* 和 *GJ* 三条线段；

（5）单击［Apply］按钮。

4. 设置固壁边界

（1）设置管壁 *BC* 线段为固壁。

① 在"Name"项输入"pipe"；

② 在"Type"项选择"WALL"（固壁）；

③ 单击"Edges"右侧黄色区域；

④ 按住［Shift］键单击 *BC* 线段；

⑤ 单击［Apply］按钮。

（2）设置平板 *EF* 为固壁，取名为"plate"。

（3）设置外部边界 *IJ* 为固壁，取名为"open"。

最后边界设置如图 10-60 所示。

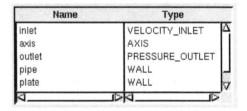

图 10-60　边界类型设置结果

注意：对于二维问题，其他未进行设置的内部线段，系统默认为内部线；对于未设置的外边界线，系统默认名为"WALL"的壁面。

第五步　输出网格文件

1. 为 Fluent 输出网格文件

操作：File→Export→Mesh…

打开网格文件输出对话框，如图 10-61 所示。

（1）在"File Name"右侧为输出的网格文件名；

（2）由于是二维网格，故选择"Export 2-D（X-Y）Mesh"；

（3）单击［Accept］按钮。

2. 退出 Gambit 并保存文件

操作：File→Exit…

弹出对话框，如图 10-62 所示。单击 [Yes] 按钮，保存文件并退出 Gambit。

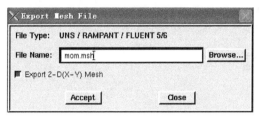

图 10-61　文件输出对话框

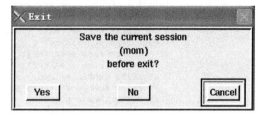

图 10-62　文件保存对话框

注意： 此时查看名为"Momn"的文件夹中的文件，应该有如下 4 个文件："Mom.dbs""mom.msh""mom.jou""mom.trn"，其中"mom.msh"就是 fluent 软件所需要的网格文件。

第六步　启动 Fluent，进行网格操作

1. 启动 Fluent

双击 Fluent 图标，弹出启动对话框，如图 10-63 所示。在"Versions"下方选择"2d"，单击 [Run] 按钮，启动二维单精度求解器。

（1）2d——二维单精度求解器。

（2）2ddp——二维双精度求解器。

（3）3d——三维单精度求解器。

（4）3ddp——三维双精度求解器。

2. 读入网格文件

操作：File→Read→Case…

选择所创建的网格文件 mom.msh，单击 [OK] 按钮。

注意： 此时 fluent 给出的提示信息如图 10-64 所示，大致意思为由于设置了 AXIS 边界，需要在 fluent 中进行相应的设置，如轴对称问题等。

图 10-63　Fluent 启动对话框

```
Warning: Use of axis boundary condition is not appropriate for
         a 2D/3D flow problem. Please consider changing the zone
         type to symmetry or wall, or the problem to axi-symmetric.
```

图 10-64　信息提示

3. 网格检查

操作：Grid→Check…

系统对网格进行全方位的检查，并给出检查报告，如图 10-65 所示。其中有流域的最小、最大边界值，最大、最小体积和总体积（Volume），最大、最小面积等。注意体积和面积不能出现负值，否则无法进行计算。检查报告的最后一定是"Done"，表示检查获得通过，否则会给出警告信息或错误信息。

4. 网格信息

操作：Grid→Info→Size…

系统反馈网格信息如图 10-66 所示，表示有一个流域、1 225 个网格单元等。

```
Grid Check

 Domain Extents:
   x-coordinate: min (m) = 0.000000e+000, max (m) = 3.000000e+002
   y-coordinate: min (m) = 0.000000e+000, max (m) = 3.000000e+002
 Volume statistics:
   minimum volume (m3): 2.963884e+000
   maximum volume (m3): 1.629173e+002
     total volume (m3): 9.000000e+004
 Face area statistics:
   minimum face area (m2): 1.124927e+000
   maximum face area (m2): 1.514077e+001
Checking number of nodes per cell.
Checking number of faces per cell.
Checking thread pointers.
Checking number of cells per face.
Checking face cells.
Checking bridge faces.
Checking right-handed cells.
Checking face handedness.
Checking element type consistency.
Checking boundary types:
Checking face pairs.
Checking periodic boundaries.
Checking node count.
Checking nosolve cell count.
Checking nosolve face count.
Checking face children.
Checking cell children.
Checking storage.
Done.
```

图 10-65   网格检查结果

```
Grid Size

Level    Cells    Faces    Nodes    Partitions
  0      1225     2535     1309              1

1 cell zone, 9 face zones.
```

图 10-66   网格信息显示

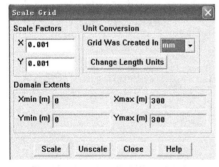

图 10-67   确定长度单位对话框

5. 确定长度单位

由于在 Gambit 创建流域时的默认单位为 1，也就是说是没有单位的，而 Fluent 默认单位为 m，若长度单位不是 m，则还需要进行设置。

操作：Grid→Scale…

打开长度单位设置对话框，如图 10-67 所示。

（1）在"Grid Was Created In"右侧选择单位"mm"；

（2）单击 [Change Length Units] 按钮；

（3）单击下面的 [Scale] 按钮，单击 [Close] 按钮。

第七步   若干定义

1. 确定求解器

操作：Define→Models→Solver…

打开求解器设置对话框，如图 10-68 所示。

（1）在"Solver"项选择"Segregated"（非耦合求解器）；

（2）在"Formulation"项选择"Implicit"（隐式算法）；

（3）在"Space"项选择"Axisymmetric"（轴对称）；

（4）保留其他默认设置，单击［OK］按钮。

2. 确定多相流模型

操作：Define→Models→Multiphase…

打开多相流设置对话框，如图 10 - 69 所示。

（1）在"Model"项选择"Volume of Fluid"（VOF 模型）；

（2）在"VOF Scheme"项选择"Geo-Reconstruct"（几何重构）；

（3）在"Courant Number"（科朗数）取默认的"0.25"；

（4）在"Number of Phases"（相数）取默认的"2"（两相流动）；

（5）保留其他默认设置，单击［OK］按钮。

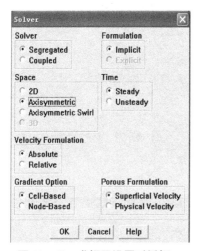

图 10 - 68　求解器设置对话框

图 10 - 69　多相流设置对话框

注意：本问题是水流流向空气，并冲击平板，水流的流动必然引起周围空气的流动，故为气液两相流问题。

3. 确定紊流模型

射流多为紊流流动，且水流的出口雷诺数为 $Re = \dfrac{VD}{\nu} = \dfrac{1 \times 0.02}{10^{-6}} = 20\,000 > 2\,000$，故为紊流流动，必须对模拟计算选择合适的紊流模型。

操作：Define→Models→Viscous…

打开紊流模型设置对话框，如图 10 - 70 所示。

（1）在"Model"项选择"k-epsilon [2 eqn]"（k - ε 紊流模型）；

（2）在"k-epsilon Model"项选择"Standard"（标准的紊流模型）；

（3）在"Near-Wall Treatment"项选择"Standard Wall Functions"（标准壁面函数）；

（4）选择默认的模型常数（Model Constants）；

（5）保留其他默认设置，单击［OK］按钮。

4. 确定材料属性

系统默认工作流体为空气，对于本两相流动问题，还需用到水，这可从 Fluent 材料库中进行选择。

操作：Define→Materials…

打开材料设置对话框，如图 10−71 所示。

（1）单击右侧的［Fluent Database…］按钮，打开材料库，如图 10−72 所示；

（2）在"Fluent Fluid Materials"下选择"Water-liquid [h2o<l>]"（液态水）；

（3）单击［Copy］按钮，单击［Close］按钮，关闭材料库对话框（此时材料设置对话框如图 10−73 所示）。

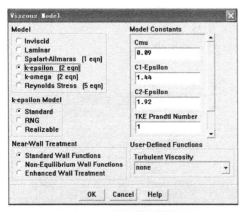

图 10−70　紊流模型设置对话框

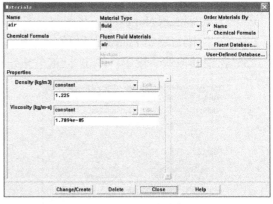

图 10−71　材料设置对话框

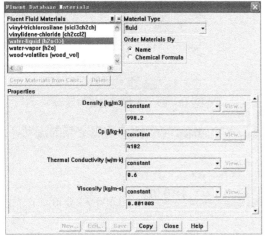

图 10−72　材料选择对话框

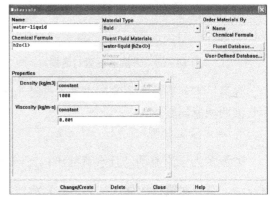

图 10−73　材料设置对话框

（4）在"Density [kg/m3]"项将密度改为"1 000"；

（5）在"Viscosity [kg/m-s]"项将动力黏度改为"0.001"；

（6）单击下面的［Change/Create］按钮，单击［Close］按钮关闭对话框。

5. 确定基本相和第二相

对于两相流来说，需要确定其中的一种流体为基本相，另外一种流体为第二相，但具体来说确定哪个为基本相并没有规定。

操作：Define→Phases…

打开相设置对话框，如图 10−74 所示。

（1）在"Phase"项选择"phase-1"，对应"Type"项为"primary-phase"（基本相）；

（2）单击下面的［Set...］按钮，打开基本相设置对话框，如图 10-75 所示；

（3）将"Name"下的"phase-1"改为"air"（基本相的名字）；

（4）在"Phase Material"项选择"air"（空气）；

（5）单击［OK］按钮。

类似的方法：

（1）在"Phase"项选择"phase-2"，对应"Type"项为"secondary-phase"（第二相）；

（2）单击［Set...］按钮；

（3）将"Name"下的"phase-2"改为"water"（第二相得名字）；

（4）在"Phase Material"项选择"Water-liquid"；

（5）单击［OK］按钮，单击［Close］按钮。

最后设置如图 10-76 所示。

 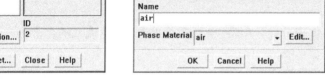 

图 10-74　相设置对话框　　　　图 10-75　基本相设置对话框　　　　图 10-76　相设置结果

6. 确定操作条件

操作条件是确定流域的环境压强，一般设置为一个大气压，对于本题不考虑重力影响，故采用默认设置即可。

操作：Define→Operating Conditions...

打开设置对话框，如图 10-77 所示。

保留默认设置，单击［OK］按钮。

 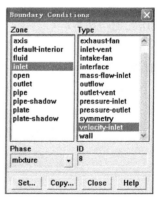

（a）　　　　　　　　　　　　　　（b）

图 10-77　设置对话框

（a）操作环境设置对话框；　（b）边界条件设置对话框

7. 确定边界条件

操作：Define→Boundary Conditions…

打开边界条件设置对话框，如图10−77（b）所示。

（1）设置水管的入口边界。

① 在"Zone"项选取"Inlet"，并确认在"Type"项为"velocity-inlet"；

② 在"Phase"项选择"mixture"（混合相），单击［Set…］按钮，打开速度边界设置对话框，如图10−78所示；

③ 在"Velocity Specification Method"（速度确定方式）右侧选择"Magnitude，Normal Boundary"（给定速度大小，方向与边界垂直）；

④ 在"Velocity Magnitude"右侧输入"1"（单位为m/s）；

⑤ 在"Turbulence Specification Method"（湍流定义方式）右侧选择"Intensity and Hydraulic Diameter"（湍流强度与水力直径）；

⑥ 在"Turbulence Intensity"右侧输入来流湍流强度"1"（单位为%）；

⑦ 在"Hydraulic Diameter"右侧输入管道的水力直径"20"（单位为mm）；

⑧ 保留其他默认设置，单击［OK］按钮，关闭对话框；

⑨ 在"Phase"项选择"water"（第二相，水），单击［Set…］按钮，打开第二相的速度边界设置对话框，如图10−79所示；

⑩ 在"Volume Fraction"（体积分数）项将"0"改为"1"，表示流入的全部为"water"，单击［OK］按钮。

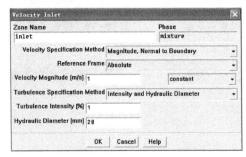

图10−78　速度边界设置对话框

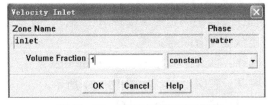

图10−79　速度边界设置对话框

（2）设置压力出口边界。

① 在"Zone"项选择"outlet"，并确认在"Type"项为"pressure-outlet"；

② 在"Phase"项选择"mixture"（混合相），单击［Set…］按钮，打开压力出流边界设置对话框，如图10−80所示；

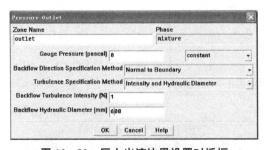

图10−80　压力出流边界设置对话框

③ 在"Gauge Pressure"项保留默认的表压强"0"（单位为 Pa）；

④ 在"Turbulence Specification Method"右侧选择"Intensity and Hydraulic Diameter"；

⑤ 在"Turbulence Intensity"右侧输入湍流强度"1"（单位为%）；

⑥ 在"Hydraulic Diameter"右侧输入水力直径"600"（单位为 mm）；

⑦ 单击［OK］按钮，关闭对话框；

⑧ 在"Phase"项选择"water"，单击［Set...］按钮，打开第二相的出流边界设置对话框，如图 10-81 所示；

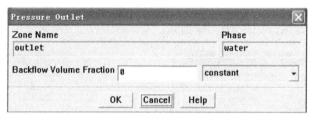

图 10-81　压力出流边界设置对话框

⑨ 在"Backflow Volume Fraction"（回流体积分数）保留默认设置"0"（表示回流全部为空气），单击［OK］按钮，关闭对话框。

（3）其他边界的设置。

① 轴边界不用进行任何设置；

② Pipe、plate 和 open 均为 wall 类型，且没有移动或转动，采用默认设置。

注意：边界中多出了 pipe-shadow 和 plate-shadow，这是由于 pipe 和 plate 是位于流域中的固壁，对应两个区域，故系统自动生成了一个对应面。

第八步　设置求解参数

1. 设置求解控制参数

操作：Solve→Controls→Solution...

打开求解控制参数设置对话框，如图 10-82 所示。

（1）在"Pressure-Velocity Coupling"（压力-速度耦合算法）项选择"PISO"算法；

（2）在"Discretization"下的"Pressure"项选择"PRESTO!"算法；

（3）保留其他默认设置，单击［OK］按钮。

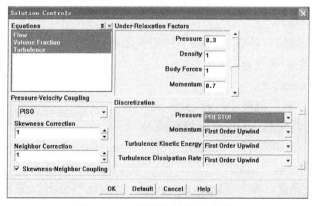

图 10-82　求解控制设置对话框

2. 流场初始化

操作：Solve→Initialize→Initialize…

打开流场初始化对话框，如图 10-83 所示。由于流场初始时刻没有流动，保留默认的速度为 "0" 的设置即可。单击下面的 [Init] 按钮，单击 [Close] 按钮关闭对话框。

3. 设置管道内初始时刻充满水

为了使迭代计算更快，设在计算的初始时刻管道内部充满了水，操作如下。

（1）标记管道内部网格。

操作：Adapt→Region…

打开区域标记对话框，如图 10-84 所示。

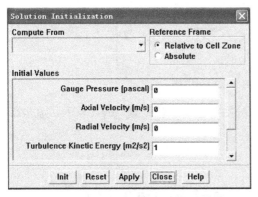

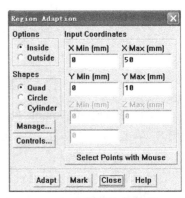

图 10-83　流场初始化设置对话框　　　　图 10-84　标记区域设置对话框

① 在 "X Min [mm]" 下填入 X 的最小值 "0"，在 "X Max [mm]" 下填入 X 的最大值 "50"；

② 在 "Y Min [mm]" 下填入 Y 的最小值 "0"，在 "Y Max [mm]" 下填入 Y 的最大值 "10"；

③ 保留其他默认设置，单击 [Mark] 按钮，单击 [Close] 按钮关闭对话框。

（2）将所标记的区域充满水。

操作：Solve→Initialize→Patch...

打开初始化补充设置对话框，如图 10-85 所示。

① 在右下部 "Registers to Patch" 项选择 "Hexahedron-r0"；

② 在左侧 "Phase" 项选择 "water"；

③ 在 "Variable" 项选择 "Volume Fraction"；

④ 在 "Value" 下输入 "1"；

⑤ 单击 [Patch] 按钮，单击 [Close] 按钮关闭对话框。

（3）查看初始时刻的水汽分布。

操作：Display→Contour…

打开显示设置对话框，如图 10-86 所示。

① 在 "Options" 项选择 "Filled"（填充式）；

② 在 "Contours of" 项选择 "Phases…" 和 "Volume fraction"；

③ 在 "Phase" 项选择 "water"；

④ 保留其他默认设置，单击 [Display] 按钮，得到水气分布如图 10-87 所示。

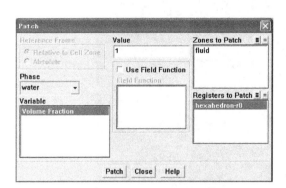

图 10-85　初始化补充设置对话框

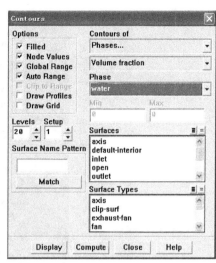

图 10-86　显示设置对话框

（4）改善显示效果。

操作：Display→Views…

打开视图设置对话框，如图 10-88 所示。

图 10-87　初始时刻水气分布图

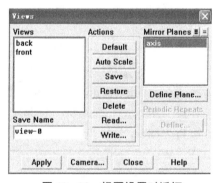

图 10-88　视图设置对话框

① 在"Mirror Planes"项选择"Axis"；

② 单击［Apply］按钮，单击［Close］按钮关闭对话框。调整窗口图像显示效果，如图 10-89 所示（按住鼠标中键自左上到右下拖动鼠标，可放大图像，反之则缩小图像。按下鼠标左键拖动鼠标可移动图像）。

（5）显示管壁及平板。

① 在"contours"设置对话框中的"Options"项选择"Draw Grid"，打开对话框，如图 10-90 所示；

② 在"Surfaces"项单击=按钮，选择"pipe"和"plate"；保留其他默认设置，单击［Display］按钮，单击［Close］按钮关闭对话框；

③ 单击"contours"设置对话框中的［Display］按钮，单击［Close］按钮关闭对话框。

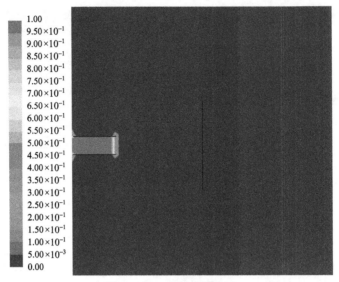

图 10-89　完整视图效果

4. 设置残差监测器

操作：Solve→Monitors→Residual…

打开残差监测器设置对话框，如图 10-91 所示。

（1）在"Options"项选择"Print"和"Plot"；

（2）保留其他默认设置，单击［OK］按钮。

5. 设置动画显示

操作：Solve→Animate→Define…

打开动画显示定义对话框，如图 10-92 所示。

（1）将"Animation Sequences"项设置为"1"；

（2）设置"Active Name"为"jet"；

（3）设置"Every"为"5"（每隔 5 个间隔取一帧）；

（4）在"When"下选择"Time Step"（时间间隔）；

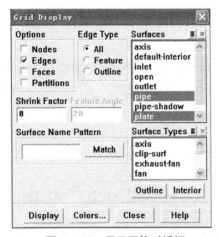

图 10-90　显示网格对话框

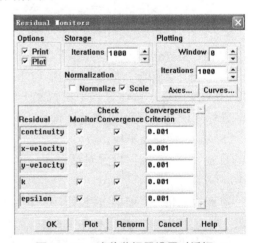

图 10-91　残差监视器设置对话框

（5）单击［Define...］按钮，打开画面设置对话框，如图 10-93 所示。

① 在"Window"右侧输入"1"（在编号为 1 的窗口内显示画面）；

② 单击［Set...］按钮，打开窗口 1；

③ 在"Display Type"项选择"Contours"，打开绘图设置对话框，如图 10-94 所示；

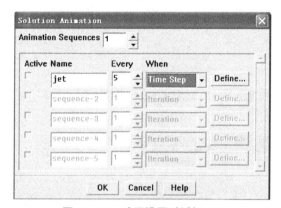

图 10-92　动画设置对话框　　　　　　　　　　图 10-93　画面设置对话框

④ 在"Options"项选择"Filled"；

⑤ 在"Contours of"项选择"Phase..."和"Volume fraction"；

⑥ 在"Phase"项选择"water"，单击［OK］按钮。

此时可调整窗口 1 中的图像，使之便于显示射流的喷射过程，可参考前面的图像。

6. 求解计算

操作：Solve→Iterate...

打开迭代计算设置对话框，如图 10-95 所示。

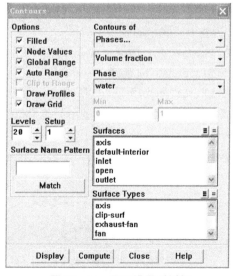

图 10-94　画面设置对话框

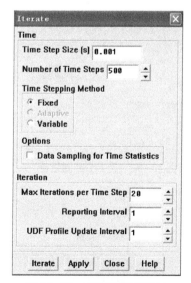

图 10-95　求解设置对话框

（1）设置"Time Step Size"（时间间隔）为"0.001"（单位为 s）；

（2）设置"Number of Time Steps"（时间间隔数）为"500"；

（3）保留其他默认设置，单击［Iterate］按钮，开始迭代计算。

7. 保存文件

操作：File→Write→Case&Data…

打开保存文件对话框，采用默认的路径和文件名，单击［OK］按钮。

此时在当前文件夹下新增了两个文件，一个是"mom.cas"，另一个是"mom.dat"。

8. 水射流过程的回放

操作：Solve→Animate→Playback…

打开回放设置对话框，如图10－96所示。

在"Write/Record Format"项选择"MPEG"；单击［Write］按钮，可制作相应的名为"jet"的动画短片（存放在当前文件夹下）。

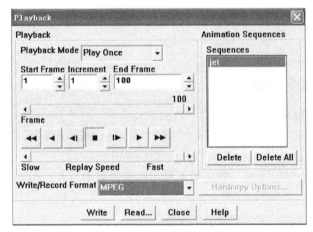

图10－96　回放设置对话框

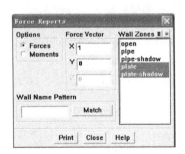

图10－97　受力分析对话框

9. 计算结果验证

操作：Report→Forces…

打开受力报告设置对话框，如图10－97所示。

（1）在"Options"项选择"Forces"；

（2）在"Force Vector"项，"X"取1，"Y"取0；

（3）在"Wall Zones"项选择"plate"和"plate-shadow"；

（4）单击［Print］按钮，系统反馈信息如图10－98所示。

```
Force vector: (1 0 0)
                            pressure        viscous          total
zone name                      force          force          force
                                   n              n              n
----------------------  --------------  --------------  --------------
plate                      0.30403146              0      0.30403146
plate-shadow            0.0022716126              0    0.0022716126
----------------------  --------------  --------------  --------------
net                        0.3063030 7             0      0.3063030 7
```

图10－98　受力反馈信息

平板理论受力大小为

$$R = \rho QV = 0.314 \ \text{N}$$

模拟计算结果与理论计算结果的误差为

$$\Delta R = 0.314 - 0.306 = 0.008 \ (\text{N})$$

相对误差为

$$\varepsilon = 0.008 / 0.314 = 0.025 = 2.5\%$$

计算结果可以接受。

【课后练习】

（1）改变管流的出流速度，重新计算。

（2）重新建模，使平板倾斜一个角度，重新计算。

（3）重新建模，使管道和平板都有一定的厚度，重新计算。

附 录

部分习题参考答案及部分习题解答参考

第 1 章

1-1 （A）　1-2 （B）　1-3 （B）　1-4 　（B）1-5 　（B）1-6 　（D）
1-7 （C）　1-8 （B）　1-9 （C）　1-10 　（D）1-11 　（C）
1-12

1-13　0.025 3 m³

1-14　$\Delta p = 2 \times 10^6$ Pa

1-15　$\mu = \dfrac{1}{2\,000\sqrt{13}}\dfrac{G}{A}$

1-16　$\mu = 8.58 \times 10^{-3}$ Pa·s

第 2 章

2-1 （D）　　2-2 （B）　　2-3　19.62 kPa　　2-4　2.41 m, 1.66 m

2-5　149 779 Pa, 49 050 Pa

2-6　h=5.1 m；54 268 Pa, −47 057 Pa, 47 057 Pa, 4.8 m, 0.464 atm

2-7　（1）ρ_1 为汞、ρ_2 为油时

$$p_A = \rho_1 g h_1 + \rho_2 g h_2 = 45 \text{ kPa}$$

　　（2）ρ_1 为水、ρ_2 为油时

$$p_A = \rho_1 g h_1 + \rho_2 g h_2 = 8 \text{ kPa}$$

　　（3）ρ_1 为水、ρ_2 为空气时

$$p_A = \rho_1 g h_1 + \rho_2 g h_2 = 3 \text{ kPa}$$

2-8　6.67 kPa, 0.68 m

2-9　117.7 kPa, 1.5 m

2－10　34.68 kN，1.79 m

2－11　588.6 kN，924.6 kN，1 096 kN，57.52°

2－12　58.86 kN，70 kN，$\theta=50°$

2－13　$H=0.816$ m

2－14　$\alpha=5.82°$，$p_B=11\ 310.9$ Pa

2－15　$\theta=26.6°$，$p=-9\ 810\ (0.501\ 3x+z)$

2－16　$\omega=\dfrac{2}{R}\sqrt{gh}$

第 3 章

3－1　（1）（a）、（b）、（d）为定常流动，与时间 t 无关，而（c）为非定常流动。

　　　（2）（a）为一元流动，（b）为二元流动，（c）和（d）为三元流动。

3－2　（1）流线方程为 $y=C$　　　（2）流线方程为 $y^2-x^2=C$

3－3　流线方程为　$xy=c$，过（2，3）点的流线为 $xy=6$

3－4　48.7 m/s

3－5　$p_A=39.24$ kPa，$p_B=-19.62$ kPa，$V=11.72$ m/s

3－6　$p_1=-31.596$ kPa，$Q=0.086\ 77$ m³/s，$Q=0.060\ 26$ m³/s

3－7　2 m³/s

3－8　25 cm

3－9　9.9 m/s，－78.5 kPa

3－10　49.65 kN

3－11　135 kPa

3－12　3 371 N，20°

3－13　157.6 kN，25.6 m

3－14　9.8 N

3－15　88.9 kPa　3.62 m

第 4 章

4－1　1 mm/s，0.1 m/s，1 m/s

4－2　7.46 cm³/s

4－3　21.3 Pa

4－4　$r=\sqrt{R^2-\dfrac{l}{\Delta p}4\mu\sqrt{2gH}}$

4－5　2.68 L/s，15.7 L/s，44.3 L/s

4－6　1.48 m

4－7　0.504 m，1.008 m

4－8　0.013 5 m³/s

4－9　右高，0.097 m

4－10　右高，0.043 m

第5章

5-1 $h_m = 0.2236^2 h = 0.15\,\text{m}$， $Q_0 = 17\,\text{m}^3/\text{s}$

5-2 $Q_m = 0.000\,76\,\text{m}^3/\text{s}$， $Q_m = 0.011\,2\,\text{m}^3/\text{s}$

5-3 $-441\,\text{Pa}$

5-4 $1\,500\,\text{N}$

5-5 $15.49\,\text{m/s}$，$3.107\,\text{Pa}$

5-6 $Q = k\dfrac{\Delta p}{L}\dfrac{d^4}{\mu}$

5-7 $u = f\left(\dfrac{d}{H}, Re, We\right)\sqrt{2gH}$

5-8 $F_D = f(Re)\dfrac{\pi d^2}{4}\dfrac{\rho V^2}{2}$

5-9 $Q = f\left(\dfrac{1}{V}\sqrt{\dfrac{\Delta p}{\rho}}, \dfrac{d}{D}, Re\right)\dfrac{\pi D^2}{4}\sqrt{\dfrac{2\Delta p}{\rho}}$

第6章

6-1 （1）、（2）、（3）均可，（4）否

6-2 $W = -(2x+2y+1)z + z^2 + c$

6-3 （1）、（2）、（4）满足连续性条件，且为无旋流动；（3）不满足连续性条件

6-4 点（2，2，2）处 $\omega_x = \dfrac{3}{2}, \omega_y = -4, \omega_k = -1$

6-5 略

6-6 $\psi = 2xy + y = (2x+1)y$

6-7 （1）、（2）有势，（3）、（4）有旋

6-8 在$(0,0)$点$u = 0, V = 0$；在$(0,1)$点，$u = 0, V = 2$；在$(0,-1)$点，$u = 0, V = -2$；在（1，1）点$u = 0.8, V = 2.4$

6-9 （1）$u = 12.1\,\text{m/s}, V = 0$；（2）$-144\,\text{Pa}$

6-10 $85.27\,\text{m}^2/\text{s}, 11.4\,\text{kN}, r = 1.2\,\text{m}, \theta = -14.7°$

第7章

7-1 解：

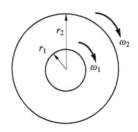

对于轴对称流动，由于 $V_r=0$，$V_z=0$，不计质量力，流动为定常，有

$$\frac{\partial V_\theta}{\partial \theta}=0, \qquad \frac{\partial p}{\partial \theta}=0$$

由 N–S 方程，有

$$-\frac{V_\theta^2}{r}=-\frac{\partial p}{\rho \partial r}+\nu\left(-\frac{2}{r^2}\frac{\partial V_\theta}{\partial \theta}\right)$$

$$\frac{V_\theta}{r}\frac{\partial V_\theta}{\partial \theta}=-\frac{1}{\rho}\frac{\partial p}{r\partial \theta}+\nu\left(\frac{\partial^2 V_\theta}{\partial r^2}+\frac{1}{r}\frac{\partial V_\theta}{\partial r}-\frac{V_\theta}{r^2}+\frac{1}{r^2}\frac{\partial^2 V_\theta}{\partial \theta^2}\right)$$

$$\Rightarrow \frac{\mathrm{d}^2 V_\theta}{\mathrm{d}r^2}+\frac{1}{r}\frac{\mathrm{d}V_\theta}{\mathrm{d}r}-\frac{V_\theta}{r^2}=0 \rightarrow \frac{\mathrm{d}}{\mathrm{d}r}\left(r\frac{\mathrm{d}V_\theta}{\mathrm{d}r}\right)-\frac{V_\theta}{r}=0$$

设

$$y=\frac{V_\theta}{r}\Rightarrow V_\theta=ry\Rightarrow \frac{\mathrm{d}V_\theta}{\mathrm{d}r}=y+r\frac{\mathrm{d}y}{\mathrm{d}r}$$

$$\Rightarrow \frac{\mathrm{d}}{\mathrm{d}r}\left(r\frac{\mathrm{d}V_\theta}{\mathrm{d}r}\right)=\frac{\mathrm{d}}{\mathrm{d}r}\left(ry+r^2\frac{\mathrm{d}y}{\mathrm{d}r}\right)=y+3r\frac{\mathrm{d}y}{\mathrm{d}r}+r^2\frac{\mathrm{d}^2 y}{\mathrm{d}r^2}$$

代入方程，得到

$$\frac{\mathrm{d}^2 y}{\mathrm{d}r^2}+\frac{3}{r}\frac{\mathrm{d}y}{\mathrm{d}r}=0$$

令

$$\frac{\mathrm{d}y}{\mathrm{d}r}=z\Rightarrow \frac{\mathrm{d}z}{\mathrm{d}r}=-\frac{3z}{r}\Rightarrow \ln z=-3\ln r+c\Rightarrow z=\frac{C_1}{r^3}\Rightarrow y=C_2-\frac{C_1}{r^2}=\frac{V_\theta}{r}$$

得到

$$V_\theta=C_2 r-\frac{C_1}{r}$$

当 $r=r_1$ 时

$$V_\theta=r_1\omega_1 \rightarrow r_1\omega_1=C_2 r_1-\frac{C_1}{r_1}$$

当 $r=r_2$ 时

$$V_\theta=r_2\omega_2 \rightarrow r_2\omega_2=C_2 r_2-\frac{C_1}{r_2}$$

解得

$$r_1 r_2(\omega_2-\omega_1)=\frac{C_1 r_2}{r_1}-\frac{C_1 r_1}{r_2}\Rightarrow C_1=\frac{r_1 r_2(\omega_2-\omega_1)}{\dfrac{r_2}{r_1}-\dfrac{r_1}{r_2}}=\frac{r_1^2 r_2^2}{r_2^2-r_1^2}(\omega_2-\omega_1)$$

$$r_2^2\omega_2-r_1^2\omega_1=C_2(r_2^2-r_1^2)\Rightarrow C_2=\frac{r_2^2\omega_2-r_1^2\omega_1}{r_2^2-r_1^2}$$

$$V_\theta = \frac{r_2^2 \omega_2 - r_1^2 \omega_1}{r_2^2 - r_1^2} r - \frac{1}{r} \frac{r_1^2 r_2^2}{r_2^2 - r_1^2}(\omega_2 - \omega_1)$$

得到

$$V_\theta = \frac{1}{r_1^2 - r_2^2}\left[r(r_1^2 \omega_1 - r_2^2 \omega_2) - \frac{r_1^2 r_2^2}{r}(\omega_1 - \omega_2) \right]$$

7－2　解：由 N－S 方程

$$\frac{\mathrm{d}u}{\mathrm{d}t} = X - \frac{1}{\rho}\frac{\partial p}{\partial x} + \nu\left(\frac{\partial^2 u}{\partial x^2} + \frac{\partial^2 u}{\partial y^2}\right)$$

$$\frac{\mathrm{d}v}{\mathrm{d}t} = Y - \frac{1}{\rho}\frac{\partial p}{\partial y} + \nu\left(\frac{\partial^2 v}{\partial x^2} + \frac{\partial^2 v}{\partial y^2}\right)$$

（1）对于定常流动，$\frac{\partial u}{\partial t} = 0, \frac{\partial v}{\partial t} = 0$；

（2）对于一元流动，$v = 0, \frac{\partial u}{\partial x} = 0$，$\frac{\partial p}{\partial x} = 0$；

（3）仅考虑重力的作用，有 $X = g\sin\theta, Y = g\cos\theta$。

代入 N－S 方程，得到

$$g\sin\theta + \nu\frac{\partial^2 u}{\partial y^2} = 0$$

$$g\cos\theta - \frac{1}{\rho}\frac{\partial p}{\partial y} = 0$$

解得

$$u = -\frac{g\sin\theta}{2\nu} y^2 + C_1 y + C_2$$

$$y = 0, u = 0 \Rightarrow C_2 = 0$$

$$y = h, \frac{\mathrm{d}u}{\mathrm{d}y} = 0 \Rightarrow C_1 = \frac{g\sin\theta}{\nu} h$$

最后得到速度分布为

$$u = -\frac{g\sin\theta}{2\nu} y^2 + y\frac{g\sin\theta}{\nu} h = \frac{g\sin\theta}{2\nu} y(2h - y)$$

液膜的流量为

$$q = \int_0^h u\mathrm{d}y = \frac{g\sin\theta}{2\nu}\int_0^h y(2h-y)\mathrm{d}y = \frac{g\sin\theta}{2\nu}\left(h^3 - \frac{h^3}{3}\right) = \frac{gh^3\sin\theta}{3\nu}$$

7－3　解：管中的平均流速为

$$V = \frac{Q}{A} = \frac{4.7\times10^{-3}}{\frac{\pi\times0.3^2}{4}} = 0.066\,5\ (\mathrm{m/s})$$

雷诺数为

$$Re = \frac{Vd}{\nu} = \frac{0.066\,5 \times 0.3}{2.4 \times 10^{-6}} = 8\,311 > 2\,000$$

故管中的流动为紊流。

假设流动的速度分布满足 1/7 指数率，则有

$$u = u_{\max}\left(1 - \frac{r}{R}\right)^{1/7}$$

则流量为

$$Q = \int_0^R u_{\max}\left(1 - \frac{r}{R}\right)^{1/7} 2\pi r \mathrm{d}r = 2\pi u_{\max} \int_0^R r\left(1 - \frac{r}{R}\right)^{1/7} \mathrm{d}r$$

$$= 2\pi u_{\max} \int_1^0 R(1-t)t^{1/7}(-R\mathrm{d}t) = 2\pi R^2 u_{\max} \int_0^1 (t^{1/7} - t^{8/7})\mathrm{d}t$$

$$= 2\pi R^2 u_{\max}\left(\frac{7}{8} - \frac{7}{15}\right)$$

最后得到最大速度为

$$u_{\max} = 0.081\,4 \text{ m/s}$$

第 8 章

8－1　（1）448 m/s　　（2）355.7 m/s

8－2　19.9 K

8－3　348 K，374 m/s，1.234 kg/m³，123.23 kPa

8－4　23.6 KPa

8－5　（1）285 m/s，257.5 K；（2）315.86 m/s，248.3 K；（3）315.86 m/s，248.3 K

8－6　（1）0.213 m²；（2）3.912 atm；（3）199.7 kg/s

8－7　222.36 kPa

8－8　$p_0 = 79$ kPa，$T_0 = 289.2$ K，$Ma_2 = 0.565$，$T_2 = 271.8$ K，$p_2 = 63.614$ kPa

8－9　529 m，571 m

8－10　由于是超声速流动，在皮托管前会产生激波。由激波关系式，可得激波前后气流马赫数与压强的关系式分别为

$$Ma_2^2 = \frac{1 + \dfrac{k-1}{2}Ma_1^2}{kMa_1^2 - \dfrac{k-1}{2}}$$

$$\frac{p_2}{p_1} = 1 + \frac{2k}{k+1}(Ma_1^2 - 1) = \frac{2k}{k+1}Ma_1^2 - \frac{k-1}{k+1}$$

再列出激波后到皮托管滞止点处的等熵关系式，有

$$\frac{p_{02}}{p_2} = \left(1 + \frac{k-1}{2} Ma_2^2\right)^{\frac{k}{k-1}} = \left(\frac{\frac{k+1}{2} Ma_1^2}{\frac{2k}{k+1} Ma_1^2 - \frac{k-1}{k+1}}\right)^{\frac{k}{k-1}}$$

由于

$$\frac{p_{02}}{p_1} = \frac{p_{02}}{p_2} \frac{p_2}{p_1} = \left(\frac{\frac{k+1}{2} Ma_1^2}{\frac{2k}{k+1} Ma_1^2 - \frac{k-1}{k+1}}\right)^{\frac{k}{k-1}} \left(\frac{2k}{k+1} Ma_1^2 - \frac{k-1}{k+1}\right)$$

$$= \frac{\left(\frac{k+1}{2} Ma_1^2\right)^{\frac{k}{k-1}}}{\left(\frac{2k}{k+1} Ma_1^2 - \frac{k-1}{k+1}\right)^{\frac{1}{k-1}}}$$

最后有

$$p_1 = p_{02} \frac{\left(\frac{2k}{k+1} Ma_1^2 - \frac{k-1}{k+1}\right)^{\frac{1}{k-1}}}{\left(\frac{k+1}{2} Ma_1^2\right)^{\frac{k}{k-1}}}$$

8－11　276.4 m/s，344.7 kPa

参 考 文 献

[1] 张也影. 流体力学 [M]. 北京：高等教育出版社，1986.

[2] 清华大学工程力学系. 流体力学基础 [M]. 北京：机械工业出版社，1980.

[3] 孔珑. 工程流体力学 [M]. 北京：水利电力出版社，1992.

[4] Streeter V L, Benjamin W E.Fluid Mechanics [M]. New Yaok：McGRW-Hill Publishing Company Ltd，1975.

[5] 韩占忠. Fluent——流体工程仿真计算实例与应用[M]. 北京：北京理工大学出版社，2010.

[6] 韩占忠. Fluent——流体工程仿真计算实例与分析[M]. 北京：北京理工大学出版社，2009.